21世纪高等教育土木工程系列教材

土木工程材料

第②版

主　编　刘娟红　梁文泉

副主编　王信刚　徐国强

参　编　李志国　陈德平　王　琴

机 械 工 业 出 版 社

本书主要介绍常用土木工程材料的基本组成、材料性能、质量要求及应用等方面的要点，并对实际工程中出现的问题和案例进行分析，从整体上反映当代土木工程材料的新成果、新技术。主要内容包括绪论、土木工程材料的基本性质、气硬性胶凝材料、水泥、混凝土、砂浆、沥青及沥青混合料、墙体材料、建筑钢材、合成高分子材料、建筑节能材料与功能材料、石材与木材，附录为常用土木工程材料试验。各章的后面附有适量的习题。

本书采用现行国家标准或行业标准，可作为普通高等院校土建类专业的教学用书，也可作为土建类工程人员的参考书。

图书在版编目（CIP）数据

土木工程材料/刘娟红，梁文泉主编 . —2 版 . —北京：机械工业出版社，2023.8

21 世纪高等教育土木工程系列教材

ISBN 978-7-111-73486-4

Ⅰ . ①土… Ⅱ. ①刘… ②梁… Ⅲ. ①土木工程 – 建筑材料 – 高等学校 – 教材 Ⅳ. ①TU5

中国国家版本馆 CIP 数据核字（2023）第 125978 号

机械工业出版社（北京市百万庄大街 22 号 邮政编码 100037）

策划编辑：马军平 责任编辑：马军平 刘春晖
责任校对：樊钟英 李 杉 封面设计：张 静
责任印制：张 博

中教科（保定）印刷股份有限公司印刷

2023 年 9 月第 2 版第 1 次印刷

184mm × 260mm · 20.25 印张 · 501 千字

标准书号：ISBN 978-7-111-73486-4

定价：65.00 元

电话服务	网络服务	
客服电话：010-88361066	机 工 官 网：www.cmpbook.com
010-88379833	机 工 官 博：weibo.com/cmp1952
010-68326294	金 书 网：www.golden-book.com
封底无防伪标均为盗版	机工教育服务网：www.cmpedu.com

前　言

我国现阶段正经历着人类历史上最大规模的基础设施建设，土木工程材料的种类大幅度增加、性能明显提高，各类新技术、新工艺更是层出不穷。例如，结构工程材料的主体是指水泥基材料，尤其是混凝土，其理论和技术发生了革命性的变化，并已经迅速、广泛地应用到各类重要工程中。许多材料学者呼吁我们建造能够使用几百年乃至上千年的建筑物以保护生态，造福子孙。本书向学生介绍土木工程材料的新技术、新知识，使毕业生能够尽快适应现代化工程建设的需要，并为新技术的推广做出贡献。

本书在第 1 版基础上，结合"双碳"背景下土木工程材料的发展要求对相关内容进行了修订。本书主要有以下突出特点：第一，在各章节中有例题引导学生掌握理论知识，设有案例，使本书密切结合工程和生产实际，体现学以致用、理论和实践相结合的精神。第二，本书基本达到"内容新、有特点、重应用、便于自学"的目的，可以引导土木工程专业的学生掌握现代土木工程建设中的新材料、新技术及其相关理论与应用技术。第三，本书各章节内容体现了现行标准、规范和已经广泛应用的新成果，全面介绍了水泥、混凝土的全新知识体系。第四，本书排版突出基本概念和知识重点，使读者一目了然。

本书由刘娟红、梁文泉担任主编，王信刚、徐国强担任副主编。各章编写人员是：北京科技大学刘娟红（绪论、第 1 章、第 3 章部分内容、第 4 章、附录中试验 A ~ D），武汉大学梁文泉（第 3 章部分内容、第 5 章），华北理工大学徐国强（第 2 章、第 8 章、附录中试验 E），南昌大学王信刚（第 6 章部分内容、第 7 章、附录中试验 F），天津大学李志国（第 6 章部分内容、第 11 章），北京科技大学陈德平（第 10 章），北京建筑大学王琴（第 9 章）。

由于土木工程材料发展迅速，新材料、新理论不断涌现，标准、规范繁多且更新快，加之编者水平有限，书中疏漏、不当之处恳请广大读者批评指正（E-mail：juanhong1966@ hot-mail. com）。

编　者

目　录

绪　　论

　　土木工程材料是用于土木工程中的各种材料的总称，包括气硬性胶凝材料、水泥、混凝土、砂浆、墙体材料、钢材、沥青、沥青混合料、合成高分子材料、绝热材料、防火材料、吸声材料、木材和石材等，其英文术语为 materials in civil engineering，或者 civil engineering materials。土木工程材料这一概念，基本上等同于我国 20 世纪常用的"建筑材料"的概念，以前诸多题为"建筑材料"的书籍所涉及的内容基本上均为土木工程材料。但进入 21 世纪后，为了更好地适应我国土木工程行业发展、更好地与国际上土木工程学科发展规律接轨，便更清晰地确立了土木工程材料的概念。

　　回顾土木工程材料的历史，就是回顾人类发展的足迹。我们的远古祖先茹毛饮血、混沌初开，岩洞穴居，和其他动物一样经历风霜雪雨。但劳动改变了这一切，人类开始制造工具，使用天然材料凿洞搭棚，遮风避雨。到公元前 10 世纪前后，人类历史实现了一次重大的跨越，人类学会了用黏土烧制砖、瓦，用岩石烧制石灰石膏，这意味着土木工程材料进入了初期生产阶段，于是在西方有了古希腊文明和古罗马的辉煌，东方文明有了大汉和盛唐。直到 18 世纪，我们可以称这段时期为"秦砖汉瓦"的时代。在这一时期，人类创造了大量的建筑文明，许多古罗马建筑和中国古建筑，经历数千年，历久弥坚，直至今天仍和我们为伴。18 世纪的欧洲工业革命像一声惊雷驱散两千年沉闷，将土木工程材料推进到一个新的阶段，重要的标志就是水泥、钢材、混凝土的发明和应用，建筑为之改变，人类社会为之改变。20 世纪，人类迎来了土木工程材料的大发展，无论品种还是品质，土木工程材料都有了极大的拓展和提高，各种新材料层出不穷，有力地推动了社会快速发展，可以说是日新月异、一日千里。

　　土木工程材料是材料科学在土木工程中应用的产物。作为当今人类社会科技发展的主要分支之一，材料科学是研究材料内部组成、结构对材料性能的影响及其相互关系的一门新兴交叉学科。材料科学通常采用三个不同的尺度分析问题，即微观、细观和宏观尺度。微观尺度约为 nm 数量级，针对原子、分子；细观尺度约为 μm 级，材料被视为连续介质，不考虑其中单个原子、分子；宏观尺度约为 mm 级及更大尺寸范围，主要涉及材料的宏观性能或行为。

　　土木工程材料作为土木工程学科与材料学科的交叉、渗透的产物，主要关注宏观尺度上材料的性能与行为，必要时则进一步探究材料细观尺度甚至微观尺度的组成与结构的特征。明确材料的组成、结构特征与宏观性能、行为的关系，从而为土木工程材料的工程应用和性能优化提供依据。因此，土木工程材料是一门实用性与学术性两方面特色都很突出的学科。

　　近年来在土木工程材料的研究应用中，已呈现出多学科结合的趋势，如材料与结构工程的结合，材料与隧道工程的结合，材料与水利工程的结合，材料与道路铁道工程的结合，建筑结构的健康检测、诊断、修复等，这些多学科结合也产生了一批复合型科技人才与工作岗位。在 21 世纪，人类必将通过不断拓展自己的活动空间和提高建筑质量来应对环境、资源的巨大挑战。将土木工程材料的开发和生产引到健康和可持续发展的轨道是我们不可推卸的使命。绿色建材和高性能建材应得到优先发展。所谓绿色建材，就是资源、能源消耗低，大量应用废弃资源，对环境和人友好无害，可以循环利用的土木工程材料。所谓高性能建材，就是具备轻质、高强、耐久、智能或其他特殊应用性能的土木工程材料。

材料和建筑、结构、施工一起构成建筑工程学科的主体。作为建筑工程的物质基础，土木工程材料的作用是举足轻重的。首先，从工程造价上看，50% 以上用于购买土木工程材料，并且随着建筑级别和档次的提高，材料费所占比例不断提高。其次，正确使用土木工程材料是保证工程质量的关键。多数建筑物的病害和工程质量事故都和土木工程材料的不恰当应用有关。土木工程材料选择不当、质量不符合要求，建筑物的正常使用和耐久性就得不到保障。最后，土木工程材料的质量和种类制约着建筑设计和结构设计的形式，影响着施工技术的发展。

土木工程材料各式各样，按化学成分可将其划分为无机材料、有机材料与复合材料三大类，如图 1 所示。

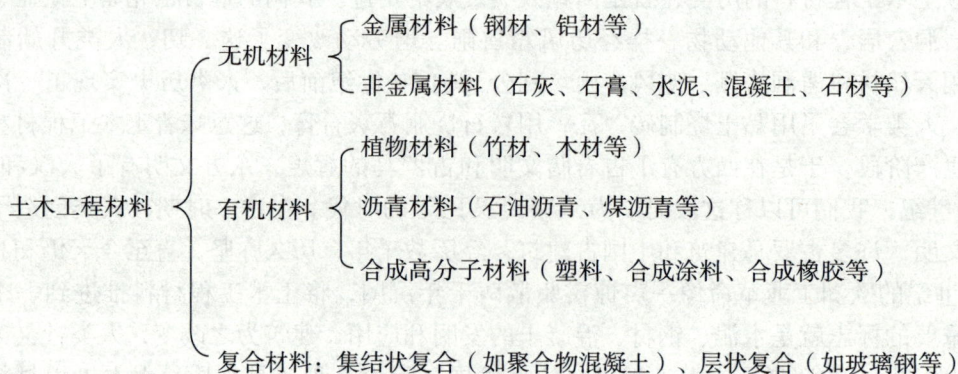

土木工程材料
- 无机材料
  - 金属材料（钢材、铝材等）
  - 非金属材料（石灰、石膏、水泥、混凝土、石材等）
- 有机材料
  - 植物材料（竹材、木材等）
  - 沥青材料（石油沥青、煤沥青等）
  - 合成高分子材料（塑料、合成涂料、合成橡胶等）
- 复合材料：集结状复合（如聚合物混凝土）、层状复合（如玻璃钢等）

图 1　土木工程材料的分类

近年来，在我国大规模工程建设的拉动下，主要土木工程材料的产量快速增长。2021 年，我国水泥产量为 23.8 亿 t，约占全球的 55%；粗钢产量为 10.33 亿 t，约占全球的 53%。依据水泥和钢材的产量，推测我国目前建设用混凝土量应占世界混凝土产量的 50% ~ 60%。"双碳"目标下，我国土木工程材料产业发展的出路在于：①节约能源，提高能源利用率；②节约资源，提高资源利用率；③减排降污，保护环境；④加快提升固废利用的水平；⑤提高产品质量，延长使用寿命；⑥促进科技进步，发展循环产业。

标准、规范是土木工程材料使用的重要技术依据。本书涉及的标准及规定符号分别是：国家标准（GB）、建筑工程国家标准（GBJ）、建设部行业标准（JGJ）、建筑工业行业标准（JG）、中国工程建设标准化协会标准（CECS）、建材标准（JC）、冶金标准（YB）、铁道部标准（TB）、化工部标准（HG）、林业标准（LY）等。国外常见标准为美国材料试验标准（ASTM）、欧洲共同体标准（EU）、国际标准（ISO）、英国标准（BS）、德国工业标准（DIN）、日本工业标准（JIS）等。

"土木工程材料"课程的教学目的是：为后续专业课，如"钢筋混凝土结构""钢结构""房屋建筑学""建筑施工"等课程的学习建立必要的基础知识，使学生毕业后在设计、施工、监理、检测等工作中能够合理选用土木工程材料，为其今后从事土木工程结构与材料等方向的科学研究准备必要的基础知识。

土木工程材料种类繁多，涉及面广，内容庞杂，且各类自成体系。土木工程材料发展迅速，新材料、新工艺不断涌现；教材中大多数是叙述性和分析性内容，缺乏逻辑性和理论计算；授课时数少等，这些原因使得本课程看似容易，实则不易掌握，"一听就能懂，一考就不会"。在此，希望同学们在学习过程中注意以下几点：①要做好课堂笔记，并注意听讲；②及时复习课上讲授的课程重点、难点与新内容，由于课内学时有限，要求同学们课下以作业形式自学部分章节和内容，课上提问检查；③结合作业和课堂练习、测验对课内知识点加以巩固和掌握；④利用习题和网络课件强化所学知识。总之，同学们要做到"听好课，多练习"。

土木工程材料的基本性质 第1章

【本章提要】土木工程材料的基本性质包括基本物理性质、基本力学性质、耐久性、材料的组成与结构等。土木工程材料遭受不同的作用，就需具备不同的性质。本章的学习目标：熟悉和掌握各种材料的基本性质，在工程设计与施工中正确选择和合理使用各种材料。

1.1 材料的基本物理性质

建筑物中的各类土木工程材料都要受到各种物理、化学、生物作用。例如，承重结构中的材料，要受到内力、外力的作用；长期暴露于大气环境中或与酸性、碱性等侵蚀性介质相接触的土木工程材料，除受到化学侵蚀、生物作用外，还会受到干湿循环、冻融循环等作用。可见土木工程材料在实际工程中所受的作用是复杂的。

材料的应用与其所具有的性质是密切相关的。材料的性质又是由材料的组成、结构（或构造）等因素所决定的。所以，为了确保工程结构能安全、经济、美观、耐久，要求我们掌握材料的性质，了解材料的组成、结构，从而合理地选用土木工程材料。

1.1.1 材料的密度、表观密度与堆积密度

1. 密度
密度是指材料在绝对密实状态下单位体积的质量，计算式如下

$$\rho = \frac{m}{V} \tag{1-1}$$

式中　ρ——材料的密度（g/cm^3 或 kg/m^3）；

　　　m——材料在干燥状态下的质量（g 或 kg）；

　　　V——材料的绝对密实体积（cm^3 或 m^3）。

材料的绝对密实体积是指材料内部没有孔隙时的体积，或不包括内部孔隙的材料体积。玻璃、钢铁、沥青等少数材料在自然状态下绝对密实，较易于测定其绝对密实体积，从而测定其密度。但大多数材料在自然状态下或多或少含有孔隙，如砖、石等块状材料，一般先将其粉碎磨细成粉状，消除内部孔隙，经干燥至恒重后，用李氏瓶测定其体积，再测定其密度。材料粉磨得越细，测定结果越准确。

材料的密度 ρ 大小取决于组成物质的原子量和分子结构。重金属材料的密度为 $7.50 \sim 9.00g/cm^3$；硅铝酸盐的密度多为 $1.80 \sim 3.30g/cm^3$；有机高分子材料的密度小于 $2.50g/cm^3$。同为碳原子组成，石墨的分子结构较松散，密度为 $2.20g/cm^3$；而金刚石极为坚实，密度高达 $3.50g/cm^3$。

2. 表观密度

表观密度是指材料在自然状态下单位体积的质量，计算式如下

$$\rho_0 = \frac{m}{V_0} \qquad (1\text{-}2)$$

式中　ρ_0——材料的表观密度（g/cm^3 或 kg/m^3）；

　　　m——材料的质量（g 或 kg）；

　　　V_0——材料的表观体积（cm^3 或 m^3）。

材料的表观体积是指包含内部孔隙的体积。单个颗粒内部有孔隙，**包括开口孔和闭口孔**，这样一个整体材料的外观体积称为材料的表观体积。规则外形材料的表观体积，可通过测量体积尺度或蜡封法用静水天平置换法得到，按式（1-2）计算得到的表观密度也称为体积密度；不规则外形材料的表观体积，如砂石类散粒材料，可用排水法测得，它实际上扣除了材料内部的开口孔隙的体积，故称用排水法测得材料的体积为近似表观体积，也称为视体积，按式（1-2）计算得到的表观密度也称为视密度。

根据材料所处含水状态或环境的不同，有干表观密度和湿表观密度之分。未注明含水情况时常指气干状态。**绝干状态下的表观密度称为干表观密度。**

土木工程中用的粉状材料，如水泥、粉煤灰、磨细生石灰粉等，其颗粒很小，与一般块体材料测定密度时所研碎制作的试样粒径相近似，因而它们的表观密度，特别是干表观密度值与密度值可视为相等。

3. 堆积密度

堆积密度是指粉状或散粒材料在自然堆积状态下单位体积的质量，计算式如下

$$\rho_0' = \frac{m}{V_0'} \qquad (1\text{-}3)$$

式中　ρ_0'——材料的堆积密度（g/cm^3 或 kg/m^3）；

　　　m——材料的质量（g 或 kg）；

　　　V_0'——材料的堆积体积（cm^3 或 m^3）。

测定散粒材料的堆积密度时，材料的质量是指填充在一定容器内的材料质量，其堆积体积是指所用容器的体积。因此，**材料的堆积体积包含了颗粒之间的空隙**。同一种材料堆积状态不同，堆积体积大小也不一样，松散堆积下的体积较大，密实堆积状态下的体积较小。按自然堆积体积计算的密度为松堆密度，以振实体积计算的则为紧堆密度。

对于同一种材料，由于材料内部存在孔隙和空隙，故一般密度＞表观密度＞堆积密度。土木工程中常用材料的密度、表观密度和堆积密度见表1-1。

表1-1　土木工程中常用材料的密度、表观密度和堆积密度

材料名称	密度/（g/cm^3）	表观密度/（kg/m^3）	堆积密度/（kg/m^3）
钢材	7.85	—	—
铝合金	2.7	—	—
石灰石	2.4～2.6	1600～2400	1400～1700（碎石）
花岗石	2.7～3.0	2500～2900	—
砂	2.5～2.6	—	1450～1650
黏土	2.5～2.7	—	1600～1800

（续）

材料名称	密度/(g/cm³)	表观密度/(kg/m³)	堆积密度/(kg/m³)
粉煤灰	1.95 ~ 2.40	—	550 ~ 800
水泥	2.8 ~ 3.1	—	1250 ~ 1600
普通混凝土	—	1900 ~ 2500	—
空心砖	2.6 ~ 2.7	—	1000 ~ 1400
玻璃	2.45 ~ 2.55	2450 ~ 2500	—
红松木	1.55 ~ 1.60	400 ~ 500	—
石油沥青	0.96 ~ 1.04	—	—
泡沫塑料	—	20 ~ 50	—

1.1.2 材料的密实度与孔隙率

1. 材料的密实度

材料的密实度是指材料的体积内被固体物质填充的程度，计算式如下

$$D = \frac{V}{V_0} \times 100\% = \frac{\rho_0}{\rho} \times 100\% \tag{1-4}$$

2. 材料的孔隙率

材料的孔隙率是指材料内部孔隙的体积占其总体积的百分率，计算式如下

$$P = \frac{V_0 - V}{V_0} \times 100\% = \left(1 - \frac{\rho_0}{\rho}\right) \times 100\% \tag{1-5}$$

即

$$P + D = 1 \tag{1-6}$$

材料的孔隙特征多种多样，如大小、形状、分布、连通性等。**材料孔隙特征直接影响材料的多种性质。**一般情况下，孔隙率大的材料宜选择作为保温隔热材料和吸声材料，同时还要考虑材料开口与闭口状态。开口孔隙是指材料内部孔隙不仅彼此互相贯通，并且与外界相连。**开口孔隙除对吸水、透水、吸声有利外，对材料的强度、抗渗、抗冻和耐久性均不利。**闭口孔隙是指材料内部孔隙彼此不贯通，并且与外界隔绝。微小而均匀的闭口孔隙可降低材料表观密度和热导率，使材料具有轻质绝热性能，并可提高材料的耐久性。由此可见，材料的孔隙率 P 也可分为**开口孔隙率**P_{OP}和**闭口孔隙率**P_{CL}。

按照孔径大小可将材料内部的孔隙分为气孔（或大孔）、毛细孔和凝胶孔三种，其中气孔的平均孔径范围为 50 ~ 200μm，最大甚至达到 1mm 以上；毛细孔的孔径范围为 2.0nm ~ 20μm，对材料的吸水性、干缩性和抗冻性影响较大；凝胶孔极其微细，孔径为 20nm 以下，对材料的性能几乎没有任何影响。所以，**除孔隙率之外，孔径大小、孔隙特征对材料的性能具有重要的影响作用。**

1.1.3 材料的填充率与空隙率

材料的填充率与空隙率是仅适用于粉状或散粒材料的两个术语。

1. 材料的填充率

材料的填充率是指在某堆积体积中被散粒状材料所填充的程度，计算式如下

$$D' = \frac{V_0}{V_0'} \times 100\% = \frac{\rho_0'}{\rho_0} \times 100\% \tag{1-7}$$

2. 材料的空隙率

材料的空隙率是指散粒状材料堆积体积中颗粒间空隙的体积占其总体积的百分率，计算式如下

$$P' = \frac{V_0' - V_0}{V_0'} \times 100\% = \left(1 - \frac{\rho_0'}{\rho_0}\right) \times 100\% \qquad (1-8)$$

即

$$P' + D' = 1 \qquad (1-9)$$

空隙率的大小反映了散粒材料的颗粒之间互相填充的程度。在配制混凝土、砂浆时，空隙率可作为控制集料的级配、计算配合比的依据，其基本思路是**粗集料空隙被细集料填充，细集料空隙被细粉填充，细粉空隙被胶凝材料填充，以达到节约胶凝材料的效果。**

1.1.4 材料与水相关的性质

1. 材料的亲水性与憎水性

材料在使用过程中，常与水或大气中的水汽接触，但材料与水的亲和情况是不同的。当材料与水接触时，能被水湿润的性质称为亲水性，具备这种性质的材料称为**亲水性材料**；反之，不能被水湿润的性质称为憎水性，具备这种性质的材料称为**憎水性材料**。

材料的亲水性和憎水性用润湿边角区分（见图1-1），在材料、水和空气的三相交点处，沿水滴表面的切线与水和固体接触面所形成的夹角θ，称为润湿边角，θ角越小，浸润性越好。如果润

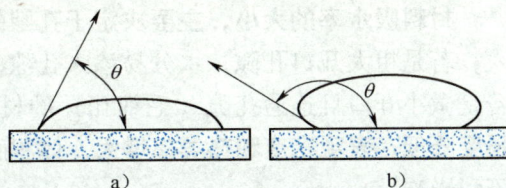

图1-1 材料润湿边角
a）亲水性材料 b）憎水性材料

湿边角θ为零，表示材料完全被水所浸润。一般认为，**当$\theta \leq 90°$时，为亲水性材料**，材料分子与水分子之间的亲和作用力大于水分子间的内聚力，材料表面易被水润湿；**当$\theta > 90°$时，为憎水性材料**，材料分子与水分子之间的亲和作用力小于水分子间的内聚力，材料表面不易被水润湿。

土木工程中的多数材料（如钢筋、集料、砌块、砂浆和混凝土、木材等）属于亲水性材料；多数高分子有机材料（如塑料、沥青、石蜡等）属于憎水性材料。憎水性材料的表面不易被水润湿，宜作为防水材料和防潮材料，还可用于涂覆亲水性材料表面，以改善其耐水性能，这样外界水分难以渗入材料的毛细管中，从而能降低材料的吸水性与渗透性。

2. 材料的吸水性与吸湿性

1）材料与水接触时吸收水分的性质为吸水性。吸水性的大小用吸水率表示，**吸水率分为质量吸水率和体积吸水率。**

质量吸水率是指材料吸水饱和时所吸入水分质量占材料干燥状态下质量的百分率，计算式如下

$$w_m = \frac{m_1 - m}{m} \times 100\% \qquad (1-10)$$

式中　w_m——材料的质量吸水率（%）；

　　　m_1——材料在吸水饱和状态下的质量（g或kg）；

　　　m——材料在干燥状态下的质量（g或kg）。

体积吸水率是指材料吸水饱和时所吸水分的体积占材料自然状态下体积的百分率，计算式如下

$$w_v = \frac{m_1 - m}{V_0} \times \frac{1}{\rho_w} \times 100\%$$ (1-11)

式中　w_v——材料的体积吸水率（%）；

m_1——材料在吸水饱和状态下的质量（g 或 kg）；

m——材料在干燥状态下的质量（g 或 kg）；

V_0——材料在自然状态下的体积（cm^3 或 m^3）；

ρ_w——水的密度，常温下取 $1.0 g/cm^3$ 或 $1000 kg/m^3$。

材料的质量吸水率与体积吸水率的关系为

$$w_m = w_v \times \frac{\rho_w}{\rho_0}$$ (1-12)

式中　ρ_0——材料在干燥状态下的表观密度（g/cm^3）。

材料吸水率的大小，主要决定于孔隙的孔隙特征。如果材料具有闭口孔隙，水分不易进入；若是粗大开口孔隙，水分易渗入孔隙，但材料孔隙表面仅被水湿润，不易在空中留存；若是微小开口且连通孔隙（毛细孔）的材料，则具有强的吸水能力。材料吸水会使材料的强度降低，表观密度和热导率增大，体积膨胀，因此，吸水这种行为往往会对材料性质产生不利影响。

由于孔隙率和孔隙结构不同，各种材料的吸水率相差很大，如花岗石等致密岩石的吸水率仅为 0.5% ~ 0.7%，普通混凝土为 2% ~ 3%，黏土砖为 8% ~ 20%，而加气混凝土、软木轻质材料吸水率常大于 100%。

2）材料在潮湿的空气中吸收水分的性质为**吸湿性**。吸湿性的大小用含水率表示，计算式如下

$$w_k = \frac{m_k - m}{m} \times 100\%$$ (1-13)

式中　w_k——材料的含水率（%）；

m_k——材料在吸湿状态下的质量（g 或 kg）；

m——材料在干燥状态下的质量（g 或 kg）。

含水率是材料所含水的质量占材料干燥质量的百分率。材料含水率不仅与材料本身的孔隙率有关，还与大气温度和湿度有关。在一定的温度和湿度条件下，材料与空气湿度达到平衡时的含水率称为材料的平衡含水率。材料吸湿后，也将对材料性质产生一系列不良影响，如表观密度增大、体积膨胀、强度下降、保温性能降低、抗冻性变差等，所以材料的含水状态对材料性质有很大影响。

3. 材料的耐水性

材料在饱和水的长期作用下维持不破坏而且强度不明显降低的性质称为耐水性。水对材料的力学性质、光学性质、装饰性等多方面均有劣化作用，但习惯上将水对材料的力学性质及结构性质的劣化作用称为耐水性，也称为狭义耐水性。**材料的耐水性用软化系数表示**，计算式如下

$$K_R = \frac{f_1}{f_0} \tag{1-14}$$

式中　K_R——材料的软化系数；

　　　f_1——材料在吸水饱和状态下的抗压强度（MPa）；

　　　f_0——材料在干燥状态下的抗压强度（MPa）。

水分子进入材料后，会在材料表面力的作用下产生定向吸附，产生劈裂破坏作用；材料可能发生吸水膨胀，导致开裂破坏；材料内部某些可溶性物质发生溶解，材料孔隙率增加。以上这些都将使材料的强度有不同程度的降低，如花岗石长期浸泡在水中，强度将下降3%，黏土砖和木材吸水后强度降低更大。所以，材料软化系数为 0~1，钢铁、玻璃、陶瓷近似于1，石膏、石灰的软化系数较低。通常认为软化系数大于 0.85 的材料为耐水材料。

根据建筑物所处的环境，软化系数成为选择材料的重要依据。长期受水浸泡或处于潮湿环境的重要建筑物，必须选用软化系数不小于 0.85 的材料建造，受潮较轻或次要建筑物的材料，其软化系数也不宜小于 0.75。

4. 材料的抗渗性

材料的抗渗性是指材料抵抗压力水渗透的性质。材料的抗渗性用渗透系数或抗渗等级来表示。对于防潮、防水材料，如油毡、瓦、沥青、沥青混凝土等材料，常用渗透系数 K 表示其抗渗性，计算式如下

$$K = \frac{Qd}{AtH} \tag{1-15}$$

式中　K——材料的渗透系数（cm/h）；

　　　Q——渗水量（cm³）；

　　　d——试件厚度（cm）；

　　　A——渗水面积（cm²）；

　　　t——渗水时间（h）；

　　　H——静水压力水头（cm）。

渗透系数越小，材料抗渗性也越好。

对于砂浆、混凝土等材料，常用抗渗等级 P 表示其抗渗性。抗渗等级是以在标准试验条件下，规定的一组六个试件所能承受的最大水压力来确定的，试验从水压为 0.1MPa 开始，以后每隔 8h 增加水压 0.1MPa，并且要随时注意观察试件端面的渗水情况。当六个试件中有三个试件端面有渗水现象时，或加至规定压力（设计抗渗等级）在 8h 内六个试件中表面渗水试件少于三个时，即可停止试验，记下当时的水压。在试验过程中，如发现水从试件周边渗出，则应停止试验，重新密封。抗渗等级 P 以每组六个试件中四个未出现渗水时的最大水压力计算，其计算式为

$$P = 10H - 1 \tag{1-16}$$

式中　P——抗渗等级；

　　　H——六个试件中三个渗水时的水压力（MPa）。

若加压至规定数值，在 8h 内，六个试件中表面渗水的试件少于三个，则试件的抗渗等级等于或大于规定值。

材料抗渗性与材料的孔隙率、孔隙特征及亲水性、憎水性有密切关系。微细连通孔、开

口大孔，水易渗入，材料的抗渗性能差；闭口孔隙，水不易渗入，材料的抗渗性能良好；微细连通孔，如材料属憎水性的，则水不易渗入，材料的抗渗性能较好。良好的抗渗性是材料满足使用性质和耐久性的重要因素。地下建筑、基础、压力管道和容器、水工构筑物等，因受到压力水的作用，对材料抗渗性的要求较高。防水材料的抗渗性是检验产品的重要指标。材料抵抗其他液体渗透的性质，也属于抗渗性，如储油罐要求材料具有良好的抗渗油性能。

5. 材料的抗冻性

材料的抗冻性是指材料在吸水饱和状态下，能抵抗多次冻融循环作用而不破坏，强度也不严重降低的性质，用抗冻等级来表示。材料抗冻等级是用材料在吸水饱和状态下，经一定次数的冻融循环作用，其强度损失率不超过**25%**且质量损失率不超过**5%**，并无明显损坏和剥落时所能抵抗的最多冻融循环次数来确定，符号为 D，如 D25、D50、D100 等，分别表示在经受 25、50、100 次的冻融循环后仍可满足使用要求。烧结普通砖、陶瓷面砖等墙体材料一般要求抗冻等级为 D15 或 D25。

对于抗冻性要求高的混凝土，可用快冻法来测定其抗冻性能，确定抗冻等级。混凝土试件在吸水饱和状态下，按规定测其横向基频的初始值；在规定的冻融循环条件下，每隔 25 次循环做一次横向基频测量。冻融达到以下三种情况之一时即可停止试验：①冻融至规定的循环次数；②相对动弹性模量下降至初始值的 60%；③质量损失率达 5%。混凝土试件的相对动弹性模量可按下式计算

$$P = \frac{f_n^2}{f_0^2} \tag{1-17}$$

式中　　P ——经 n 次冻融循环后试件的相对动弹性模量（%）；

　　　　f_n ——经 n 次冻融循环后试件的横向基频（Hz）；

　　　　f_0 ——冻融循环试验前测得的试件横向基频初始值（Hz）。

混凝土试件冻融后的质量损失率按下式计算

$$\Delta m_n = \frac{m_0 - m_n}{m_0} \times 100\% \tag{1-18}$$

式中　　Δm_n ——经 n 次冻融循环后试件的质量损失率（%）；

　　　　m_0 ——冻融循环试验前的试件质量（kg）；

　　　　m_n ——经 n 次冻融循环后的试件质量（kg）。

混凝土相对动弹性模量值下降至初始值的 60%或质量损失率达 5%时，即可认为试件已破坏，并以相应的冻融循环次数作为该混凝土的抗冻等级，以 F 表示。若冻融至规定的循环次数，而相对动弹性模量值或质量损失率均未达到上述指标，可认为混凝土的抗冻性已满足设计要求。用于桥梁和道路的混凝土材料应为 F100、F150 或 F250，而水工混凝土要求高达 F500。

材料在冻融循环作用下产生破坏主要是因材料内部孔隙中的水分结冰引起的。水结冰时体积膨胀约 9%，对材料孔壁产生巨大的压力而使孔壁开裂，使材料内部产生裂纹，强度下降。所以，材料的抗冻性与材料的强度、孔隙构造及冻结条件（冻结温度、冻结速度、冻融循环频率）有关。

抗冻性良好的材料，具有较强的抵抗温度变化、干湿交替等风化作用的能力，所以，抗冻性常作为考查材料耐久性的一个指标。寒冷地区和寒冷环境的建筑必须选择抗冻性好的材

料；处于温暖地区的建筑物，虽无冻害作用，为抵抗大气的风化作用，确保建筑物的耐久性，对材料也常提出一定的抗冻性要求。

1.1.5　材料的热工性质

土木工程材料除应满足强度和其他性能的要求外，还要考虑材料的热工性质，使建筑结构具有保温和隔热的性质，以达到节约建筑使用能耗、维持室内温度的目的。

1. 材料的导热性

导热性是指材料将热量从温度高的一侧传递到温度低的一侧的能力，用热导率表示，即厚度为 1m 的材料，当温度改变 1K 时，在 1s 时间内通过 $1m^2$ 面积的热量，计算式如下

$$\lambda = \frac{Q\delta}{At(T_2 - T_1)} \tag{1-19}$$

式中　λ——热导率 [W/(m·K)]；

$\qquad Q$——传导的热量（J）；

$\qquad \delta$——材料的厚度（m）；

$\qquad A$——材料的热传导面积（m^2）；

$\qquad t$——热传导时间（h）；

$T_2 - T_1$——材料两侧的温度差（K）。

热导率小的材料，导热性差，绝热性好，通常将 $\lambda \leqslant 0.23W/(m·K)$ 的材料称为绝热材料。为了提高建筑物的保温效果，节省温控能耗，房屋建筑的围护结构应尽量采用热导率小的材料。

影响材料热导率大小的因素有物质构成、微观结构、孔隙率与孔隙特征、温度、湿度与热流方向等。固体热导率最大，液体次之，气体最小；材料孔隙率越大，尤其是闭口孔隙率越大，热导率越小；材料吸湿受潮或冰冻后热导率增大，故对绝热材料要注意防潮。

2. 材料的热阻

热阻是指热量通过材料层时所受到的阻力，即材料层厚度 δ 与热导率 λ 的比值，$R = \delta/\lambda$。在同样的温差条件下，热阻越大，通过材料层的热量越少。热阻或热导率是评定材料绝热性能的主要指标。

3. 材料的热容量

热容量是指材料受热时吸收热量、冷却时放出热量的性质，用比热容 c 表示，即单位质量的材料，当温度升高或降低 1K 时所吸收或放出的热量，计算式如下

$$c = \frac{Q}{m(T_1 - T_2)} \tag{1-20}$$

式中　c——材料的比热容 [kJ/(kg·K)]；

$\qquad Q$——材料的热容量（kJ）；

$\qquad m$——材料的质量（kg）；

$T_1 - T_2$——材料受热或冷却前后的温度差（K）。

比热容 c 与材料质量 m 的乘积为热容量。材料的热容量对保持室内温度的稳定、减少能耗、冬期施工等有很重要的作用。

热导率表示热量通过材料传递的速度，热容量或比热容表示材料内部存储热量的能力。

对于建筑物围护结构所用材料，设计时应选择热导率较小而热容量较大的材料，来达到冬季保暖、夏季隔热的目的。土木工程常用材料的热导率和比热容见表1-2。

表1-2　土木工程常用材料的热导率和比热容

材 料 名 称	热导率/［W/(m·K)］	比热容/［kJ/(kg·K)］
钢	55	0.46
普通混凝土	1.80	0.88
加气混凝土	0.16	—
松木（横纹）	0.15	1.63
花岗石	2.90	0.80
大理石	3.40	0.88
泡沫塑料	0.035	1.30
静止空气	0.025	1.00
水	0.60	4.19
冰	2.20	2.05
黏土砖	0.55	0.84

1.2　材料的基本力学性质

1.2.1　材料的强度和比强度

1. 强度

材料在荷载作用下抵抗破坏的能力称为强度。当材料受荷载作用时，内部就会产生抵抗荷载作用的内力，单位面积上所产生的内力叫作应力，在数值上等于荷载除以受力面积。荷载增加时，材料内部的抵抗力即应力也相应增加，当该应力值达到材料内部质点间结合力的最大值时，材料破坏。因此，**材料的强度为材料内部抵抗破坏的极限应力**。

根据材料的受力情况不同，如图1-2所示，材料的强度可分为抗压强度、抗拉强度、抗剪强度和抗弯强度等。

材料的抗压强度、抗拉强度和抗剪强度的计算式为

$$f = \frac{F}{A} \tag{1-21}$$

式中　f——材料的极限抗压（抗拉或抗剪）强度（MPa）；

F——材料破坏时的最大荷载（N）；

A——材料的受力面积（mm^2）。

材料抗弯试验中，采用不同的加载方法，抗弯强度的计算式也不相同。当矩形截面的条形试件在两支点的中点处作用一集中荷载时，抗弯强度计算式为

$$f_M = \frac{3Fl}{2bh^2} \tag{1-22}$$

当在试件两支点的三分点处作用两个相等的集中荷载（$F/2$）时，抗弯强度计算式为

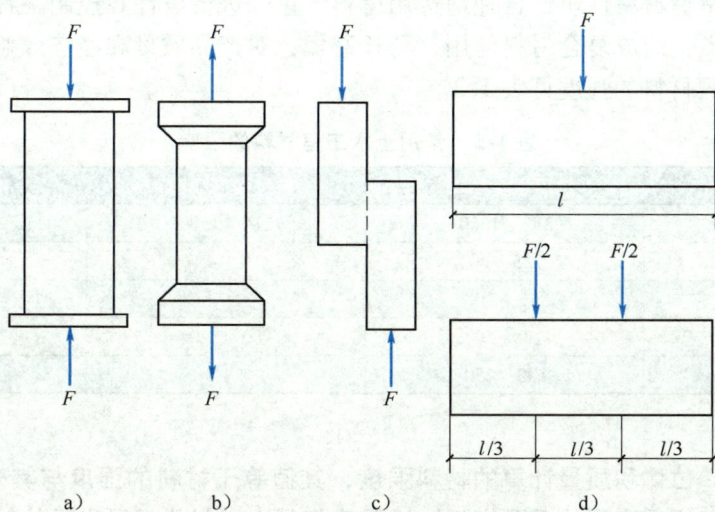

图 1-2 材料的受力情况

a）受压 b）受拉 c）受剪 d）受弯

$$f_M = \frac{Fl}{bh^2} \tag{1-23}$$

式中　f_M——材料的抗弯（抗折）强度（MPa）；

　　　F——材料能承受的最大荷载（N）；

　　　l——两支点间距（mm）；

　　b、h——试件截面的宽度和高度（mm）。

材料的强度与其组成、构造等因素有关。相同种类的材料因构造的特点不同，强度也有较大差异。同种材料，孔隙率越低，强度越高，材料的强度与孔隙率之间存在近似直线的反比关系，如图 1-3 所示。不同种类的材料具有不同的抵抗外力的特点。石材、砖、混凝土和铸铁等脆性材料都具有较高的抗压强度，而其抗拉强度及抗弯强度很低，故多用于结构承压部位；木材的强度具有方向性，顺纹方向的强度与横纹方向的强度不同，顺纹抗拉强度大于横纹抗拉强度，故按顺纹方向用于梁、屋架等；钢材的抗拉强度、抗压强度都很高，适用于承受各种外力的结构。

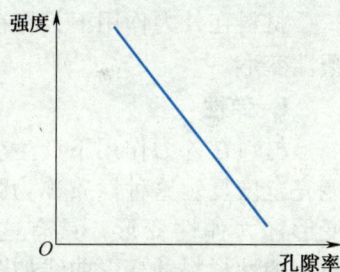

材料的强度还与其含水状态及温度有关，含有水分的材料，其强度较干燥时的低。一般温度高时，材料的强度将降低，这对沥青混凝土尤为明显。

图 1-3 材料的强度与孔隙率之间的关系

此外，材料的强度还与测试条件和方法等外部因素有很大关系。如材料相同，采用小试件测得的强度较大试件高；加荷速度快者，强度值偏高；表面涂润滑剂时，所测强度值低。

由此可知，材料的强度是在特定条件下测定的结果。为了使试验数据准确，且具有可比性，在测定材料强度时，必须严格按统一的试验标准进行。

材料的强度是大多数结构材料划分等级的依据。根据其强度的大小，将其划分为若干不同的等级，便于掌握材料性质，合理地选用材料，正确进行设计和控制工程质量。同时，根据各种材料的特点，组成复合材料使用，扬长避短，对产品质量和经济效益是非常有益的。

常用土木工程材料的强度见表1-3。

表1-3 常用土木工程材料的强度

材 料	抗压强度/MPa	抗拉强度/MPa	抗弯强度/MPa
建筑钢材	215～1500	215～1500	215～1500
普通混凝土	7.5～60	1～4	3.0～10.0
烧结普通砖	10～30	—	1.8～4.0
松木（顺纹）	30～50	80～120	60～100
花岗石	100～250	5～8	10～14

2. 比强度

比强度是按单位体积质量计算的材料强度，其值等于材料的强度与其表观密度的比值。比强度是衡量材料轻质高强的重要指标，比强度值越大，材料轻质高强的性能越好。这对于建筑物保证强度、减小自重、向空间发展及节约材料有重要的实际意义。常用结构材料的比强度见表1-4。

表1-4 常用结构材料的比强度

材 料	强度/MPa	表观密度/（kg/m³）	比强度
低碳钢	420	7850	0.054
普通混凝土（抗压）	40	2400	0.017
松木（顺纹抗拉）	100	500	0.200
玻璃钢（抗弯）	450	2000	0.225

1.2.2 材料的弹性与塑性

材料在外力作用下，将在受力的方向产生变形。根据变形的性质可将其分为弹性变形和塑性变形。

1. 弹性

材料在外力作用下产生变形，当取消外力后，变形能完全恢复，这种性质称为**弹性**，这种能够完全恢复的变形称为弹性变形，具有这种性质的材料称为弹性材料。弹性材料的变形曲线如图1-4所示。

由图1-4可见，**弹性材料的变形曲线是一条闭合曲线，即弹性变形属于可逆变形**。如果应力与应变呈直线关系，即符合胡克定律，则该物体叫作胡克弹性体。胡克定律表达式为

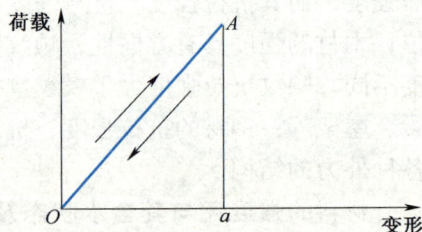

图1-4 弹性材料的变形曲线

$$\varepsilon = \frac{\sigma}{E} \tag{1-24}$$

式中　ε ——材料的应变；

　　　E ——材料的弹性模量（MPa）；

　　　σ ——材料的应力（MPa）。

可见，弹性模量 E 等于应变为 1 时的应力值。**E 值越大，表明材料越不容易变形，即刚性好**。弹性模量是材料的一个重要性质，是进行结构设计时的重要参数。常用建筑钢材的弹性模量约为 2.1×10^5 MPa；普通混凝土的弹性模量是一个变值，一般约为 2.0×10^4 MPa。钢材的弹性模量不受强度变化的影响；混凝土的弹性模量，在相同的温度和湿度条件下，强度高者弹性模量大，二者密切相关，但不呈线性关系。有些材料受力时应力与应变不成比例关系，但去除外力后，变形也能完全恢复，这种物体叫作非胡克体，非胡克体的弹性模量不是一个定值。

2. 塑性

物体在外力作用下产生变形，当取消外力后，有一部分变形不能恢复，这种性质称为**塑性**，这种不能恢复的变形称为塑性变形（或永久变形），塑性材料的变形曲线如图 1-5 所示。

实际上纯弹性变形的材料是没有的，一些材料在受力不大时表现为弹性变形，可视为弹性材料，而当外力达到一定值时，则呈现塑性变形（如建筑钢材）。另外，有的材料在受力一开始，弹性变形和塑性变形就同时发生，除去外力后，弹性变形可以恢复（ab），而塑性变形（Ob）不会消失，弹塑性材料的变形曲线如图 1-6 所示，这类材料称为**弹塑性材料**，如混凝土材料。

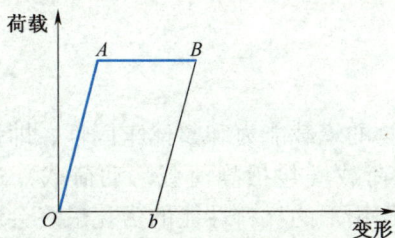

图 1-5　塑性材料的变形曲线

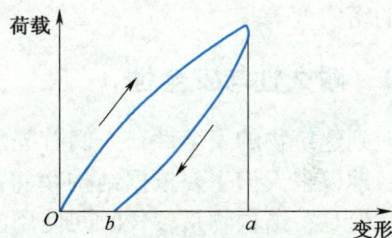

图 1-6　弹塑性材料的变形曲线

1.2.3　材料的韧性与脆性

外力作用于材料，并达到一定值时，材料并不产生明显变形即发生突然破坏，材料的这种性质称为**脆性**，具有此性质的材料称为脆性材料，脆性材料的变形曲线如图 1-7 所示。脆性材料的抗压强度远大于抗拉、抗弯强度，如混凝土的抗压强度是其抗拉强度的 8～12 倍，但抗冲击能力和抗震能力均较差。砖、石、陶瓷、混凝土、铸铁和玻璃等都属于脆性材料。

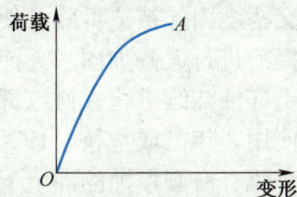

图 1-7　脆性材料的变形曲线

材料在冲击、振动荷载作用下能吸收大量能量，并能承受较大的变形而不发生突然破坏的性质称为**韧性**，用冲击试验来检验。韧性材料的变形大，抗拉强度接近或高于抗压强度。低碳钢、低合金钢、木材等都属于韧性材料，可用于受冲击或振动荷载的路面、吊车梁、桥梁等。

1.3　材料的耐久性

材料在长期使用过程中，抵抗其自身和环境的长期破坏作用，保持其原有性能不破坏的能力称为**材料的耐久性**。影响材料耐久性的作用包括机械作用、物理作用、化学作用和生物作用。

机械作用包括持续荷载作用、交变荷载作用，以及撞击引起材料疲劳、冲击、磨损、磨耗等。

物理作用包括环境温度、湿度的变化引起材料热胀冷缩、干缩湿胀、冻融循环，导致材料体积变化或产生内应力，如此反复，使材料逐渐破坏。

化学作用包括大气、土壤和水中酸、碱、盐及其他有害物质对材料的侵蚀作用，使材料产生质变而破坏，此外，日光、紫外线对材料也有不利作用。

生物作用包括昆虫、菌类等对材料产生的蛀蚀、腐朽等破坏作用。

材料耐久性的好坏说明材料在具体的气候和使用条件下能够保持工作性能的年限，因此，材料的耐久性是材料的一项综合性质。材料的组成与结构不同，耐久性考虑的项目也不相同。例如，钢材易受氧化和电化学腐蚀，无机非金属材料有抗渗性、抗冻性、耐腐蚀性、抗碳化性、耐热性、耐溶蚀性、耐磨性、耐光性等要求，有机材料多因腐烂、虫蛀、老化而变质。

在进行土木工程结构设计中，必须充分考虑材料的耐久性，根据实际情况和材料特点，采取相应的措施来延长工程结构的使用寿命，如合理选用材料，减轻环境的破坏作用，提高材料的密实度等。

1.3.1 耐久性与安全性

谈到建筑物的安全性，人们首先想到的是结构物的承载能力和整体牢固性，即强度。所以，长期以来人们主要依据结构物将要承受的各种荷载（包括静荷载、动荷载）进行结构设计。但是，结构物是较长时间使用的产品，环境作用下的材料性能的劣化最终会影响结构物的安全性。耐久性是衡量材料以至结构在长期使用条件下的安全性能。尤其对于水工、海洋工程、地下等比较苛刻条件下的结构物，耐久性比强度更为重要。很多工程实际表明，造成结构物破坏的原因是多方面的，仅仅由强度不足引起的破坏事例并不多见，而耐久性不良往往是引起结构物破坏最主要的原因。

北京地区的立交桥，由于冻融循环和除冰盐腐蚀破损严重。国内最早建成的北京西直门立交桥就因此被迫拆除，使用时间不到 19 年；北京东直门、大北窑桥等 20 座立交桥已不得不提前进行大修加固。天津中环路上的众多立交桥，在运行 10 余年后，也因钢筋锈蚀和混凝土冻蚀陆续进行大修或部分更换。山东潍坊白浪河大桥，因位于盐渍地区受盐、冻侵蚀，仅使用 8 年已成危桥。1970—1980 年，日本沿海地带修建了大量的高架道路，由于长年处于海风、海潮侵蚀的环境下，建造后十几年时间桥墩等部位出现了大量的裂缝。可见材料的耐久性是影响结构物长期安全性的重要因素。

1.3.2 耐久性与经济性

材料的耐久性与结构物的使用年限直接相关，耐久性好，就可以延长结构物的使用寿命，减少维修费用，因耐久性不好带来的庞大维修费用也使一些国家的财政不堪重负。另外，由于土木工程所消耗的材料数量巨大，生产这些材料不但破坏生态、污染环境，而且有的资源已近枯竭，随着可持续发展观念的日益强化，土木工程的耐久性也日益受到重视。

在以往的工程建设中，比较注重建造时的初始成本，而容易忽略结构物在整个寿命周期内的总成本（包括建造、运行、维修保养及解体工程）。20 世纪 50 年代以来，世界各国建造的大量的基础设施已经迎来了老龄时期。每年用于这些建筑物、结构物的维修费用巨大。据不完全统计，美国从 1978 年起每年用于道路维修的费用高达 63 亿美元，平均每两天就发生一起桥梁事故，造成这些破坏事故的原因多数是混凝土被冻融破坏、钢筋被腐蚀，致使混凝土保护层脱落，以及一些其他综合因素。有资料报道，美国每年用于基础设施修复的费用约为这些基础设施总资产的 10%。更为严重的是，对于桥梁这样的生命线工程来说，因修复或更换造成间接损失更大（如交通延误与影响生产等）。美国研究结果认为，间接的经济损失是直接用于桥梁修复费用的 10 倍。

我国东北寒冷地区的路面常有很严重的剥落现象；有许多大型水电站（如丰满、云峰等）也遭受到严重的冻融破坏；有些防波堤的混凝土块受海水侵蚀，不到几年时间就严重破坏。随着现代社会人类开发建设力度加大，结构物所处的环境条件越来越恶劣；同时大型结构物投资巨大，建设周期长，对它的寿命要求越来越长。因此，提高材料的耐久性对结构物的安全性和经济性能均具有重要意义。结构设计不仅要考虑材料在荷载作用下的强度，还要重视材料的耐久性能。要引入耐久性设计的概念，建立耐久性设计的理论体系和方法，就需要研究和完善土木工程材料的耐久性试验方法和评价指标，为结构物的耐久性设计提供依据。

1.3.3　耐久性试验方法原理

材料在实际环境中的耐久性指标需要经过长期观察或测定才能获得，不可能像强度指标那样由破坏试验直接获得。为了在材料使用之前就能获得其耐久性评价结果，就必须采用强化的环境条件进行快速试验，这样取得的试验结果可能会与实际情况有些差距。因此，必须研究材料耐久性试验方法的科学性，以及快速试验结果与长期耐久性能之间的对应关系。

材料耐久性包括多方面内容，它是一个综合性指标。不同用途的材料、不同的环境条件下，所要求的耐久性指标不完全相同。例如，在地下、水中或潮湿环境下，有挡水要求的构件，要重点考虑抗渗性、水的侵蚀；处于水位经常变化、正负温度变化等部位的构件或材料，要考虑干湿循环作用和冻融循环的作用；海洋工程结构物或氯离子含量较高的环境，要考虑盐溶液的侵蚀、钢筋锈蚀等因素；工厂、高温车间、城市道路附近的建筑物，要考虑碳化、高温及硫酸盐等侵蚀性介质的危害；沥青路面、塑料等高分子材料，要考虑在氧气、紫外线等因素作用下的老化性能等。

总之，耐久性包括的内容很多，许多性能指标的试验方法还不成熟，对于试验结果与实际环境中材料耐久性能之间的关系的研究还不够深入。例如，测定混凝土材料的抗渗性能只能在限定的时间内对混凝土试件施加水压力，测定水是否渗透，试件加压时间最长不过十几个小时至几天，如果试件没有透水即确定为合格，但是在实际结构物中混凝土需要长年处于压力水的作用下，长达几十年，混凝土内部存在许多孔隙，透水的可能性是很大的。所以，如何正确评价材料的耐久性还需要做大量工作。

1.4　材料的组成与结构

材料的组成与结构是决定材料性质的内在因素。要了解材料的性质，必须先了解材料的组成、结构与材料性质之间的关系。

1.4.1 材料的组成

材料的组成包括材料的化学组成、矿物组成和相组成，它是决定材料的化学性质、物理性质、力学性质和耐久性的最基本因素。

1. 化学组成

化学组成是指构成材料的基本化合物或化学元素的种类和数量。材料与外界物质相接触时，将依照化学变化规律与之发生作用。如钢材的锈蚀、材料的可燃性和耐火性、木材的腐蚀、混凝土的碳化及受到的酸碱盐类物质的侵蚀等都是由材料的化学组成决定的。

2. 矿物组成

将材料中具有特定的晶体结构、特定物理力学性能的组织结构称为矿物。**矿物组成是指构成材料的矿物种类和数量。材料的矿物组成是决定材料性质的主要因素。**如硅酸盐类水泥的主要矿物组成为硅酸钙、铝酸钙、铁铝酸钙等，决定了水泥易水化成碱性凝胶体，并具有凝结硬化的性能；花岗石的主要矿物组成为长石、石英和少量云母，酸性岩石多，决定了花岗石耐酸性好，但耐火性差；大理石的主要矿物组成为方解石、白云石，含有少量石英，因此大理石不耐酸腐蚀，酸雨会使大理石中的方解石腐蚀成石膏，致使石材表面失去光泽；石英砂的主要成分是石英，如果其中含有玉髓、蛋白石，与高碱水泥同时使用时易发生碱－集料反应，降低水泥混凝土的耐久性。

3. 相组成

将材料中结构相近、性质相同的均匀部分称为相。自然界中的物质可分为气相、液相、固相三种形态。凡由两相或两相以上物质组成的材料称为复合材料。例如，混凝土是由集料颗粒（集料相）分散在水泥浆基体（基相）中所组成的两相复合材料。土木工程材料大多为复合材料，如钢筋混凝土、沥青混凝土、塑料泡沫夹心压型钢板，它们的配合比和构造形式不同，材料性质变化较大。

复合材料的性质与其构成材料的相组成和界面特性有密切关系。所谓界面，是指多相材料中相与相之间的分界面。在实际材料中，界面往往是一个较薄区域，它的成分和结构与相内的部分是不一样的，具有界面特性形成"界面相"。因此，**对于土木工程材料，可通过改变和控制其相组成和界面特性来改善和提高其技术性能。**

1.4.2 材料的结构

材料的结构分为宏观结构、细观结构和微观结构，它是决定材料性质的重要因素之一。

1. 宏观结构

宏观结构是指用肉眼或放大镜就能够观察到的粗大组织，其尺寸在 10^{-3} m 级以上。材料的宏观结构按孔隙特征分为：

（1）致密结构 致密结构是指孔隙率很低或趋近为零、结构致密的材料，如钢材、玻璃、塑料、橡胶和沥青等，具有吸水率低、抗渗性好、强度较高等性质。

（2）多孔结构 多孔结构是指材料内部有粗大孔隙的结构，如加气混凝土、泡沫混凝土和泡沫塑料等，这类材料质轻，吸水率高，抗渗性差，保温隔热、吸声性好。

（3）微孔结构 微孔结构是指材料内部有分布较均匀的微细孔隙的结构，如石膏制品、低温烧结黏土制品等，这类材料也具有质轻，吸水率高，抗渗性差，保温隔热、吸声性好的特点。

材料的宏观结构按材料的组织构造特征分为：

(1) 聚集结构 聚集结构是指由集料与具有胶黏性或黏结性物质胶结而成的结构，如混凝土、砂浆等。

(2) 纤维结构 纤维结构是指由纤维状物质构成的材料结构，纤维之间存在相当多的孔隙，如木材、钢纤维、玻璃纤维、矿棉，平行纤维方向的抗拉强度较高，能用作保温隔热和吸声材料。

(3) 层状结构 层状结构是指天然形成或采用人工黏结等方法将材料叠合成层状的结构，如胶合板、纸面石膏板、蜂窝板、泡沫压型钢板复合墙，各层材料性质不同，但叠合后材料综合性质较好，提高了材料的强度、硬度、保温及装饰等性能，扩大了材料的使用范围。

(4) 散粒结构 散粒结构是指呈松散颗粒状的结构，如砂石、陶粒能作为普通混凝土集料、沥青混凝土集料及轻混凝土集料，膨胀珍珠岩、聚苯乙烯泡沫颗粒能作为轻混凝土和轻砂浆的集料，赋予材料以保温隔热性能。

2. 细观结构

细观结构（亚微观结构）是指在光学显微镜下能观察到的结构，其尺寸范围为 $10^{-6} \sim 10^{-3}$m，主要用于研究材料内部的晶粒、颗粒的大小和形态、晶界与界面、孔隙与微裂纹等。材料的细观结构，只能针对某种具体土木工程材料来进行分类研究，如混凝土可分为基相、集料相、界面相；天然岩石可分为矿物、晶体颗粒、非晶体组织；钢铁可分为铁素体、渗碳体、珠光体；木材可分为木纤维、导管髓线、树脂道。

材料细观结构层次上的各种组织结构各异，其特征、数量、分布和界面性质对材料性能有重要影响。

3. 微观结构

材料的微观结构是指用电子显微镜、扫描电子显微镜或 X 射线来分析研究材料的原子、分子层次的结构特征，其尺寸范围为 $10^{-10} \sim 10^{-6}$m。材料的微观结构决定材料的许多物理性质、力学性质，如强度、硬度、熔点、导热、导电性等。

按材料组成质点的空间排列或联结方式，材料的微观结构可分为晶体、玻璃体和胶体。

(1) 晶体 在空间上，质点（离子、原子、分子）按特定的规则、呈周期性排列的固体称为晶体。晶体具有特定的几何外形和固定的熔点和化学稳定性。根据组成晶体的质点及化学键的不同，晶体可分为：

1) 原子晶体：中性原子以共价键结合而形成的晶体，如石英。

2) 离子晶体：正负离子以离子键结合而形成的晶体，如 NaCl。

3) 分子晶体：以分子间的范德华力即分子键结合而成的晶体，如有机化合物。

4) 金属晶体：以金属阳离子为晶格，由自由电子与金属阳离子间的金属键结合而成的晶体，如钢铁材料。

从键的结合力来看，共价键和离子键最强，金属键较强，分子键最弱。例如，纤维状矿物材料（玻璃纤维和岩棉），纤维内链状方向上的共价键力要比纤维与纤维之间的分子键结合力大得多，这类材料易分散成纤维，强度具有方向性；云母、滑石等结构层状材料的层间键力是分子力，结合力较弱，这类材料易被剥离成薄片；岛状材料（如石英、硅氧原子）以共价键结合成四面体，四面体在三维空间形成立体空间网架结构，因此，其质地坚硬，强度高。

（2）**玻璃体** 玻璃体是高温熔融物在急速冷却时形成的无定形体。冷却时其质点来不及结晶或因某种原因不能按规则排列就产生凝固，大量的化学能未能释放出，具有化学不稳定结构，容易与其他物质起化学作用，具有较高的化学活性。例如，生产水泥熟料时，硅酸盐从高温水泥回转窑急速落入空气中，急冷过程使得它来不及做定向排列，质点间的能量只能以内能的形式储存起来，具有化学不稳定性，能与水反应产生水硬性；粉煤灰、水淬粒化高炉矿渣、火山灰等玻璃体材料，能与石膏、石灰在有水的条件下水化和硬化，常掺入到硅酸盐水泥，丰富了硅酸盐水泥的品种。玻璃体结构特征为质点在空间上呈非周期性排列，故没有固定的熔点。

（3）**胶体** 胶体是指物质以极微小的质点（粒径为 $1\sim100\mu m$）分散在介质中所形成的结构。由于胶体中的分散质与分散介质带相反的电荷，胶体能保持稳定。分散质颗粒细小，使胶体具有黏结性。根据分散质与分散介质的相对比例不同，胶体结构上分为溶胶、溶凝胶和凝胶。乳胶漆是高分子树脂通过乳化剂分散在水中形成的涂料；道路石油沥青要求高温不软、低温不脆，需具有溶凝胶结构；硅酸盐水泥水化形成的水化产物中的凝胶将砂和石黏结成一个整体，形成人工石材。

随着材料科学与工程的理论与技术的不断发展，深入研究材料的组成、结构和材料性能之间的关系，不仅有利于为包括土木工程在内的各种工程正确选用材料，而且会加速人类自由设计生产工程所需的特殊性能新材料的进程。

习 题

1-1 材料的堆积密度、表观密度和密度有什么区别？分别如何测定？

1-2 某岩石的密度为 $2.66g/cm^3$，表观密度为 $2.59g/cm^3$，堆积密度为 $1.72g/cm^3$，试计算该岩石的孔隙率和空隙率。

1-3 某墙体材料的密度为 $2.7g/cm^3$，表观密度为 $1.4g/cm^3$，质量吸水率为 17%，求其开口孔隙率、闭口孔隙率和体积吸水率。

1-4 含水率为 2.1% 的湿砂 1000g，有干砂和水各多少？

1-5 普通黏土砖进行抗压试验，受压面积为 115mm×120mm，气干、绝干和饱水情况下测得破坏荷载分别为 196kN、209kN 和 182kN，此砖是否宜于建造建筑物常与水接触的部位？

1-6 某材料的密度为 $2.60g/cm^3$，表观密度为 $1.6g/cm^3$，现将一质量为 954g 的该材料浸入水中，吸水饱和后取出质量为 1086g，试求该材料的孔隙率、质量吸水率、开口孔隙率和闭口孔隙率。

1-7 如何区分亲水性材料与憎水性材料？材料的亲水性和憎水性有何工程意义？

1-8 影响材料强度测试结果的试验条件有哪些？分别是如何影响的？

1-9 晶体与玻璃体在性质上有何不同？

1-10 当某材料的孔隙率增大且连通孔增多时，该材料的密度、表观密度、强度、吸水率、抗冻性、导热性如何变化？

气硬性胶凝材料　第2章

【本章提要】介绍了胶凝材料、气硬性胶凝材料、水硬性胶凝材料的概念和常用胶凝材料的分类，着重介绍石灰、石膏、水玻璃和镁质胶凝材料的生产、硬化特性和应用。本章的学习目标：熟悉石灰的生产、消化和硬化；掌握过火石灰的概念及它对石灰质量的影响、石灰的特性和应用；了解建筑石膏的生产、水化和硬化过程；了解建筑石膏的特性和应用；了解水玻璃、菱苦土的组成、特性和应用。

在土木工程中，凡是经过一系列物理、化学作用，能够将散粒材料（如砂子或石子）或块状材料（如砖或石块）黏结成整体的材料，统称为胶凝材料。胶凝材料是重要的土木工程材料之一。

根据胶凝材料的化学组成，一般可分为无机胶凝材料和有机胶凝材料两类。有机胶凝材料以天然的或合成的有机高分子化合物为基本成分，常用的有沥青、天然树脂及各种合成树脂等。无机胶凝材料则以无机化合物为基本成分，常用的有石膏、石灰、各种水泥等。根据无机胶凝材料硬化条件的不同，又可分为气硬性胶凝材料和水硬性胶凝材料两类。气硬性胶凝材料只能在空气中（即在干燥条件下）硬化，也只能在空气中保持和发展其强度；而水硬性胶凝材料则在空气中和在水中都能硬化且保持和发展其强度。

常用胶凝材料的分类如图2-1所示。

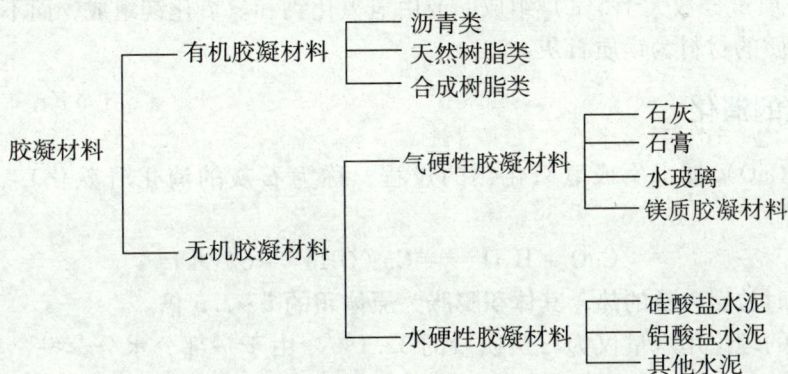

图 2-1　常用胶凝材料的分类

本章将介绍几种在土木工程中常用的气硬性胶凝材料，如石灰、石膏、水玻璃和镁质胶凝材料等。

2.1 石灰

石灰是一种以氧化钙为主要成分的气硬性无机胶凝材料，是人类最早使用的胶凝材料之一。 石灰的生产原料来源广泛、生产工艺简单、成本低廉、使用方便，因此至今仍被广泛应用于土木工程中。工程中常用的石灰产品有磨细生石灰粉、消石灰粉和石灰膏。

2.1.1 石灰的生产

生产石灰的主要原料有石灰石、白云石、白垩、贝壳等，它们的主要成分是碳酸钙。这些原料在适当的温度（900～1100℃）下煅烧，碳酸钙分解，得到以 CaO 为主要成分的生石灰，并释放出 CO_2，其煅烧反应式如下

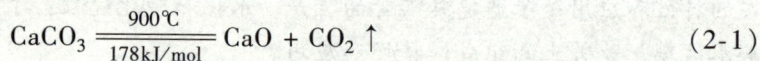

$$CaCO_3 \xrightarrow[178kJ/mol]{900℃} CaO + CO_2 \uparrow \tag{2-1}$$

生石灰质量轻，表观密度为 800～1000kg/m^3，密度约为 3.2g/cm^3，色质洁白或略带灰色。石灰在生产过程中，为了分解 $CaCO_3$，应使原料得到充分煅烧，并考虑到热损失，常将煅烧温度场提高到 1000～1100℃。由于石灰石原料的致密程度、块形大小、杂质含量不同，以及煅烧温度分布的不均匀，常会生产出**"欠火石灰"**和**"过火石灰"**。欠火石灰是由于煅烧温度过低、石灰石尺寸过大或煅烧时间不足，碳酸钙未能完全分解，外部为正常煅烧的石灰，内部尚有未分解的碳酸钙内核。欠火石灰不仅降低石灰的利用率，而且使用时缺乏黏结力。过火石灰是由于煅烧温度过高，煅烧时间过长所致，其颜色呈灰黑色、结构致密、孔隙率小、颗粒表面部分被釉状物质所包覆。过火石灰与水的作用减慢，如在工程中使用会影响工程质量。

因石灰原料中常含有一些碳酸镁成分，所以经煅烧生成的生石灰中，也相应含氧化镁（MgO）成分。按照我国建材行业标准 JC/T 479—2013《建筑生石灰》的规定，主要由氧化钙或氢氧化钙组成，而不添加任何水硬性的或火山灰质的材料为钙质石灰；主要由氧化钙和氧化镁（MgO 质量分数大于 5%）组成，或由氢氧化钙和氢氧化镁组成，而不添加任何水硬性的或火山灰质的材料为镁质石灰。

2.1.2 石灰的消化

生石灰（CaO）加水生成氢氧化钙的过程，称为**石灰的消化（熟化）**，其化学反应式为

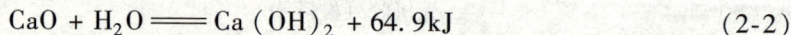

$$CaO + H_2O == Ca(OH)_2 + 64.9kJ \tag{2-2}$$

石灰消化时放出大量的热，其体积膨胀为原体积的 1～2.5 倍。

石灰消化的理论用水量仅为石灰质量的 32.1%，由于一部分水分蒸发，实际加水量较多（60%～80%）。若加水过多，会使温度下降，石灰消化速度减慢，从而延长消化时间。工地上消化石灰常用方法有消石灰浆法和消石灰粉法两种。

消石灰浆法是将生石灰在化灰池中消化成石灰浆，石灰浆通过筛网流入储灰坑。由于有过火石灰的存在，为了防止过火石灰在使用并硬化后因继续消化时体积膨胀引起结构物的隆起和开裂，石灰浆应在储灰坑中存放 2 周以上，此为**"陈伏"**。**"陈伏"** 期间，石灰浆表面

应保持有一层水分，与空气隔绝，以免碳化。消石灰粉法是加适量的水，将生石灰消化成石灰粉。工地可采用分层浇水法，每层生石灰块厚约50cm，或在生石灰块堆中插入有孔的水管，缓慢地向内灌水。

2.1.3 石灰的硬化

石灰的硬化是指石灰由塑性状态逐渐转化为具有一定强度的固体的过程。石灰浆体的硬化过程包括干燥硬化和碳化硬化两部分。

(1) 干燥硬化 石灰浆体在干燥过程中，毛细孔隙失水，由于水的表面张力的作用，毛细孔隙中的水面呈弯月面，从而产生毛细管压力，使得氢氧化钙颗粒间距逐渐减小，进而产生一定的强度。干燥过程中因水分的蒸发，氢氧化钙也会在过饱和溶液中结晶，但结晶数量很少，也会产生很低的强度。前述两种情况下，氢氧化钙的强度增加都很有限，因此对石灰浆体的强度增加不大，若再遇水，因毛细管压力消失，氢氧化钙颗粒间紧密程度降低，且氢氧化钙微溶于水，强度丧失。

(2) 碳化硬化 氢氧化钙与空气中的二氧化碳反应生成碳酸钙晶体的过程称为碳化。其反应式如下

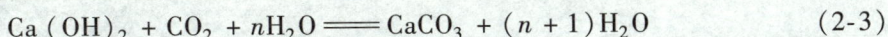

$$Ca(OH)_2 + CO_2 + nH_2O \xrightarrow{\hspace{1cm}} CaCO_3 + (n+1)H_2O \qquad (2-3)$$

石灰的碳化硬化**放出大量的水，其体积发生收缩**。

生成的碳酸钙具有相当高的强度。由于空气中二氧化碳的含量很低，因此，碳化过程极为缓慢。当石灰浆体含水率过小，处于干燥状态时，碳化反应几乎停止。当石灰浆体含水率高时，孔隙中几乎充满水，二氧化碳气体难以渗透，碳化作用仅在表面进行，生成的碳酸钙达到一定厚度时，阻碍二氧化碳向内渗透，同时也阻碍内部水分向外蒸发，从而减慢了碳化速度。由此可见，石灰是一种硬化慢、强度低的气硬性胶凝材料。

2.1.4 石灰的特性和技术指标

1. 石灰的特性

石灰与其他胶凝材料相比具有以下特性：

(1) 保水性、可塑性好 消石灰粉或石灰膏与水拌和后，石灰浆中的氢氧化钙颗粒极细（直径约为$1\mu m$），其表面吸附一层较厚的水膜，由于颗粒数量多，比表面积大，可吸附大量水，并形成胶体分散状态，保持水分不泌出的能力较强，即保水性好。颗粒表面吸附较厚的水膜，也降低了颗粒间的摩擦力，颗粒间的滑移较易进行，即可塑性好，易摊铺成均匀的薄层。这一性质常被用来改善水泥砂浆的保水性，并可使水泥砂浆的和易性、可塑性得到显著提高。

(2) 凝结硬化慢、强度低 由于空气中二氧化碳的含量很低，且与空气接触的表层碳化后形成的碳酸钙表层阻止了二氧化碳的渗入，也不利于水分向外蒸发，使碳酸钙和氢氧化钙结晶体生成缓慢且数量少。因此，石灰是一种硬化缓慢的胶凝材料，硬化后的强度也很低，如1:3的石灰砂浆，28d的抗压强度仅为$0.2 \sim 0.5MPa$。

(3) 耐水性差 在石灰硬化体中，大部分是尚未碳化的氢氧化钙，由于氢氧化钙结晶微溶于水，因而其耐水性差，在潮湿环境中强度会很低，遇水还会溶解溃散。所以，石灰不宜用于潮湿环境，也不宜单独用于建筑物的基础。

（4）硬化时体积收缩大 石灰浆体在凝结硬化过程中，蒸发出大量水分，由于毛细管失水收缩，引起体积收缩变形，使已硬化的石灰出现干缩裂纹。所以，除调成石灰乳用于薄层粉刷外，石灰不宜单独使用，施工时常在其中掺入一定量的砂、纸筋、麻刀等加强材料，以减少收缩和节约石灰。

生石灰块和生石灰粉须在干燥条件下运输和储存，且不宜存放太久。在存放过程中，生石灰会吸收空气中的水分消化成消石灰粉，并进一步与空气中的二氧化碳作用生成碳酸钙，从而失去胶结能力。所以，生石灰块和生石灰粉应在密闭条件下长期存放，且应防潮、防水。

2. 石灰的技术指标

土木工程中所用的石灰，分为三个品种：**建筑生石灰、建筑生石灰粉和建筑消石灰粉。**

若将块状生石灰磨细，则可得到生石灰粉。根据 JC/T 479—2013《建筑生石灰》的规定，按生石灰的化学成分，分为钙质石灰和镁质石灰两类。根据化学成分的含量每类分成各个等级，分类及代号见表 2-1，建筑生石灰的化学成分和物理性质要求见表 2-2。

表 2-1　建筑生石灰的分类（JC/T 479—2013）

类别	名称	代号
钙质石灰	钙质石灰 90	CL 90
	钙质石灰 85	CL 85
	钙质石灰 75	CL 75
镁质石灰	镁质石灰 85	ML 85
	镁质石灰 80	ML 80

表 2-2　建筑生石灰的化学成分和物理性质（JC/T 479—2013）

名称	氧化钙＋氧化镁（CaO＋MgO）	氧化镁（MgO）	二氧化碳（CO_2）	三氧化硫（SO_3）	产浆量/（dm^3/10kg）	细度	
						0.2mm 筛余量（%）	90μm 筛余量（%）
CL 90 - Q CL 90 - QP	≥90	≤5	≤4	≤2	≥26 —	— ≤2	— ≤7
CL 85 - Q CL 85 - QP	≥85	≤5	≤7	≤2	≥26 —	— ≤2	— ≤7
CL 75 - Q CL 75 - QP	≥75	≤5	≤12	≤2	≥26 —	— ≤2	— ≤7
ML 85 - Q ML 85 - QP	≥85	>5	≤7	≤2	—	— ≤2	— ≤7
ML 80 - Q ML 80 - QP	≥80	>5	≤7	≤2	—	— ≤7	— ≤2

注：生石灰块在代号后加 Q，生石灰粉在代号后加 QP。

根据 JC/T 481—2013《建筑消石灰》的规定，建筑消石灰按扣除游离水和结合水后（CaO＋MgO）的百分含量加以分类，建筑消石灰的化学成分和物理性质要求见表 2-3。

表2-3 建筑消石灰的化学成分和物理性质（JC/T 481—2013）

类别	代号	氧化钙＋氧化镁（CaO＋MgO）	氧化镁（MgO）	三氧化硫（SO$_3$）	游离水（%）	细度		安定性
						0.2mm 筛余量（%）	90μm 筛余量（%）	
钙质消石灰	HCL 90 HCL 85 HCL 80	≥90 ≥85 ≥80	≤5	≤2	≤2	≤2	≤7	合格
镁质消石灰	HML 85 HML 80	≥85 ≥80	＞5	≤2				

2.1.5 石灰的应用

石灰在工程中的应用范围广泛，常用于以下几个方面。

1. 石灰乳涂料和石灰砂浆

将消化好的石灰膏或消石灰粉加入适量的水，可配制成石灰乳涂料，主要用于要求不高的内墙和顶棚的粉刷，也常用于我国农村外墙的粉刷。在石灰乳中，掺入少量佛青颜料，可使其呈纯白色；掺入少量磨细粒化高炉矿渣或粉煤灰，可提高粉刷层的耐水性；掺入聚乙烯醇、干酪素、氯化钙或明矾，可减少涂层粉化现象；掺入各种色彩的耐碱材料，可获得更好的装饰效果。石灰膏或消石灰粉可以单独配制成石灰砂浆，也可与水泥一起配制成混合砂浆，用于砌筑或抹面工程。

2. 石灰土和三合土

消石灰粉与黏土拌和，称为石灰土（灰土），若再加入砂（或碎石、炉渣等）即制成三合土。将石灰土或三合土分层夯实后，密实度可以大大提高，并具有一定的强度和耐水性。石灰土和三合土主要用于建筑物的基础、道路和地面的垫层，也可用于小型水利工程。

石灰土或三合土的硬化，除了 Ca(OH)$_2$ 发生结晶及碳化作用外，Ca(OH)$_2$ 还能与黏土颗粒表面的少量活性 SiO$_2$ 和活性 Al$_2$O$_3$ 发生化学反应，生成水硬性的水化硅酸钙和水化铝酸钙，使黏土颗粒黏结起来，因而提高了黏土的强度和水稳定性。

3. 硅酸盐混凝土及其制品

硅酸盐混凝土是以石灰与硅质材料（如砂、粉煤灰、粒化高炉矿渣、煤矸石、页岩、炉渣等）为主要原料，经过配料、加水拌和、成型、养护（常压蒸汽养护或高压蒸汽养护）等工序制得的产品，其主要产物为水化硅酸钙。常用的硅酸盐混凝土制品有各种粉煤灰砖及砌块、灰砂砖及砌块、加气混凝土砌块等，主要应用于墙体材料。

【案例2-1】 石灰做静态破碎剂和膨胀剂。

概况：某市旧城改造，用炸药拆除房屋时因振动大，相邻房屋易发生开裂，影响使用。试找一种经济有效的拆除方法。

分析：相邻房屋年久失修，用常规炸药振动冲击波大，易损坏，需用静态破碎剂。静态破碎剂是一种以石灰和硅酸盐为主的白色粉末状物质，其中过火石灰量较多。用水调制成浆体，装入炮孔中，将被破碎体破碎。用于砖、石、混凝土、钢筋混凝土建筑物、构筑物的拆除，破碎各种岩石，切割花岗石、大理石、汉白玉等。

【案例2-2】 石灰加固软弱地基。

概况：某新建厂区，其主要道路及车间地坪需建在软弱地基上，试找一种经济有效的加固地基的方法。

分析：石灰桩又称为石灰挤密桩，是为加速软弱地基的固结，在地基上钻孔并灌入生石灰而成的吸水柱体。石灰桩具有加固效果显著，材料易得，施工简便，造价低廉等优点。石灰桩法适于处理含水率较高的软弱地基，不太严重的黄土地基湿陷性事故或者做较严重的湿陷性事故的辅助处理措施，是一种处理软弱地基的简易有效的方法。此外还可以用灰土挤密桩法，灰土挤密桩法首先在基础底面形成若干个桩孔，然后将灰土填入并分层夯实，以提高地基的承载力或水稳性。灰土挤密桩法适用于处理地下水位以上的湿陷性黄土、素填土和杂填土等地基，处理深度宜为 $5 \sim 15m$。

【案例2-3】 石灰砂浆开裂。

概况：某住宅楼的内墙使用石灰砂浆抹面，数月后，墙面上出现了许多不规则的网状裂纹，同时在个别部位还发现了部分凸出的放射状裂纹。试分析上述现象产生的原因。

分析：墙上的许多不规则的网状裂纹出现的原因很多，但最主要的原因是石灰在硬化过程中，蒸发大量的游离水而引起体积收缩的结果。墙面上个别部位出现凸出的放射状的裂纹，是由于配制石灰砂浆时所用的石灰中混入了过火石灰。这部分过火石灰在消解、陈伏阶段中未完全消化，以至于在砂浆硬化后，过火石灰吸收空气中的水蒸气继续消化，造成体积膨胀，从而出现上述现象。

2.2 石膏

石膏是一种历史悠久、应用广泛的无机气硬性胶凝材料，其主要化学成分为硫酸钙（$CaSO_4$）。其品种主要有建筑石膏、高强石膏、粉刷石膏、无水石膏水泥、高温煅烧石膏等。其中，以半水石膏（$CaSO_4 \cdot \frac{1}{2}H_2O$）为主要成分的建筑石膏和高强石膏在建筑工程中应用较多，最常用的是建筑石膏。

2.2.1 石膏的原料及生产

生产石膏胶凝材料的主要原料是天然二水石膏（$CaSO_4 \cdot 2H_2O$）、天然无水石膏（$CaSO_4$）及含 $CaSO_4 \cdot 2H_2O$ 或 $CaSO_4 \cdot 2H_2O$ 与 $CaSO_4$ 混合物的化工石膏。

在建筑工程中使用的石膏是天然二水石膏经加工而成的半水石膏（$CaSO_4 \cdot \frac{1}{2}H_2O$），也称为熟石膏。天然二水石膏在加工时随加热方式和温度的不同，可以得到不同性质的石膏产品。生产石膏胶凝材料的主要流程是破碎、加热与磨细。因原材料质量不同、煅烧时压力与温度不同，所得到的石膏及其结构和特性也不相同。

将天然二水石膏在常压下加热，当温度达到 $107 \sim 170℃$ 时，脱水变为 **β 型半水石膏**（也称为熟石膏），再经磨细成白色粉末，即为**建筑石膏**。加热过程通常是在炒锅或回转窑中进行。其反应式为

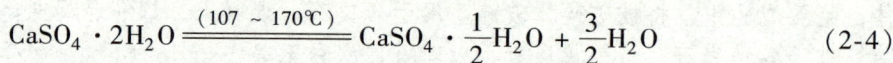

$$CaSO_4 \cdot 2H_2O \xrightarrow{(107 \sim 170℃)} CaSO_4 \cdot \frac{1}{2}H_2O + \frac{3}{2}H_2O \tag{2-4}$$

β 型半水石膏结晶细小，分散度高，其中杂质较少、白度较高的 β 型半水石膏，通常用于制作模型和花饰，又称为模型石膏。它在陶瓷工业中用作成型的模型。

将天然二水石膏置于 0.13MPa 大气压、125℃的饱和水蒸气条件下的密闭蒸压釜中，可脱水成为 α 型半水石膏。与 β 型半水石膏相比，α 型半水石膏结晶颗粒粗大，微观结构致密，达到一定稠度所需的用水量小，只是建筑石膏的一半左右，这样石膏硬化后结构密实、强度较高，因此称为高强石膏。

此外还有可溶性硬石膏、不溶性硬石膏（死烧石膏）、高温锻造石膏等，但在建筑中应用较多的是建筑石膏。

2.2.2 建筑石膏的水化与硬化

建筑石膏与适量水拌和后，可调制成可塑性浆体，但很快就会失去塑性并产生强度，逐渐发展成为坚硬的固体，这个过程就是建筑石膏的水化与硬化，它是由于浆体内部发生了一系列的物理化学变化。

半水石膏与水发生水化反应，生成二水石膏，反应式如下

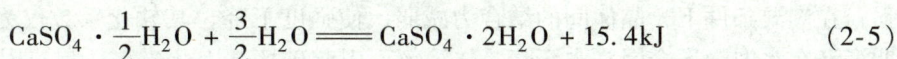

$$CaSO_4 \cdot \frac{1}{2}H_2O + \frac{3}{2}H_2O \Longrightarrow CaSO_4 \cdot 2H_2O + 15.4kJ \tag{2-5}$$

由于二水石膏在水中的溶解度小于半水石膏，故二水石膏很快在溶液中达到饱和，形成胶体微粒并且不断转变为晶体析出。二水石膏的析出破坏了原来半水石膏溶解的平衡状态，这时半水石膏会进一步溶解，以补偿二水石膏析晶在液相中减少的硫酸钙。如此不断地进行半水石膏的溶解和二水石膏的析出，直到半水石膏完全水化为止。在这个过程中，浆体中的自由水分由于水化和蒸发而逐渐减少，二水石膏胶体微粒数量则不断增加，它比原来的半水石膏微粒小得多，所以总表面积不断增加，此时，需要更多的水分来包裹。所以，浆体逐渐变稠，微粒间的摩擦力和黏结力逐渐增加，浆体开始失去塑性，表现为初凝，对应的这段时间称为初凝时间。随着水化和水分蒸发的继续进行，二水石膏胶体微粒逐渐凝聚为晶体，晶体逐渐长大、共生和相互交错，致使浆体完全失去可塑性，开始产生强度，表现为终凝，对应的这段时间称为终凝时间。随着晶体颗粒的继续长大、共生、交错，晶体之间的摩擦力和黏结力逐渐增大，浆体强度也随之增加，直到浆体完全干燥，强度才停止增长，这就是石膏的硬化过程。实际上，石膏的水化、凝结、硬化过程是一个相互交叉而又连续进行的过程。

2.2.3 建筑石膏的特性和技术指标

1. 建筑石膏的特性

建筑石膏与其他无机胶凝材料相比，具有如下特性：

（1）凝结硬化快 建筑石膏凝结硬化速度快，它的凝结时间随煅烧温度、磨细程度和杂质含量等情况的不同而不同。一般情况下，建筑石膏与水拌和后，在常温下数分钟即可初凝，30min 以内即可达到终凝，1 周左右完全硬化。为延缓其凝结时间，可加入适量缓凝剂，以降低半水石膏的溶解度和溶解速度。常用的缓凝剂有柠檬酸、硼酸及它们的盐，或亚硫酸盐酒精废液、淀粉液、明胶、醋酸钙等。若要加速建筑石膏的凝结，则可掺入促凝剂，如氯化钠、氯化镁、硅氟酸钠、硫酸钠、硫酸镁等，它的作用在于增加半水石膏的溶解度和溶解速度。

（2）硬化时体积微膨胀，装饰性好　建筑石膏在凝结硬化过程中，体积略有膨胀，硬化时不出现裂缝，可不掺加填料而单独使用。这种微膨胀性使得石膏硬化后，表面光滑饱满、不干裂、细腻平整、颜色洁白、制品尺寸准确、轮廓清晰，可锯可钉，具有很好的装饰性。

（3）硬化后孔隙率大，表观密度和强度较低　建筑石膏的水化，理论需水量只占半水石膏质量的18.6%，但实际上为使石膏浆体具有一定的可塑性，往往需加水到60%～80%，多余的水分在硬化过程中逐渐蒸发，在硬化后的石膏中产生大量的孔隙，一般孔隙率为50%～60%，因此，建筑石膏硬化后，表观密度较小，强度较低。

（4）防火性能良好，但耐火性差　建筑石膏制品的主要成分为二水石膏，火灾时，石膏结晶水蒸发并吸收热量，在制品表面形成"蒸汽幕"，能有效阻止火势的蔓延和温度的升高，从而起到防火作用。但二水石膏脱水后，强度下降，因而不耐火。

（5）隔热保温、隔声吸声性能良好，但耐水性较差　建筑石膏制品的孔隙率大，且均为微细的毛细孔，所以其热导率小，一般为0.121～0.205W/(m·K)，这使其具有良好的隔热保温性能。建筑石膏制品具有大量的微孔，尤其是表面微孔使制品传导或反射声音的能力显著下降，所以，建筑石膏制品具有较强的吸声能力。建筑石膏制品孔隙率大，吸湿性强，在潮湿条件下，晶体间的结合力减弱，使强度下降，其软化系数仅为0.3～0.45，若长期浸泡在水中，还会因二水石膏晶体溶解而引起破坏。因此，它适宜应用于相对湿度不大于70%环境中，若要在潮湿环境中使用，建筑石膏制品中需掺入防水剂和耐水性好的集料，从而避免二水石膏在水中溃散。

（6）具有一定的调温调湿性　建筑石膏制品中有大量微细毛细孔，具有吸湿与还湿功能，其含水率随环境温度和湿度的变化而改变，水分蒸发和吸收速度维持动态平衡，形成一个合适的室内气候，可起到调节室内湿度的作用。同时由于其热导率小、热容量大，可形成舒适的表面温度，改善室内温度。

（7）施工性能好　建筑石膏制品可锯、刨、钉、贴、雕，施工与安装灵活方便。

建筑石膏在运输和储存时，不得受潮和混入杂物。建筑石膏自生产之日起，在正常运输与储存条件下，储存期为3个月。

2. 建筑石膏的技术指标

GB/T 9776—2008《建筑石膏》的规定，建筑石膏按2h强度（抗折）分为3.0、2.0、1.6三个等级，各等级技术指标见表2-4。

表2-4　建筑石膏技术指标（GB/T 9776—2008）

等级	细度（0.2mm方孔筛筛余）（%）	凝结时间/min		2h 强度/MPa	
		初凝	终凝	0.2mm 筛余量（%）	90μm 筛余量（%）
3.0				≥3.0	≥6.0
2.0	≤10	≥2	≤30	≥2.0	≥4.0
1.6				≥1.6	≥3.0

2.2.4　建筑石膏的应用

建筑石膏的应用十分广泛，主要用作室内装饰、保温绝热、吸声及阻燃等方面的材料，主要有下列用途。

1. 室内抹灰和粉刷

建筑石膏加水、砂拌和成石膏砂浆，可用于室内抹灰。这种抹灰墙面具有绝热、阻火、隔声、舒适、美观等特点。抹灰后的墙面和顶棚还可以直接涂刷油漆及粘贴墙纸。

建筑石膏加水调成石膏浆体，掺入部分石灰可用于室内粉刷涂料。粉刷后的墙面光滑、细腻、洁白美观。

2. 石膏板

石膏板具有轻质、隔热保温、吸声、防火、装饰美观、尺寸稳定、加工性好及施工方便等优点，在建筑中得到广泛应用，是一种很有发展前途的新型建筑材料。目前，我国生产的石膏板主要有纸面石膏板、纤维石膏板、石膏空心条板和装饰石膏板等。

纸面石膏板是用石膏做芯材，两面用纸做护面而成的，宽度为 900 ~ 1200mm，厚度为 9 ~ 12mm，长度可按需要而定，主要用于内墙、隔墙和顶棚等处。

石膏空心条板是以建筑石膏为主要原料，规格为（2500 ~ 3500）mm ×（450 ~ 600）mm ×（60 ~ 100）mm，7 ~ 9 孔，孔洞率为 30% ~ 40%。这种石膏板强度高，可用作住宅和公共建筑的内墙和隔墙等，安装时，不需龙骨。

石膏装饰板是以建筑石膏为主要原料，规格为边长 300mm、400mm、500mm、600mm、900mm 的正方形，有平板、多孔板、花纹板、浮雕板及装饰薄板等，它花色多样、颜色鲜艳、造型美观，主要用于公共建筑，可作为墙面和顶棚等。

纤维石膏板是以建筑石膏、纸板和短切玻璃纤维为原料，这种板的抗弯强度高，可用于内墙和隔墙，也可用来代替木材制作家具。

此外还有石膏蜂窝板、防潮石膏板、石膏矿棉复合板等，可分别用作绝热板、吸声板、内墙和隔墙板、顶棚、地面基层板等。

3. 石膏装饰制品

石膏装饰制品是采用优质的建筑石膏配以纤维增强材料、胶黏剂等，与水拌匀制成料浆，经浇筑成型、硬化、干燥而成。可成型制成各种石膏雕塑和建筑装饰配件，如角线、角花、罗马柱、平底线、圆弧线、灯圈、花盘、花纹板、门头花、壁托、壁炉、壁画及各式石膏立体浮雕、艺术品等。石膏装饰制品广泛应用于各类不同的建筑风格、不同档次的建筑室内艺术装饰。

4. 石膏砌块

石膏砌块是以建筑石膏为主要原料，经加水搅拌、浇筑成型和干燥而制成的块状轻质建筑石膏制品。在生产中根据性能要求可加入纤维增强材料、轻集料、发泡剂等辅助材料。石膏砌块可分为实心及空心砌块两大类，外形为长方体，一般在纵横边缘分别设有榫头和榫槽。石膏砌块适用于砌筑室内的非承重墙。

2.3　水玻璃

水玻璃俗称泡花碱，是碱金属氧化物和二氧化硅结合而成的一种可溶于水的透明的玻璃状熔合物，其化学式为 $R_2O \cdot nSiO_2$，式中 R_2O 为碱金属氧化物。按碱金属氧化物的不同，水玻璃可分为硅酸钠水玻璃（$Na_2O \cdot nSiO_2$）（也称为钠水玻璃，简称水玻璃）和硅酸钾水玻璃（$K_2O \cdot nSiO_2$）（也称为钾水玻璃），工程中以钠水玻璃最为常用。

2.3.1 水玻璃的生产

生产水玻璃的方法有湿法和干法两种。湿法生产硅酸钠水玻璃时，将石英砂和苛性钠溶液在压蒸釜内用蒸汽加热、搅拌生成液体水玻璃。干法是将石英砂和碳酸钠（或硫酸钠）磨细拌匀，在熔炉内以 1300～1400℃ 下熔融反应而生成固体水玻璃，在压蒸釜内将水蒸气引入到固体水玻璃中得到液体水玻璃。熔融状态下的化学反应式如下

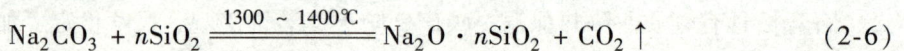

$$Na_2CO_3 + nSiO_2 \xrightarrow{1300～1400℃} Na_2O \cdot nSiO_2 + CO_2 \uparrow \tag{2-6}$$

水玻璃是无色透明的液体，因杂质种类及其含量的不同会使水玻璃呈青灰色、绿色或淡黄色。

水玻璃分子式中，**n 称为水玻璃的模数**，是二氧化硅与氧化钠的分子数之比，其大小决定水玻璃的品质及其应用性能。水玻璃的模数越大，胶体组分越多，越难溶于水，黏结能力越强。模数为 1 的水玻璃溶解于常温水中，模数大于 3 的水玻璃须在 4 个大气压以上蒸汽中才能溶解，**水玻璃的模数一般为 1.5～3.5，建筑上常用的水玻璃模数为 2.6～2.8。**

水玻璃溶液可以与水按任意比例混合，不同的用水量，可使溶液具有不同的密度和黏度，同一模数的水玻璃溶液，其密度越大，黏度越大，黏结力越强。若在水玻璃溶液中加入尿素，可以在不改变黏度的情况下，提高其黏结能力。

2.3.2 水玻璃的硬化

水玻璃在空气中能与二氧化碳反应，生成无定形的二氧化硅凝胶（又称为硅酸凝胶），凝胶脱水转变成二氧化硅而硬化，其反应式如下

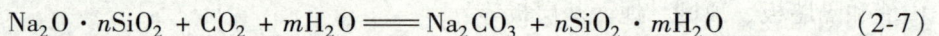

$$Na_2O \cdot nSiO_2 + CO_2 + mH_2O === Na_2CO_3 + nSiO_2 \cdot mH_2O \tag{2-7}$$

由于空气中的二氧化碳极少，上述反应极其缓慢，因此，水玻璃在使用时常加入促凝剂，以加快其硬化速度，常用的促凝剂为氟硅酸钠（Na_2SiF_6），其反应式如下

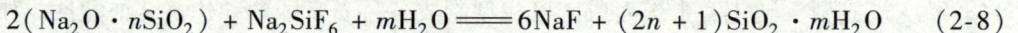

$$2(Na_2O \cdot nSiO_2) + Na_2SiF_6 + mH_2O === 6NaF + (2n+1)SiO_2 \cdot mH_2O \tag{2-8}$$

氟硅酸钠的适宜掺量，一般为水玻璃质量的 12%～15%。掺量太少，则其凝结硬化慢，强度低，并且存在较多的没参与反应的水玻璃，当遇水时，残余水玻璃易溶于水，影响硬化后水玻璃的耐水性；掺量太多，则凝结硬化过快，造成施工困难，且抗渗性和强度降低。氟硅酸钠有毒，施工操作时要注意进行安全防护。

水玻璃应在密闭条件下存放，经过长时间存放后，水玻璃会产生一定的沉淀，使用时应搅拌均匀。

2.3.3 水玻璃的特性和应用

水玻璃在土木工程中具有下列特性和用途。

1. 较强的耐酸腐蚀性

水玻璃硬化后的主要成分（二氧化硅）可以抵抗除氢氟酸、过热磷酸以外大多数无机酸和有机酸的腐蚀，故水玻璃常用于配制水玻璃耐酸混凝土、耐酸砂浆、耐酸胶泥等，也可用于冶金、化工等行业的防腐工程中。

2. 良好的耐热性能

水玻璃硬化后形成的二氧化硅网状骨架，在高温下强度下降不大，能配制耐热混凝土、

耐热砂浆、耐热胶泥等，也可用于高炉基础、热工设备基础及围护结构等耐热工程中，或调制防火漆等材料。

3. 涂刷在建筑材料表面可提高抗风化能力

涂刷在天然石材、硅酸盐制品及水泥混凝土等多孔材料的表面，水玻璃硬化析出的硅酸凝胶还能堵塞材料的毛细孔隙，提高材料的密实度，起到阻止水分渗透的作用，有助于耐水和抗风化。但水玻璃不能涂刷或浸渍石膏制品，因为水玻璃与石膏反应生成硫酸钠，体积膨胀引起材料破坏。

4. 加固土壤和地基

将水玻璃溶液和氯化钙溶液交替注入土壤中，两者反应析出的硅酸胶体，胶结土壤，填充孔隙。同时，硅酸凝胶因吸收地下水而经常处于膨胀状态，能阻止水分的渗透和使土壤固结，生成的氢氧化钙也能起胶结和填充孔隙的作用。

5. 配制速凝防水剂

在水玻璃溶液中加入二种、三种、四种或五种矾，可配制成二矾、三矾、四矾或五矾快速防水剂（又称为速凝剂）。水泥浆、砂浆或混凝土中掺入适量的这种快速防水剂，可使凝结迅速，初凝时间一般为1min左右，可用于堵漏、填缝及局部紧急抢修。

2.4 镁质胶凝材料

镁质胶凝材料是以 MgO 为主要成分的气硬性胶凝材料，一般指菱苦土（又称为苛性苦土，主要成分 MgO）和苛性白云石（主要成分 MgO 和 $CaCO_3$）。

2.4.1 镁质胶凝材料的生产

生产镁质胶凝材料的原料主要是以含 $MgCO_3$ 为主要成分的天然菱镁矿（$MgCO_3$）、天然白云石（$CaCO_3 \cdot MgCO_3$）和蛇纹石（$3MgCO_3 \cdot 2SiO_2 \cdot 2H_2O$），冶炼轻质镁合金的熔渣也可以作为提制菱苦土的原料。镁质胶凝材料一般是将天然菱镁矿或天然白云石经煅烧、磨细而成，要求细度为 0.08mm 方孔筛的筛余量不大于 25%。

以天然菱镁矿为原料生产菱苦土时，通常将实际温度控制在 800～850℃，煅烧反应式如下

$$MgCO_3 = MgO + CO_2 \uparrow \qquad (2-9)$$

煅烧适当的菱苦土的密度为 $3.1～3.4g/cm^3$，堆积密度为 $800～900kg/m^3$，颜色为白色或浅黄色。

以白云石为原料生产苛性白云石时，为使白云石中的 $MgCO_3$ 充分分解而又避免其中的 $CaCO_3$ 分解，一般煅烧温度宜控制在 650～750℃，这时所得的镁质胶凝材料主要是活性 MgO 和惰性 $CaCO_3$，煅烧反应式如下

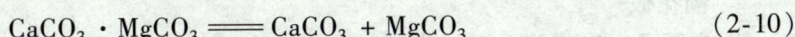

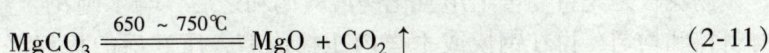

$$CaCO_3 \cdot MgCO_3 = CaCO_3 + MgCO_3 \qquad (2-10)$$

$$MgCO_3 \xrightarrow{650～750℃} MgO + CO_2 \uparrow \qquad (2-11)$$

苛性白云石为白色粉末，与菱苦土相近，但凝结较慢，强度较低。

2.4.2 镁质胶凝材料的硬化

镁质胶凝材料使用时,若与水拌和,将生成 Mg(OH)$_2$,由于氢氧化镁在水中溶解度极小,生成的氢氧化镁立即沉淀析出,其内部结构松散而无胶凝性,硬化后强度很低。同时,MgO 水化时还会产生大量水化热使水变成水蒸气,导致结构出现裂缝。因此,MgO 不适合单独与水拌和,在实际使用中,通常采用氯化镁(MgCl$_2$·6H$_2$O)、硫酸镁(MgSO$_4$·7H$_2$O)、氯化铁(FeCl$_3$)或硫酸亚铁(FeSO$_4$·H$_2$O)等盐类的水溶液来调和。最常用的方法是采用氯化镁溶液进行调和,生成的主要水化产物是氧氯化镁和氢氧化镁,反应式如下

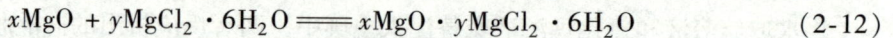

$$x\text{MgO} + y\text{MgCl}_2 \cdot 6\text{H}_2\text{O} \Longrightarrow x\text{MgO} \cdot y\text{MgCl}_2 \cdot 6\text{H}_2\text{O} \tag{2-12}$$

$$\text{MgO} + \text{H}_2\text{O} \Longrightarrow \text{Mg(OH)}_2 \tag{2-13}$$

氧氯化镁在水中的溶解度比氢氧化镁高,可降低溶液的过饱和度,促进水化反应不断进行。当生成的氧氯化镁达到饱和时,水化产物不再溶解,而是直接以胶体状态析出形成凝胶体,通过再结晶逐渐长大成细小的晶粒,使浆体凝结硬化,产生强度。因此,用氯化镁溶液调和的菱苦土胶凝材料,凝结硬化速度很快,1d 的抗拉强度即可达到 1.5MPa。

2.4.3 镁质胶凝材料的特性

在干燥条件下,镁质胶凝材料具有凝结硬化快(初凝时间为 30~60min)、强度高(28d 净浆抗压强度可达 90~100MPa)、黏结力大、耐磨等优点。但其水化产物具有很强的吸湿性和较高的溶解度,遇水或吸湿后容易产生翘曲变形,表面泛霜(俗称"返卤"),且强度大大降低。所以,菱苦土硬化体耐水性差,不宜用于潮湿环境。

菱苦土与植物纤维具有很好的黏结性,与硅酸盐水泥、石灰等胶凝材料相比,本身碱性较弱,所以对有机纤维没有腐蚀作用。但盐类溶液对钢材有强烈的腐蚀作用,因此,在菱苦土制品中不能配置钢筋,可配置竹、苇和玻璃纤维等有机纤维。

菱苦土在空气中的水的作用下会失去活性,因此,在储藏和运输过程中应注意防潮、防水。

2.4.4 镁质胶凝材料的应用

由于菱苦土具有的优良性能使其在土木工程中得到了较好的应用。

1. 菱苦土地面

将菱苦土与木屑按一定比例配合,并用氯化镁溶液拌和,可制成菱苦土地面。若掺入适量滑石粉、大理石粉、石英砂、石屑等,可提高地面的强度和耐磨性;若掺加适量的活性混合材,如红砖粉、粉煤灰等,可提高其耐水性;若掺加耐碱矿物颜料,可将地面着色。地面硬化干燥后常涂刷干性油漆,并用地蜡打光。菱苦土地面具有轻质、隔热、隔声、防火、防爆(碰撞时不产生火星)、耐磨性好、表面光洁、不产生尘土及具有一定的弹性和抗静电作用等优点,宜用于纺织车间、办公室、教室、剧场等,但不宜用于潮湿的场所。

2. 刨花板

刨花板是先将菱苦土用氯化镁溶液调和之后,与木刨花、亚麻皮或稻草等纤维状的有机材料拌和均匀,再在钢模或木模内压榨成型,压好后的板材经硬化后就可以做建筑上的顶棚、内墙贴面板等,并起隔热、隔声作用。

3. 木屑板

木屑板是先将锯木屑、颜料及其他填料与菱苦土干拌均匀，再与配制好的氯化镁溶液拌和，此混合物可以压制成各种板材，也可以直接铺于底层，经压实、装饰成无缝地板。

4. 泡沫菱苦土

在镁质胶凝材料中掺入适量的泡沫（有泡沫剂经搅拌制得），可制成泡沫菱苦土，形成一种多孔轻质的保温材料。

5. 玻璃纤维增强波形瓦

以玻璃纤维为增强材料，可将菱苦土制成抗折强度高的波形瓦。

习　题

2-1　什么是"陈伏"？"陈伏"期间，为什么要在石灰浆表面保持有一层水？

2-2　石灰与其他胶凝材料相比具有哪些特性？

2-3　为什么建筑石膏及其制品多用于室内装修？

2-4　试分析建筑石膏防火性能良好的原因。

2-5　使用水玻璃作胶结材料时，为什么必须加入促凝剂？

2-6　镁质胶凝材料使用时，为什么要对其进行调和？

水 泥 第3章

【本章提要】 主要介绍六大通用水泥即硅酸盐类水泥的生产与熟料的矿物组成，水化、凝结、硬化、技术性质、特性与应用及硅酸盐水泥石的侵蚀与防止。还介绍了掺混合材料的硅酸盐水泥、铝酸盐水泥及其他品种水泥，如铝酸盐水泥、白色水泥、彩色水泥、快硬水泥、膨胀水泥与自应力水泥、砌筑水泥等。本章的学习目标：熟悉和掌握六大通用水泥的基本性质与使用特点，了解其他品种水泥的性能特点与适用范围，在工程设计与施工中正确选择和合理使用水泥。

水泥属于水硬性胶凝材料，品种多，按其用途和性能可分为通用水泥、专用水泥与特种水泥三大类。用于一般土木工程的水泥为通用水泥，如硅酸盐水泥、矿渣硅酸盐水泥等；专门用途的水泥称为专用水泥，如道路水泥、砌筑水泥、大坝水泥等；具有比较突出的某种性能的水泥称为特种水泥，如快硬硅酸盐水泥、膨胀水泥等。按主要水硬性物质名称，水泥又可分为硅酸盐水泥、铝酸盐水泥、硫铝酸盐水泥等。土木工程常用的水泥主要是各种硅酸盐水泥。

3.1 硅酸盐水泥

由硅酸盐水泥熟料、0～5%石灰石或粒化高炉矿渣、适量石膏磨细制成的水硬性胶凝材料，称为硅酸盐水泥。硅酸盐水泥分两种类型，**不掺加混合材料的称Ⅰ型硅酸盐水泥，其代号为 P·Ⅰ；在硅酸盐水泥熟料粉磨时掺加不超过水泥质量5%石灰石或粒化高炉矿渣混合材料的称Ⅱ型硅酸盐水泥，其代号为 P·Ⅱ**。在生产水泥时，**需加入约为水泥质量3%的石膏（$CaSO_4 \cdot 2H_2O$）**，其目的是延缓水泥的凝结，便于施工。

3.1.1 硅酸盐水泥的生产与熟料的矿物组成

1. 硅酸盐水泥的生产

生产硅酸盐水泥的原料主要有石灰质原料和黏土质原料两大类，再辅助以少量的校正原料。石灰质原料可采用石灰岩、泥灰岩、白垩等，主要提供 CaO。黏土质原料可采用黏土、黄土、页岩等，主要提供 SiO_2、Al_2O_3 及少量 Fe_2O_3。如果黏土质原料中氧化铁含量不足，需用铁质校正原料，如铁矿粉、硫铁矿渣等；如果氧化硅含量不足，则要掺入少量的硅质校正原料，如砂岩、粉砂岩等。

硅酸盐水泥生产时首先将几种原料粉碎后，按比例混合在磨机中磨细成具有适当化学成分的生料，再将生料在水泥窑（回转窑或立窑）中经过约1450℃的高温煅烧至部分熔融，冷却后得到灰黑色圆粒状物为**硅酸盐水泥熟料**（clinker），熟料与适量石膏及混合材料共同磨细至一定细度即 P·Ⅰ 型硅酸盐水泥。

生料在水泥窑内的煅烧通常要经历干燥、预热、分解、熟料烧成及冷却等几个阶段，其中熟料烧成是水泥生产的关键。**硅酸盐水泥的基本生产过程可简单概括为"两磨一烧"**，如图 3-1 所示。

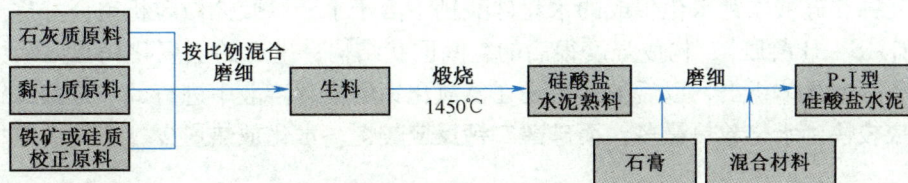

图 3-1 硅酸盐水泥的基本生产过程

2. 水泥熟料的矿物组成及特性

硅酸盐水泥熟料是以适当成分的生料（由石灰质原料与黏土质原料等配成）烧至部分熔融，所得以硅酸钙为主要成分的产物。熟料的主要矿物组成有硅酸三钙（$3CaO \cdot SiO_2$，简写式为 C_3S）、硅酸二钙（$2CaO \cdot SiO_2$，简写式为 C_2S）、铝酸三钙（$3CaO \cdot Al_2O_3$，简写式为 C_3A）与铁铝酸四钙（$4CaO \cdot Al_2O_3 \cdot Fe_2O_3$，简写式为 C_4AF），其中硅酸三钙占绝大部分。若调整熟料中各矿物组成之间的比例，水泥的性质即发生相应的变化，如**提高硅酸三钙、铝酸三钙的质量分数，硅酸盐水泥凝结、硬化快，早期强度高**。水泥熟料中各种矿物单独水化的特性见表 3-1。

表 3-1 水泥熟料中各种矿物单独水化的特性

名　称	硅酸三钙 $3CaO \cdot SiO_2$（C_3S）	硅酸二钙 $2CaO \cdot SiO_2$（C_2S）	铝酸三钙 $3CaO \cdot Al_2O_3$（C_3A）	铁铝酸四钙 $4CaO \cdot Al_2O_3 \cdot Fe_2O_3$（$C_4AF$）
凝结硬化速度	快	慢	最快	快
28d 水化放热量	多	少	最多	中
强度	高	早期低、后期高	低	低

硅酸盐水泥熟料中，硅酸三钙和硅酸二钙称为硅酸盐矿物，二者之和的质量分数占总量的 75%～82%，所以称为硅酸盐水泥。而铝酸三钙和铁铝酸四钙二者之和的质量分数仅占 18%～25%，称为熔剂矿物。除了主要的熟料矿物外，**硅酸盐水泥中还有少量的游离氧化钙、游离氧化镁、含碱矿物及玻璃体等，但其总量一般不超过 10%**。

3.1.2 硅酸盐水泥的水化、凝结、硬化

水泥加水拌和后，成为具有可塑性的水泥浆，水泥颗粒开始水化，随着水化反应的进行，水泥浆逐渐变稠失去可塑性，但尚未具有强度，这一过程称为**"凝结"**。随后产生明显的强度并逐渐发展而成为坚硬的水泥石，这一过程称为**"硬化"**。凝结和硬化是人为划分的，实际上二者是一个连续的复杂的物理化学变化过程。

1. 硅酸盐水泥的水化

硅酸盐水泥加水后，在水泥颗粒表面的熟料矿物立即水化，形成水化物并放出一定

热量。

$$2(3CaO \cdot SiO_2) + 6H_2O = 3CaO \cdot 2SiO_2 \cdot 3H_2O + 3Ca(OH)_2$$
$$2(2CaO \cdot SiO_2) + 4H_2O = 3CaO \cdot 2SiO_2 \cdot 3H_2O + Ca(OH)_2$$
$$3CaO \cdot Al_2O_3 + 6H_2O = 3CaO \cdot Al_2O_3 \cdot 6H_2O$$
$$4CaO \cdot Al_2O_3 \cdot Fe_2O_3 + 7H_2O = 3CaO \cdot Al_2O_3 \cdot 6H_2O + CaO \cdot Fe_2O_3 \cdot H_2O$$

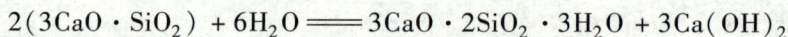

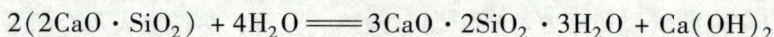

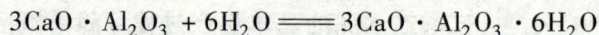

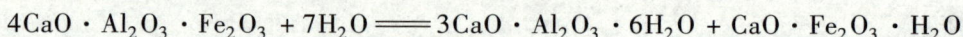

硅酸三钙和硅酸二钙水化生成的水化硅酸钙不溶于水，以胶体微粒析出，并逐渐凝聚成凝胶体（C-S-H凝胶），构成强度很高的空间网状结构；生成的氢氧化钙在溶液中很快达到饱和，呈六方晶体析出，以后的水化是在氢氧化钙的饱和溶液中进行的。**硅酸三钙与水作用时，反应较快，水化放热量多；而硅酸二钙反应较慢，水化放热量少**，产物中氢氧化钙也较少。

铝酸三钙和铁铝酸四钙水化生成的水化铝酸钙为立方晶体，在氢氧化钙饱和溶液中还能与氢氧化钙进一步反应，生成六方晶体的水化铝酸四钙。**铝酸三钙与水的反应速度最快，水化放热量最多**；而铁铝酸四钙与水作用时，反应也较快，水化放热量相对较少，生成的水化铁酸一钙溶解度很小，呈现胶体微粒析出，最后形成凝胶。

水泥中掺入作为缓凝剂的石膏与水化铝酸钙反应生成高硫型水化硫铝酸钙（钙矾石，$3CaO \cdot Al_2O_3 \cdot 3CaSO_4 \cdot 31H_2O$）和单硫型水化硫铝酸钙（$3CaO \cdot Al_2O_3 \cdot CaSO_4 \cdot 12H_2O$），这两种水化物均为难溶于水的针状晶体。

在没有石膏或石膏数量不足的情况下，在水泥水化早期，因铝酸三钙C_3A与水反应速度很快，导致水泥颗粒周围迅速形成大量的水化铝酸钙晶体，这些晶体引发众多水泥颗粒彼此之间迅速接触与搭接，造成水泥浆整体的过早凝结，来不及进行正常的混凝土或砂浆施工，这种过快的凝结称为急凝或闪凝（flash set），其特征是：水泥与水拌和后，水泥浆很快凝结，形成一种很粗糙、非塑性的混合物，并放出大量热量。石膏缓凝的机理是：在水泥中掺有适量石膏的情况下，在水泥水化的早期，C_3A反应所生成的水化铝酸钙与石膏发生反应，生成高硫型水化硫铝酸钙（$3CaO \cdot Al_2O_3 \cdot 3CaSO_4 \cdot 32H_2O$）针状晶体，简称**钙矾石**（ettringite），常用AFt表示。当石膏消耗完后，部分钙矾石将转变为单硫型水化硫铝酸钙（$3CaO \cdot Al_2O_3 \cdot 3CaSO_4 \cdot 12H_2O$）晶体，常用AFm表示。这两种水化物均为难溶于水的针状晶体。钙矾石作为晶体结晶沉积在水泥颗粒表面，构成覆盖水泥颗粒的保护膜，阻止水泥的过快反应，且不会引起众多水泥颗粒之间的过早接触，从而避免了闪凝，这以后随着水泥水化的进行，水泥浆仍会发生正常的凝结，从而实现了石膏的缓凝作用。

2. 硅酸盐水泥的凝结、硬化

水泥加水生成的胶体状水化产物聚集在颗粒表面形成凝胶薄膜，使水泥反应减慢，并使水泥浆体具有可塑性，生成的胶体状水化产物不断增多并在某些点接触，构成疏松的网状结构，使浆体失去流动性及可塑性，这一过程为水泥的凝结。此后由于生成的水化产物（凝胶、晶体）不断增多，它们相互接触、连接到一定程度时，就建立起较紧密的网状结构，并在网状结构内部不断充实水化产物，使水泥具有初步的强度，此后水化产物不断增加，强度不断提高，最后形成有较高强度的水泥石，这一过程为水泥的硬化。

硬化后的水泥石是由水泥水化产物、未水化完的水泥颗粒、孔隙与水所组成。

水泥水化后生成的主要水化产物有凝胶与晶体两类。凝胶有水化硅酸钙（C-S-H）与水化铁酸钙（CFH）；晶体有氢氧化钙［$Ca(OH)_2$］、水化铝酸钙（C_3AH_6）与水化硫铝酸钙（$3CaO \cdot Al_2O_3 \cdot 3CaSO_4 \cdot 31H_2O$）等。在完全水化的水泥石中，水化硅酸钙凝胶约占 70%，氢氧化钙约占 20%，水化硫铝酸钙约占 7%。

水泥石中孔隙通常包含毛细孔、气孔、凝胶孔。通常在水胶比（拌和时，水与水泥质量比）为 0.40 ~ 0.65 的水泥石中，孔径为 μm 级的毛细孔作为水泥石所固有的组成部分之一，构成了孔隙的主体，对水泥石或者混凝土的性能有重要的作用；气孔为比毛细孔更为粗大的孔，主要来源于搅拌夹带进水泥浆的空气，可通过控制搅拌、振捣密实而予以减少其数量；凝胶孔也是水泥石所固有的组成部分之一，存在于 C－S－H 凝胶体内部，尺寸比毛细孔更小，但一般对水泥石或混凝土性能的影响并不显著。

水泥的水化、凝结、硬化，除了与水泥矿物组成有关外，还与水泥的细度、拌和水量、温度、湿度、养护时间及石膏掺量等有关。

3.1.3　硅酸盐水泥的技术性质

硅酸盐水泥的技术性质是水泥应用的理论基础。GB 175—2007《通用硅酸盐水泥》对硅酸盐水泥的细度、凝结时间、体积安定性、强度等均做了明确规定。

1. 细度

细度是指水泥颗粒的粗细程度，水泥的细度对其性质有很大影响。水泥颗粒粒径一般为 7 ~ 200 μm，颗粒越细，与水反应的表面积就越大，因而水化较快且较完全，早期强度和后期强度都较高，但在空气中的硬化收缩性较大，磨细成本也较高。水泥颗粒过粗，则不利于水泥活性的发挥。**一般认为，水泥颗粒小于 40 μm 时，才具有较高的活性；大于 100 μm 时，活性很小。**

国家标准中规定水泥的细度可用筛析法和比表面积法（勃氏法）检验。筛析法是采用筛孔边长为 80 μm（或 45 μm）的方孔筛对水泥试样进行筛析试验，用筛余百分数表示水泥的细度。

比表面积法采用勃氏透气仪测定，是根据一定量的空气通过一定孔隙率和厚度的水泥层时，所受阻力不同而引起流速的变化来测定水泥的比表面积（单位质量的粉末所具有的总表面积），以 m^2/kg 表示。比表面积越大，表示水泥颗粒越细。

GB 175—2007《通用硅酸盐水泥》规定，**硅酸盐水泥的比表面积不小于 300 m^2/kg。**

比表面积与筛余百分数相比，能更好地反映水泥颗粒的分布情况。

2. 标准稠度用水量

国家标准没有对标准稠度用水量进行具体的规定，但标准稠度用水量的大小对水泥的一些技术性质，如凝结时间、体积安定性等的测定值有较大的影响。为了使所测得的结果有可比性，要求必须采用标准稠度的水泥净浆进行测定。**"标准稠度"** 是人为规定的稠度，其用水量用维卡仪来测定，以水占水泥质量的百分数表示，即**标准稠度用水量**。对于不同的水泥品种，水泥的标准稠度用水量各不相同，硅酸盐水泥的标准稠度用水量一般为 24% ~ 30%。

影响水泥标准稠度用水量的因素有矿物成分、细度、混合材料种类及掺量等。**熟料矿物中 C_3A 需水性最大，C_2S 需水性最小。水泥越细，比表面积越大，需水量越大。**生产水泥时掺入需水性大的粉煤灰、沸石等混合材料，将使需水量明显增大。

3. 凝结时间

凝结时间分初凝和终凝。**初凝**为自水泥加水拌和起至标准稠度净浆开始失去可塑性所需的时间；**终凝**为自水泥加水拌和起至标准稠度净浆完全失去可塑性并开始产生强度所需的时间。水泥凝结时间如图 3-2 所示。

水泥的凝结时间是以标准稠度的水泥净浆，在规定温度及湿度环境下用维卡仪测定。国家标准规定，**硅酸盐水泥的初凝不小于45min，终凝不大于390min。**

规定水泥的凝结时间在施工中具有重要意义。为使混凝土和砂浆有充分的时间进行搅拌、运输、浇捣和砌筑，水泥初凝时间不能过短。当施工完毕后，则要求尽快硬化，具有强度，故终凝时间不能太长。

水泥凝结时间的影响因素很多：熟料中铝酸三钙含量高，石膏掺量不足，使水泥快凝；水泥的细度越细，水化作用越快，凝结越快；水胶比越小，凝结时的温度越高，凝结越快；混合材料掺量大，水泥过粗等都会使水泥凝结缓慢。

图 3-2　水泥的凝结时间

4. 体积安定性

水泥的**体积安定性**是指水泥在凝结硬化过程中体积变化的均匀性。水泥硬化后，产生不均匀的体积变化即体积安定性不良，就会使水泥制品、混凝土构件产生膨胀性裂缝，降低建筑物质量，甚至引起严重工程事故。

体积安定性不良的原因，一般是熟料中所含的游离氧化钙（f－CaO）过多，也可能是熟料中所含的游离氧化镁过多或水泥中掺入的石膏过多。 熟料中所含的游离氧化钙或氧化镁都是过烧的，结构致密，熟化很慢，在水泥已经硬化后才慢慢进行熟化

$$CaO + H_2O \Longrightarrow Ca(OH)_2$$
$$MgO + H_2O \Longrightarrow Mg(OH)_2$$

这时体积膨胀，引起不均匀的体积变化，破坏水泥石结构，如出现龟裂、弯曲、松脆、崩溃等现象。当石膏掺量过多时，在水泥硬化后，它还会继续与固态的水化铝酸钙反应生成高硫型水化硫铝酸钙，体积增大 1.5 倍，也会引起水泥石开裂。

国家标准规定，用沸煮法检验水泥的安定性必须合格。沸煮法检验由游离氧化钙引起的水泥体积安定性不良，测试方法可用饼法也可用雷氏法，有争议时以雷氏法为准。饼法是将标准稠度的水泥净浆做成试饼，沸煮 3h 后经肉眼观察未发现裂纹，用直尺检查没有弯曲，称为体积安定性合格；雷氏法是测定水泥净浆在雷氏夹中沸煮 3h 后的膨胀值，若雷氏夹指针尖端的距离增加值不大于 5.0mm，则称为体积安定性合格。

由于游离氧化镁的熟化比游离氧化钙更加缓慢，必须用压蒸法才能检验出它的危害作用。国家标准规定水泥中氧化镁的质量分数应≤5.0%，如果水泥经压蒸安定性试验合格，则水泥中氧化镁的质量分数允许放宽至 6.0%。

石膏的危害需长期在常温水中才能发现，国家标准要求水泥中三氧化硫的质量分数应≤3.5%。

5. 强度及强度等级

水泥的强度是水泥的重要技术指标。 GB 175—2007《通用硅酸盐水泥》和 GB/T

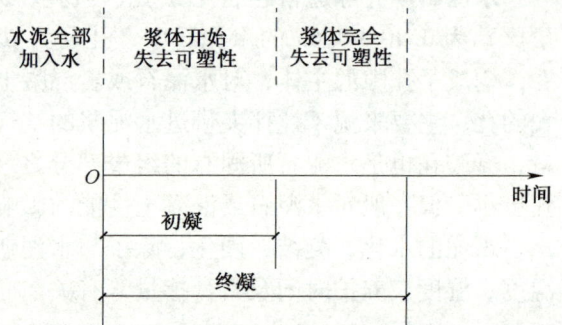

17671—2021《水泥胶砂强度检验方法（ISO 法）》的规定，水泥和标准砂（模拟混凝土中的集料由粗、中、细三种砂子组成）按 1∶3 混合，用 0.5 的水胶比，按规定的方法制成试件，在标准温度（20±1）℃的水中养护，测定 3d 和 28d 的强度。根据测定结果，将硅酸盐水泥分为 42.5、42.5R、52.5、52.5R、62.5 和 62.5R 六个强度等级。水泥按 3d 强度分为普通型和早强型两种，其中代号 R 表示早强型水泥。各强度等级、各类型硅酸盐水泥的各龄期强度应符合表 3-2 的规定。

表 3-2 硅酸盐水泥各龄期的强度要求

强度等级	抗压强度/MPa		抗折强度/MPa	
	3d	28d	3d	28d
42.5	≥17.0	≥42.5	≥3.5	≥6.5
42.5R	≥22.0		≥4.0	
52.5	≥23.0	≥52.5	≥4.0	≥7.0
52.5R	≥27.0		≥5.0	
62.5	≥28.0	≥62.5	≥5.0	≥8.0
62.5R	≥32.0		≥5.5	

水泥的强度主要取决于水泥的矿物组成和细度。

6. 水化热

水泥在水化过程中放出的热，称为水泥的**水化热**，通常以 kJ/kg 表示。大部分水化热集中在早期放出，3~7d 以后逐步减少。水化放热量和放热速度不仅决定于水泥的矿物成分，还与水泥细度、水泥中掺混合材料及外加剂的品种、数量等有关。**水泥矿物进行水化时，铝酸三钙放热量最多，速度也快，硅酸三钙放热量稍低，硅酸二钙放热量最少，速度也慢。** 水泥细度越细，水化反应比较容易进行，因此，水化放热量越多，放热速度也越快。掺入外加剂可以改变水泥的放热速率。

冬期施工时，水化热有利于水泥的正常凝结硬化。对大型基础、水坝、桥墩等大体积混凝土构筑物，由于水化热积聚在内部不易散失，内部温度常上升到 60℃ 以上，内外温度差所引起的应力可使混凝土产生裂缝。因此，**水化热对大体积混凝土是有害因素，不宜采用水化热较高或放热较快的水泥。**

7. 碱

水泥中碱含量按 $Na_2O + 0.658K_2O$ 的计算值来表示。若使用活性集料，碱含量过高将可能引起碱集料反应。如用户要求提供低碱水泥时，水泥中碱的质量分数应不大于 0.60%，或由买卖双方商定。

8. 不溶物

不溶物是指经盐酸处理后的残渣，再以氢氧化钠溶液处理，然后经盐酸中和过滤后所得的残渣经高温灼烧所剩的物质。Ⅰ型硅酸盐水泥中不溶物应不大于水泥质量的 0.75%，Ⅱ型硅酸盐水泥中不溶物应不大于水泥质量的 1.50%。不溶物含量高对水泥质量有不良影响。

9. 烧失量

烧失量是用来限制石膏和混合材料中杂质的，以保证水泥质量。Ⅰ型硅酸盐水泥的烧失量应不大于水泥质量的3.0%，Ⅱ型硅酸盐水泥的烧失量应不大于水泥质量的3.5%。

10. 氯离子

水泥中氯离子含量高，会破坏混凝土中钢筋表面的钝化膜，加速钢筋锈蚀。国家标准规定水泥中氯离子的质量分数应不大于水泥质量的0.06%。

11. 密度和堆积密度

在进行混凝土配合比计算和储运水泥时，需要知道水泥的密度和堆积密度。硅酸盐水泥的密度一般为3.05~3.15g/cm³，平均可取3.1g/cm³，其大小主要与水泥熟料的质量和混合材料的掺量有关。

水泥的堆积密度除与水泥的组成、细度有关外，主要取决于堆积的松紧程度。按堆积的紧密程度一般为1000~1600kg/m³，通常取1300kg/m³。

GB 175—2007《通用硅酸盐水泥》规定：凝结时间、体积安定性、强度、不溶物、烧失量、三氧化硫、氧化镁、氯离子不符合标准要求的为不合格品。

【**案例3-1**】水泥成分和性质引起的混凝土坍落度损失大。

概述：四川某公路大桥试验室配制C50混凝土，设计配合比为：P·O52.5 水泥:水:中砂:碎石:粉煤灰:外加剂 =430:180:711:1066:70:5.0。要求坍落度（200±20）mm，1h坍落度损失小于5%。该试验室使用当地某厂生产的普通水泥选择多种外加剂进行混凝土试配，始终无法满足设计要求，最后用特种熟料掺矿渣生产P·O52.5水泥试配成功。

分析：水泥对混凝土坍落度损失的影响主要体现在水泥细度、化学参数两个方面。该案例中减小坍落度损失主要跟水泥化学参数有关。影响混凝土坍落度损失的化学参数中，水泥熟料矿物组成、石膏调凝剂的含量及形态、水泥中碱的含量是影响混凝土坍落度经时损失的主要因素。

水泥的矿物组分不同，对外加剂的吸附能力不同，因此混凝土的坍落度损失也不同。一般来说C3A吸附外加剂量最大。水泥中碱的含量也影响混凝土坍落度及和易性。碱含量高时，碱性离子对外加剂分子有吸附作用，使外加剂的流动性减小且流动度的损失加快。熟料的矿物组成在很大程度影响混凝土的坍落度损失，混合材料及石膏种类对混凝土的坍落度损失也有一定的影响。

3.1.4 硅酸盐水泥石的侵蚀与防止

硅酸盐水泥加水硬化而成的水泥石，在通常使用条件下，有较好的耐久性，但在某些侵蚀性液体或气体（统称侵蚀介质）的作用下，水泥石会逐渐遭受侵蚀，强度降低，甚至破坏，这种现象称为水泥石的侵蚀或腐蚀。

引起水泥石侵蚀的原因很多，侵蚀是一个相当复杂的过程，下面介绍几种典型的侵蚀。

1. 软水侵蚀

软水是不含或仅含少量钙、镁可溶性盐的水。雨水、雪水、蒸馏水、工厂冷凝水及含重碳酸盐甚少的河水与湖水等均属软水。软水能使水化产物中的$Ca(OH)_2$溶解，并促使水泥石中其他水化产物发生分解，故**软水侵蚀又称为"溶出性侵蚀"**。

水泥石中各水化产物都必须在一定的CaO含量的液相中才能稳定存在，低于此极限密度时，水化产物将会发生逐步分解。各主要水化产物稳定存在时所必需的 CaO 极限含量为：氢氧化钙约为 1.3g/L；水化硅酸三钙稍大于 1.2g/L；水化铁铝酸四钙约为 1.06g/L；水化硫铝酸钙约为 0.045g/L。

各种水化产物与水作用时，$Ca(OH)_2$ 由于溶解度最大，首先被溶出。在水量不多或无水压的静水情况下，由于溶出的 $Ca(OH)_2$ 周围的水迅速达到饱和，溶出作用很快即中止，所以破坏作用仅发生于水泥石的表面部位，危害不大。但在**大量水或流动水中，$Ca(OH)_2$ 会不断溶出**，特别是当水泥石渗透性较大而又受压力水作用时，水不仅能渗入内部，还能产生渗流作用，将 $Ca(OH)_2$ 溶解并渗滤出来，这样不仅减小了水泥石的密实度，影响其强度，而且由于液相中 $Ca(OH)_2$ 的含量降低，会使一些高碱性水化产物向低碱性转变或溶解。于是水泥石的结构会相继受到破坏，强度不断降低，裂隙不断扩展，渗漏更加严重，最后可能导致整体破坏。

溶出性侵蚀的速度与环境水中重碳酸盐的含量有很大关系。重碳酸盐能与水泥石中的 $Ca(OH)_2$ 起作用，生成几乎不溶于水的 $CaCO_3$

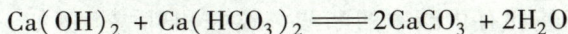

$$Ca(OH)_2 + Ca(HCO_3)_2 \Longrightarrow 2CaCO_3 + 2H_2O$$

生成的碳酸钙积聚在已硬化水泥石的孔隙内，可阻滞外界水的侵入和内部的氢氧化钙向外扩散。

将要与软水接触的水泥混凝土制品事先在空气中放置一段时间，使其表面碳化，再与软水接触，对溶出性侵蚀有一定的抵抗作用。

2. 盐类腐蚀

(1) 硫酸盐的腐蚀　在一些湖水、海水、沼泽水、地下水及某些工业污水中常含钠、钾、铵等的硫酸盐，它们会先与硬化的水泥石结构中的氢氧化钙起置换反应，生成硫酸钙。硫酸钙再与水泥石中的水化铝酸钙起反应，生成高硫型水化硫铝酸钙

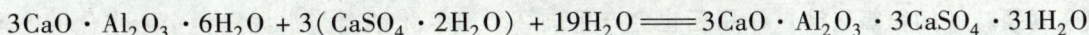

$$3CaO \cdot Al_2O_3 \cdot 6H_2O + 3(CaSO_4 \cdot 2H_2O) + 19H_2O \Longrightarrow 3CaO \cdot Al_2O_3 \cdot 3CaSO_4 \cdot 31H_2O$$

生成的高硫型水化硫铝酸钙含有大量结晶水，固相体积增加到 2.22 倍，由于是在已经硬化的水泥石中发生上述反应，因此，其对水泥石的破坏作用很大（前面所述的过量石膏引起水泥安定性不良，也是由于这种反应的发生所致）。高硫型水化硫铝酸钙呈针状晶体，又称钙矾石，俗称"水泥杆菌"，如图 3-3 所示。

图3-3　水泥石中的钙矾石针状晶体

当水中硫酸盐含量较高时，硫酸钙会在孔隙中直接结晶成二水石膏，造成膨胀压力，引起水泥石的破坏。

(2) 镁盐的腐蚀　在海水及地下水中，常含有大量的镁盐，主要是硫酸镁和氯化镁。它们与水泥石中的氢氧化钙起置换作用

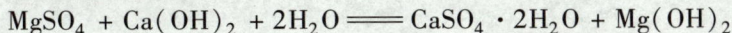

$$MgSO_4 + Ca(OH)_2 + 2H_2O \Longrightarrow CaSO_4 \cdot 2H_2O + Mg(OH)_2$$

$$MgCl_2 + Ca(OH)_2 \Longrightarrow CaCl_2 + Mg(OH)_2$$

生成的氢氧化镁松软而无胶凝能力，氯化钙易溶于水，二水石膏则引起硫酸盐的破坏作用。因此，硫酸镁对水泥石起着镁盐和硫酸盐双重腐蚀的作用。

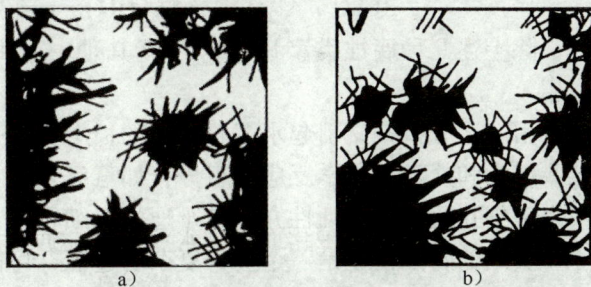

(3) 酸类腐蚀

1) 碳酸腐蚀。在工业污水、地下水中常溶解有较多的二氧化碳，它对水泥石的腐蚀作用是先生成碳酸钙

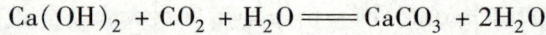

$$Ca(OH)_2 + CO_2 + H_2O \Longrightarrow CaCO_3 + 2H_2O$$

生成的碳酸钙再与含碳酸的水反应生成重碳酸钙，这是一个可逆反应，即

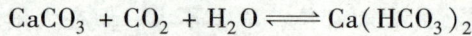

$$CaCO_3 + CO_2 + H_2O \rightleftharpoons Ca(HCO_3)_2$$

生成的碳酸氢钙易溶于水。当水中含有较多的碳酸，并超过平衡含量，则上式反应向右进行。因此，**水泥石中的氢氧化钙，通过转变为易溶的重碳酸钙而溶失。氢氧化钙含量的降低还会导致水泥石中其他水化产物的分解，使腐蚀作用进一步加剧。**

2) 一般酸腐蚀。工业废水、地下水、沼泽水中常含有无机酸和有机酸，工业窑炉中的烟气中常含有氧化硫，遇水后即生成亚硫酸。**各种酸类对水泥石有不同程度的腐蚀作用，它们与水泥石中的碱（氢氧化钙）起中和反应，生成的化合物或者易溶于水，或者体积膨胀，在水泥石中形成孔洞或膨胀压力。对水泥石腐蚀作用较强的是无机酸中的盐酸、氢氟酸、硫酸、硝酸和有机酸中的醋酸、蚁酸和乳酸。**例如，盐酸与水泥石中的氢氧化钙起反应

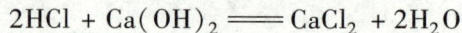

$$2HCl + Ca(OH)_2 \Longrightarrow CaCl_2 + 2H_2O$$

生成的氯化钙易溶于水。

硫酸与水泥石中的氢氧化钙起反应

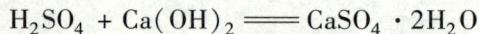

$$H_2SO_4 + Ca(OH)_2 \Longrightarrow CaSO_4 \cdot 2H_2O$$

生成的二水石膏可能与水泥石中的水化铝酸钙作用，生成高硫型的水化硫铝酸钙或直接在水泥石孔隙中结晶产生膨胀压力。

(4) 强碱腐蚀 碱类溶液如含量不高，一般是无害的。但铝酸盐含量较高的硅酸盐水泥遇到强碱（如氢氧化钠）作用后也会产生破坏。氢氧化钠会与水泥熟料中未水化的铝酸盐作用，生成易溶的铝酸钠

$$3CaO \cdot Al_2O_3 + 6Na(OH) \Longrightarrow 3Na_2O \cdot Al_2O_3 + 3Ca(OH)_2$$

除上述几种腐蚀类型以外，还有其他一些物质，如糖类、脂肪等对水泥石也有腐蚀作用。

由上述分析知，引起水泥石腐蚀的根本原因是：首先水泥石中有易被腐蚀的成分及能与某些酸类和盐类起化学反应的组分，如氢氧化钙、水化铝酸钙；其次水泥石本身不密实，有很多毛细孔通道，腐蚀性介质易于通过毛细孔深入到水泥石内部，加速腐蚀的进程。

实际的腐蚀往往是一个极为复杂的过程，可能是几种类型作用同时存在，互相影响。腐蚀发展的因素还有较高的温度、较快的水流速、干湿交替等。

(5) 腐蚀的防止措施

1) 根据工程所处的环境特点，选择合适的水泥品种。硅酸盐水泥的水化产物中氢氧化钙含量较高，因此，耐腐蚀性较差。在有腐蚀性介质的环境中应优先考虑采用其他品种水泥。

2) 减少拌和时的用水量，提高水泥石的密实程度。硅酸盐水泥水化理论需水量约为水泥质量的23%，实际使用中用水量往往是水泥质量的40%～70%，多余的水易形成毛细孔或水囊，使水泥石结构不密实，腐蚀性介质容易渗入水泥石内部，加速水泥石的腐

蚀。降低水胶比、掺加减水剂、改进施工方法等可提高水泥石的密实程度，从而提高它的抗腐蚀性。

3）采取表面防护处理。在腐蚀性介质作用较强时，可采用表面涂层或表面加保护层的方法，如采用各种防腐涂料及玻璃、陶瓷、不锈钢板贴层等。

3.1.5 硅酸盐水泥的特性与应用

1. 凝结硬化快，强度高

硅酸盐水泥中含有较多的熟料，硅酸三钙多，水泥的早期强度和后期强度均较高，因此**适用于早期强度要求较高的工程及冬期施工的工程**，地上、地下重要结构物及高强混凝土和预应力混凝土工程。

2. 抗冻性好

硅酸盐水泥采用较低的水胶比并经充分养护，可获得较低孔隙率的水泥石，具有较高的密实度，因此**适用于严寒地区遭受反复冻融的混凝土工程**。

3. 耐腐蚀性差

硅酸盐水泥石的氢氧化钙及水化铝酸钙较多，耐软水及耐化学腐蚀能力差，故**不适用于经常与流动的淡水接触及有水压作用的工程**，也不适用于受海水、矿物水、硫酸盐等作用的工程。

4. 耐热性差

硅酸盐水泥石中的水化产物在 250～300℃ 时会产生脱水，强度开始下降，当温度达到 700～1000℃ 时，水化产物分解，水泥石的结构几乎完全破坏，所以，硅酸盐水泥**不适用于有耐热、高温要求的混凝土工程**。

5. 耐磨性好

硅酸盐水泥强度高，耐磨性好，**适用于道路、地面等对耐磨性要求高的工程**。

6. 碱度高，抗碳化能力强

碳化是指水泥石中的氢氧化钙与空气中的二氧化碳反应生成碳酸钙的过程。碳化会使水泥石内部碱度降低，从而使其中的钢筋发生锈蚀。其机理可解释为：钢筋混凝土中的钢筋如处于碱性环境中，在其表面会形成一层灰色的钝化膜，保护其中的钢筋不被锈蚀。碳化会使水泥石逐渐由碱性变为中性，当中性深度到达钢筋表面时，钢筋失去碱性保护而锈蚀，导致结构承载能力下降，甚至破坏。**硅酸盐水泥由于密实度高且碱度高，故抗碳化能力强**，所以特别适合于重要的钢筋混凝土结构、预应力混凝土工程及二氧化碳含量高的环境。

7. 水化热大

硅酸盐水泥石中含有大量的硅酸三钙和铝酸三钙，水化时放热速度快且放热量大，用于冬期施工可避免冻害，但高水化热对大体积混凝土工程不利，所以，**它不适用于大体积混凝土工程**。

【案例 3-2】 水泥凝结时间前后变化。

概述：某立窑水泥厂生产的普通水泥游离氧化钙含量较高，加水拌和后初凝时间仅 40min，本属于不合格品。但放置 1 个月后，凝结时间又恢复正常，而强度下降，请分析原因。

分析：该立窑水泥厂的普通水泥游离氧化钙含量较高，该氧化钙相当部分的煅烧温度较低。加水拌和后，水与氧化钙迅速反应生成氢氧化钙，并放出水化热，使浆体的温度升高，加速了其他熟料矿物的水化速率。从而产生了较多的水化产物，快速形成凝聚网状结构，使初凝时间偏短。

水泥放置一段时间后，吸收了空气中的水分，大部分氧化钙生成氢氧化钙或进一步与空气中的二氧化碳反应，生成碳酸钙。故此时加入拌和水后，不会再出现原来的水泥浆体温度升高、水化速率过快、凝结时间过短的现象。但其他水泥熟料矿物也会和空气中的水反应，部分产生结团、结块，使强度下降。

3.2 掺混合材料的硅酸盐水泥

3.2.1 水泥混合材料

在磨制水泥时，为了改善水泥性能，调节水泥强度等级而加入到水泥中去的人工的和天然的矿物材料，称为水泥**混合材料**。混合材料按其性能和作用通常分为**活性混合材料和非活性混合材料**两大类。

1. 活性混合材料

混合材料磨成细粉与水拌和后，本身并不具有胶凝性质，或胶结能力很小，但磨细的混合材料与石灰、石膏或硅酸盐水泥一起，加水拌和后，在常温下能生成具有水硬性的水化产物，称为**活性混合材料**。常用的活性混合材料有粒化高炉矿渣、火山灰质混合材料和粉煤灰。

(1) 粒化高炉矿渣 粒化高炉矿渣是将炼铁高炉的熔融炉渣经急速冷却而成的松软颗粒，直径一般为 0.5~5mm。急冷一般用水淬方式进行，故又称水淬矿渣。**成粒的目的在于阻止结晶，使其绝大部分成为不稳定的玻璃体，储有较高的潜在化学能，从而有较高的潜在活性。**如果熔融状态的矿渣缓慢冷却，其中 SiO_2 等形成晶体，活性极小，称为**慢冷矿渣，属于非活性混合材料。**

粒化高炉矿渣的化学成分主要是 CaO、SiO_2、Al_2O_3、MgO 和 Fe_2O_3 及少量其他杂质，在一般矿渣中 CaO、SiO_2、Al_2O_3 的质量分数占 90% 以上。粒化高炉矿渣中的活性成分，一般认为是活性氧化铝和活性氧化硅，即使在常温下也可与氢氧化钙作用而产生强度。在含氧化钙较高的碱性矿渣中，因其中还含有硅酸二钙等成分，故本身具有弱的水硬性。

(2) 火山灰质混合材料 火山喷发时，随同熔岩一起喷发的大量碎屑沉积在地面或水中成为松软物，称为**火山灰**。由于喷出后即遭急冷，因此含有一定量的玻璃体，这些**玻璃体是火山灰活性的主要来源，**它的成分主要是活性氧化硅和活性氧化铝。凡是天然的或人工的，以活性氧化硅和活性氧化铝为主的矿物质材料，经磨成细粉后，单独不具有水硬性，但在常温下与石灰和水作用，能生成水硬性的化合物的性质，称为火山灰性。具有火山灰性的矿物质材料，都称为**火山灰质混合材料**。按其化学成分与矿物结构可分为含水硅酸质、铝硅玻璃质、烧黏土质等。

1) 含水硅酸质混合材料有硅藻土、硅藻石、蛋白石和硅质渣等。其活性成分以氧化硅为主。

2) 铝硅玻璃质混合材料有火山灰、凝灰岩、浮石和某些工业废渣。其活性成分为氧化硅和氧化铝。

3）烧黏土质混合材料有烧黏土（如碎砖瓦）、煤渣、煅烧的煤矸石等。其活性成分以氧化铝为主。

(3) 粉煤灰 它是从燃煤发电厂的烟道气体中收集的粉末，又称飞灰(fly ash)。它的颗粒直径一般为 $1 \sim 50\mu m$，呈玻璃态实心或空心的球状颗粒，表面致密。**粉煤灰的活性主要取决于玻璃体的含量，粉煤灰的成分主要是活性氧化硅和活性氧化铝**，二者的质量分数之和可达60%以上。通常，对粉煤灰质量影响最大的因素是其中的碳含量，碳含量越低，其活性就越高；$5 \sim 45\mu m$ 的细颗粒含量越多、低铁玻璃体越多、细小而密实球形玻璃体的含量越高，其活性越高，质量也越好。GB/T 1596—2007《用于水泥和混凝土中的粉煤灰》规定，水泥活性混合材料用粉煤灰的烧失量不大于8.0%，强度活性指数不小于70.0%。

2. 非活性混合材料

凡与水泥不发生化学作用或化学作用甚微的人工的或天然的磨细矿物质材料都属于**非活性混合材料**。它们掺入水泥中可以起到增加水泥产量、降低水泥强度等级、减少水化热等作用。实际上，非活性混合材料在水泥中仅起惰性填料的作用，所以又称为填充性混合材料，包括磨细的石英砂、石灰石、黏土、慢冷矿渣及其他与水泥无化学反应的工业废渣。另外，不符合技术要求的粒化高炉矿渣、火山灰质混合材料及粉煤灰等均可作为非活性混合材料使用。

3.2.2 活性混合材料在硅酸盐水泥中的水化

磨细的活性混合材料与水调和后，**本身不会硬化或硬化极为缓慢，强度很低。但在氢氧化钙溶液中，就会发生显著的水化**，而在饱和的氢氧化钙溶液中水化会较快。其水化反应一般认为是

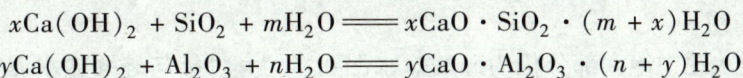

$$xCa(OH)_2 + SiO_2 + mH_2O \Longrightarrow xCaO \cdot SiO_2 \cdot (m + x)H_2O$$
$$yCa(OH)_2 + Al_2O_3 + nH_2O \Longrightarrow yCaO \cdot Al_2O_3 \cdot (n + y)H_2O$$

式中，x、y 值取决于混合材料的种类、石灰与活性氧化物的比例、环境温度及作用所延续的时间等，一般为1或稍大。

当液相中有石膏时，将与水化铝酸钙反应生成水化硫铝酸钙。这些水化产物能在空气中凝结硬化，并能在水中继续硬化，具有相当高的强度。可以看出，**氢氧化钙和石膏的存在使活性混合材料的潜在活性得以发挥**，即氢氧化钙和石膏起着激发水化、促进凝结硬化的作用，故称为**激发剂**。常用的激发剂有碱性激发剂和硫酸盐激发剂两类。一般用作碱性激发剂的是石灰和能在水化时析出氢氧化钙的硅酸盐水泥熟料。硫酸盐激发剂有二水石膏或半水石膏，并包括各种化学石膏。硫酸盐激发剂的激发作用必须在碱性激发剂的条件下，才能充分发挥。

掺活性混合材料的硅酸盐水泥的水化，首先是熟料矿物的水化，熟料矿物水化生成的氢氧化钙再与活性混合材料发生反应，生成水化硅酸钙和水化铝酸钙；当有石膏存在时，还会进一步反应生成水化硫铝酸钙，其凝结硬化过程基本上与硅酸盐水泥相同。水泥熟料矿物水化后的产物又与活性氧化物进行反应，生成新的水化产物，称为二次水化反应或二次反应。

掺混合材料的硅酸盐水泥包括**普通硅酸盐水泥、矿渣硅酸盐水泥、火山灰质硅酸盐水泥、粉煤灰硅酸盐水泥、复合硅酸盐水泥**。

在生产水泥时，掺入一定量的混合材料，可以改善水泥的性能、调节水泥的强度、增加水泥品种、提高产量、节约水泥熟料、降低成本。

3.2.3 普通硅酸盐水泥

以硅酸盐水泥熟料和适量石膏，掺加量（质量分数）为5%～20%规定的活性混合材料磨细制成的水硬性胶凝材料，称为**普通硅酸盐水泥**（简称普通水泥），代号为P·O。水泥中活性混合材料掺加量允许用不超过水泥质量8%的符合规定的非活性混合材料或不超过水泥质量5%的符合规定的窑灰代替。

1. 技术要求

GB 175—2007《通用硅酸盐水泥》对普通硅酸盐水泥中的氧化镁、三氧化硫、氯离子、体积安定性、细度等技术要求同硅酸盐水泥。

普通硅酸盐水泥的初凝不小于45min，终凝不大于600min。

普通硅酸盐水泥按规定的龄期依其抗压强度和抗折强度划分成42.5、42.5R、52.5、52.5R四个强度等级，各龄期强度应符合表3-3的规定。

表3-3　普通硅酸盐水泥各龄期的强度要求

强度等级	抗压强度/MPa		抗折强度/MPa	
	3d	28d	3d	28d
42.5	≥17.0	≥42.5	≥3.5	≥6.5
42.5R	≥22.0		≥4.0	
52.5	≥23.0	≥52.5	≥4.0	≥7.0
52.5R	≥27.0		≥5.0	

2. 性质与应用

普通硅酸盐水泥中绝大部分仍为硅酸盐水泥熟料，其**性能与硅酸盐水泥相近**。但由于掺入了少量混合材料，与同强度等级的硅酸盐水泥相比，早期硬化速度稍慢，3d强度稍低，抗冻性与耐磨性能也略差，但其耐腐蚀能力有所改善。

在应用范围方面，普通硅酸盐水泥与硅酸盐水泥也相同，甚至在一些不能用硅酸盐水泥的地方也可采用普通硅酸盐水泥，使得普通硅酸盐水泥成为建筑行业应用面最广、使用量最大的水泥品种。

3.2.4 矿渣硅酸盐水泥、火山灰质硅酸盐水泥及粉煤灰硅酸盐水泥

以硅酸盐水泥熟料和适量石膏，掺加量（质量分数）为20%～70%规定的粒化高炉矿渣或粒化高炉矿渣粉活性混合材料磨细制成的水硬性胶凝材料称为**矿渣硅酸盐水泥**，简称矿渣水泥，分为A型和B型。A型矿渣掺加量为20%～50%，代号为P·S·A；B型矿渣掺加量为50%～70%，代号为P·S·B。水泥中活性混合材料掺加量允许用不超过水泥质量8%的符合规定的活性混合材料、非活性混合材料或窑灰中的任一种材料代替。

以硅酸盐水泥熟料和适量石膏，掺加量（质量分数）为20%～40%规定的火山灰质活性混合材料磨细制成的水硬性胶凝材料称为**火山灰质硅酸盐水泥**，简称火山灰水泥，代号为P·P。

以硅酸盐水泥熟料和适量石膏，掺加量（质量分数）为20%～40%规定的粉煤灰活性混合材料磨细制成的水硬性胶凝材料称为**粉煤灰硅酸盐水泥**，简称粉煤灰水泥，代号为P·F。

1. 技术要求

GB 175—2007《通用硅酸盐水泥》规定的技术要求如下：

（1）氧化镁 除 B 型矿渣硅酸盐水泥外，其他三种水泥中氧化镁的质量分数应≤6.0%。如果水泥中氧化镁的质量分数 >6.0%，需进行水泥压蒸体积安定性试验并合格。

（2）三氧化硫 矿渣硅酸盐水泥中三氧化硫的质量分数应≤4.0%；火山灰质硅酸盐水泥、粉煤灰硅酸盐水泥中三氧化硫的质量分数应≤3.5%。

（3）氯离子 水泥中氯离子的质量分数应≤0.06%。

（4）细度 **80μm 方孔筛筛余不大于 10.0%或 45μm 方孔筛筛余不大于30%。**

（5）凝结时间 **初凝不小于 45min，终凝不大于 600min。**

（6）体积安定性 用沸煮法检验必须合格。

（7）强度 这三种水泥的强度等级按 3d、28d 的抗压强度和抗折强度来划分，各强度等级水泥的各龄期强度应符合表 3-4 中的规定。

表 3-4 矿渣水泥、火山灰水泥、粉煤灰水泥、复合水泥各强度等级、各龄期强度值

强 度 等 级	抗压强度/MPa		抗折强度/MPa	
	3d	28d	3d	28d
32.5	≥10.0	≥32.5	≥2.5	≥5.5
32.5R	≥15.0		≥3.5	
42.5	≥15.0	≥42.5	≥3.5	≥6.5
42.5R	≥19.0		≥4.0	
52.5	≥21.0	≥52.5	≥4.0	≥7.0
52.5R	≥23.0		≥4.5	

2. 性质与应用

矿渣硅酸盐水泥、火山灰质硅酸盐水泥及粉煤灰硅酸盐水泥都是在硅酸盐水泥熟料的基础上掺加大量活性混合材料再加适量石膏磨细而成，区别仅仅在于所掺加的活性混合材料不同，而三种活性混合材料的化学组成和活性基本相同，并且都经历了非常相似的水化过程。因此，三种水泥存在有很多共性，但每种活性混合材料自身又有物理性质、表面特征及化学活性等的差异，使得这三种水泥有各自的特性。这三种水泥的共性如下：

（1）凝结硬化慢，早期强度低，后期强度发展快 由于三种水泥中熟料的质量分数少，且二次水化反应又比较慢，因此早期（3d、7d）强度低，但后期由于二次水化反应的不断进行及熟料的继续水化，水化产物不断增多，使得水泥强度发展较快，后期强度可赶上甚至超过同强度等级的硅酸盐水泥或普通硅酸盐水泥（见图 3-4）。**活性混合材料掺加量越多，早期强度降低越多，但后期强度可能增长越多。**

这三种水泥不适用于早期强度要求较高的混凝土工程，如冬期施工的现浇工程等。

（2）耐腐蚀性好 水泥中熟料数量相对较少，水化生成的氢氧化钙和水化铝酸钙减少，加之活性混合材料的二次水化反应又消耗了部分氢氧化钙，使得水泥抵抗软水、海水、硫酸

盐及镁盐的能力增加，**适用于水工、海港工程及受化学侵蚀作用的工程。**

（3）对温度敏感，适合高温养护 这三种水泥在低温下水化明显减慢，强度较低。采用高温养护可大大加速活性混合材料的水化，并可加速熟料的水化，故可大大提高早期强度，且不影响常温下后期强度的发展，**此类水泥适用于蒸汽养护。**

（4）水化热低 水泥中熟料含量少，水化放热量少，尤其是早期放热速度慢，**适用于大体积混凝土工程。**

（5）抗碳化能力差 由于这三种水泥硬化后的水泥石中氢氧化钙数量少，低碱度使得碳化作用进行得较快且碳化深度也较大，对防止钢筋锈蚀不利，不适用于重要钢筋混凝土结构和预应力混凝土结构。但在水胶比较低时（如水胶比 <0.40）抗碳化性能良好。

（6）抗冻性差、耐磨性差 矿渣和粉煤灰易泌水形成连通或粗大孔隙，火山灰一般需水量较大，水蒸发后孔隙增加，导致抗冻性和耐磨性差。

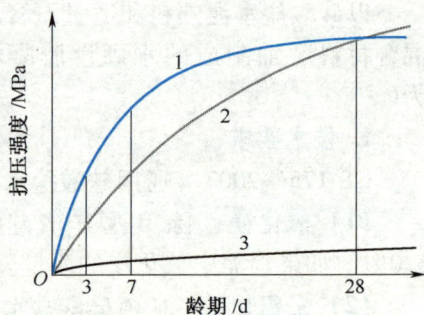

图 3-4 不同品种水泥强度发展规律
1—硅酸盐水泥或普通硅酸盐水泥
2—矿渣硅酸盐水泥或火山灰质硅酸盐水泥、粉煤灰硅酸盐水泥 3—活性混合材料

三种水泥的特性：

（1）矿渣硅酸盐水泥 矿渣硅酸盐水泥中矿渣含量较大，矿渣本身又是高温形成的耐火材料，硬化后氢氧化钙的质量分数少，能耐 400℃ 的高温，故矿渣水泥的耐热性好，适用于高温车间、高炉基础及热气体通道等耐热工程。粒化高炉矿渣难于磨细，加上矿渣玻璃体亲水性差，与水拌和时易泌水造成较多的毛细孔通道和粗大孔隙，**在空气中硬化时易产生较大干缩**，应加强保湿养护，故矿渣水泥**不适用于有抗渗要求的混凝土工程。**

（2）火山灰质硅酸盐水泥 火山灰质混合材料含有大量的微细孔隙，使其**具有良好的保水性**；水化后形成较多的水化硅酸钙凝胶，使水泥石结构密实，因而**其抗渗性较好**；火山灰质硅酸盐水泥含有的大量胶体，如长期处于干燥环境时，胶体会脱水，易产生微细裂纹，且空气中的二氧化碳作用于表面的水化硅酸钙凝胶，生成碳酸钙和氧化硅的粉状物，称**"起粉"**。因此，火山灰质硅酸盐水泥适用于有一般抗渗要求的工程，**不宜用于干燥环境的地上工程，也不宜用于有耐磨性要求的混凝土工程。**

（3）粉煤灰硅酸盐水泥 粉煤灰是表面致密的球形颗粒，吸附水的能力较差，即保水性差，易泌水，其在施工阶段易使制品表面因大量泌水产生收缩裂纹，因而粉煤灰硅酸盐水泥抗渗性差；**粉煤灰比表面积小，拌和需水量少，水泥的干缩较小，抗裂性好。**所以，粉煤灰硅酸盐水泥不适用于有抗渗性要求的混凝土工程，也不适用于干燥环境中的混凝土及有耐磨性要求高的混凝土工程。

致密的粉煤灰球形颗粒水化较慢，活性主要在后期发挥，因此，粉煤灰硅酸盐水泥的早期强度、水化热比矿渣硅酸盐水泥和火山灰质硅酸盐水泥还要低，特别**适用于大体积混凝土工程，适用于承载较晚的混凝土工程。**

3.2.5 复合硅酸盐水泥

GB 175—2007《通用硅酸盐水泥》规定：由硅酸盐水泥熟料和适量石膏，掺加量（质量分数）为20%～50%的两种（含）以上规定的活性混合材料或非活性混合材料，磨细制成的水硬性胶凝材料称为**复合硅酸盐水泥**，简称复合水泥，代号为 P·C。水泥中的混合材料允许用不超过水泥质量8%的符合规定的窑灰代替；掺加矿渣时，混合材料掺加量不得与矿渣硅酸盐水泥重复。

复合硅酸盐水泥的技术要求同火山灰质硅酸盐水泥和粉煤灰硅酸盐水泥。

复合硅酸盐水泥掺入了两种或两种以上规定的混合材料，通过复掺混合材料，可以弥补掺加单一混合材料水泥性能的不足，如单独掺加矿渣，水泥浆容易泌水；单独掺加火山灰质混合材料，往往水泥浆黏度大；两者复掺则水泥浆工作性好，有利于施工。矿渣与粉煤灰复掺，水泥石更加密实，明显改善了水泥的性能。总之，复合水泥的特性取决于所掺加的两种混合材料的种类、掺加量及相对比例，与矿渣硅酸盐水泥、火山灰质硅酸盐水泥、粉煤灰硅酸盐水泥有不同程度的相似，其使用应根据所掺入的混合材料种类，参照其他掺加混合材料水泥的适用范围和工程实践经验选用。

3.3 常用水泥的选用与储运

目前，硅酸盐水泥、普通硅酸盐水泥、矿渣硅酸盐水泥、火山灰质硅酸盐水泥、粉煤灰硅酸盐水泥和复合硅酸盐水泥是我国广泛使用的六种水泥，称为通用水泥。在混凝土结构工程中，这些水泥的使用可参照表3-5选择。

表3-5 常用水泥的选用

混凝土工程特点或所处环境条件		优 先 选 用	可 以 使 用	不 宜 使 用
普通混凝土	在普通气候环境中的混凝土	普通硅酸盐水泥	矿渣硅酸盐水泥 火山灰质硅酸盐水泥 粉煤灰硅酸盐水泥 复合硅酸盐水泥	—
	在干燥环境中的混凝土	普通硅酸盐水泥	矿渣硅酸盐水泥	火山灰质硅酸盐水泥 粉煤灰硅酸盐水泥
	在高湿度环境中或永远处在水下的混凝土	矿渣硅酸盐水泥	普通硅酸盐水泥 火山灰质硅酸盐水泥 粉煤灰硅酸盐水泥 复合硅酸盐水泥	—
	厚大体积的混凝土	粉煤灰硅酸盐水泥 矿渣硅酸盐水泥 火山灰质硅酸盐水泥 复合硅酸盐水泥	普通硅酸盐水泥	硅酸盐水泥
有特殊要求的混凝土	要求快硬、高强（大于C60级）的混凝土	硅酸盐水泥	普通硅酸盐水泥	矿渣硅酸盐水泥 火山灰质硅酸盐水泥 粉煤灰硅酸盐水泥 复合硅酸盐水泥

（续）

混凝土工程特点或所处环境条件		优先选用	可以使用	不宜使用
有特殊要求的混凝土	严寒地区的露天混凝土，寒冷地区的处在水位升降范围内的混凝土	普通硅酸盐水泥	矿渣硅酸盐水泥	火山灰质硅酸盐水泥 粉煤灰硅酸盐水泥
	严寒地区处在水位升降范围内的混凝土	普通硅酸盐水泥	—	火山灰质硅酸盐水泥 矿渣硅酸盐水泥 粉煤灰硅酸盐水泥 复合硅酸盐水泥
	有抗渗性要求的混凝土	普通硅酸盐水泥 火山灰质硅酸盐水泥	—	矿渣硅酸盐水泥
	有耐磨性要求的混凝土	硅酸盐水泥 普通硅酸盐水泥	矿渣硅酸盐水泥	火山灰质硅酸盐水泥 粉煤灰硅酸盐水泥
	受侵蚀性介质作用的混凝土	矿渣硅酸盐水泥 火山灰质硅酸盐水泥 粉煤灰硅酸盐水泥 复合硅酸盐水泥	—	硅酸盐水泥

注：当水泥中掺有黏土质混合材料时，则不耐硫酸盐腐蚀。

水泥在运输与保管时，不得受潮和混入杂物，不同品种和强度等级的水泥应分别储存，水泥储存期不宜过长，宜为3个月以内（在正常储存条件下，一般水泥每天强度损失率约为0.2%～0.3%），尽量做到先存先用。

【案例3-3】挡墙开裂与水泥的选用。

概述：某大体积的混凝土工程，浇筑2周后拆模，发现挡墙有多道贯穿型的纵向裂缝。该工程使用某水泥厂生产的42.5R型硅酸盐水泥，其熟料矿物组成见表3-6。

表3-6 熟料矿物组成

矿物名称	C_3S	C_2S	C_3A	C_4AF
质量分数（%）	61	14	14	11

分析：由于该工程所使用的水泥C_3A和C_3S的质量分数高，导致该水泥的水化热高，且在浇筑时混凝土的整体温度高，以后混凝土温度随环境温度下降，混凝土产生冷缩，造成混凝土贯穿型的纵向裂缝。

3.4 铝酸盐水泥

铝酸盐水泥旧称矾土水泥或高铝水泥，是以铝矾土和石灰石为原料，经煅烧制得的以铝酸钙为主要成分、氧化铝的质量分数约为50%的熟料，经磨细制成的水硬性胶凝材料。

3.4.1 铝酸盐水泥的矿物组成与水化产物

铝酸盐水泥的主要矿物组成为铝酸一钙（$CaO \cdot Al_2O_3$，简式CA），其质量分数约为

70%，还有二铝酸一钙（$CaO \cdot 2Al_2O_3$，简式 CA_2）及少量的硅酸二钙（简式 C_2S）和其他铝酸盐。

CA 具有较高的水硬活性，凝结不快，但硬化迅速，是铝酸盐水泥强度的主要来源。 由于 CA 是铝酸盐水泥的主要矿物，因此，铝酸盐水泥的水化过程主要是 CA 的水化过程。一般认为，CA 在不同温度下进行水化时，可得到不同的水化产物，当温度低于 20℃时，主要水化产物为十水铝酸一钙（CAH_{10}）；当温度在 20～30℃时，主要水化产物为八水铝酸二钙（C_2AH_8）；当温度大于 30℃时，主要水化产物为六水铝酸三钙（C_3AH_6）。此外，还有氢氧化铝凝胶（$Al_2O_3 \cdot 3H_2O$，简式 AH_3）。

CAH_{10} 和 C_2AH_8 为片状或针状晶体，能互相交错搭接成坚固的结晶连生体，形成晶体骨架，析出的氢氧化铝凝胶难溶于水，填充于晶体骨架的孔隙中，形成较密实的水泥石结构。水化 5～7d 后，水化产物数量较少增长，因此，**铝酸盐水泥硬化初期强度增长较快，后期强度则增长不显著。**

CAH_{10} 和 C_2AH_8 都是不稳定的水化产物，会逐渐转变成较稳定的 C_3AH_6。晶体转变的结果使水泥石内析出游离水，增大了孔隙率；同时，又由于 C_3AH_6 本身强度低，所以水泥石强度将显著下降。在湿热条件下，这种转变更为迅速。

3.4.2 铝酸盐水泥的技术性质

铝酸盐水泥常为黄色或褐色，也有呈灰色的，其密度、堆积密度与硅酸盐水泥相近。按水泥中 Al_2O_3 含量（质量分数）分为 CA50、CA60、CA70 和 CA80 四个品种，各品种的 Al_2O_3 质量分数见表 3-7。GB/T 201—2015《铝酸盐水泥》规定：

1）细度。比表面积不小于 $300m^2/kg$ 或 $45\mu m$ 筛余不大于 20%。

2）水泥胶砂凝结时间。不同类型水泥胶砂凝结时间见表 3-7。

3）强度。各类型铝酸盐水泥各龄期强度指标应不得低于表 3-7 中的数值。

表 3-7 铝酸盐水泥各龄期水泥胶砂强度及凝结时间

类型		Al_2O_3 质量分数（%）	抗压强度/MPa				抗折强度/MPa				初凝时间/min	终凝时间/min
			6h	1d	3d	28d	6h	1d	3d	28d		
CA50	CA50 - Ⅰ	50～60	20	40	50	—	3	5.5	6.5	—	≥30	≤360
	CA50 - Ⅱ			50	60	—		6.5	7.5	—		
	CA50 - Ⅲ			60	70	—		7.5	8.5	—		
	CA50 - Ⅳ			70	80	—		8.5	9.5	—		
CA60	CA60 - Ⅰ	60～68	—	65	85	—	—	7	10	—	≥30	≤360
	CA60 - Ⅱ		—	20	45	85	—	2.5	5	10	≥60	≤1080
CA70		68～77	—	30	40	—	—	5	6	—	≥30	≥30
CA80		≥77	—	25	30	—	—	4	5	—	≥30	≥30

3.4.3 铝酸盐水泥的特征与应用

1）**长期强度有降低的趋势。** 强度降低是由于晶体转化造成的，因此，铝酸盐水泥不宜用于长期承重的结构及处在高温、高湿环境中的工程。在一般的混凝土工程中应禁止使用铝酸盐水泥。

2）早期强度增长快，**1d 强度可达最高强度的 80% 以上**，故铝酸盐水泥宜用于紧急抢修工程及要求早期强度高的特殊工程。

3）水化热大，且放热速度快，**1d 内即可放出水化热总量的 70%～80%**。因此，铝酸盐水泥适用于冬期施工的混凝土工程，但**不宜用于大体积混凝土工程**。

4）**最适宜的硬化温度为 15℃左右，一般不宜超过 25℃**。因此，铝酸盐水泥不适用于高温季节施工，也不适合采用蒸汽养护。

5）耐热性较高，如采用耐火粗细集料（铬铁矿等）可制成使用温度达 1300～1400℃的**耐热混凝土**。

6）抗硫酸盐侵蚀性强，耐酸性好，但抗碱性极差，**不得用于接触碱性溶液的工程**。

7）铝酸盐水泥与硅酸盐水泥或石灰相混不但产生闪凝，而且由于生成高碱性的水化铝酸钙，使混凝土开裂，甚至破坏。因此，**施工时除不得与石灰和硅酸盐水泥混合外，也不得与尚未硬化的硅酸盐水泥接触使用。**

3.5 其他品种水泥

3.5.1 白色与彩色硅酸盐水泥

1. 白色硅酸盐水泥（简称白色水泥）

白色硅酸盐水泥与硅酸盐水泥的主要区别在于氧化铁含量少，因而色白。生产时原料的铁含量应严格控制，在煅烧、粉磨及运输时均应防止着色物质混入。

白色硅酸盐水泥的技术性质与产品等级：按 GB/T 2015—2017《白色硅酸盐水泥》规定，白色硅酸盐水泥细度要求 0.045mm 方孔筛的筛余不得超过 30%；初凝时间不得早于 45min，终凝时间不得迟于 10h；体积安定性用沸煮法检验必须合格；熟料中氧化镁的质量分数不得超过 5.0%，水泥中三氧化硫的质量分数不得超过 3.5%；按 3d、28d 的抗折强度与抗压强度分为 32.5、42.5、52.5 三个强度等级，各强度等级水泥在不同龄期的强度不得低于表 3-8 中的数值。

表 3-8 白色硅酸盐水泥各龄期强度数值

强度等级	抗压强度/MPa		抗折强度/MPa	
	3d	28d	3d	28d
32.5	12.0	32.5	3.0	6.0
42.5	17.0	42.5	3.5	6.5
52.5	22.0	52.5	4.0	7.0

对于白色硅酸盐水泥，凡 MgO、SO₃、初凝时间、体积安定性中的任一项不符合标准规定时均为废品，细度、终凝时间、不溶物与烧失量中的任一项不符合标准规定或混合材料掺加量超过最大限量、强度低于商品规定的指标或白度达不到要求时称为不合格品。

2. 彩色硅酸盐水泥（简称彩色水泥）

生产彩色硅酸盐水泥常用方法是将硅酸盐水泥熟料（白色硅酸盐水泥熟料或普通硅酸盐水泥熟料）、适量石膏与碱性矿物颜料共同磨细，也可用颜料与水泥粉直接混合制成，但后一种方式颜料用量大，水泥色泽也不易均匀。所用颜料要求不溶于水、分散性好、耐碱性强、抗大气稳定性好、不影响水泥的凝结硬化、着色力强等。

彩色硅酸盐水泥主要用于建筑物内外表面的装饰，如地面、墙、台阶等。

3.5.2　快硬硅酸盐水泥（简称快硬水泥）

以适当成分的生料，烧至部分熔融所得以硅酸钙为主要成分的熟料，加入适量石膏，磨细制成的具有早期强度增进率较高的水硬性胶凝材料，称为快硬硅酸盐水泥，其生产方法与硅酸盐水泥基本相同。提高水泥早期强度增进率的措施有：提高熟料的铝酸三钙与硅酸三钙的质量分数，适当增加石膏掺量（达8%），提高水泥的粉磨细度等。

快硬水泥主要用于配制早强混凝土，适用于紧急抢修工程与低温施工工程。

3.5.3　膨胀水泥与自应力水泥

这两种水泥的特点是在硬化过程中体积不但不收缩，反而有不同程度的膨胀。在钢筋混凝土中使用膨胀水泥时，由于水泥膨胀引起混凝土的膨胀，从而使钢筋产生一定的拉应力，混凝土则受到相应的压应力，这种压应力能使混凝土免于产生内部微裂缝。当该膨胀值较大时，还能抵消一部分因外界因素（如水泥混凝土管道中输送的压力水或压力气体）所产生的拉应力，从而有效地弥补混凝土抗拉强度低的缺点。由于这种压应力是依靠水泥自身的水化而产生的，所以称为"自应力"，并以自应力（MPa）表示所产生压应力的大小。自应力大于或等于3.0MPa的称为自应力水泥，膨胀水泥的自应力值通常为0.5MPa。

按水泥主要成分，我国常用的膨胀水泥有硅酸盐膨胀水泥、铝酸盐膨胀水泥、硫铝酸盐膨胀水泥及铁铝酸钙膨胀水泥等品种。其膨胀源均来自于水泥硬化初期，生成高硫型水化硫铝酸钙（钙矾石），导致体积膨胀。

膨胀水泥主要用于配制防水砂浆、防水混凝土，构件的接缝与管道接头，结构的加固与修补等。自应力水泥主要用于制造自应力钢筋（或钢丝网）混凝土压力管等。

3.5.4　砌筑水泥

砌筑水泥是以一种或一种以上的水泥混合材料，加入适量硅酸盐水泥熟料和石膏，经磨细制成的工作性较好的水硬性胶凝材料，GB/T 3183—2017《砌筑水泥》中其代号为M。该水泥按强度分为12.5、22.5、32.5三个强度等级。其特性为硬化较慢、强度较低、配制的砂浆和易性好、成本低，适用于制备工业与民用建筑的砌筑砂浆及内外墙抹面砂浆，以及垫层混凝土，但不应用于结构混凝土。

3.6　"双碳"目标下的水泥发展方向

2022年11月，工业和信息化部、国家发展和改革委员会、生态环境部、住房和城乡建设部四部门联合印发《建材行业碳达峰实施方案》（以下简称《实施方案》）。《实施方案》

提出，"十四五"期间，建材产业结构调整取得明显进展，行业节能低碳技术持续推广，水泥、玻璃、陶瓷等重点产品单位能耗、碳排放强度不断下降，水泥熟料单位产品综合能耗水平降低3%以上。"十五五"期间，建材行业绿色低碳关键技术产业化实现重大突破，原燃料替代水平大幅提高，基本建立绿色低碳循环发展的产业体系。

为确保2030年前水泥行业实现碳达峰，在水泥的生产和制备技术方面应在以下方面有一定的突破。

3.6.1 原料替代

(1) 逐步减少碳酸盐用量 强化产业间耦合，加快水泥行业非碳酸盐原料替代，在保障水泥产品质量的前提下，提高电石渣、磷石膏、氟石膏、锰渣、赤泥、钢渣等含钙资源替代石灰石比重，全面降低水泥生产工艺过程的二氧化碳排放。加快高贝利特水泥、硫（铁）铝酸盐水泥等低碳水泥新品种的推广应用。研发含硫硅酸钙矿物、黏土煅烧水泥等材料，降低石灰石用量。

(2) 加快提升固废利用水平 支持利用水泥窑无害化协同处置废弃物。鼓励以高炉矿渣、粉煤灰等对产品性能无害的工业固体废弃物为主要原料的超细粉生产利用，提高混合材料产品质量。提升玻璃纤维、岩棉、混凝土、水泥制品、路基填充材料、新型墙体和屋面材料生产过程中固废资源利用水平。支持在重点城镇建设一批达到重污染天气绩效分级B级及以上水平的墙体材料隧道窑处置固废项目。

(3) 推动建材产品减量化使用。精准使用建筑材料，减量使用高碳建材产品。提高水泥产品质量和应用水平，促进水泥减量化使用。开发低能耗制备与施工技术，加大高性能混凝土推广应用力度。加快发展新型低碳胶凝材料，鼓励固碳矿物材料和全固废免烧新型胶凝材料的研发。

3.6.2 技术创新

(1) 加快研发重大关键低碳技术 突破水泥悬浮沸腾煅烧、窑炉氢能煅烧等重大低碳技术。加快突破建材窑炉碳捕集、利用与封存技术，加强与二氧化碳化学利用、地质利用和生物利用产业链的协同合作。探索开展负排放应用可行性研究。加大低温余热高效利用技术研发推广力度。加快气凝胶材料研发和推广应用。

(2) 加快推广节能降碳技术装备 水泥行业加快推广低阻旋风预热器、高效烧成、高效篦冷机、高效节能粉磨等节能技术装备。

(3) 以数字化转型促进行业节能降碳 加快推进建材行业与新一代信息技术深度融合，通过数据采集分析、窑炉优化控制等提升能源资源综合利用效率，促进全链条生产工序清洁化和低碳化。探索运用工业互联网、云计算、第五代移动通信（5G）等技术加强对企业碳排放在线实时监测，追踪重点产品全生命周期碳足迹，建立行业碳排放大数据中心。

———— 习 题 ————

3-1 生产硅酸盐水泥的主要原料有哪些？

3-2 生产硅酸盐水泥为什么要掺入适量石膏？

3-3 简述硅酸盐水泥的主要矿物成分及其对水泥性能的影响。

3-4 硅酸盐水泥的主要水化产物有哪几种？水泥石的结构如何？

3-5 简述水泥细度对水泥性质的影响，如何检验？

3-6 造成硅酸盐水泥体积安定性不良的原因有哪几种？如何检验？

3-7 简述硅酸盐水泥的强度发展规律及影响因素。

3-8 在下列工程中选择适宜的水泥品种：

1) 现浇混凝土梁、板、柱，冬期施工工程。

2) 高层建筑基础底板（具有大体积混凝土特性和抗渗要求）的工程。

3) 南方受海水侵蚀的钢筋混凝土工程。

4) 高炉炼铁炉基础工程。

5) 高强度预应力混凝土梁工程。

6) 地下铁道工程。

7) 东北某大桥的沉井基础及桥梁墩台。

3-9 某工程用一批普通硅酸盐水泥，强度检验结果见表3-9，试评定该批水泥的强度等级。

表 3-9 某工程普通硅酸盐水泥强度检验结果

龄　　期	抗折强度/MPa	抗压破坏荷载/kN
3d	4.05，4.20，4.10	41.0，42.5，46.0，45.5，43.0，43.5
28d	7.00，7.50，8.50	112，115，114，113，108，115

3-10 硅酸盐水泥石腐蚀的类型主要有哪几种？产生腐蚀的主要原因是什么？防止腐蚀的措施有哪些？

3-11 硅酸盐水泥检验中，哪些性能不符合要求时，该水泥属于不合格品？哪些性能不符合要求时，该水泥属于废品？怎样处理不合格品和废品？

3-12 什么是活性混合材料和非活性混合材料？掺入硅酸盐水泥中能起到什么作用？

3-13 为什么掺加较多活性混合材料的硅酸盐水泥早期强度比较低，后期强度发展比较快，长期强度甚至超过同强度等级的硅酸盐水泥？

3-14 与普通硅酸盐水泥相比较，矿渣硅酸盐水泥、火山灰质硅酸盐水泥和粉煤灰硅酸盐水泥在性能上有哪些不同？分析这四种水泥的适用和禁用范围。

3-15 简述道路硅酸盐水泥的特点。

3-16 白色硅酸盐水泥对原料和工艺有什么要求？

3-17 膨胀水泥的膨胀过程与水泥体积安定性不良所形成的体积膨胀有何不同？

3-18 铝酸盐水泥有何特点？

3-19 简述铝酸盐水泥的水化过程及后期强度下降的原因。

3-20 不同品种及同品种不同强度等级的水泥能否掺混使用？为什么？

3-21 水泥的强度等级检验为什么要用标准砂和规定的水胶比？试件为何要在标准条件下养护？

3-22 查阅相关资料，选择一个角度，举例说明"双碳目标"下的水泥发展方向。

混 凝 土 第4章

【本章提要】主要介绍普通混凝土的原材料选用、主要性能（包括和易性、力学性质、变形性能及耐久性）等方面内容，还介绍混凝土的质量波动特征与质量控制、JGJ 55—2011《普通混凝土配合比设计规程》中的配合比设计方法与步骤。简要介绍了其他品种混凝土，如轻质混凝土、高性能混凝土等。本章的学习目标：熟悉和掌握普通混凝土的性能特点与工程应用特点，在工程设计与施工中正确选择原材料、合理确定配合比和评价混凝土性能。

4.1 概述

混凝土是现代建筑工程中用途最广、用量最大的建筑材料之一。目前全世界每年生产的混凝土材料超过 100 亿 t。广义来讲，混凝土是由胶凝材料、集料按适当比例配合，与水（或不加水）拌和制成的具有一定可塑性的流体，经硬化而成的具有一定强度的人造石。

混凝土作为建筑材料的历史久远，用石灰、砂和卵石制成的砂浆和混凝土在公元前 500 年就已经在东欧使用，但最早使用水硬性胶凝材料制备混凝土的是古罗马人。这种用石灰、砂、石制备的"天然混凝土"具有黏结力强、坚固耐久、不透水等特点，在古罗马得到广泛应用，万神殿和古罗马圆形剧场就是其中杰出的代表。因此，可以说混凝土建筑是古罗马最伟大的建筑遗产。

混凝土发展史中最重要的里程碑是约瑟夫·阿斯普丁发明波特兰水泥，从此，水泥逐渐代替了火山灰、石灰用于制造混凝土，但主要用于墙体、屋瓦、铺地、栏杆等部位。直到 1875 年，威廉·拉塞尔斯（William·Lascelles）采用改良后的钢筋强化的混凝土技术获得专利，混凝土才真正成为最重要的现代建筑材料。1895—1900 年间用混凝土成功地建造了第一批桥墩，至此，混凝土开始作为最主要的结构材料，影响和塑造了现代建筑。

4.1.1 混凝土的分类

混凝土的种类很多，从不同的角度考虑，有以下几种分类方法：

1. 按表观密度分类

(1) 重混凝土 表观密度大于 $2800 kg/m^3$，常采用重晶石、铁矿石、钢屑等作集料和锶水泥、钡水泥共同配制防辐射混凝土，作为核工程的屏蔽结构材料。

(2) 普通混凝土 表观密度为 $1950 \sim 2800 kg/m^3$ 的混凝土，是土木工程中应用最为普通的混凝土，主要用作各种土木工程的承重结构材料。

(3) 轻混凝土 表观密度小于 $1950 kg/m^3$，采用陶粒、页岩等轻质多孔集料或掺加引气剂、泡沫剂形成多孔结构的混凝土，具有保温、隔热性能好、质量轻等优点，多用于保温材料或高层、大跨度建筑的结构材料。

2. 按所用胶凝材料分类

按照所用胶凝材料的种类，混凝土可以分为水泥混凝土、硅酸盐混凝土、石膏混凝土、水玻璃混凝土、沥青混凝土、聚合物混凝土、树脂混凝土等。

3. 按流动性分类

按照新拌混凝土流动性大小，可分为干硬性混凝土（坍落度小于10mm且需用维勃稠度表示）、塑性混凝土（坍落度为10~90mm）、流动性混凝土（坍落度为100~150mm）及大流动性混凝土（坍落度大于或等于160mm）。

4. 按用途分类

按照用途，混凝土可分为结构混凝土、大体积混凝土、防水混凝土、耐热混凝土、膨胀混凝土、防辐射混凝土、道路混凝土等。

5. 按生产方式和施工方法分类

按照生产方式，混凝土可分为预拌混凝土和现场搅拌混凝土；按照施工方法，可分为泵送混凝土、喷射混凝土、碾压混凝土、挤压混凝土、离心混凝土、压力灌浆混凝土等。

6. 按强度等级分类

1）低强度混凝土，其抗压强度小于30MPa。

2）中强度混凝土，其抗压强度为30~60MPa。

3）高强度混凝土，其抗压强度大于或等于60MPa。

4）超高强混凝土，其抗压强度在100MPa以上。

混凝土的品种虽然繁多，但在实践工程中还是以普通的水泥混凝土应用最为广泛，如果没有特殊说明，狭义上通常称其为混凝土，本章做重点介绍。

4.1.2 混凝土的组成及其应用

传统水泥混凝土的基本组成材料是水泥、粗细集料和水。其中，水泥浆体占20%~30%，砂石集料占70%左右。水泥浆在硬化前起润滑作用，使混凝土拌合物具有可塑性，在混凝土拌合物中，水泥浆填充砂子孔隙，包裹砂粒，形成砂浆，砂浆又填充石子孔隙，包裹石子颗粒，形成混凝土浆体；在混凝土硬化后，水泥浆则起胶结和填充作用。水泥浆多，混凝土拌合物流动性大，反之干稠；混凝土中水泥浆过多则混凝土水化温升高，收缩大，抗侵蚀性不好，容易引起耐久性不良。粗细集料主要起骨架作用，传递应力，给混凝土带来很大的技术优点，它比水泥浆具有更高的体积稳定性和更好的耐久性，可以有效减少收缩裂缝的产生和发展，降低水化热。

现代混凝土中除了以上组分外，还多加入化学外加剂与矿物细粉掺合料。化学外加剂的品种很多，可以改善、调节混凝土的各种性能，而矿物细粉掺合料则可以有效提高混凝土的新拌性能和耐久性，同时降低成本。

4.1.3 混凝土的性能特点与基本要求

混凝土作为土木工程材料中使用最为广泛的一种，必然有其独特之处。它的优点主要体现在以下几个方面：

1）易塑性。现代混凝土可以具备很好的工作性，几乎可以随心所欲地通过设计和模板形成形态各异的建筑物及构件，可塑性强。

2）经济性。同其他材料相比，混凝土价格较低，容易就地取材，结构建成后的维护费用也较低。

3）安全性。硬化混凝土具有较高的力学强度，目前工程构件最高强度可达130MPa，与钢筋有牢固的黏结力，使结构安全性得到充分保证。

4）耐火性。混凝土一般而言可有 1~2h 的防火时效，比起钢铁来说，安全多了，不会像钢结构建筑物那样在高温下很快软化而造成坍塌。

5）多用性。混凝土在土木工程中适用于多种结构形式，可以根据不同要求配制不同的混凝土来满足多种施工要求，所以称它为"万用之石"。

6）耐久性。混凝土本来就是一种耐久性很好的材料，古罗马建筑经过几千年的风雨仍然屹立不倒，这本身就昭示着混凝土应该"历久弥坚"。

混凝土具有许多优点，当然相应的缺点也不容忽视，主要表现为：

1）抗拉强度低。混凝土的抗拉强度是其抗压强度的 1/10 左右，是钢筋抗拉强度的1/100左右。

2）延展性不高。混凝土属于脆性材料，变形能力差，只能承受少量的张力变形（约0.003），否则就会因无法承受而开裂；抗冲击能力差，在冲击荷载作用下容易产生脆断。

3）自重大，比强度低。高层、大跨度建筑物要求材料在保证力学性质的前提下，以轻为宜。

4）体积不稳定性。尤其是当水泥浆量过大时，这一缺陷表现得更加突出，随着温度、湿度、环境介质的变化，容易引发体积变化、产生裂纹等内部缺陷，直接影响建筑物的使用寿命。

混凝土在建筑工程中使用，必须满足以下五项基本要求或准则：

1）满足与使用环境相适应的耐久性要求。

2）满足设计的强度要求。

3）满足施工规定所需的工作性要求。

4）满足业主或施工单位渴望的经济性要求。

5）满足可持续发展所必需的生态性要求。

混凝土是由胶凝材料、粗细集料和水（或不加水）按适当比例配制，再经硬化而成的人工石材。目前使用最多的是以水泥为胶凝材料的混凝土，称为水泥混凝土。按其表观密度，一般可分为重混凝土（干表观密度大于 2600kg/m³）、普通混凝土（干表观密度为 1950~2600kg/m³）和轻混凝土（干表观密度小于 1950kg/m³）三类。在建筑工程中应用最广泛、用量最大的是普通混凝土。

普通混凝土原材料为水泥、水、细集料（砂）及粗集料（石子），必要时还可加入各种外加剂及矿物掺合料。在混凝土中，砂与石子主要起骨架作用，称为集料，还可起到减小混凝土因水泥硬化产生的收缩作用。水泥与水形成水泥浆，包裹在集料表面并填充在集料空隙中。在硬化前（称为混凝土拌合物），水泥浆起润滑作用，赋予拌合物一定的流动性，便于施工；水泥浆硬化后，则将集料胶结成一个坚实的整体（胶结作用）。

4.2 普通混凝土的组成材料

组成混凝土的基本材料是水泥、水、砂子和石子。为改善混凝土的某些性能还常加入适量的外加剂和掺合料，外加剂和掺合料常称为混凝土的第五组分和第六组分。

4.2.1 混凝土中各组分的作用

在混凝土中，**砂子、石子的体积百分数约为 80%，主要起骨架作用**，故分别被称作细集料和粗集料，集料又称骨料。水泥加水形成水泥浆，包裹在砂粒表面形成水泥砂浆，水泥砂浆又包裹石子并填充石子间的空隙而形成混凝土。水泥浆在硬化前起润滑作用，使混凝土拌合物具有良好的流动性；硬化后将集料胶结在一起形成坚硬的整体——混凝土。**加入适量的外加剂和掺合料，在硬化前能改善拌合物的和易性**，而且现代化的施工工艺对拌合物的高和易性要求，只有加入适宜的外加剂才能满足；**硬化后，能改善混凝土的物理力学性能和耐久性等**。尤其是在配制高强度混凝土、高性能混凝土时，外加剂和掺合料是必不可少的。

4.2.2 混凝土中各组分的技术要求

1. 水泥

水泥是混凝土中最重要的组成材料，且价格相对较贵。配制混凝土时，如何正确选择水泥的品种及强度等级直接关系到混凝土的强度、耐久性和经济性。

(1) 水泥品种的选择　**配制混凝土时，应根据工程性质、部位、施工条件、环境状况等，按各品种水泥的特性做出合理的选择。**配制混凝土一般可采用硅酸盐水泥、普通硅酸盐水泥、矿渣硅酸盐水泥、火山灰质硅酸盐水泥、粉煤灰硅酸盐水泥和复合硅酸盐水泥。必要时也可采用快硬硅酸盐水泥或其他水泥。六大常用水泥的选用原则，见第 3 章的有关内容。

用混凝土泵和管道输送的混凝土，称为泵送混凝土。泵送混凝土应选用硅酸盐水泥、普通硅酸盐水泥、矿渣硅酸盐水泥和粉煤灰硅酸盐水泥，不宜采用火山灰质硅酸盐水泥。

道路工程中，由于道路路面要经受高速行驶车辆轮胎的摩擦、载重车辆的强烈冲击、路面和路基因温差产生的胀缩应力及冻融等影响，要求路面混凝土抗折强度高、收缩变形小、耐磨性能好、抗冻性能好，并具有较好的弹性。因此配制混凝土所用的水泥，一般应采用强度高、收缩性小、耐磨性强、抗冻性好的水泥。公路、城市道路、厂矿道路应采用硅酸盐水泥或普通硅酸盐水泥。民航机场道面和高速公路，必须采用硅酸盐水泥。

(2) 水泥强度等级的选择　随着水泥科技的进步，水泥的各方面性能指标得到了很大的提高，但对混凝土裂缝的产生及耐久性也带来了不利影响，特别是"高细度、高 C_3S 含量、高强度等级"即所谓的"三高"水泥，它对混凝土产生裂缝的不利影响应该说是越来越大了。水泥生产技术人员普遍认为水泥的富余强度越高，产品质量越好；产品质量的改善往往只体现在胶砂强度的提高方面。施工单位则普遍认为水泥的早期强度越高，混凝土强度发展得越快，其质量越有保证；而且水泥早期强度越高，施工速度可以加快，生产成本可大幅度下降。

任何水泥基材料的强度都是在一定的标准条件下测得的。水泥胶砂强度的高低一直以来是评价水泥质量的重要标准，实施 ISO 方法后，水泥的检测性能与国际接轨，但与其在现代混凝土中的作用还相差较远。水泥胶砂强度高是水泥实物质量一方面的体现，却不是混凝土质量的唯一保证。水泥强度和混凝土强度的定义不同，也就是检测强度的标准条件不同。试验以水胶比约为 0.5 的砂浆或水泥浆来进行，这似乎是世界上检验水泥的万能方法，已经用了很长时间。从 W/C 的角度看来，它一直十分安全，因为大多数工业用混凝土的 W/C 都大于 0.5，但是现在不同了。在高效减水剂问世之前，由于施工的需要，混凝土的水胶比受到限制，必然大于检测水泥强度的水胶比，因此混凝土强度依赖于水泥强度，混凝土强度一般不会超过水泥的标准强度。现在高效减水剂的使用打破了这一传统的常规：混凝土的水胶比可以减小到比检测水泥的水胶比低得很多，**"水泥强度应是混凝土强度的 1.5～2 倍"的规定已成为历史，现今的 32.5 级水泥能配制 C60 混凝土。**

2. 细集料

普通混凝土使用的集料按粒径大小分为两种：粒径大于 4.75mm 的称为粗集料；粒径小于 4.75mm 的称为细集料。**普通混凝土中所使用的细集料有天然砂和人工砂两种。** 天然砂是由天然岩石（不包括软质岩、风化岩石）经自然风化、水流搬运和分选、堆积等自然条件形成的。经除土处理的机制砂（由机械破碎、筛分制成的，粒径小于 4.75mm 的岩石颗粒，但不包括软质岩、风化岩石的颗粒）与混合砂（由机制砂和天然砂混合制成的砂）统称为人工砂。根据产源不同，天然砂可分为河砂、湖砂、山砂和淡化海砂四类。**普通混凝土通常所用的粗集料有碎石和卵石两种。** GB/T 14684—2022《建设用砂》规定：建设用砂按技术质量要求分为 Ⅰ 类、Ⅱ 类、Ⅲ 类。Ⅰ 类用于强度等级大于 C60 的混凝土；Ⅱ 类宜用于强度等级大于 C30～C60 及有抗冻、抗渗或其他要求的混凝土；Ⅲ 类宜用于强度等级小于 C30 的混凝土。配制混凝土时所采用的细集料的质量要求有以下几个方面：

（1）泥和泥块含量 泥含量是指集料中粒径小于 0.075mm 的尘屑、淤泥及黏土的含量。泥块的质量分数在细集料中是指粒径大于 1.18mm，经水洗、手捏后变成小于 0.6mm 的颗粒的质量分数；在粗集料中是指粒径大于 4.75mm，经水洗、手捏后变成小于 2.36mm 的颗粒的质量分数。石粉含量是指人工砂中粒径小于 0.075mm 的颗粒的质量分数。

集料中的泥颗粒极细，会黏附在集料表面，影响水泥石与集料之间的胶结力。而泥块会在混凝土中形成薄弱部分，对混凝土的质量影响很大。因此，对集料中泥和泥块含量必须严格限制（见表 4-1）。

表 4-1　砂、石中的泥和泥块的质量分数限制

项　目		指　标		
		Ⅰ	Ⅱ	Ⅲ
泥含量（按质量计）（%）	砂	≤1.0	≤3.0	≤5.0
	石	≤0.5	≤1.0	≤1.5
泥块的质量分数（%）	砂	0	≤1.0	≤2.0
	石	0	≤0.5	≤0.7

（2）有害杂质 GB/T 14684—2022《建设用砂》强调建设用砂中不应混有草根、树叶、树枝、煤块和炉渣等杂物。

配制混凝土的细集料要求清洁不含杂质，以保证混凝土的质量。而砂中常含有一些有害杂质（如云母、黏土等），黏附在砂的表面，妨碍水泥与砂的黏结，降低混凝土的强度；同

时还增加混凝土的用水量，从而加大混凝土的收缩，降低抗冻性和抗渗性。一些有机杂质、硫化物及硫酸盐都对水泥有腐蚀作用。砂中有害物质应符合表4-2中规定。重要工程混凝土使用的砂应进行碱活性检验，如经检验判断为有潜在危害，在配制混凝土时应使用碱含量小于0.6%的水泥或采用能抑制碱集料反应的掺合料，如粉煤灰等；当使用含钾、钠离子的外加剂时，必须进行专门试验。在一般情况下，海砂可以配制混凝土和钢筋混凝土，但由于海砂盐含量较大，对钢筋有腐蚀作用，故对钢筋混凝土，海砂中氯离子含量不应超过0.06%（以干砂质量的百分率计）。预应力混凝土不宜采用海砂，若必须用海砂时，则应经淡水冲洗，其氯离子含量不得大于0.02%。有些杂质（如泥土、贝壳和杂物）可在使用前经过冲洗、过滤处理将其清除，特别是配制高强度混凝土时更应严格些。当用较高强度等级水泥配制低强度混凝土时，由于水胶比大，水泥用量少，拌合物的和易性不好。这时，如果砂中泥土细粉多一些，则只要将搅拌时间稍加延长，就可改善拌合物的和易性。

表4-2　砂中有害物质含量限制

类　　别	I	II	III
云母（按质量计）（%）	≤1.0	≤2.0	
轻物质（按质量计）（%）	≤1.0		
有机物	合格		
硫化物及硫酸盐（按SO₃质量计）（%）	≤0.5		
氯化物（以氯离子质量计）（%）	≤0.01	≤0.02	≤0.06
贝壳（按质量计）（%）①	≤3.0	≤5.0	≤8.0

① 该指标适用于海砂，其他砂种不做要求。

（3）颗粒形状和表面特征　细集料的颗粒形状和表面特征会影响其与水泥的黏结及混凝土拌合物的流动性。山砂的颗粒多具有棱角，表面粗糙，但泥含量和有机物杂质较多，与水泥的黏结较差，使用时应加以限制；河砂、湖砂因长期经受流水和波浪的冲刷，颗粒多呈圆形，比较洁净，且分布较广，一般工程都采用这种砂。海砂因长期受到海流冲刷，颗粒圆滑，比较洁净且粒度一般比较整齐，但常混有贝壳及盐类等有害杂质，在配制钢筋混凝土时，海砂中Cl⁻的质量分数不应大于0.06%。

（4）砂的级配和粗细程度　对于细集料而言，颗粒级配是指不同粒径砂相互间的搭配情况。良好的级配能使砂的空隙率和总表面积均较小，从而使所需的胶凝材料使用量较少，并且能够提高混凝土的密实度，并进一步改善混凝土的其他性能。在传统混凝土中砂粒之间的空隙是由水泥浆所填充，为达到节约水泥的目的，就应尽量减少砂粒之间的空隙，因此，砂必须有大小不同的颗粒搭配。从图4-1可以看出，如果是单一粒径的砂堆积，空隙最大（见图4-1a）；两种不同粒径的砂堆积起来，空隙就减少了（见图4-1b）；如果三种不同粒径的砂堆积起来，空隙就更小了（见图4-1c）。由此可见，要想减小砂粒间的空隙，就必须有大小不同的颗粒搭配。

砂的粗细程度是指不同粒径的砂粒混合在一起后的总体粗细程度，通常有粗砂、中砂与细砂之分。在相同质量条件下，细砂的总表面积最大，而粗砂的总表面积最小。在混凝土中，砂子的表面需要有胶凝材料浆体包裹，砂子的总表面积越大，则需要包裹砂粒表面的浆量就越多。因此，**一般说用粗砂拌制混凝土比用细砂所需的浆量减少。**

综上所述，在拌制混凝土时，砂的颗粒级配和粗细程度应同时考虑。当砂中含有较多的

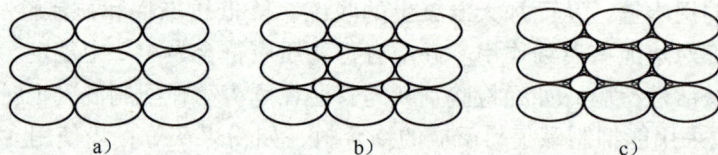

图 4-1 砂的颗粒级配

a）单一粒径的砂堆积 b）两种不同粒径的砂堆积 c）三种不同粒径的砂堆积

粗粒径砂，并以适当的中粒径砂及少量细粒径砂填充其空隙时，则可达到空隙率及总表面积均较小。这样的砂比较理想，不仅胶凝材料浆体用量较少，还可提高混凝土的密实度与强度。

GB/T 14684—2022《建设用砂》规定：**砂的颗粒级配和粗细程度用筛分析的方法进行测定。用级配区表示砂的颗粒级配，用细度模数表示砂的粗细。**砂的筛分析方法是用一套孔径为 4.75mm、2.36mm、1.18mm、0.60mm、0.30mm 和 0.15mm 的标准筛，将抽样后经缩分所得 500g 干砂，由粗到细依次筛析，然后称得各筛筛余量的质量，并计算出各筛上的分计筛余百分率 α_1、α_2、α_3、α_4、α_5、α_6（各筛上的筛余量占砂样总质量的百分率）及累计筛余百分率 A_1、A_2、A_3、A_4、A_5、A_6（各筛与比该筛粗的所有筛的分计筛余百分率之和）。分计筛余百分率与累计筛余百分率的关系见表 4-3。

表 4-3 分计筛余百分率与累计筛余百分率的关系

筛孔尺寸/mm	分计筛余百分率（%）	累计筛余百分率（%）
4.75	α_1	$A_1 = \alpha_1$
2.36	α_2	$A_2 = \alpha_1 + \alpha_2$
1.18	α_3	$A_3 = \alpha_1 + \alpha_2 + \alpha_3$
0.60	α_4	$A_4 = \alpha_1 + \alpha_2 + \alpha_3 + \alpha_4$
0.30	α_5	$A_5 = \alpha_1 + \alpha_2 + \alpha_3 + \alpha_4 + \alpha_5$
0.15	α_6	$A_6 = \alpha_1 + \alpha_2 + \alpha_3 + \alpha_4 + \alpha_5 + \alpha_6$

细度模数 μ_f 的计算式如下

$$细度模数(\mu_f) = \frac{(A_2 + A_3 + A_4 + A_5 + A_6) - 5A_1}{100 - A_1} \tag{4-1}$$

细度模数越大，表示砂越粗。普通混凝土用砂的细度模数范围一般为 3.7～1.6，其中在 μ_f 为 3.7～3.1 时为粗砂，μ_f 为 3.0～2.3 时为中砂，μ_f 为 2.3～1.6 时为细砂，配制混凝土时应优先选用中砂。μ_f 为 1.5～0.7 时为特细砂，配制混凝土时要特殊考虑。但砂的细度模数并不能反映其级配的优劣。细度模数相同的砂，级配可以不相同。所以，配制混凝土必须同时考虑砂的颗粒级配和细度模数。对于混凝土用砂以中砂为宜；对于预拌混凝土，砂的最适宜的细度模数范围是 2.5～3.1。

按 GB/T 14684-2022《建设用砂》的规定，砂按 0.60mm 筛孔的累计筛余百分率计，可分三个级配区（见表 4-4），混凝土用砂的颗粒级配，应处于表 4-4 中的任何一个级配区内。以累计筛余百分率为纵坐标，以筛孔尺寸为横坐标，可以画出三个级配区上下限的筛分曲线。砂的级配区及筛分曲线如图 4-2 所示。

表4-4　建设用砂颗粒级配区累计筛余百分率（%）

筛孔尺寸/mm	级配区		
	1 区	2 区	3 区
9.50	0	0	0
4.75	10~0	10~0	10~0
2.36	35~5	25~5	15~0
1.18	65~35	50~10	25~10
0.60	85~71	70~41	40~16
0.30	95~80	92~70	85~55
0.15	100~90	100~90	100~90

从图4-2中的筛分曲线可看出砂的粗细，筛分曲线超过第1区往右下偏时，表示砂过粗。筛分曲线超过第3区往左上偏时，表示砂过细。

过粗砂（细度模数大于3.7）配制混凝土，其拌合物的和易性不易控制，且内摩擦大，不易振捣成型；过细砂（细度模数小于0.7）配制混凝土，要增加较多的水泥用量，而且强度显著降低。所以，这两种砂未包括在级配区内。

如果砂的自然级配不合适，不符合级配区的要求，这时就要采用人工级配的方法来改善。最简单的措施是将粗、细砂按适当比例进行试配，掺和使用。配制混凝土时宜优先选2区砂；若采用1区砂时，应提高砂率，并保持足够的水泥用量，以满足混凝土的和易性；若采用3区砂时，宜适当降低砂率，以保证混凝土的强度。

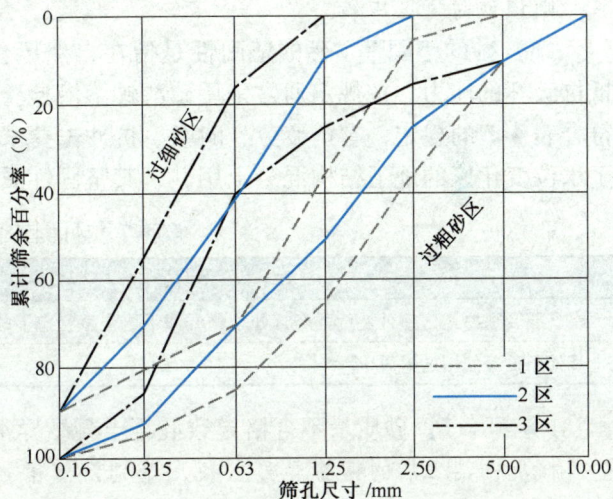

图4-2　砂的级配区及筛分曲线

对于泵送混凝土，细集料对混凝土的可泵性影响很大。混凝土拌合物之所以能在输送管中顺利流动，主要是由于粗集料被包裹在砂浆中，且粗集料是悬浮于砂浆中的，由砂浆直接与管壁接触，起到润滑作用。故细集料宜采用中砂、细度模数为2.5~3.2，通过0.30mm筛孔的砂不应少于15%，通过0.15mm筛孔的质量分数不应少于5%。如含量过低，输送管容易堵塞，使拌合物难以泵送，但细砂过多及黏土、粉尘的含量太大也是有害的，因为细砂含量过大则需要较多的水，并形成黏稠的拌合物，这种黏稠的拌合物沿管道的运动阻力大大增加，从而需要较高的泵送压力，增加泵送施工的难度。

【例题4-1】 取500g干天然砂，经筛分后，其筛分结果见表4-5。试计算该砂的细度模数，并判断该砂级配与粗细程度。

表4-5　干天然砂筛分结果

筛孔尺寸/mm	4.75	2.36	1.18	0.60	0.30	0.15	<0.15
筛余量/g	8	82	70	98	124	106	14

解：分计筛余百分率和累计筛余百分率的计算结果见表4-6。

表4-6　分计筛余百分率和累计筛余百分率的计算结果

筛孔尺寸/mm	4.75	2.36	1.18	0.60	0.30	0.15	<0.15
筛余量/g	8	82	70	98	124	106	14
分计筛余百分率（%）	1.6	16.4	14.0	19.6	24.8	21.2	
累计筛余百分率（%）	1.6	18.0	32.0	51.6	76.4	97.6	

$$\mu_0 = \frac{\beta_2 + \beta_3 + \beta_4 + \beta_5 + \beta_6 - 5\beta_1}{100 - \beta_1}$$

$$= \frac{18.0 + 32.0 + 51.6 + 76.4 + 97.6 - 5 \times 1.6}{100 - 1.6} \approx 2.7$$

则该砂为2区中砂。

（5）砂的坚固性　砂的坚固性是指在自然风化和其他外界物理化学因素作用下，集料抵抗破坏的能力。按规定通常采用硫酸钠溶液检验，试样经5次循环浸渍后，其质量损失应符合表4-7的规定。有抗疲劳、耐磨、抗冲击要求的混凝土用砂或有腐蚀介质作用或经常处于水位变化区的地下结构混凝土用砂，其坚固性质量损失率应小于8%。

表4-7　砂的坚固性指标

混凝土所处的环境条件	循环后的质量损失（%）
在严寒及寒冷地区室外使用并经常处于潮湿或干湿交替状态下的混凝土	≤8
其他条件下使用的混凝土	≤10

【案例4-1】砂质量不合格导致混凝土凝结异常。

概况：某工厂的钢筋混凝土条形基础，使用强度设计等级C30的混凝土，混凝土浇筑后，第二天检查发现部分硬化结块，部分呈疏松状，未完全硬化，轻轻敲击纷纷落下，混凝土基本无强度，工程被迫停工，从混凝土的形态上可以看出有部分砂粒表面无水泥浆，大部分砂粒间水泥浆较少。

分析：经调查，混凝土用砂泥含量超过标准1倍以上，导致泥粉总面积大幅度增加，需要更多的水泥浆包裹它们。第一，泥粉本身强度低，降低了混凝土的强度。第二，砂子细度模数小，砂率偏高，在质量相同情况下，表面积大大增加，需要更多的水泥浆包裹，而此工程混凝土配合比并没有充分考虑此种情况，水泥用量偏低，砂粒表面没有被完全包裹或包裹层太薄，这影响了混凝土的凝结和强度。第三，由于现场砂粒细、泥含量大，砂团不易分散，按常规搅拌时间不能充分使水泥浆完全包裹砂粒，导致混凝土拌合物不均匀。

3. 粗集料

配制混凝土的粗集料的质量要求有以下几个方面：

（1）有害杂质　粗集料中常含有一些有害杂质，如黏土、淤泥、细屑、硫酸盐、硫化物和有机杂质。它们的危害作用与在细集料中的相同。它们的含量一般应符合表4-8中的规定。当粗集料中夹杂着活性氧化硅（活性氧化硅的矿物形式有蛋白石和鳞石英等，含有活性氧化硅的岩石有流纹岩、安山岩和凝灰岩等）时，如果混凝土中所用的水泥又含有较多的碱，就可能发生碱集料破坏。这是因为水泥中碱性氧化物水解后形成的氢氧化钠和氢氧化钾与集料中的活性氧化硅起化学反应，结果在碱集料表面生成了复杂的碱硅酸凝胶。这样就改变了集料与水泥浆原来的界面，生成的凝胶是无限膨胀性的（指不断吸水后体积可以不断肿胀），由于凝胶为水泥石所包围，故当凝胶吸水不断肿胀时，会使水泥石胀裂。**这种碱性氧化物和活性氧化硅之间的化学作用通常称为碱集料反应。** 重要工程的混凝土所使用的碎石或卵石应进行碱活性检验。经检验判定集料有潜在危害时，则应遵守以下规定使用：①使用碱含量小于0.6%的水泥或采用能抑制碱集料反应的掺合料；②当使用含钾、钠离子的混凝土外加剂时，必须进行专门检验。目前，最常用的检验方法是砂浆长度法：用含氢氧化硅的集料与高碱水泥制成1:1.25的胶砂试块，在恒温、恒湿中养护，定期测定试块的膨胀值，直到龄期12个月；如果在6个月中，试块的膨胀率超过0.05%或1年中超过0.1%，这种集料就认为是具有活性的。若怀疑集料中含有引起碱碳酸盐反应的物质，应用岩石柱法进行检验，如果经检验判定集料有潜在危害，则该集料不宜用于混凝土。另外粗集料中严禁混入煅烧过的白云石或石灰石块。

表4-8　粗集料有害杂质

项　目	指　标		
	I 类	II 类	III 类
硫化物及硫酸盐（按 SO_3 质量计）（%） <	0.5	1.0	1.0
有机物	合格	合格	合格

（2）颗粒形状及表面特征　粗集料的颗粒形状及表面特征同样会影响其与水泥的黏结及混凝土拌合物的流动性。碎石具有棱角，表面粗糙，与水泥黏结较好，而卵石多为圆形，表面光滑，与水泥的黏结较差，在水泥用量和水用量相同的情况下，碎石拌制的混凝土流动性较差，但强度较高，而卵石拌制的混凝土流动性较好，但强度降低。如要求流动性相同，用卵石时用水量可少些，结果强度不一定低。

集料质量首先不是强度，重要的是使用级配和粒形良好的集料可以得到最小用水量的拌合物。我国标准对粒形的要求太低，如 JGJ 52—2006《普通混凝土用砂、石质量及检验方法标准》中允许针状、片状粗集料的质量分数上限为25%，这对我国集料加工质量非常不利。碎石或卵石的针状颗粒是指颗粒的长度大于该颗粒平均粒径的2.4倍，片状颗粒是指颗粒的厚度小于该颗粒平均粒径的0.4倍。国外细长或者刀形颗粒应该尽可能避免或者限制不超过集料总质量的15%。这不仅对粗集料重要，对机制砂也同样重要。在欧美，混凝土中扁平、片状集料及非常不规则的集料的质量分数一般不超过20%，而我国有时高达80%。**集料粒形不好，直接导致浆骨比增多，对混凝土和易性、强度和耐久性都会产生不良影响。** 例如，扁平、细长集料宜在一个平面定向，在其下部有水和空隙形成。粒形对混凝土抗折强度影响更大，尤其是在高强混凝土中。

目前这一状况有所改观，GB/T 14685—2022《建设用卵石、碎石》中对针状、片状指标的要求见表4-9。其实，仅仅要求针状、片状用量对于改善集料粒形是不够的，有些集料虽然没有达到针状、片状颗粒的程度，但属于非常不规则集料，对混凝土性能不利，今后还应对非常不规则集料的质量分数进行限制,对于提高粗集料产品质量,更好地保证混凝土性能可以起到促进作用。不同粒形集料的对比如图4-3所示。

a)

b)

图4-3 不同粒形集料的对比

表4-9 针状、片状颗粒总的质量分数

类 别	I	II	III
针状、片状颗粒总的质量分数(%)	≤5	≤8	≤15

(3)最大粒径和颗粒级配

1)最大粒径。粗集料中公称粒级的上限称为该粒级的最大粒径。**最大粒径的变化给混凝土带来两种相反的效果:水泥用量和稠度相同,用粒径较大的集料比用粒径较小的集料配制混凝土所需拌和的用水量少;相反,粒径大的集料使界面过渡区有更多的微裂缝,从而更加薄弱。**试验研究证明:在普通配合比的混凝土结构中,集料粒径大于40mm后,由于减少用水量获得的强度提高被较小的黏结面积及大粒径集料造成的不均匀性的不利影响所抵消,因此,大粒径集料对混凝土强度的提高并没有什么好处。集料的最大粒径还受结构形式和配筋疏密限制,石子粒径过大,对运输和搅拌都不方便。因此,要综合考虑集料最大粒径。根据 GB 50204—2015《混凝土结构工程施工质量验收规范》的规定,混凝土用粗集料的最大粒径不得超过结构截面最小尺寸的1/4,同时不得超过钢筋间最小净距的3/4。对于混凝土实心板,最大粒径不要超过板厚1/2,而且不得超过50mm。

对于泵送混凝土,为防止混凝土泵送时管道堵塞,其粗集料的最大粒径与输送管的管径之比应符合表4-10中的要求。粗集料的粒径越小,空隙率就越大,从而增加了细集料的体积,加大了水泥用量。所以,为改善混凝土的可泵性,而无原则地减小粗集料的粒径,既不经济,也无必要。

表4-10 粗集料的最大粒径与输送管的管径之比

石 子 品 种	泵送高度/m	粗集料的最大粒径与输送管的管径之比
碎石	<50	≤1:3
	50~100	≤1:4
	>100	≤1:5
卵石	<50	≤1:2.5
	50~100	≤1:3
	>100	≤1:4

考虑到粗集料能够进入混凝土保护层，建议最大粒径不得超过保护层厚度的 2/3 为宜。

粗集料的最大粒径 D_m 增大，会削弱粗集料与水泥浆体的黏结，增大了内部结构的不连续性；粗集料对水泥硬化时体积收缩起约束作用，由于二者弹性模量不同，因而混凝土内部产生拉应力，**D_m 增大，拉应力增大**。水胶比一定时，减小集料粒径，会提高混凝土拉 – 压强度比；**D_m 增大**，界面过渡区的氢氧化钙晶体的定向排列程度增大；水胶比越低，粗集料粒径对渗透性和强度的影响越大；抗渗性、抗冻性和强度随最大粒径的减小而提高，弹性模量有所下降，收缩增大。**我国相关标准规定制备高强混凝土集料最大粒径不得大于 25mm**。

2）颗粒级配。粗集料级配是各级粒径范围的颗粒状材料粒子的分布，通常用一套筛子中各号筛子的累计筛余百分率或累计通过百分率来表示，也可以使用某几号筛孔范围之间的百分率来表示。石子的颗粒级配分为连续粒级和单粒粒级两种。按 GB/T 14685—2022《建设用卵石、碎石》规定，普通混凝土用碎石或卵石的颗粒级配范围应符合表 4-11 的要求。

表 4-11　碎石或卵石的颗粒级配范围

公称粒级/mm		累计筛余百分率（％）											
		方孔筛/mm											
		2.36	4.75	9.50	16.0	19.0	26.5	31.5	37.5	53.0	63.0	75.0	90.0
连续粒级	5~16	95~100	85~100	30~60	0~10	0							
	5~20	95~100	90~100	40~80	—	0~10	0						
	5~25	95~100	90~100	—	30~70	—	0~5	0					
	5~31.5	95~100	90~100	70~90	—	15~45	—	0~5	0				
	5~40	—	95~100	70~90	—	30~65	—	—	0~5	0			
单粒粒级	5~10	95~100	80~100	0~15	0								
	10~16		95~100	80~100	0~15								
	10~20		95~100	85~100		0~15	0						
	16~25			95~100	55~70	25~40	0~10						
	16~31.5		95~100		85~100			0~10	0				
	20~40			95~100		80~100			0~10	0	0		
	25~31.5				95~100			80~100	0~10				
	40~80					95~100			70~100	30~60	0~10	0	

在混凝土配合比设计中应优先选用连续粒级，不宜用"单一"的单粒粒级配制混凝土。（如必须单独使用单粒粒级，应做技术经济分析，并通过试验证明不会发生离析或影响混凝土的质量）。良好的集料级配可以控制用水量。现代混凝土倾向于用户选择单粒粒级粗集料，在混凝土搅拌站进行分仓存储，按合理级配计量下料。原因是即使采石场做到了级配，运到现场也没有了级配。例如，选择 5~10mm、10~20mm 两个单粒粒级或 5~10mm、10~16mm、16~25mm 三个单粒粒级分仓存储，**按较低的松散堆积空隙率和有利于和易性为原**

则，进行级配、计量、下料，这样可以有效保证混凝土粗集料的良好级配。**GB/T 50476—2019《混凝土结构耐久性设计标准》附录 B.3.2** 规定：混凝土集料应满足集料级配和粒形要求，并应采用单粒粒级石子两级配或三级配投料。GB/T 14685—2022《建设用卵石、碎石》已经将松散堆积空隙率列入粗集料分级指标，见表4-12。

表 4-12　连续级配松散堆积空隙率

类　别	Ⅰ	Ⅱ	Ⅲ
空隙率（%）	≤43	≤45	≤47

粗集料的颗粒级配很重要，是否合理在很大程度上决定着混凝土配合比设计的技术路线。粗集料级配良好时，松散堆积空隙率低，就能有效地减少水泥用量，从而节约资源，降低排放。例如，美国、日本，粗集料松散堆积空隙率在 36%～42%。而我国粗集料松散堆积空隙率一般在 42%～50%，这就导致我国配制混凝土时砂率高、浆体多、水泥用量大，混凝土不仅成本高，体积稳定性也较差。

（4）强度　过去要求岩石强度与混凝土强度之比应该不小于 1.5 的说法忽略了现代混凝土是以预拌泵送混凝土为主，石子在混凝土中呈悬浮状态，混凝土强度基本上与集料强度无关的现状。对于干硬性混凝土、低塑性混凝土和高强泵送混凝土仍然要求粗集料强度高于混凝土强度，如高强混凝土要求粗集料岩石抗压强度至少应比混凝土设计强度高 **30%**，**普通等级干硬性混凝土、低塑性混凝土仍要求粗集料岩石抗压强度至少应比混凝土设计强度高 20%**。此外，对于中等强度等级的混凝土来说，粗集料本身的强度并不是最重要的，因为集料的强度比混凝土中水泥石基体和界面过渡区的强度要高出数倍。所以，破坏是由其他两相决定，绝大多数天然集料的强度得不到利用。混凝土中最薄弱环节是硬化的水泥浆及其与粗集料之间的过渡区，而不是粗集料本身。**普通泵送混凝土一般集料可不要求立方体抗压强度指标。**

高强混凝土的粗集料应选用密实坚硬的岩石，采用玄武岩、优质石灰石和辉绿岩更有利于混凝土强度。玄武岩用于配制高强度混凝土确实有利于强度保证，但强度的提高是来自集料（玄武岩）的强度还是来自界面值得商榷。总体上看，现代混凝土的强度与集料的相关性已经明显减小，不应当过分强调集料的强度，轻集料也可以配制 C60 混凝土。

碎石强度可用岩石抗压强度和压碎指标值表示。

1）岩石抗压强度的测定。将岩石制成边长 50mm 的立方体（或直径与高均为 50mm 的圆柱体）试件，在饱水状态下测定其极限抗压强度值。通常其抗压强度与所采用的混凝土强度等级之比不应小于 1.5。GB/T 14685—2022《建设用卵石、碎石》中要求在饱水状态下，其抗压强度根据岩石种类应分别满足：岩浆岩应不小于 80MPa，变质岩应不小于 60MPa，沉积岩应不小于 45MPa。碎石抗压强度一般在混凝土强度等级大于或等于 C60 时应检验，其他情况如有怀疑或必要时也可进行检验。

2）碎石和卵石压碎指标值的测定。将一定量的气干状态的粒径为 9.5～19.0mm 石子装入标准筒（内径 152mm 的圆筒）内，按规定加荷速度加荷至 200kN，稳定 5s。卸荷后称取试样质量 m_0，再用孔径为 2.5mm 的筛进行筛分，称取试样的筛余量 m_1，按下式计算压碎指标值

$$\delta_0 = \frac{m_0 - m_1}{m_0} \times 100\% \tag{4-2}$$

压碎指标值越小，表明粗集料抵抗受压破碎的能力越强。根据 GB/T 14685—2022《建设用卵石、碎石》，粗集料压碎指标值应符合表 4-13 的规定。

表 4-13 粗集料的压碎指标值

类　别	Ⅰ	Ⅱ	Ⅲ
碎石压碎指标值（%）	≤10	≤20	≤30
卵石压碎指标值（%）	≤12	≤14	≤16

(5) 坚固性 粗集料的坚固性是指卵石、碎石在自然风化和其他外界物理、化学因素作用下抵抗破裂的能力。采用硫酸钠溶液法进行试验，粗集料坚固性指标应符合表 4-14 的规定。

表 4-14 粗集料坚固性指标

类　别	Ⅰ	Ⅱ	Ⅲ
质量损失（%）	≤5	≤8	≤12

(6) 集料的含水状态及饱和面干吸水量 粗、细集料一般有干燥状态、气干状态、饱和面干状态和湿润状态四种含水状态，如图 4-4 所示。集料含水率等于或接近于零时称干燥状态；含水率与大气湿度相平衡时称气干状态；集料表面干燥而内部孔隙含水达饱和时称饱和面干状态；集料不仅内部孔隙充满水，而且表面附有一层表面水时称湿润状态。

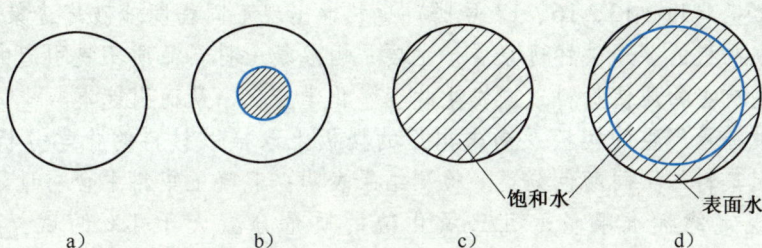

图 4-4 集料的含水状态
a）干燥状态 b）气干状态 c）饱和面干状态 d）湿润状态

在拌制混凝土时，由于集料含水状态的不同，将影响混凝土的用水量和集料用量。集料在饱和面干状态时的含水率，称为饱和面干吸水率。在计算混凝土中各材料的配合比时，如**以饱和面干集料为基准**，则不会影响混凝土的用水量和集料用量，因为饱和面干集料既不从混凝土中吸取水分，也不向混凝土拌合物释放水分。因此，一些大型水利工程、道路工程常以饱和面干状态集料为基准，这样混凝土的用水量和集料用量的控制就较准确。而在一般工业与民用建筑工程中混凝土配合比设计，常以干燥状态集料为基准。这是因为坚固的集料其饱和面干吸水率一般不超过2%，而且在工程施工中，必须经常测定集料的含水率，以便及时调整混凝土组成材料实际用量的比例，从而保证混凝土的质量。

(7) 表观密度、堆积密度、空隙率 集料的表观密度应大于2500kg/m³；集料的松散堆积密度应大于1350kg/m³；集料的空隙率应小于45%。

（8）碱集料反应 集料中若含有活性氧化硅或含有活性碳酸盐，在一定条件下会与水泥的碱发生碱集料反应（碱硅酸反应或碱碳酸反应），生成凝胶，吸水产生膨胀，导致混凝土开裂。若集料中含有活性氧化硅时，采用化学法和砂浆棒法进行检验；若含有活性碳酸盐时，采用岩石柱法进行检验。《建设用砂》和《建设用卵石、碎石》对砂石碱活性这样规定：经碱集料反应试验后，试件应无裂缝、酥裂、胶体外溢等现象，在规定的试验龄期膨胀率应小于0.10%。GB/T 50733—2011《预防混凝土碱骨料反应技术规范》规定：**混凝土工程宜采用非碱活性集料。具有碱碳酸盐反应活性的集料不得用于配制混凝土。**

需要强调的是，面对资源压力，对于有碱硅酸盐反应活性的集料不宜全面抛弃，采取适当的技术手段，还是可以在一定范围内安全使用的。

【案例4-2】 集料含有害杂质引发事故。

概况：某厂一座四层钢筋混凝土框架结构厂房，梁、柱为现浇混凝土构件。该厂房于1988年1月开工，工期为10个月，交付使用后一个月就在梁、柱等多处出现爆裂。半年后混凝土柱基、大梁根部等处混凝土也陆续出现爆裂，严重的导致大梁折断。

分析：取裂缝处碎片进行X射线分析，发现其中晶体多为方镁石，并含有少量生石灰石，裂缝是由于方镁石、生石灰石水化膨胀造成。调查发现该厂为节省资金，使用含有MgO和CaO的工业废渣代替部分混凝土集料，导致了事故的发生。

【案例4-3】 集料中含硫酸盐引发工程事故案例。

概况：山西某厂有9栋4层砖混结构住宅，均采用预制空心楼板。该工程1984年5月开工，同年底完成主体工程，翌年完成内部装修。在1985年6月进行工程质量检查时，发现其中一栋楼（12号楼）多处预制板起鼓、酥裂情况。随后，该楼楼板损坏越来越严重，其他四栋楼的楼板（11、13、16、17号楼）也相继出现不同程度地破坏迹象。

分析：从预制板的普遍破坏迹象看，主要是由混凝土材料品质不良引起的，而且显然是混凝土内所含的有害物质使材料逐渐发生物理、化学变化，从而引起混凝土体积膨胀所造成的。于是，从破坏最严重的楼板及尚未出厂的楼板上取样做材料的化学分析和岩相分析检验。检验时按粗集料的不同颜色分类。检测结果表明：混凝土集料中含有过量的游离三氧化硫，大大超过规定的标准限量，且三氧化硫的质量分数大于1%的试样占总分析样的78.9%。在混凝土凝结硬化后，游离的三氧化硫继续与水化铝酸钙作用形成水化硫铝酸钙，未耗尽的石膏也可能在混凝土硬化后继续生成水化硫铝酸钙，而水化硫铝酸钙生成时的体积约为原体积的2.5倍，这就是造成预制板混凝土膨胀、酥裂、破坏乃至倒塌的主要内在原因。

4. 混凝土拌合用水

混凝土拌合用水的基本质量要求是：不能含影响水泥正常凝结与硬化的有害物质；无损于混凝土强度发展及耐久性；不能加快钢筋锈蚀；不引起预应力钢筋脆断；保证混凝土表面不受污染。

混凝土拌合用水按水源可分为饮用水、地表水、地下水、海水及经适当处理或处置后的工业废水。

5. 混凝土外加剂

外加剂是在拌制混凝土过程中掺入，用以改善混凝土性能的物质，掺量一般不大于水泥质量的5%。它赋予新拌混凝土和硬化混凝土以优良的性能，如提高抗冻性、调节凝结时间和硬化时间、改善工作性能、提高强度等，是生产各种高性能混凝土和特种混凝土必不可少的组分。

根据 GB/T 8075—2017《混凝土外加剂术语》的规定，混凝土外加剂按其主要功能分为四类：

1）改善混凝土拌合物流变性能的外加剂，包括各种减水剂和泵送剂等。

2）调节混凝土凝结时间、硬化性能的外加剂，包括缓凝剂、早强剂和速凝剂等。

3）改善混凝土耐久性的外加剂，包括引气剂、防水剂和阻锈剂等。

4）改善混凝土其他性能的外加剂，包括膨胀剂、防冻剂和着色剂等。

在混凝土外加剂中，大多数是表面活性剂，因此，研究外加剂的性质时，表面活性剂占有很重要的位置。表面活性剂可用作混凝土的减水剂、引气剂、缓凝剂、防冻剂、泵送剂等。

（1）减水剂 减水剂是指在混凝土拌合物坍落度基本相同的条件下，用来减少拌和用水量和增大混凝土坍落度的外加剂。减水剂按原材料及化学成分可分为木质素磺酸盐类、聚烷基芳基磺酸盐类（俗称煤焦油系减水剂）、磺化三聚氰胺甲醛树脂磺酸盐类（俗称蜜胺类减水剂）、糖蜜类和腐殖酸类减水剂及聚羧酸减水剂。减水剂按功能和作用又分为普通减水剂、高效减水剂、早强减水剂、缓凝减水剂、引气减水剂。

1）减水剂的作用机理及使用效果。减水剂的作用机理：不掺减水剂的新拌混凝土之所以相比之下流动性不好，这主要是因为水泥－水体系的界面能高，不稳定，水泥颗粒通过絮凝来降低界面能，达到体系稳定，把许多水包裹在絮凝结构中，不能发挥作用（见图 4-5a）。减水剂是一种表面活性剂，表面活性剂分子由亲水基团和憎水基团两部分组成，可以降低表面能。当水泥浆体中加入减水剂后，减水剂分子中的憎水基团定向吸附于水泥质点表面，亲水基团指向水溶液，在水泥颗粒表面形成单分子或多分子吸附膜，降低了水泥－水的界面能。同时使水泥颗粒表面带上相同的电荷，表现出斥力（见图 4-5b），将水泥加水后形成的絮凝结构打开并释放出被絮凝结构包裹的水，这是减水剂分子吸附产生的分散作用。减水剂分子中的憎水基团定向吸附于水泥颗粒表面，亲水基团指向水溶剂，在水泥颗粒表面形成一个稳定的溶剂化水膜（见图 4-5c），在颗粒间起润滑作用。此外，吸附在水泥颗粒表面的减水剂在水泥颗粒之间起到了空间位阻作用，阻止了水泥颗粒间的直接接触，这一作用对聚羧酸减水剂更显著。混凝土中加入减水剂后，水泥颗粒分散性好，与水充分接触，水泥水化速度加快。

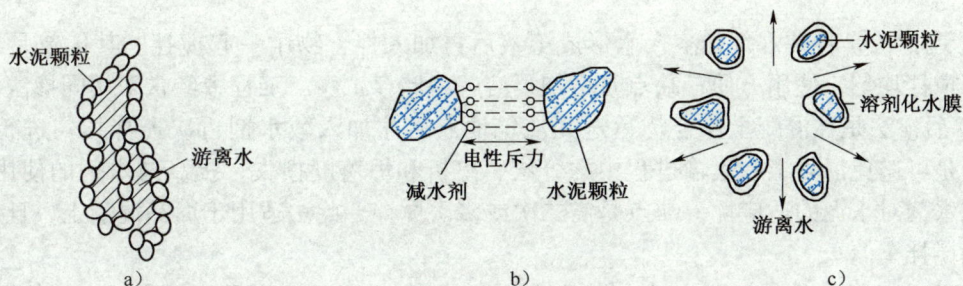

图 4-5　减水剂作用机理

综上所述，减水剂在水泥颗粒表面的吸附，使水泥颗粒表面能较低且水泥颗粒带有相同电荷而相互排斥，结果水泥颗粒在液相中分散，絮凝结构中被水泥颗粒包围的水被释放出来，再加上溶剂化水膜的润滑作用，这就是减水剂的减水机理。简单地说就是"吸附—分散—润滑"。

聚羧酸减水剂的作用机理除了静电斥力，还有空间位阻作用。普遍接受的观点是，聚羧酸系减水剂主要通过在水泥颗粒或者水泥水化产物上吸附，产生立体位阻效应对水泥粒子起分散与保持分散的作用。聚羧酸减水剂的分子结构比较复杂，其主链侧的链长度、相对分子质量、官能团类型等不同结构都对水泥的水化及混凝土的流变特性产生影响。

减水剂的使用效果：①维持用水量和水胶比不变的条件下，可增大混凝土拌合物的流动性（见图4-6）；②在维持拌合物流动性和水泥用量不变的条件下，可减少用水量，从而降低了水胶比，可提高混凝土强度；③显著改善了混凝土的孔结构，提高了密实度，从而可提高混凝土的耐久性；④保持流动性及水胶比不变的条件下，在减少用水量的同时，相应减少了水泥用量，即节约了水泥。此外，减水剂的加入有减少混凝土拌合物泌水、离析现象，延缓拌合物的凝结时间和降低水化放热速度等效果。

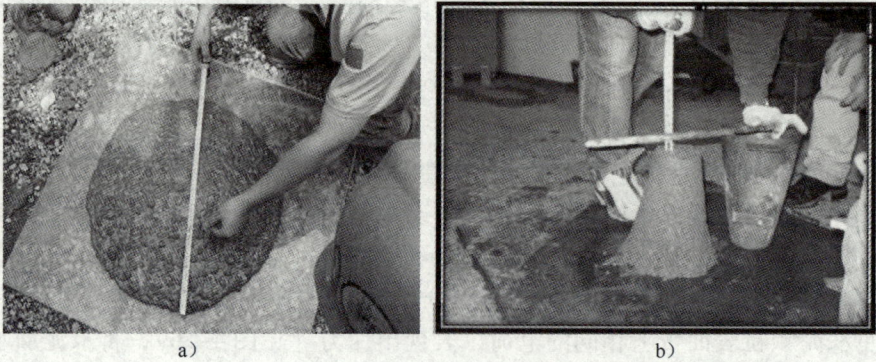

a)   b)

图4-6 掺减水剂后混凝土的流动性增加

2）减水剂的掺入方法。减水剂掺入混凝土中的方法有**先掺法、同掺法、后掺法和滞水法**四种。

① 先掺法是将减水剂与水泥混合后再与集料和水一起搅拌。其优点是使用方便；缺点是减水剂中有粗粒子时，在拌合物中不易分散，影响质量且搅拌时间要长。工程中不常采用先掺法。

② 同掺法是将减水剂先溶入水形成溶液后再加入拌合物中一起搅拌。其优点是计量准确且易搅拌均匀，使用方便；缺点是增加了溶解和储存工序。工程中经常采用同掺法。

③ 后掺法是在混凝土拌合物运送到浇筑地点后才加入减水剂再次搅拌均匀进行浇筑。其优点是可避免混凝土在运输过程中的分层、离析和坍落度损失，提高减水剂的使用效果，提高减水剂对水泥的适应性；缺点是需二次或多次搅拌。此法适用于商品混凝土，且有混凝土运输搅拌车。

④ 滞水法是在搅拌过程中减水剂滞后 1～3min 加入。其优点是能提高减水剂使用效果；缺点是搅拌时间长，生产效率低。工程中一般不常采用滞水法。

3）常用减水剂见表4-15。

表 4-15 常用减水剂

类 别		普通减水剂		高效减水剂	
		木质素系	糖蜜系	多环芳香族磺酸盐系（萘系）	水溶性树脂系
主要品种		木质素磺酸钙（木钙）木质素磺酸钠（木钠）木质素磺酸镁（木镁）	3FG、TF、ST	NNO、NF、FDN、UNF、JN、建Ⅰ型、SN-2 等	SM、CRS 等
主要成分		木质素磺酸钙木质素磺酸钠木质素磺酸镁	矿渣、废蜜经石灰中和处理而成	芳香族磺酸盐甲醛缩合物	三聚氢胺树脂磺酸钠（SM）、古玛隆—茚树脂磺酸钠（CRS）
适宜掺量（占水泥质量）（%）		0.2~0.3	0.2~0.3	0.2~1.0	0.5~2.0
效果	减水率（%）	10 左右	6~10	15~25	18~30
	早强	—	—	明显	显著
	缓凝	1~3h	3h 以上		—
	引气（%）	1~2		一般为非引气或引气<2	<2

4）聚羧酸系高效减水剂。聚羧酸系高效减水剂合成方法简单、生产过程无污染，符合绿色环保的要求。聚羧酸系高效减水剂具有以下特点：掺量低、减水率高，一般掺量为胶凝材料的 0.2%~0.3%，减水率一般在 25%~30%；混凝土拌合物的流动性好，坍落度损失明显低于萘系高效减水剂；对混凝土增强效果潜力大，早期抗压强度比提高更为显著，以 3d、7d 抗压强度为例，萘系高效减水剂的 3d、7d 抗压强度比一般在 130% 左右，而聚羧酸系高效减水剂的同龄期抗压强度比一般在 180% 以上；混凝土收缩低，基本克服了第二代减水剂增大混凝土收缩的缺点；总碱含量极低，其带入混凝土中的总碱量仅数十克，降低了发生碱集料反应的可能性，有利于混凝土的耐久性；与第二代（高效）减水剂相比，其引气量有较大提高，平均为 3%~4%。

目前没有发现该类产品的明显缺陷和不足。其坍落度损失低和混凝土收缩小的优点为高性能混凝土的开发和推广提供了新的有力武器。

但需要说明的是，目前国内聚羧酸系减水剂产品还不同程度地存在性能不够稳定的问题，以上优点还不能充分体现。

【案例 4-4】 不同减水剂的混用造成和易性差。

概况：某工程供应时配合比采用聚羧酸减水剂，而现场质检员未注意配合比中外加剂品种，当现场坍落度偏小时，按萘系减水剂调整量加入萘系减水剂 8kg，造成混凝土和易性差退回。

分析：多数外加剂与聚羧酸高效减水剂不能相溶，表现为产品不能互溶或互溶后无叠加效应，有时会使聚羧酸高效减水剂的流动性或保坍性降低，还有的会增大混凝土的泌水离析。聚羧酸高效减水剂与萘系高效减水剂，蒽系高效减水剂及氨基磺酸盐高效减水剂完全不能相溶，与三聚氰胺高效减水剂按一定比例尚可相溶。只与脂肪族高效减水剂相溶性较好。

现场质检员对新技术新知识掌握不足，聚羧酸减水剂和萘系减水剂混用时不相溶，造成混凝土和易性差。

（2）早强剂　能加速混凝土早期强度发展的外加剂称早强剂。**早强剂主要有氯盐类、硫酸盐类、有机胺三类及由它们组成的复合早强剂。**常用早强剂见表4-16。

1）常用早强剂的作用机理。

① 氯化钙。$CaCl_2$ 能与水泥中 C_3A 作用，生成几乎不溶于水和 $CaCl_2$ 溶液的水化氯铝酸钙（$3CaO \cdot Al_2O_3 \cdot 3CaCl_2 \cdot 32H_2O$），又能与水化产物 $Ca(OH)_2$ 反应，生成溶解度极小的氧氯化钙（$CaCl_2 \cdot 3Ca(OH)_2 \cdot 12H_2O$）。水化氯铝酸钙和氧氯化钙固相早期析出，形成骨架，加速水泥浆体结构的形成，同时也由于水泥浆中 $Ca(OH)_2$ 含量的降低，有利于 C_3S 水化反应的进行，因此，早期强度获得提高。

② 硫酸钠。Na_2SO_4 掺入混凝土中能与水泥水化生成的 $Ca(OH)_2$ 发生如下反应

$$Na_2SO_4 + Ca(OH)_2 + 2H_2O \Longrightarrow CaSO_4 \cdot 2H_2O + 2NaOH$$

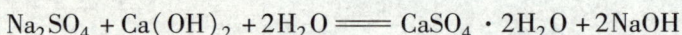

生成的 $CaSO_4$ 均匀分布在混凝土中，并且与 C_3A 反应，迅速生成水化硫铝酸钙，此反应的发生又能加速 C_3S 的水化，这将大大加快了硬化速度，提高了早期强度。

③ 三乙醇胺。三乙醇胺是一种络合剂，在水泥水化的碱性溶液中，能与 Fe^{3+} 和 Al^{3+} 等离子形成较稳定的络离子，这种络离子与水泥的水化物作用生成溶解度很小的络盐并析出，有利于早期骨架的形成，从而使混凝土早期强度提高。

表4-16　常用早强剂

类　别	氯盐类	硫酸盐类	有机胺类	复合类
常用品种	氯化钙	硫酸钠	三乙醇胺	① 三乙醇胺（A）+氯化钠（B） ② 三乙醇胺（A）+亚硝酸钠（B）+氯化钠（C） ③ 三乙醇胺（A）+亚硝酸钠（B）+二水石膏（C） ④ 硫酸盐复合早强剂（NC）
适宜掺量（占水泥质量）（%）	0.5～1.0	0.5～2.0	0.02～0.05 一般不单独使用，常与其他早强剂复合用	① （A）0.05＋（B）0.5 ② （A）0.05＋（B）0.5＋（C）0.5 ③ （A）0.05＋（B）0.5＋（C）2.0 ④ （NC）2.0～4.0
早强效果	显著。3d强度可提高50%～100%；7d强度可提高20%～40%	显著。掺1.5%时达到混凝土设计强度70%的时间可缩短一半	显著。早期强度可提高50%左右；28d强度不变或稍有提高	显著。2d强度可提高70%；28d强度可提高20%

2）早强剂的掺入方法。含有硫酸钠的粉状早强剂使用时，应加入水泥中，不能先与潮湿的砂石混合。含有粉煤灰等不溶物及溶解度较小的早强剂、早强减水剂应以粉剂掺入，并要适当延长搅拌时间。

（3）引气剂　在搅拌混凝土过程中能引入大量均匀分布的、稳定而封闭的微小气泡（**直径在 10～100μm**）的外加剂，称为引气剂。主要品种有松香热聚物、松脂皂和烷基苯磺酸盐等，其中以松香热聚物的效果较好，最常使用。松香热聚物是由松香与硫酸、苯酚起聚

合反应,再经氢氧化钠中和而得到的憎水性表面活性剂。

1)引气剂的作用机理。在搅拌混凝土的过程中必然会混入一些空气,在搅拌力作用下就会产生大量气泡,加入水溶液中的引气剂便吸附在水-气界面上,显著降低水的表面张力和界面能,在搅拌力作用下就会产生大量气泡,引气剂分子定向排列在泡膜界面上,阻碍泡膜内水分子的移动,增加了泡膜的厚度及强度,使气泡不易破灭;水泥等微细颗粒吸附在泡膜上,水泥浆中的氢氧化钙与引气剂作用生成的钙皂沉积在泡膜壁上,也提高了泡膜的稳定性,从而使气泡稳定存在。

2)引气剂的使用方法。最常用的引气剂是松香热聚物,它不能直接溶解于水,使用时需将它溶解于加热的氢氧化钠溶液中,再加水配成一定含量的溶液后加入混凝土中。当引气剂与减水剂、早强剂、缓凝剂等复合使用配制溶液时,应注意它们的共溶性。

3)引气剂掺入混凝土中对混凝土性能的影响。

① 改善混凝土拌合物的和易性。在混凝土拌合物中引入的大量微小气泡,相对增加了水泥浆体积,气泡本身又起到如同滚珠轴承的作用,使颗粒间摩擦力减小,从而可提高混凝土的流动性。由于水分均匀分布在气泡表面,又显著改善了混凝土的保水性和黏聚性。

② 提高混凝土的耐久性。由于气泡能隔断混凝土中毛细管通道,对水泥石内水分结冰时所产生的水压力有缓冲作用,故能显著提高混凝土的抗渗性和抗冻性。

③ 对强度、耐磨性和变形的影响。由于引入大量气泡,减小了混凝土有效受压面积,使混凝土强度和耐磨性有所降低。当保持水胶比不变时,含气量增加1%,混凝土强度下降3%~5%。大量气泡的存在,可使混凝土弹性模量有所降低,从而对提高混凝土的抗裂性有利。

4)引气剂的掺量。引气剂的掺量应根据混凝土的含气量确定。一般松香热聚物引气剂的适宜掺量为水泥质量的0.006%~0.012%。

(4)缓凝剂 能延长混凝土凝结时间而不显著降低混凝土后期强度的外加剂,称为缓凝剂。它的主要种类有羟基羧酸及其盐类、含糖碳水化合物、无机盐类和木质素磺酸盐类等,最常用的是糖蜜和木质素磺酸钙,糖蜜的效果最好。常用缓凝剂见表4-17。

表4-17　常用缓凝剂

类　　别	品　　种	掺量（占水泥质量）（%）	延缓凝结时间/h
糖类	糖蜜类	0.2~0.5（水剂） 0.1~0.3（粉剂）	2~4
木质素磺酸盐类	木质素磺酸钙（钠）等	0.2~0.3	2~3
羟基羧酸盐类	柠檬酸、酒石酸钾（钠）	0.03~0.1	4~10
无机盐类	锌盐、硼酸盐、磷酸盐	0.1~0.2	

1)缓凝剂的作用机理。有机类缓凝剂多为表面活性剂,掺入混凝土中,能吸附在水泥颗粒表面,形成同种电荷的亲水膜,使水泥颗粒相互排斥,阻碍水泥水化产物凝聚,起到缓凝作用;无机类缓凝剂,往往是在水泥颗粒表面形成一层难溶的薄膜,对水泥颗粒的正常水化起阻碍作用,从而导致缓凝。

2)缓凝剂的掺入方法。缓凝剂及缓凝减水剂应配制成适当含量的溶液加入水中拌和使用。糖蜜减水剂中常有少量难溶和不溶物,静置时会有沉淀现象,使用时应搅拌成悬浮液。

当缓凝剂与其他外加剂复合使用时，必须是共溶的才能事先混合，否则应分别掺入。

【案例4-5】 缓凝剂超量造成混凝土3d不凝结。

概况：该项工程位于辽阳，施工期间为冬季，为现浇混凝土柱及剪力墙，为C50混凝土，施工进行到二层发现混凝土3d不能拆模，计算时间约有66h。

分析：

① 缓凝组分掺量过多。泵送剂说明书中推荐掺量为1%～1.2%。缓凝组分为葡萄糖酸钠，折算成胶凝材料掺量为50/1000×1.2%＝0.06%。商品混凝土公司生产C50混凝土掺量提高到1.6%～1.9%，这时葡萄糖酸钠的掺量为50/1000×1.9%＝0.095%。施工现场由于卸料等待时间过长，坍落度损失严重，决定采用泵送剂进行二次流化，掺量没有进行严格控制，随意添加，这样葡萄糖酸钠在混凝土中的含量已无法考量，估计要达到0.10%～0.12%。根据以上计算分析，认为这次缓凝事故是由于葡萄糖酸钠掺量过多引起的。

② 环境温度偏低。辽阳地处沈阳与鞍山之间，该项工程施工期间为冬季。掺入葡萄糖酸钠混凝土的凝结时间，将随环境温度降低，水泥水化速率减弱，凝结时间将明显延长，早期强度降低也更加明显。这次混凝土缓凝事故的发生与环境温度偏低有直接关系。

(5) 速凝剂　能使混凝土迅速凝结硬化的外加剂，称为速凝剂。它的主要种类有无机盐类和有机物类，常用的是无机盐类。常用的速凝剂见表4-18。

表4-18　常用的速凝剂

种　类	铝氧熟料（红星Ⅰ型）	铝氧熟料（711型）	铝氧熟料（782型）
主要成分	铝酸钠＋碳酸钠＋生石灰	铝氧熟料＋无水石膏	矾泥＋铝氧熟料＋生石灰
适宜掺量（占水泥质量）（%）	2.5～4.0	3.0～5.0	5.0～7.0
初凝/min	≤5		
终凝/min	≤10		
强度	1h产生强度，1d强度可提高2～3倍，28d强度为不掺的80%～90%		

1）速凝剂的作用机理。速凝剂加入混凝土后，其主要成分中的铝酸钠、碳酸钠在碱性溶液中迅速与水泥中的石膏反应生成硫酸钠，使石膏丧失其原有的缓凝作用，从而导致铝酸钙矿物 C_3A 迅速水化，并在溶液中析出其水化产物晶体，致使水泥混凝土迅速凝结。

2）速凝剂的使用方法。喷射混凝土施工工艺分干、湿两种。采用干法喷射时，是将速凝剂（一般为细粉状）按一定比例与水泥、砂、石一起干拌均匀后，用压缩空气通过胶管将材料送到喷射机的喷嘴中，在喷嘴里，引入高压水，与干拌料拌成混凝土，喷射到建筑物或构筑物上。这种方法简便，目前使用普遍，但存在施工时粉尘污染较大、回弹量较大的缺点。采用湿法喷射时，是在搅拌机中按水泥、砂、石、速凝剂和水拌成混凝土后，再由喷射机通过胶管从喷嘴喷出。

(6) 防冻剂　防冻剂是能使混凝土在负温下硬化，并在规定养护条件下达到预期性能的外加剂。常用防冻剂是由多组分复合而成，其主要组分有防冻组分、减水组分、引气组分和早强组分等。防冻组分可分为三类：氯盐类（如氯化钙、氯化钠）；氯盐阻锈类（氯盐与阻锈剂复合，阻锈剂有亚硝酸钠、铬酸盐、磷酸盐等）；无氯盐类（硝酸盐、亚硝酸盐、碳酸盐、尿素、乙酸盐等）。减水、引气、早强组分则分别采用前面所述的各类减水剂、引气剂和早强剂。

防冻剂的作用机理：防冻组分可改变混凝土液相含量，降低冰点，保证了混凝土在负温下有液相存在，使水泥仍能继续水化；减水组分可减少混凝土拌和用水量，从而减少了混凝土中的成冰量，并使冰晶粒度细小且均匀分散，减小对混凝土的破坏应力；引气组分是引入一定量的微小封闭气泡，减缓冻胀应力；早强组分是能提高混凝土早期强度，增强混凝土抵抗冰冻的破坏能力。因此，防冻剂的综合效果是能显著提高混凝土的抗冻性。

【案例 4-6】 氯盐防冻剂导致的钢筋锈蚀问题。

概况：北京某大学图书馆于 1993 年建成，在使用 10 年后，工作人员发现地下一层混凝土柱多处出现裂缝，局部凿开混凝土发现钢筋锈蚀，因而确定为钢筋锈蚀造成的锈胀开裂。

分析：经调查发现图书馆在冬期施工时使用了含有大量 $NaCl$ 成分的防冻剂，$NaCl$ 导致混凝土中的钢筋在使用 10 年后出现大面积锈蚀。

(7) 膨胀剂 膨胀剂是能使混凝土产生一定体积膨胀的外加剂。混凝土工程中采用的膨胀剂种类有硫铝酸钙类、硫铝酸钙–氧化钙类、氧化钙类等。硫铝酸钙类有明矾石膨胀剂（主要成分是明矾石与无水石膏或二水石膏）、CSA 膨胀剂（主要成分是无水硫铝酸钙）；U 型膨胀剂（主要成分是无水硫铝酸钙、明矾石、石膏）等。氧化钙类有多种制备方法。其主要成分为石灰，再加入石膏与水淬矿渣或硬脂酸或石膏与黏土，经一定的煅烧或混磨而成。硫铝酸钙–氧化钙类为复合膨胀剂。

1）膨胀剂的作用机理。硫铝酸钙类膨胀剂加入混凝土中后，无水硫铝酸钙水化、参与水泥矿物的水化或与水泥水化产物反应，生成三硫型水化硫铝酸钙（钙矾石），使固相体积大为增加，而导致体积膨胀。氧化钙类膨胀剂的膨胀作用主要由氧化钙晶体水化生成氢氧化钙晶体，体积增大而导致的。

2）膨胀剂掺量的确定方法。为了保证掺有膨胀剂的混凝土的质量，胶凝材料（水泥和掺合料）的用量不能过少，膨胀剂的掺量也应合适。补偿收缩混凝土、填充用膨胀混凝土和自应力混凝土的胶凝材料最少用量分别为 300（有抗渗要求时为 320）、350 和 500；膨胀剂合适掺量分别为 6%～12%、10%～15% 和 15%～25%。

3）膨胀剂的使用。粉状膨胀剂应与其他原材料一起投入搅拌机，拌和时间应比普通混凝土延长 30s。膨胀剂可与其他外加剂复合使用，但必须有良好的适应性。掺加膨胀剂的混凝土不得采用硫铝酸盐水泥、铁铝酸盐水泥和高铝水泥。

(8) 泵送剂 泵送剂是指能改善混凝土拌合物泵送性能的外加剂。泵送剂一般分为非引气剂型（主要组分为木质素磺酸钙、高效减水剂等）和引气剂型（主要组分为减水剂、引气剂等）两类。个别情况下，如为防止大体积混凝土产生收缩裂缝，也可掺入适量的膨胀剂。木质素磺酸钙除可使拌合物的流动性显著增大外，还能减少泌水，延缓水泥的凝结，使水泥水化热的释放速度明显延缓，这对泵送的大体积混凝土十分重要。引气剂不仅能使拌合物的流动性显著增加，还能降低拌合物的泌水性及水泥浆的离析现象，这对泵送混凝土的和易性和可泵性很有利。

(9) 阻锈剂 阻锈剂是指能减缓混凝土中钢筋或其他预埋金属锈蚀的外加剂，也称缓蚀剂，常用的是亚硝酸钠。有的外加剂中含有氯盐，氯盐对钢筋有锈蚀作用，在使用这种外加剂的同时应掺入阻锈剂，可以减缓对钢筋的锈蚀，从而达到保护钢筋的目的。

6. 混凝土掺合料

混凝土掺合料是指在混凝土搅拌前或在搅拌过程中，直接加入的人造或天然的矿物材料以及工业废料。常用的混凝土掺合料有**粉煤灰、硅粉、磨细矿渣粉**、烧黏土、天然火山灰质材料（如凝灰岩粉、沸石岩粉等）及磨细自燃煤矸石，其中粉煤灰的应用最为普遍。通常掺量一般应超过水泥质量的5%，**其目的是改善混凝土性能、调节混凝土的强度等级和节约水泥用量等**。

（1）粉煤灰　粉煤灰是从煤粉炉排出的烟气中收集到的细粉末。按其排放方式的不同，分为干排灰与湿排灰两种。湿排灰内含水率大，活性降低较多，质量不如干排灰。按收集方法的不同，分静电收尘灰和机械收尘灰两种。静电收尘灰颗粒细、质量好。机械收尘灰颗粒较粗、质量较差。经磨细处理的称为磨细灰，未经加工的称为原状灰。

1）粉煤灰的质量要求。粉煤灰有高钙灰（一般 CaO 的质量分数 >10%）和低钙灰（CaO 的质量分数 <10%）之分，由褐煤燃烧形成的粉煤灰呈褐黄色，为高钙灰，具有一定的水硬性；由烟煤和无烟煤燃烧形成的粉煤灰呈灰色或深灰色，为低钙灰，具有火山灰活性。

细度是评定粉煤灰品质的重要指标之一。粉煤灰中实心微珠颗粒最细、表面光滑，是粉煤灰中需水量最小、活性最高的成分，如果粉煤灰中实心微珠较多、未燃尽碳及不规则的粗粒含量较少时，粉煤灰就较细，品质较好。未燃尽的碳粒，颗粒较粗，可降低粉煤灰的活性，增大需水性，是有害成分，可用烧失量来评定。多孔玻璃体等非球形颗粒，表面粗糙、粒径较大，将增大需水量，当其含量较多时，使粉煤灰品质下降。SO_3 是有害成分，应限制其含量。

我国粉煤灰质量控制、应用技术有关的技术标准、规范有 GB/T 1596—2017《用于水泥和混凝土中的粉煤灰》，JC 409—2016《硅酸盐建筑制品用粉煤灰》和 GB/T 50146—2014《粉煤灰混凝土应用技术规范》等。《用于水泥和混凝土中的粉煤灰》规定：粉煤灰按煤种分为 F 类（由无烟煤或烟煤煅烧收集的粉煤灰）和 C 类（由褐煤或次烟煤煅烧收集的粉煤灰，其氧化钙的质量分数一般大于或等于10%），分为 Ⅰ、Ⅱ、Ⅲ 三个等级，相应的技术要求见表4-19。

表4-19　用于水泥和混凝土中的粉煤灰技术要求

项　　目	粉煤灰等级		
	Ⅰ	Ⅱ	Ⅲ
细度（0.045mm 方孔筛筛余）（%），不大于	12.0	25.0	45.0
烧失量（%），不大于	5.0	8.0	10.0
需水量比（%），不大于	95.0	105.0	115.0
三氧化硫（%），不大于	3		
含水率（%），不大于	1		
游离氧化钙（%）	F 类粉煤灰≤1.0；C 类粉煤灰≤4.0		
安定性（雷氏夹沸煮后增加距离）/mm	C 类粉煤灰≤5.0		

按 GB/T 50146—2014《粉煤灰混凝土应用技术规范》规定：Ⅰ级粉煤灰适用于钢筋混凝土和跨度小于 6m 的预应力钢筋混凝土；Ⅱ级粉煤灰适用于钢筋混凝土和无筋混凝土；Ⅲ级粉煤灰主要用于无筋混凝土。对强度等级≥C30 的无筋粉煤灰混凝土，宜采用 Ⅰ级、Ⅱ级

粉煤灰。

2）粉煤灰掺入混凝土中的作用与效果。

① **活性效应**。粉煤灰在混凝土中，具有火山灰活性作用，它的活性成分 SiO_2 和 Al_2O_3 与水泥水化产物 $Ca(OH)_2$ 反应，生成水化硅酸钙和水化铝酸钙，成为胶凝材料的一部分。

② **形态效应**。微珠球状颗粒，具有增大混凝土（砂浆）的流动性、减少泌水、改善和易性的作用；若保持流动性不变，则可起到减水作用。

③ **微集料效应**。其微细颗粒均匀分布在水泥浆中，填充孔隙，改善混凝土孔结构，提高混凝土的密实度，从而使混凝土的耐久性得到提高，同时还可降低水化热、抑制碱集料反应。

过去，往往只注意粉煤灰的火山灰活性，其实**按照现代混凝土技术理念来衡量，粉煤灰致密作用的重要意义不逊于火山灰活性**。另外，粉煤灰填充效应可减少混凝土中空隙体积和较粗大的孔隙，特别是填塞浆体中的毛细孔的通道，对混凝土的强度和耐久性十分有利，是提高混凝土性能的一项重要技术措施。

混凝土中掺入粉煤灰时，常与减水剂或引气剂等外加剂同时掺用，称为双掺技术。减水剂的掺入可以克服某些粉煤灰增大混凝土需水量的缺点；引气剂的掺入，可以解决粉煤灰混凝土抗冻性较差的问题；在低温条件下施工时，宜掺入早强剂或防冻剂。混凝土中掺入粉煤灰后，会使混凝土抗碳化性能降低，不利于防止钢筋锈蚀。为改善混凝土抗碳化性能，也应采取双掺措施，或在混凝土中掺入阻锈剂。

（2）硅粉　硅粉又称硅灰，是从生产硅铁合金或硅钢等所排放的烟气中收集的颗粒较细的烟尘，呈浅灰色；硅粉的颗粒是微细的玻璃球体，粒径为 $0.1 \sim 1.0 \mu m$，是水泥颗粒的 $1/50 \sim 1/100$，比表面积为 $18.5 \sim 20 m^2/g$，密度为 $2.1 \sim 2.2 g/cm^3$，堆积密度为 $250 \sim 300 kg/cm^3$。硅粉中无定形二氧化硅的质量分数一般为 $85\% \sim 96\%$，具有很高的活性。

由于硅粉具有高比表面积，因而其需水量很大，将其作为混凝土掺合料必须配以高效减水剂方可保证混凝土的和易性。

硅粉掺入混凝土中，可取得以下几方面效果：

1）**改善混凝土拌合物的黏聚性和保水性**。在混凝土中掺入硅粉及高效减水剂，保证了混凝土拌合物必须具有的流动性。由于硅粉的掺入，会显著改善混凝土拌合物的黏聚性和保水性，故它适宜配制高流态混凝土、泵送混凝土及水下灌注混凝土。

2）**提高混凝土强度**。当硅粉与高效减水剂配合使用时，硅粉与水化产物 $Ca(OH)_2$ 反应生成的水化硅酸钙凝胶，填充了水泥颗粒间的空隙，改善了界面结构及黏结力，形成了密实结构，从而显著提高了混凝土强度。一般硅粉掺量为 $5\% \sim 10\%$ 时，便可配制出抗压强度达 $100 MPa$ 的超高强混凝土。

3）**改善混凝土的孔结构**，提高耐久性。掺入硅粉的混凝土，虽然其总孔隙率与不掺时基本相同，但其大毛细孔减少，超细孔隙增加，改善了水泥石的孔结构。因此，混凝土的抗渗性、抗冻性及抗硫酸盐腐蚀性等耐久性显著提高。此外，混凝土的抗冲磨性随硅粉掺量的增加而提高，故适用于水工建筑物的抗冲刷部位及高速公路路面。硅粉同样有抑制碱集料反应的作用。

（3）磨细矿渣粉　磨细矿渣粉是指将粒化高炉矿渣经干燥、磨细达到相当细度且符合相应活性指数的粉状材料，细度大于 $350 m^2/kg$，一般为 $400 \sim 600 m^2/kg$。其活性比粉煤灰高，根据 GB/T 18046—2017《用于水泥、砂浆与混凝土中的粒化高炉矿渣粉》规定，磨细矿渣粉技术要求应符合表 4-20 的规定。

表4-20 磨细矿渣粉技术要求

项目		级别		
		S105	S95	S75
密度/(g/cm³)			≥2.8	
比表面积/(m²/kg)		≥500	≥400	≥300
活性指数（%）	7d	≥95	≥70	≥55
	28d	≥105	≥95	≥75
流动度比（%）			≥95	
含水率（%）			≤1.0	
三氧化硫（%）			≤4.0	
氯离子（%）			≤0.06	
烧失量（%）			≤1.0	

粒化高炉矿渣在水淬时形成的大量玻璃体，具有微弱的自身水硬性。用于高性能混凝土的粒化高炉矿渣粉磨至比表面积超过 400m²/kg，以较充分地发挥其活性，减小混凝土的泌水性。研究表明：粒化高炉矿渣磨得越细，其活性越高，掺入混凝土中后，早期产生的水化热越多，越不利于控制混凝土温度的升高，而且成本较高；当粒化高炉矿渣的比表面积超过 400m²/kg 后，用于很低水胶比的混凝土中时，混凝土早期的自收缩随其掺量的增加而增大；粒化高炉矿渣粉磨得越细，掺量越大，则低水胶比的高性能混凝土拌合物越黏稠。因此，磨细矿渣粉的比表面积不宜过大。用于大体积混凝土时，磨细矿渣粉的比表面积不宜超过 420m²/kg；而且磨细矿渣粉颗粒多为菱形，会使混凝土拌合物的需水量随着磨细矿渣粉细度的提高而增加，同时生产成本大幅度提高，综合经济技术效益并不好。

磨细矿渣粉和粉煤灰复合掺入时，磨细矿渣粉弥补了粉煤灰先天"缺钙"的不足，而粉煤灰又可起到辅助减水作用，掺粉煤灰的混凝土的自干燥收缩和干燥收缩都很小，上述问题可以得到缓解。复掺可改善颗粒级配和混凝土的孔结构，进一步提高混凝土的耐久性，是未来商品混凝土矿物细粉掺合料发展的趋势之一。磨细矿渣粉的使用技术原则为控制细度（不超过 420m²/kg），加大掺量（最好在 70% 以上）。

（4）其他混凝土掺合料

1）沸石粉。**沸石粉**是由天然的沸石岩磨细而成，颜色为白色。沸石岩是一种经天然燃烧后的火山灰质铝硅酸盐矿物，含有一定量的活性 SiO_2 和 Al_2O_3，能与水泥水化产物 $Ca(OH)_2$ 作用，生成胶凝物质。沸石粉具有很大的内表面积和开放性结构，细度为 0.08mm 筛筛余量 <5%，平均粒径为 $5.0 \sim 6.5 \mu m$。

沸石粉掺入混凝土后有以下效果：改善混凝土拌合物的和易性，沸石粉与其他矿物掺合料一样，具有改善混凝土和易性及可泵性的功能，因此适宜于配制流态混凝土和泵送混凝土；沸石粉与高效减水剂配合使用，可显著提高混凝土强度，适用于配制高强混凝土。

2）磨细自燃煤矸石粉。**自燃煤矸石**是由煤矿洗煤过程中排出的矸石经自燃而成。它具有一定火山灰活性，将其磨细后成粉状，可作为混凝土掺合料使用。

（5）超细微粒矿物质掺合料 超细微粒矿物质掺合料是指超细粉磨的高炉矿渣、粉煤灰、液态渣、沸石粉等，作为混凝土掺合料（简称超细粉掺合料），其比表面积一般大于 $500m^2/kg$。将活性混合材料制成超细微粒矿物质后便具有新的特性与功能：表面能高；微观填充作用；化学活性增高。超细微粒矿物质掺入混凝土中对混凝土有显著的流化与增强效应，并使结构致密化。采用超细微粒矿物质的品种、细度和掺量的不同，其效果也不同，一般有以下几方面效果：

1）**改善混凝土的流变性**。当掺入超细微粒矿物质后，可填充于水泥颗粒的间隙和絮凝结构中，占据了充水空间，原来絮凝结构中的水被释放出来，使混凝土流动性增大。如果掺入超细沸石粉，除有上述填充、稀化效果外，由于其本身的多孔性（且为开放型），能吸入一部分水分，吸水性带来的稠化作用占优势，会使混凝土流动性减小。无论何种超细微粒矿物质均有表面能高的特点，因自身对水泥颗粒会产生吸附现象，在一定程度上形成凝聚结构，会使超细微粒矿物质的填充、稀化效应减小。但如将玻璃体的超细微粒矿物质与高效减水剂共同掺用，这时超细微粒矿物质可迅速吸附高效减水剂分子，从而降低其本身的表面能，不会再对水泥颗粒产生吸附，反而起分散作用，这样超细微粒矿物质的微观填充、稀化效应也得以正常发挥，混凝土的流动性显著增大。采用超细微粒矿物质可配制大流动性且不离析的混凝土，如泵送混凝土等。

2）**提高混凝土强度**。超细化一方面明显增加了混合材料的化学反应活性，另一方面由于微观填充作用产生的减水增密效应，对混凝土起到显著增强效果，后者正是超细粉与一般混合材料的不同之处。采用超细粉可配制高强与超高强混凝土。

3）**显著改善混凝土的耐久性**。超细粉能显著改善硬化混凝土微结构、使 $Ca(OH)_2$ 显著减少、CSH增多，结构变得致密，从而不仅显著提高混凝土的抗渗、抗冻等耐久性能，还能抑制碱集料反应。

【案例4-7】 粉煤灰中铝粉含量过高导致混凝土浇筑后冒泡。

概况：某工程浇筑地梁混凝土，其宽度为300mm，高度为500mm。混凝土强度等级为C45，抗渗等级为P8；浇筑方量约50m³，采用商品混凝土泵送施工。混凝土从生产到浇筑时间不大于40min，生产、运输、浇筑、振捣均无发现异常现象，入泵坍落度（140±20）mm，浇筑时混凝土和易性、黏聚性良好，无泌水、离析、分层等现象。当天浇筑混凝土时的大气温度为23℃，在浇筑完6h后出现局部混凝土"冒泡"，并且整体部位出现了向上膨胀的现象。混凝土"冒泡"的位置主要分布在横向与纵向钢筋交接的箍筋处，每一个"冒泡"点均间隔约100mm。在气孔处气体不停地向外冒出连续的小气泡，直到混凝土接近初凝时，冒出的小气泡现象消失，混凝土表面留下气孔。由于梁的横向两侧由模板加固没有出现明显的膨胀现象，但混凝土表面却出现了像面包状的整体向上膨胀现象（见图4-7、图4-8）。

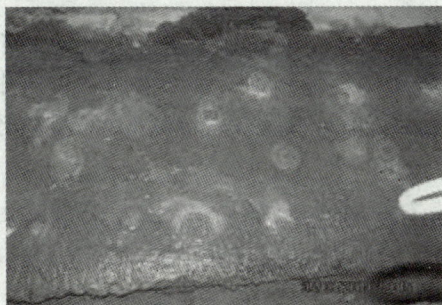

图4-7 混凝土初凝前冒泡状态

图4-8 混凝土初凝后气孔状态

分析：造成混凝土"冒泡"并导致混凝土膨胀的材料是粉煤灰。目前的国家及行业标准对粉煤灰性能指标要求及试验检测方法等均没有对铝粉的检测提出控制范围及试验方法，通过对粉煤灰进行 XRD 分析，确定是粉煤灰中存在铝粉，但只能做定性分析而无法获得具体的含量。

【案例 4-8】 粉煤灰上浮造成地面的面层起粉。

概况：某工地施工地下室面层 C20 混凝土，表面出现起粉现象。

分析：混凝土起砂、起粉主要与配制混凝土时水胶比过大、混凝土原材料质量、掺合料的掺量和施工情况有关。

案例中施工单位下达任务单为地下室找平层，未说明为车库耐磨地坪，配合比中掺入的粉煤灰占胶结材料的 15%，出现粉煤灰上浮现象。因为掺合料的水化反应都较慢，在早期强度主要依靠水泥，过多地掺入粉煤灰会使其强度较低。有些施工单位为了降低成本，使用低强度的泵送混凝土，在配制较低强度的混凝土时，都会掺入大量的粉煤灰，来保证混凝土的可泵性。而粉煤灰的水化反应慢，且在坍落度大时上浮严重，地面在早期使用时极易产生严重的起粉现象。

4.3　新拌混凝土的和易性

新拌混凝土(也称混凝土拌合物) 是指将水泥、粗细集料（石、砂）和水等组分按适当比例配合，并经搅拌均匀而成的塑性、尚未凝固的混凝土拌合物。

硬化混凝土(简称混凝土) 是指新拌混凝土凝结硬化后的混凝土混合料。

4.3.1　和易性的概念

在土木工程建设过程中，为获得密实而均匀的混凝土结构且便于施工操作（拌和、运输、浇筑、振捣等过程），要求新拌混凝土必须具有良好的施工性能，如保持新拌混凝土不发生分层、离析、泌水等现象。这种新拌混凝土的施工性能被称为新拌混凝土的和易性。

混凝土拌合物的和易性是一项综合技术性能，包括流动性、黏聚性和保水性三方面。

(1) 流动性　流动性是指新拌混凝土在自重或机械振捣作用下，能够流动并均匀密实地填充模板的能力。流动性的大小直接影响浇捣施工的难易和硬化混凝土的质量，若新拌混凝土过干稠，则难以成型与捣实，且容易形成内部或表面孔洞等缺陷；若新拌混凝土过稀，经振捣后易出现水泥浆和水上浮而石子等大颗粒集料下沉的分层离析现象，影响混凝土的质量的均匀性、成型的密实性。

(2) 黏聚性　黏聚性是指新拌混凝土的组成材料之间具有一定的黏聚力，确保不致发生分层、离析现象，使混凝土能保持整体、均匀、稳定的性能。黏聚性差的新拌混凝土，容易导致石子与砂浆分离，振捣后容易出现蜂窝、空洞等现象。黏聚性过强，又容易导致混凝土流动性变差，振捣成型困难。

(3) 保水性　新拌混凝土保持其内部水分的能力称为保水性。保水性好的混凝土在施工过程中不会产生严重的泌水现象。保水性差的混凝土中一部分水易从内部析出至表面，在水渗流之处留下许多毛细管孔道，成为以后混凝土内部的透水通路。

综上所述，**新拌混凝土的流动性、黏聚性及保水性之间相互关联和制约。黏聚性好的新拌混凝土，往往保水性也好，但其流动性可能较差；流动性很大的新拌混凝土，往往黏聚性和保水性有变差的趋势。随着现代混凝土技术的发展，混凝土目前往往采用泵送施工方法，对新拌混凝土的和易性要求很高，三方面性能必须协调统一才能既满足施工操作要求，又确保后期工程质量良好。

4.3.2 和易性的测定

由于新拌混凝土和易性的内涵较复杂，所以目前尚没有一种能够全面有效地反映混凝土拌合物和易性的测定方法和指标。

根据 GB/T 50080—2016《普通混凝土拌合物性能试验方法标准》，土木工程建设中通常采用坍落度法或维勃稠度法来测定新拌混凝土的流动性，并辅以其他方法或经验，结合观察来评定其黏聚性和保水性，从而综合判定其和易性。

通常对较稀、在自重作用下具有可塑性或流动性的新拌混凝土采用坍落度法，对较干硬的新拌混凝土采用维勃稠度法。

1. 坍落度法

坍落度法的具体测定方法：将新拌混凝土分三层装入标准坍落度圆锥筒内，每层均匀插捣 25 次，捣实后每层高度为筒高的 1/3 左右，抹平后将圆锥筒垂直平稳地向上提起，新拌混凝土锥体就会在自重作用下坍落，坍落高度即该混凝土拌合物的坍落度值（单位为 mm）。新拌混凝土的坍落度值越大，表明其流动性越好。新拌混凝土坍落度测试示意图如图 4-9 所示。

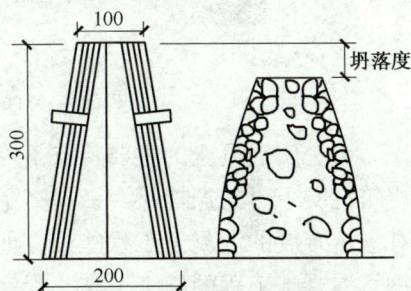

图 4-9 新拌混凝土坍落度的测试示意图

在测定坍落度的同时，应观察新拌混凝土的黏聚性和保水性，从而全面地评价其和易性。

黏聚性的检查方法：用捣棒轻轻敲击已明落的新拌混凝土锥体。若锥体四周逐渐下沉，则黏聚性良好；若锥体倒塌或部分崩裂，或发生离析现象，则表示黏聚性不好。

保水性的观察方法：根据新拌混凝土中稀浆析出的程度来评定。若坍落度筒提起后混凝土拌合物失去浆液而集料外露，或较多稀浆自底部析出，则表示此混凝土拌合物保水性差；若坍落度筒提起后无稀浆或仅有少量稀浆由底部析出，则表明新拌混凝土的保水性良好。另外，常压泌水率和压力泌水率的数值也可以用来表示保水性的优劣。

根据新拌混凝土坍落度值的大小，可将其划分为四个流动性级别的混凝土：低塑性混凝土的坍落度为 10～40mm；塑性混凝土的坍落度为 50～90mm；流动性混凝土的坍落度为 100～150mm；大流动性混凝土的坍落度大于 160mm。

坍落度的试验方法不适用于最大粒径大于 40mm 的集料拌制的混凝土或坍落度值为小于 10mm 的新拌混凝土。

目前一种新型的大流动性混凝土——自密实混凝土引起了土木工程界的广泛关注，它是通过外加剂、胶结材料、粗细集料的选择和配合比的设计，使混凝土拌合物屈服应力减小且又具有足够的塑性黏度，粗细集料能够不离析、不泌水，在不用或基本不用振捣成型的条件下，能充分填充在模板及钢筋空隙内，形成密实而均匀混凝土结构的一种高性能混凝土。新拌自密实混凝土的坍落度通常为 250~270mm，扩展度为 550~700mm。

扩展度是从坍落度筒提起后，到混凝土完全扩展开来，扩展停止后的平均直径。自密实混凝土的扩展度如图 4-10 所示。扩展度量化了混凝土在自重作用下克服屈服应力、黏度和摩擦后的流动状态，扩展度越接近圆形则表明均匀质、变形能力均良好，直径大表明间隙通过能力强。

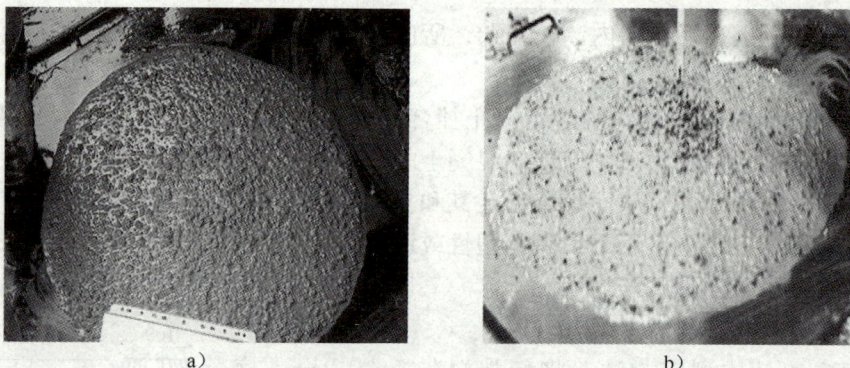

| a） | b） |

图 4-10 自密实混凝土的扩展度

自密实混凝土的主要特点是无须振捣而能自密实。在实际施工中，自密实混凝土消除了浇筑混凝土时的振捣噪声，提高了施工速度和质量，实现了混凝土浇筑的省力化；它能改善有一定难度的混凝土工程施工，如过密配筋工程、薄壁工程、复杂形体工程、大体积工程、钢管混凝土工程的施工，高、深、快速工程施工，水下工程施工，以及具有特殊要求、振捣困难的工程施工，解决了混凝土难以浇筑、振捣密实的问题。

2. 维勃稠度法

对坍落度小于 10mm 的干硬性混凝土拌合物的流动性采用维勃稠度指标来表征，其检测仪器称为维勃稠度仪（见图 4-11）。

维勃稠度法的具体测定方法：首先将混凝土拌合物按规定方法装入截头圆锥筒内，装满刮平后，将圆锥筒垂直向上提起，在新拌混凝土锥体顶面盖一透明玻璃圆盘，然后开起振动台并记录时间，从开始振动至玻璃圆盘底面布满水泥浆时所经历的时间（以 s 计）即新拌混凝土的维勃稠度值。

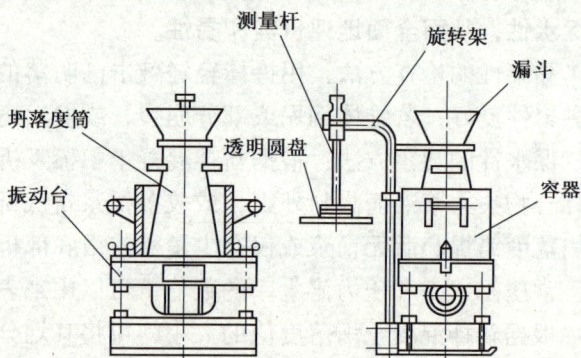

图 4-11 维勃稠度仪

4.3.3 影响因素

1. 胶凝材料浆体和水胶比

胶凝材料浆体是由水泥、混凝土矿物掺合料和水拌和而成的，具有流动性和可塑性，它是普通混凝土拌合物工作度最敏感的影响因素。混凝土拌合物的流动性是其在外力与自重作用下克服内摩擦阻力产生运动的反应。混凝土拌合物内摩擦阻力，一部分来自胶凝材料浆体颗粒间的内聚力与黏性；另一部分来自集料颗粒间的摩擦力。**前者主要取决于水胶比的大小；后者取决于集料颗粒间的摩擦系数。**集料间胶凝材料浆层越厚，其摩擦力越小。因此，原材料一定时，**坍落度主要取决于胶凝材料稠度大小和浆量多少。**只增大用水量时，坍落度增大，而稳定性降低（即易于离析和泌水），也影响拌合物硬化后的性能。所以，以往通常是维持水胶比不变，通过调整胶凝材料的浆量来满足工作度要求；现在因考虑到胶凝材料浆体会影响耐久性，多以外加剂掺量来调整混凝土和易性，来满足施工需要。

2. 砂率

砂率是指混凝土拌合物砂用量占砂石总量的百分率。在混凝土拌合物中，砂子填充石子（粗集料）的空隙，胶凝材料浆体则填充砂子的空隙和包裹集料的表面，润滑集料，使拌合物具有流动性和易于密实的性能。但砂率过大，细集料含量相对增大，集料的总表面积明显增大，包裹砂子颗粒表面的胶凝材料浆体层显得不足，砂粒之间的内摩阻力增大成为降低混凝土拌合物流动性的主要矛盾。这时，随着砂率的增大流动性将降低。所以，**在用水量及水泥用量一定的条件下，存在着一个最佳砂率（或合理砂率值），可以使混凝土拌合物获得最大的流动性，且保持黏聚性及保水性良好。**水胶比一定时，砂率与坍落度的关系如图4-12所示。

在保持坍落度一定的条件下，砂率还影响混凝土中水泥的用量。砂率与水泥用量的关系如图4-13所示。当砂率过小时，必须增大胶凝材料用量，以保证有足够的砂浆量来包裹和润滑粗集料；当砂率过大时，也要加大胶凝材料用量，以保证有足够的胶凝材料浆体包裹和润滑细集料。**在最佳砂率时，胶凝材料用量最少。**

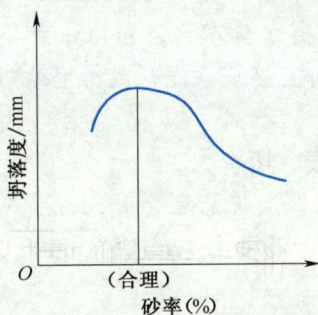

图 4-12　砂率与坍落度的关系　　图 4-13　砂率与水泥用量的关系

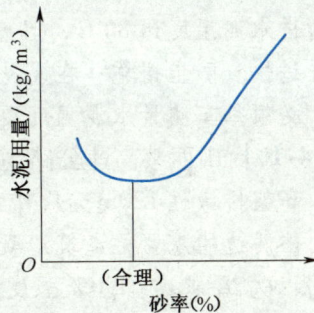

3. 组成材料性质

（1）水泥及掺合料　水泥对拌合物和易性的影响主要是水泥品种、水泥细度和水泥的需水量。

硅酸盐或普通硅酸盐水泥所配制的新拌混凝土的流动性及黏聚性较好。混凝土中掺加矿渣、火山灰等混合材料会使其需水量提高，因此，在用水量相同的条件下，它们所配制的新拌混凝土的流动性较低。

（2）集料　集料的品种、级配、颗粒形状、表面特征及粒径等性质对新拌混凝土和易性的影响较大。级配好的集料，其拌合物流动性较大，黏聚性与保水性较好；表面光滑的集料，如河砂、卵石，其拌合物流动性较大；在一定程度内，集料的粒径增大，总表面积减小，拌合物流动性就增大。

（3）外加剂 加入减水剂或引气剂可明显提高拌合物的流动性，引气剂还可以有效地改善拌合物的黏聚性和保水性。

（4）时间及环境温度 时间对新拌混凝土的和易性，尤其是流动性有较大影响。随着存放时间的延长，新拌混凝土逐渐变得越来越干稠，坍落度将逐渐减小，这种现象称为混凝土的坍落度损失。其原因是新拌混凝土中一部分水已参与水泥水化，另一部分水逐渐被集料所吸收，还有一部分水被蒸发。这些因素综合作用的结果，使新拌混凝土随着时间的延长流动阻力逐渐增大，从而表现为坍落度的逐渐损失。因此，在施工中测定和易性的时间，应以搅拌完后 15min 为宜。

温度也会对新拌混凝土的坍落度和流动性产生较大影响。 随环境温度的升高，混凝土拌合物的流动性降低，坍落度损失加快。这是由于温度升高加速了水泥的水化反应速率，增加了水分的蒸发，所以夏期施工时，为了保持一定的流动性，应当提高拌合物的用水量。

（5）施工工艺的影响 同样的配合比设计，机械拌和的坍落度大于人工拌和的坍落度，且搅拌时间相对越长，则坍落度越大。

【案例 4-9】 水泥温度太高，造成混凝土坍落度损失过快。

概况：某工程在 6 月份浇筑 C30 梁板过程中，发现混凝土坍落度损失很快，造成滚筒内混凝土结料。

分析：水泥的比表面积控制过高容易产生过粉磨，导致水泥出磨时温度偏高。水泥的细度越细，水泥与水的接触面越大，越容易吸附外加剂，使水泥的净浆流动度变小，标准稠度用水量变大，混凝土的坍落度损失增大。

经查所进水泥温度达 80℃，且水泥普遍偏细，造成需水量增大，当用水量不足时产生坍落度损失过快。防止措施：在夏秋季节 5～10 月份，对直接从水泥厂或粉磨站短途运输进货的水泥，必须每车测量水泥温度要低于 65℃。

【案例 4-10】 山西某高速公路高架桥 C55 混凝土扒底、堵管。

概况：高架桥墩柱 120m，悬臂梁 150m。在 120m 上面浇筑悬臂梁时，为了平衡，采用三通，分别往两边的悬臂梁浇筑混凝土，如图 4-14 所示。混凝土等级 C55，由于工期原因，悬臂梁 3d 张拉，要求达到 90% 强度。

现象：为保证混凝土 3d 张拉强度，采用了 PO52.5 水泥。水泥用量为 490kg/m³，矿物用量为 80kg/m³，用水量为 170kg/m³，水胶比为 0.3。混凝土黏、扒底、泵送困难；现场加水；离析、堵管；现场预留同条件试件强度不够。

分析：为满足强度，采用 PO52.5 水泥，且水泥用量较高；导致混凝土黏度大，泵送性能差，加水；进而导致混凝土强度不够；为保证强度，继续增加水泥用量和胶凝材料用量，混凝土更加黏、扒底，为了泵送，在现场加水，最后导致堵管。

措施和结果：降低胶凝材料用量，降低水胶比，增加引气成分。水泥用量为 440kg/m³，矿粉用量为 100kg/m³，用水量为 150 kg/m³，砂石用量不变，水胶比为 0.28。混凝土拌合物性能得到改善，解决了扒底、离析、坍落度损失大的问题，如图 4-15 所示。试验室留样试块 3d 抗压强度 45MPa；出泵管时，浇筑前留样试块 3d 抗压强度 50.8MPa。

图 4-14 高架桥墩柱与上部的悬臂梁

图 4-15 改善配合比后正在浇筑的混凝土

4.3.4 选择和改善和易性的措施

土木工程中选择新拌混凝土的和易性时，应根据施工方法、结构构件截面尺寸的大小、配筋疏密等条件，并参考有关资料及经验等来确定。原则上应在不妨碍施工操作并能保证振捣密实的条件下，尽可能采用较小的坍落度，以节约水泥并获得质量较好的混凝土。对截面尺寸较小、形状复杂或配筋较密的构件，应选择较大的坍落度。对无筋厚大结构、钢筋配置稀疏易于施工的结构，尽可能选用较小的坍落度，以减少水泥浆用量。

针对影响混凝土和易性的因素，在实际施工中，可采取以下措施来改善混凝土的和易性：

1）采用合理砂率，可改善和易性，同时可控制胶凝材料的浆量，提高混凝土的耐久性。

2）改善集料粒形与级配，尽可能采用良好级配与粒形的集料，并尽量采用中粗砂。

3）掺加化学外加剂与优质矿物掺合料，改善、调整拌合物的工作性，以满足施工要求。

4）当混凝土拌合物坍落度小时，保持水胶比不变，适当增加水与胶凝材料的用量；当坍落度太大时，保持砂率不变，适当增加砂、石集料用量。**对于大流态混凝土调整坍落度的主要技术手段是调整化学外加剂的掺量。**

4.4 混凝土的力学性能

4.4.1 概述

混凝土的力学性能包括在外力作用下发生变形和抵抗破坏的能力，包括受力变形、强度与韧性。

混凝土是土木工程中的一种主要结构材料，主要用于钢筋混凝土结构或预应力混凝土结构中。在工程结构中的服役状态下，混凝土材料可能受到各种不同类型的荷载（如压、拉、弯、剪、疲劳、冲击等）作用。在不同的荷载作用下，混凝土会发生不同的变形，表现出不同的强度特征，如抗压、抗拉、抗弯、抗剪、抗疲劳等。由于混凝土属于脆性材料，其主要长处是承受压力，主要受力方式是受压。所以，混凝土受压破坏过程与抗压强度是应掌握的混凝土基本知识。

4.4.2 混凝土受压破坏过程与抗压强度

1. 混凝土受压破坏过程

为简化起见，假定混凝土处于单轴受压状态，混凝土在单轴受压状态下典型的荷载－变形曲线如图 4-16 所示。该曲线可用来表征混凝土受压破坏过程。**混凝土的受压荷载－变形曲线，可大致划分为四段，在这四段中混凝土的荷载与变形关系各具特点。**第Ⅰ段，荷载与变形关系基本接近于线性，荷载从 0 增大到约极限荷载的 30%；第Ⅱ段，荷载与变形关系开始偏离线性，曲线开始出现上凸，荷载从约极限荷载的 30% 增大到 70%~90%；第Ⅲ段，荷载与变形关系显著偏离线性，荷载从约极限荷载的 70%~90% 增大到 100%；第Ⅳ段，即曲线的下降段，在此阶段，进一步的加载只能引起变形的进一步增大，但荷载却逐渐减小，上凸曲线逐渐下降，最终荷载与变形关系到达终点，混凝土发生断裂破坏，材料失去其完整性。

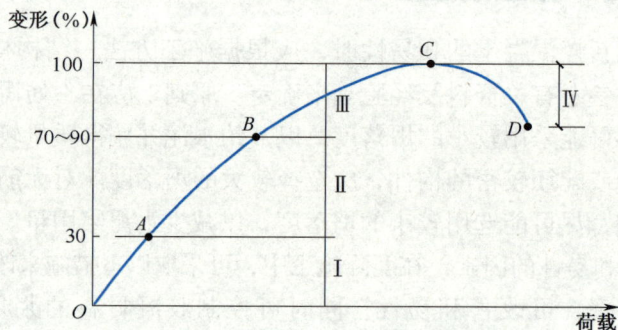

图 4-16 混凝土在单轴受压状态下典型的荷载－变形曲线

需要说明的是，从强度与承载能力的角度考虑，在以上第Ⅳ段的末尾，即当荷载达到极限荷载时，混凝土已达到了破坏状态。

2. 混凝土受压破坏的本质

混凝土受压破坏的本质，是混凝土在受纵向压力荷载作用下引发了横向拉伸变形，当横向拉伸变形达到混凝土的极限拉应变时，混凝土发生破坏。这是一种在纵向压力荷载作用下的横向拉伸破坏。

在前述曲线的第一段，横向拉伸变形与纵向变形导出的拉应变与压应变关系基本服从泊松比效应，即

$$\mu = \frac{\varepsilon_{com}}{\varepsilon_{ten}} \tag{4-3}$$

式中　μ——泊松比；

　　ε_{com}——压应变；

　　ε_{ten}——拉应变。

通常，普通混凝土的泊松比为 0.15 ~ 0.22。

在前述曲线的第Ⅱ、第Ⅲ与第Ⅳ段，拉应变与压应变关系不再服从泊松比效应，但横向变形仍在持续增大。伴随着横向变形的增大，混凝土内部出现裂纹扩展现象。在不断加载的过程中，随着混凝土裂纹的逐渐扩展、连通乃至贯穿，导致混凝土最终破坏。

3. 混凝土受压破坏过程中的裂纹扩展

混凝土受压破坏的过程，实质上是混凝土内部裂纹不断扩展的过程。在前述曲线的第Ⅰ段，混凝土尚无裂纹扩展。但当加载进入图 4-16 所示曲线的第Ⅱ段后，因粗集料与水泥浆黏结的界面区在普通混凝土中往往是一个薄弱环节，易出现局部孔隙率较高、存在因泌水而导致的先天裂纹等缺陷问题，加载导致在界面区首先引发裂纹扩展，称为界面裂纹扩展。当加载进入第Ⅲ段后，在界面裂纹扩展时发生砂浆裂纹的扩展。随着进一步加载，结束第Ⅲ段并进入第Ⅳ段后，界面裂纹与砂浆裂纹不断扩展，并逐渐互相连通、贯穿，表明混凝土已被破坏。

需要指出的是，在受压破坏时，高强混凝土中的裂纹扩展过程与上述普通混凝土有显著的不同，即高强混凝土中首先出现的是砂浆裂纹扩展，而不是界面裂纹扩展，其原因是高强混凝土的界面区得到了强化，较普通混凝土有了显著改善，不再是薄弱环节了。当荷载继续增大到砂浆裂纹进一步扩展，并达到粗集料表面即界面区时，接下来发生的裂纹扩展是穿越粗集料的裂纹扩展，而并非界面裂纹扩展。最终高强混凝土的破坏主要是由砂浆裂纹与穿越粗集料裂纹的扩展、连通而导致的泊松比。

4. 混凝土的抗压强度与变形特征

通常，普通混凝土的抗压强度为 20 ~ 60MPa，高强混凝土的抗压强度在 60MPa 以上。**普通混凝土的弹性模量大致为 17.5GPa 与 36GPa，高强混凝土的弹性模量大致高于 36GPa。**

普通混凝土的泊松比为 0.15 ~ 0.22。通常随着混凝土强度的提高，泊松比逐渐增大，因此高强混凝土的泊松比要高于普通混凝土的泊松比。

4.4.3 关于混凝土强度的规定

1. 立方体抗压强度

混凝土在单向压力作用下的强度为单轴抗压强度，即通常所指的混凝土抗压强度，这是工程中常提到的混凝土力学性能。我国一般采用立方体试件测定混凝土抗压强度。在有关国家标准或规范中，规定了若干与混凝土抗压强度有关的基本概念，如**混凝土立方体抗压强度、立方体抗压强度标准值、强度等级**。

(1) 混凝土立方体抗压强度 f_{cu}　我国标准规定，采用边长为 150mm 的立方体试件，在标准养护条件（温度为 20℃±2℃，相对湿度在 90% 以上）下养护到 28d 龄期，所测得的抗压强度称为混凝土立方体抗压强度，用符号 f_{cu} 表示。

有时混凝土抗压强度试验所用的立方体试件边长因各种具体情况而不一定是 150mm，则应乘以换算系数，方可将所测结果换算为对应于 150mm 边长的混凝土立方体抗压强度即 f_{cu}。例如，立方体边长为 100mm，换算系数为 0.95；立方体边长为 200mm，换算系数为 1.05。在有些国家如美、日等国，采用 ϕ15cm ×30cm 的圆柱体试件，所测得的抗压强度值大致相当于 $0.8f_{cu}$。

(2) 混凝土立方体抗压强度标准值　通常，对于某一指定混凝土，其在不同时间、不同批次测得的混凝土立方体抗压强度值呈现出一定的波动现象，且通常符合正态分布的统计规律。混凝土立方体抗压强度标准值（或立方体抗压标准强度），是指按标准方法制作和养护的边长为150mm的立方体试件，在28d龄期，用标准试验方法测得的强度总体分布中具有不低于95%保证率的抗压强度值，用$f_{cu,k}$表示。

（3）混凝土强度等级 混凝土强度等级是在规范中规定的，按混凝土立方体抗压强度标准值划分的一系列等级。混凝土强度等级记为在这些强度值前加上符号"C"，即C15、C20、C25、C30、C35、C40、C45、C50、C55、C60、C65、C70、C75、C80。**对于某一种混凝土，根据其混凝土立方体抗压强度标准值，可判断其归属的强度等级。**目前在我国，C50及以下的混凝土属普通混凝土，C60及以上的属高强混凝土；在工程用量最大的混凝土强度等级为C15~C50。

2. 劈裂抗拉强度

混凝土作为一种脆性材料，其抗拉强度很低，一般仅为其抗压强度的0.07~0.11。测定混凝土轴心抗拉强度的试验存在两大难题：一是使荷载作用线与受拉试件轴线尽可能重合；二是保证试件在受拉区破坏。这两大难题在试验中至今仍未得到很好解决，致使测值波动较大。因此，国内外均**采用劈裂抗拉强度试验来测定抗拉强度。**该方法是在试件的两相对表面的素线上，施加均匀分布的压力，在压力作用的竖向平面内产生均布拉应力（见图4-17），该拉应力随施加荷载而逐渐增大，当其达到混凝土的抗拉强度时，试件将发生拉伸破坏。该

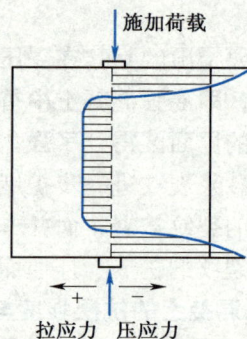

图4-17 劈裂抗拉强度试验中试件内应力分布示意图

破坏属脆性破坏，破坏效果如同被劈裂开，试件沿两素线所成的竖向平面断裂成两半，故该强度称劈裂抗拉强度，简称劈拉强度。该试验方法大大简化了抗拉试件的制作，且能较正确地反映试件的抗拉强度。

我国在混凝土劈裂抗拉强度试验方法中规定：标准试件为150mm × 150mm × 150mm的立方体试件，采用ϕ75mm的弧形垫块并加三层胶合板垫条，按规定速度加载。在劈裂抗拉强度试验，破坏时的拉伸应力可根据弹性力学理论计算得出。故混凝土的劈裂抗拉强度f_{ts}按下式计算

$$f_{ts} = \frac{2P}{\pi a^2} = 0.637 \frac{P}{a^2} \tag{4-4}$$

式中 P——破坏荷载（N）；

a——立方体试件边长（mm）。

因抗拉强度远低于抗压强度，在普通混凝土设计中抗拉强度通常不予考虑。但在抗裂性要求较高的结构（如路面、油库、水塔及预应力钢筋混凝土构件等）的设计中，抗拉强度是确定混凝土抗裂度的主要指标。随着对钢筋混凝土及预应力钢筋混凝土裂缝控制与提高耐久性研究的深入开展，对提高混凝土抗拉强度的要求日益迫切，其相关研究与认识也将逐渐深入。

3. 轴心抗压强度

在混凝土结构设计中，常以轴心抗压强度 f_{cp} 为设计依据。我国轴心抗压强度的标准试验方法规定：标准试件为 150mm × 150mm × 300mm 的棱柱体试件，应在标准养护条件下养护至 28d 龄期，所测得的抗压强度即轴心抗压强度。通常，同一种混凝土的轴心抗压强度 f_{cp} 低于立方体抗压强度 f_{cu}，二者的关系为：f_{cp} ＝ $(0.7 \sim 0.8) f_{cu}$。

4. 抗折强度

交通道路路面或机场跑道用混凝土以抗折强度为主要强度指标，抗压强度为参考强度指标。抗折强度试件以标准方法制备，为 150mm × 150mm × 600mm（或 550mm）的棱柱体试件。在标准养护条件下养护至 28d 龄期，采用三点弯曲加载方式测定其抗折强度，混凝土抗折强度试验装置如图 4-18 所示，抗折强度按下式计算

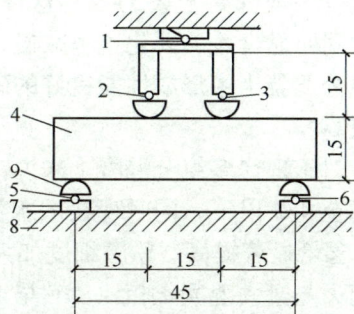

图 4-18　混凝土抗折强度试验装置
1、2、6—一个钢球　3、5—两个钢球
4—试件　7—活动支座　8—机台
9—活动船形垫块

$$f_{cf} = \frac{FL}{bh^2} \qquad (4-5)$$

式中　F——极限荷载（N）；

$\quad\quad L$——支座间距离，$L = 450mm$；

$\quad\quad b$——试件宽度（mm）；

$\quad\quad h$——试件高度（mm）。

这种试验所得结果抗折强度比真正的抗拉强度偏高了 50% 左右。这主要是因为简单的抗折公式假设通过梁横截面的应力是线性变化的，而混凝土有非线性的应力 – 应变曲线，故这种假设是不符合实际情况的。

采用 100mm × 100mm × 400mm 非标准试件时，在三分点加荷的试验方法同前，但所取得的抗折强度值应乘以尺寸换算系数 0.85。

4.4.4　影响混凝土强度的因素

因普通混凝土常用集料的强度一般都高于硬化水泥浆，**普通混凝土的强度主要取决于水泥石（硬化水泥浆）的强度，以及水泥石与集料之间的黏结强度**。此外，混凝土的强度受搅拌、振捣密实效果、养护条件（温度、湿度）和龄期的影响。

1. 水胶比

混凝土强度的主要来源是水泥石的强度及水泥石与集料的界面黏结强度。**水泥石强度主要取决于水泥的矿物组成与硬化产物的孔隙率**。而孔隙率又取决于水胶比与水化程度。由于水泥水化的结合水一般只占水泥质量的 23% 左右，但在混凝土拌和时，为满足施工可塑性或流动性的要求，用水量高达水泥质量的 40%～70%。待混凝土硬化后，多余的水分蒸发或残留在混凝土中，形成毛细孔、气孔或水泡，使水泥石的有效断面减小，并且在这些孔隙周围易产生应力集中，使混凝土强度降低。

对于不掺外加剂和掺合料的普通混凝土，根据保罗米公式，混凝土的强度取决于水泥的强度和水胶比。所以过去许多规范、标准限定混凝土中粉煤灰的掺量应在 25% 以下，尤其是预应力混凝土构件中的掺量。这是因为过去的混凝土中没有掺入减水剂，混凝土的水胶比较大（一般都高于 0.5）。在这种情况下掺入粉煤灰，减少水泥的用量，就会使混凝土的凝结时间明显延缓、硬化速率减慢，表现为早期强度低、混凝土渗透性增大。也就是说**在传统四组分混凝土中形成性能良好的硬化体需要相对较多的水化产物，对水泥的强度和用量要求比较高**。

对于现代多组分混凝土来说，高效减水剂和矿物掺合料普遍应用，混凝土的水胶比很容易降至 0.5 以下，同时现在的水泥活性远高于 20 世纪 80 年代以前的水泥（因为早强矿物 C_3S 含量显著提高、粉磨细度加大），因此掺加矿物掺合料的混凝土，即使是掺量很大的混凝土，与过去混凝土相比，其早期强度的发展速率也大大加快了。在低水胶比的条件下，形成硬化结构需要水化产物填充的孔隙已经大大减小。在水化凝胶体对强度产生根本影响的同时，另一个重要因素——颗粒的密实填充，对于形成高强度一样重要。现代混凝土矿物细粉掺合料的掺加提高了凝胶体的致密性。**现代混凝土随着水胶比的降低对胶凝材料的活性和水化产物的要求有所下降。**

现代混凝土的强度对水泥强度的依赖性已经明显减少。不仅相同强度的水泥能配出不同强度的混凝土，而且不同强度的水泥能配出相同强度的混凝土。42.5 强度等级的水泥可以配制 C80 混凝土。**外加剂与掺合料的使用技术发展改变了水泥强度和混凝土强度的关系。**

水泥石与集料的黏结强度与水泥强度和水胶比有关。水泥强度越高，水胶比越小，则水泥石与集料的黏结强度越高。水胶比低于 0.3，掺加矿物细粉掺合料，混凝土界面在很大程度上得到强化，混凝土抗压强度大幅度提高。总之，**在掺加矿物细粉掺合料的混凝土中水胶比决定着混凝土的强度。**

2. 集料性质

传统干硬性、低塑性混凝土会有"要求岩石强度与混凝土强度之比应该不小于 1.5"的说法。而现代混凝土是以预拌泵送混凝土为主，石子在混凝土中呈悬浮状态，混凝土强度基本上与集料强度相关性不大。现行标准中，只是对高强泵送混凝土提出集料强度不小于混凝土强度 1.3 倍的要求，对普通泵送混凝土则不做要求。众所周知，轻集料强度很低，但现在 C60 的轻集料混凝土已经应用于实际工程中。通常情况下，**集料的强度对普通混凝土强度确实影响很小**，因为集料的强度比混凝土中基体和界面过渡区的强度高出数倍。但除强度外，**集料的其他特征（如粒径、形状、表面结构、级配和矿物成分）都在不同程度上影响界面过渡区的特征，从而影响混凝土强度**。例如：粒径大的集料使界面过渡区有更多的微裂缝；级配良好的集料，在达到同样工作性时用水量降低；配合比相同时，以钙质集料代替硅质集料可以提高强度；表面不具备渗透性的集料往往影响界面强度而导致混凝土强度降低。碎石表面粗糙，黏结力比较大，卵石表面光滑，黏结力比较小。因而在配合比相同的条件下，碎石混凝土的强度往往高于卵石混凝土。

3. 搅拌与振捣效果

搅拌不均匀的混凝土，不但硬化后的强度低，强度波动的幅度也大。当水胶比较小时，振捣效果的影响尤为显著；但当水胶比逐渐增大、拌合物流动性逐渐增大时，振捣效果的影响就不明显了。通常，**机械振捣效果优于人工振捣效果。**

4. 养护条件（温度、湿度）

所谓养护，就是采取一定措施使混凝土在处于一种保持足够湿度和适当温度的环境中进行硬化。在混凝土浇筑完成后，应进行充分养护。养护不足或不当，将使混凝土强度及耐久性均有所下降。

在冬期施工条件下，混凝土须先进行保温养护，使混凝土在正温条件下凝结、硬化，且确保达到一定的初始强度（或称临界强度）后，方可进行负温养护。如果混凝土强度在达到初始强度前即受负温作用，会导致混凝土中自由水的结冰膨胀，使混凝土发生早期冻伤，导致混凝土的强度与耐久性下降。

在干燥环境中，混凝土易出现水化、硬化不足的问题，且易发生干燥收缩，甚至发生干缩开裂。为确保混凝土的正常硬化和强度的不断增长，混凝土浇筑完成后，**应注意加强保湿养护**。GB 50204—2015《混凝土结构工程施工质量验收规范》规定，在混凝土浇筑后的 12h 以内，应加以覆盖与浇水；如采用硅酸盐水泥、普通硅酸盐水泥或矿渣硅酸盐水泥，浇水养护期不得少于 7d；如采用火山灰质硅酸盐水泥或粉煤灰硅酸盐水泥，或者在施工中掺用了缓凝型外加剂及有抗渗要求的混凝土，浇水养护期不得少于 14d。

温度对不同水泥混凝土的影响是不一样的。掺粉煤灰的混凝土，养护温度越高，强度发展越快，而硅酸盐水泥混凝土反而会因为温度的升高而强度下降，如图 4-19 所示。

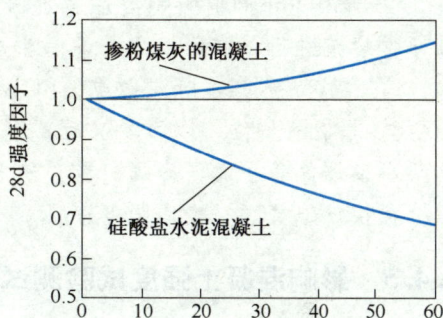

图 4-19 温度对不同水泥混凝土强度的影响

5. 龄期

传统混凝土强度随龄期逐渐增长，但强度增长主要发生在 3~28d 龄期内，此后强度增长逐渐缓慢，增长幅度较小。当某一龄期 $n \geqslant 3d$ 时，在该龄期的混凝土强度 f_n 与 28d 强度 f_{28} 的关系如下

$$f_n = \frac{f_{28} \cdot \lg n}{\lg 28} \tag{4-6}$$

式（4-6）适用于标准条件养护、龄期大于或等于 3d、普通水泥配制的中等强度混凝土。需要强调的是，式（4-6）不适用于现代多组分混凝土，原因是强度发展规律已经发生了很大的变化。例如，**较大比例掺加矿物掺合料的混凝土，28d 后强度会有很大的发展空间**。

6. 外加剂和矿物掺合料

减水剂能减少混凝土拌和用水量，提高混凝土的强度。加入引气剂，会增加基体的孔隙率，从而对强度产生负面影响，但从另一方面来说，通过提高拌合物的工作性和密实性，引气可以提高界面过渡区的强度（特别是拌合物中水和水泥较少时），进而提高混凝土强度。在低水泥用量的混凝土拌合物中，引气伴随用水量的大幅度降低，对基体强度的负面效应则被它对界面过渡区增强的效应所补偿。

矿物掺合料部分替代水泥，通常会延缓早期强度的发展。但是，矿物掺合料在常温下能与水泥浆中的氢氧化钙发生反应，产生大量的水化硅酸钙，使基体和界面过渡区的孔隙率显著降低。因而，**掺入矿物掺合料能提高混凝土的最终强度和水密性**。

【案例4-11】 混凝土强度偏低。

概况：某商品混凝土公司签订了××城3#、7#住宅楼混凝土供应合同。3#住宅楼地下一层墙体和顶板混凝土强度等级为 C35P6，为赶工期，墙和顶板混凝土同时浇筑，先浇筑墙，再浇筑顶板。一个月后，混凝土墙体回弹强度偏低，未通过质检部门验收，且混凝土墙体表面泛白，用手一抹有粉末脱落。而同时施工的顶板拆模时间晚半个多月，混凝土没有失水，回弹强度平均值大于 40MPa。标养墙体和顶板混凝土试块强度都达到 120% 以上。

分析：混凝土回弹强度不合格主要有以下原因：

① 夏季温度过高，为保证坍落度，个别工地把车载水箱打开直至水箱水加完为止，混凝土水胶比增大。

② 混凝土下料时特别要注意混凝土桩、柱高度不应超过2m，超过要用导筒，但有时工地不按规范进行，有的地方未灌满形成孔洞。

③ 在浇筑混凝土时漏振或振捣不当，使混凝土不密实，造成混凝土有蜂窝、疏松。

④ 养护不到位。墙体浇筑后不到 24h 就脱模，认为属于地下，不受阳光照射，风的影响很小，墙体养护又很麻烦，就没有采取养护措施。当时属于春季，空气干燥，混凝土表面水分很快就跑掉了，表面强度偏低。

4.4.5 影响混凝土强度试验测试结果的因素

同样的混凝土，在理论上其强度应该是相等的。然而，如果强度试验条件不同，则试验测试结果不同，混凝土强度的测得值是不相等的。在混凝土强度试验中，强度测得值通常受**尺寸效应、环箍效应和加载速度**三方面因素影响。

1. 尺寸效应

通常试件尺寸越小，其内部先天缺陷的尺寸也相应地越小，故混凝土强度测得值较高。因此，如前所述，100mm 立方体试件的抗压强度值必须乘以 0.95 的换算系数，方可得到 150mm 立方体试件的抗压强度值。

2. 环箍效应

当混凝土试件端面与试验机承压面之间存在摩擦力作用时，该摩擦力从接触界面逐渐向试件内部传递，使混凝土内的局部区域受到约束作用，使纵向受压的混凝土所发生的横向拉伸受到约束，如同受到一种环箍作用，如图 4-20 所示，故称**环箍效应**。如在混凝土试件端面与试验机承压面涂抹润滑油，消除界面摩擦力，从而可除去环箍效应的影响。**环箍效应的作用使混凝土强度测得值高于无环箍效应作用试件的强度值。**

3. 加载速度

在一定范围内加载速度增大，将导致混凝土强度测得值增高。这是由于加载速度较大时，混凝土裂纹扩展

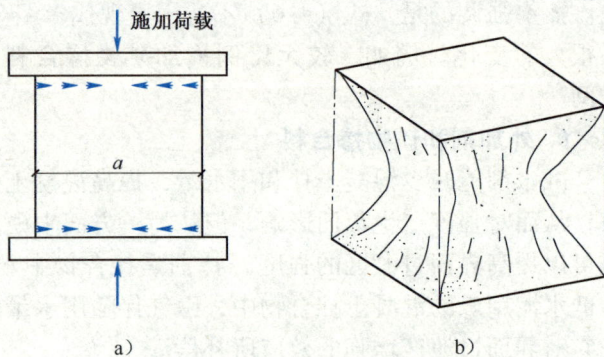

图 4-20 环箍效应作用示意图
a）界面附近内力分布 b）立方体试件破坏后形状

速度较低，使混凝土受力破坏发生时对应的混凝土裂纹尚未来得及充分扩展，最终混凝土在较小的裂纹尺寸条件下发生破坏，从而导致强度测得值较高。

为此，我国国家标准规定，混凝土抗压强度的加载速度应为 0.3~1.0MPa/s。其中，对 C30 以下的混凝土，可取 0.3~0.5MPa/s；对大于或等于 C30 但小于 C60 的混凝土，可取 0.5~0.8MPa/s；对大于或等于 C60 的混凝土，可取 0.8~1.0MPa/s。

4.4.6　混凝土的韧性

韧性作为混凝土的力学性能之一，在近年来的研究与工程应用中逐渐得到重视。通常，混凝土以断裂能、断裂韧性或断裂指数作为表征韧性的参数。**作为脆性材料，普通混凝土的韧性参数比较低，如断裂能通常为 $100~250J/m^2$**。换言之，普通混凝土具有高脆性、低韧性的特点。当外加荷载或环境因素作用产生内应力、进而引发裂纹扩展时，正是由于混凝土的高脆性、低韧性特征，使混凝土易于发生裂纹失稳扩展，导致混凝土发生脆性损伤破坏。研究表明，**通过纤维增韧可以改善混凝土的力学性能与裂纹扩展行为，这也成为目前国际上一个活跃的研究领域**。而裂纹扩展行为的改善，也将是提高混凝土耐久性的重要途径之一。

4.5　变形

4.5.1　变形概念

混凝土在凝结硬化过程中将产生一定量的体积变形。这意味着，**硬化混凝土除了受荷载作用产生变形外，在没有荷载作用的情况下，各种物理或化学因素也会导致混凝土的总体积或者局部体积发生变化，即出现变形**。

如果混凝土处于自由的非约束状态，那么其体积变化一般不会产生不利影响。但是，实际使用中的混凝土结构总会受到基础、钢筋或相邻部件的牵制而处于不同程度的约束状态，即使单一的混凝土试块没有受到外部的制约，其内部各组成相之间也是互相制约的，因而仍处于约束状态。因此，混凝土的体积变化会由于约束的作用而在混凝土内部产生应力（通常为拉应力）。混凝土能承受较高的压应力，而其抗拉强度很低，一般不超过抗压强度的 10%。从理论上讲，在完全约束条件下，混凝土内部产生的拉应力可以达到 3MPa 至十几兆帕（取决于混凝土的体积变化特性和弹性特性）。所以，**对于受约束的混凝土，体积变化过大产生的拉应力一旦超过其抗拉强度，就会引起混凝土开裂，产生裂缝**。裂缝不仅会影响混凝土承受设计荷载的能力，还会严重损害混凝土的耐久性和外观。

4.5.2　变形分类

按不同的分类标准，可以将混凝土的变形分为不同的类型：

1）按混凝土成型后的龄期长短，分为早期变形、硬化过程中的变形、硬化后的变形。

2）按混凝土质点的间距变化，分为相向变形（使混凝土质点的间距缩小的变形）、背向变形（使混凝土质点的间距增大的变形）。

吴中伟院士提出的这种分类方法：自由收缩使混凝土组织密实，混凝土与钢筋的黏结力提高，是相向变形；自由膨胀则使混凝土组织变松，膨胀超过一定限度就会开裂，是背向变形。

3）按是否为受荷载作用，分为非荷载作用变形及荷载作用变形。**常见非荷载作用变形有化学收缩、干缩、塑性收缩、自生收缩、温度变形、碳化收缩等几种常见情况。**除此之外，就是受荷载作用下的变形。

以下就这几种非荷载变形做简要说明：

1）化学收缩。化学收缩是指在没有干燥和其他外界影响下，由于水泥发生水化作用和凝结硬化，导致水泥水化物的固体体积小于水化前反应物的总体积，从而产生的自身体积收缩。**化学收缩是不可恢复的，收缩量随混凝土的龄期延长而增加，**大致与时间的对数成正比，即早期收缩大，后期收缩小。**化学收缩的收缩率一般很小，为 $(4 \sim 100) \times 10^{-6}\,mm/mm$。**因此，在结构设计中考虑限制应力作用时，不把它从较大的干燥收缩率中区分出来处理，而是在干燥收缩中一并计算。若混凝土一直在水中硬化时，体积不变，甚至略有膨胀，这是由于凝胶体吸水产生的溶胀作用，与化学收缩并不矛盾。

2）干缩。处于空气中的混凝土当内部水分散失时，会引起体积收缩，称为干燥收缩，简称干缩。但受潮或者浸入水中后体积又会膨胀，即为湿胀。混凝土在第一次干燥后，若再放入较高湿度的环境中或水中，将发生膨胀。并非全部初始干燥产生的收缩都能为膨胀所恢复，即使长期置于水中，也不可能全部恢复。混凝土的湿胀变形量很小，一般无损坏作用。干缩变形对混凝土危害较大，在一般条件下，混凝土的极限收缩值达 $(50 \sim 90) \times 10^{-5}\,mm/mm$，会使混凝土表面出现拉应力而导致开裂，严重影响混凝土的耐久性。因此，在设计时必须考虑混凝土的干缩变形，在实际工程中施工人员也必须重视这一点。在混凝土结构设计中，干缩率取值一般为 $(1.5 \sim 2.0) \times 10^{-4}$，即 1m 收缩 0.15 ~ 0.20mm。干缩主要是水泥石产生的，因此，降低水泥用量、减小水胶比是减小干缩的关键。

【案例 4-12】 混凝土早期养护不好导致出现收缩裂缝。

概况：连云港地区某多层住宅，为 7 层砖混结构，混凝土等级均为 C30，该工程 2002年 1 月开工，该年 12 月竣工。2004 年 8 月 16 日，6 层住户发现书房及主卧室的墙角处有两道圆弧形的裂缝。8 月 24 日，在铺贴阁楼瓷砖时，发现书房的顶板从中间向两边呈 45° 开裂。后发现主卧室的顶板也发生明显的开裂现象。该楼层施工气象条件为该地区大气比较寒冷的一段时期，最低气温 3℃，最高气温 15℃，相对湿度为 30% ~ 40%，当日的风速很大。施工中虽然采取了多种冬期施工措施，但在作业时仅采用双层草帘覆盖保温，未采取洒水养护和防风措施。

分析：如前所述，特别是风大时，施工完毕后，混凝土正处于初凝期，强度尚未有大的发展，作业又没有防风措施，导致混凝土失水过快，引起表面混凝土干缩，产生裂缝。另外，从裂缝绝大多数集中在构件较薄及与外界接触面积最大的楼板上这一现象也可证实，开裂与其使用的材料关系不大，而受气象条件的影响大些。与楼板厚度接近的墙体之所以未开裂，是因为墙体两面都有模板，不直接受大气的影响。由此可以基本断定，大气因素是导致混凝土现浇板出现干缩裂缝的直接因素。

3）塑性收缩。塑性收缩由沉降、泌水引起，由于是在新拌混凝土状态时表面水分蒸发而引起的变形，一般发生在拌和后 3 ~ 12h 以内，在终凝前比较明显。塑性收缩是在混凝土仍处在塑性状态时发生的，因此也可称为混凝土硬化前或终凝前收缩。塑性收缩一般发生在混凝土路面或板状结构。产生塑性收缩或开裂的原因：在暴露面积较大的混凝土工程中，当表面失水的速率超过混凝土泌水的上升速率时，会造成毛细管负压，新拌混凝土的表面会迅速干燥而产生塑性收缩。此时，混凝土的表面已相当稠硬而不具有流动性。若此时的混凝土强度尚不足以抵抗因收缩受到限制而引起的应力，在混凝土表面即会产生开裂。此种情况往往在新拌混凝土浇捣以后的几小时内就会发生。

水胶比较低的混凝土拌合物内含自由水少，矿物细粉和水化生成物又迅速填充毛细孔，阻碍泌水上升，因此其表面更易于出现塑性收缩开裂。

典型的塑性收缩裂缝是相互平行的，间距为 $2.5 \sim 7.5\text{cm}$，深度为 $2.5 \sim 5\text{cm}$。

当新拌混凝土被基底或模板材料吸去水分时，在其接触面上会因塑性收缩而开裂，加剧了混凝土表面失水，引起塑性收缩、开裂。

引起新拌混凝土表面失水的主要原因：水分蒸发速率过大。高的混凝土温度（由水泥水化热所产生）、高的气温、低的相对湿度和高风速等因素，不论是单独作用还是多种因素的综合作用，都会加速新拌混凝土表面水分的蒸发，增大塑性收缩、开裂的可能性。

【案例 4-13】 混凝土楼板塑性裂缝和干缩裂缝。

概况：某框架楼为地下 1 层、地上 11 层的全现浇框架结构，采用混凝土灌注桩及承台梁基础。混凝土强度等级分别为：地下室及 1、2 层为 C35，3～5 层为 C30，6、7 层 C25，8～11 层为 C20。内墙用加气混凝土砌块，M5 混合砂浆；2008 年 9 月开工，地上 11 层主体于 2010 年 4 月完工。2010 年 8 月对该楼进行砂浆抹面时发现各层顶板存在大量裂缝（见图 4-21），其他的柱、墙、梁、板上均未发现明显裂缝。

图 4-21 顶板裂缝
a）第 2 层顶板裂缝 b）第 1 层顶板裂缝

分析：一方面，2 层的顶板施工期为 9 月，气温相对较高，温差也大，若养护不善或养护期过短，则很容易产生顶板的收缩裂缝；10 层施工期为 3 月，是该地区较为寒冷、干燥的一个时期，每天于 21 时施工完毕后，混凝土正处于初凝期，强度尚未有大的发展，作业面又没有防风措施，导致混凝土失水过快，引起表面混凝土塑性收缩，产生裂缝。另一方面，施工中有些施工人员素质差，为了省时省力，随意加水，加大水胶比，如果养护不到位，则极容易导致干缩裂缝的产生。从混凝土构件较为明显的局部存在跑模、漏浆等外观缺陷及施工中施工人员对已出现的细小裂缝不够重视等方面也可以看出，施工队伍的质量控制水平比较差。

4）自生收缩。自生收缩是混凝土在初凝之后随着水化的进行，在恒温、恒重条件下体积的减缩。自生收缩不包括由于干燥、沉降、温度变化、遭受外力等原因引起的体积变化。**自生收缩产生的原因是随着水泥水化的进行，在硬化水泥石中形成大量微细孔，孔中自由水量逐渐降低，结果产生毛细孔应力，造成硬化水泥石受负压作用而产生收缩**。自生收缩的产生机理类似于干缩，但二者在相对湿度降低的机理上不同，造成干缩的原因是由于水分扩散到外部环境中，而自生收缩是由于内部水分被水化反应消耗所致。因此，通过阻止水分扩散到外部环境中的方法来降低自生收缩并不有效。

随着现代建筑技术的发展，高强混凝土、大体积混凝土及自密实混凝土等应用日益广泛，混凝土的自生收缩现象发生得越来越频繁，也越来越引起人们的关注。实践中发现，上述类型混凝土的自生收缩较大。例如，水胶比低于0.3的混凝土自生收缩率可以达到（2～4）×10^{-4}，当水胶比降低至0.23～0.17时，自生收缩占总收缩的80%～100%，**即水胶比极低的混凝土收缩主要形式是自生收缩**。

5）温度变形。混凝土与通常固体材料一样呈现热胀冷缩现象。混凝土通常的热膨胀系数约为（6～12）×10^{-6}/℃，设取$10×10^{-6}$/℃，则温度下降15℃造成的冷收缩率达150×10^{-6}。如果混凝土的弹性模量为21GPa，不考虑徐变等产生的应力松弛，该冷收缩受到完全约束所产生的弹性拉应力为3.1MPa，已经接近或超过普通混凝土的抗拉强度，容易引起冷缩开裂。因此，**在结构设计中必须考虑到该冷收缩造成的不利影响**。

温度变形还包括混凝土内部与外部的温差的影响，即大体积混凝土存在的温度变形问题。**混凝土的温度变形对大体积混凝土、纵长结构混凝土工程等极为不利，极易产生温度裂缝**。如长100m的混凝土，温度升高或降低30℃（冬夏季温差），则将产生大约30mm的膨胀或收缩，在完全约束条件下，混凝土内部将产生7.5MPa左右的拉应力，足以导致混凝土开裂。故纵长结构或大面积混凝土均要设置伸缩缝，配制温度钢筋或掺入膨胀剂、减缩剂，防止混凝土开裂。另外，也可以分层分段浇筑，并采取一定控制温度变形的施工措施。

混凝土中水泥含量越高，混凝土内部温度会越高。混凝土内部绝热温升会随着截面尺寸的增大而升高，混凝土又是热的不良导体，散热较慢。因此，在大体积混凝土内部的温度较外部高，有时可达50～70℃。这将使内部混凝土的体积产生较大的相对膨胀，而外部混凝土却随气温降低而相对收缩。**内部膨胀和外部收缩互相制约，在外层混凝土中将产生很大拉应力，严重时使混凝土产生裂缝**。

因此，对大体积混凝土工程，必须尽量减少混凝土发热量，目前常用的方法有：①最大限度减少用水量和水泥用量；②大量掺加粉煤灰等低活性掺合料；③采用低热水泥；④预冷原材料；⑤选用热膨胀系数低的集料，减小热变形；⑥在混凝土中埋冷却水管，表面绝热，减小内外温差；⑦对混凝土合理分缝、分块，减轻约束等。

近几十年来，基础、桥梁、隧道衬砌以及其他构件尺寸并不很大的结构混凝土开裂的现象增多，同时发现干燥收缩通常在这里并不重要了。水化热及温度变化已经成为引起素混凝土与钢筋混凝土约束应力和开裂的主导原因。目前由于水泥水化热高，混凝土等级高，混凝土浆体用量多，许多厚度没有达到1m的混凝土结构都可能存在大体积混凝土的问题。

【案例4-14】 因温度导致的混凝土结构开裂。

概况：某跨海大桥承台采用钢筋混凝土预制箱内填充现浇混凝土的结构形式，预制混凝土强度等级为C50，现浇混凝土强度等级为C60。在浇筑过程中发现混凝土预制箱频繁出现开裂现象，且这种开裂均发生在混凝土浇筑后 2 ~ 3d 内。

分析：引起混凝土预制箱频繁开裂的原因是承台内部现浇混凝土温度变形过大。现场测温发现，混凝土浇筑 3d 内温度上升超过 40℃，内外温差大，此后降温速度过快造成混凝土开裂。

6）碳化收缩。混凝土中水泥水化物与大气中 CO_2 发生化学反应称为碳化，伴随碳化产生的体积收缩称为碳化收缩。碳化首先发生于 $Ca(OH)_2$ 与 CO_2 反应生成 $CaCO_3$，导致体积收缩。$Ca(OH)_2$ 碳化使水泥浆体中的碱度下降，继而有可能使 C－S－H 的钙硅比减小和钙矾石分解，加重碳化收缩，它们的反应过程是

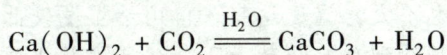

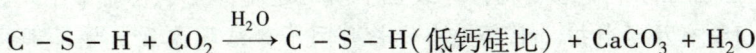

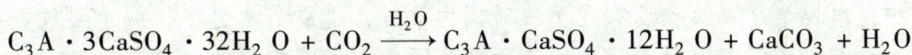

$$Ca(OH)_2 + CO_2 \underset{}{\overset{H_2O}{\rightleftharpoons}} CaCO_3 + H_2O$$

$$C－S－H + CO_2 \overset{H_2O}{\longrightarrow} C－S－H(低钙硅比) + CaCO_3 + H_2O$$

$$C_3A \cdot 3CaSO_4 \cdot 32H_2O + CO_2 \overset{H_2O}{\longrightarrow} C_3A \cdot CaSO_4 \cdot 12H_2O + CaCO_3 + H_2O$$

混凝土湿度较大时，毛细孔中充满水，CO_2 难以进入，因此碳化很难进行。例如，水中混凝土不会碳化。易于发生碳化的相对湿度是 45% ~ 70%。**碳化收缩对混凝土开裂影响不大，其主要危害是对钢筋抗锈蚀不利，而钢筋锈蚀会导致混凝土保护层脱落。**

【案例 4-15】 各种因素导致的剪力墙开裂。

概况：某高层商住楼属框架剪力墙结构，共 30 层，总建筑面积 60000m²，其中地下两层，地上 28 层。基础采用人工挖孔灌注桩，地下室长 65m，宽 43m，层高 3.5m，剪力墙厚度 500mm。采用预拌混凝土，混凝土强度等级 C40P8。配筋情况：竖向筋为 Φ16@150，水平筋为 Φ16@200。地下室底板与剪力墙分段施工，剪力墙施工时间为 7 月份。混凝土浇捣完成、拆模 7d 后发现地下室负 2 层剪力墙上出现多处竖向裂缝，裂缝宽度为 0.1 ~ 0.4mm。

经过统计测量，裂缝分布规律如下：剪力墙与底板连接处分布较多；剪力墙与柱连接处分布较集中；对于较大面积的剪力墙，每隔一定距离还出现一条自上至下的连贯裂缝。

分析：

1）由于是采用泵送混凝土施工，因此生产所用的水泥用量、用水量及坍落度较大，同时碎石粒径较小且用量较少而砂用量较大，因此易造成混凝土的塑性收缩、干燥收缩增加，较易出现裂缝。

2）由于混凝土强度等级较高，水泥用量较大，因此混凝土自收缩大大增加，裂缝也相应增加。

3）该地下室先进行底板施工，待底板混凝土达到一定强度后才进行剪力墙的施工，因此造成底板的刚度远大于剪力墙的刚度，对剪力墙产生较大的约束，阻碍剪力墙的正常变形，对墙体产生约束应力导致开裂。

【案例 4-16】 天气、外加剂、水胶比等原因造成混凝土"硬壳"和开裂现象。

概况：长春某项工程应用商品混凝土浇筑地下室底板，混凝土等级为 C45P8。5 月 22 日中午开始浇筑混凝土，发现坍落度特别大，出现离析泌水现象。到晚上 7 点多钟，混凝土表面出现"硬壳"，下部混凝土未凝结，用脚踩似橡皮泥，混凝土表面出现裂纹，虽经抹压也未愈合。到第 3 天，即 5 月 24 日晚上，混凝土全部凝结硬化，以小时计算约有 55h。

分析：

1）缓凝组分超量。当用掺量为2.8%的普通泵送剂代替掺量为2%的高效泵送剂时，缓凝（保塑）组分增大近一倍，超出该品种缓凝组分"最佳掺量"0.03%～0.07%，也超出了"掺量范围"0.03%～0.1%，这就是这次混凝土3d未凝结硬化的根本原因。

2）搅拌站微机失灵，计量不准确，出现失误。施工现场混凝土出现长时间不凝结事故后，经查找原因，发现微机失灵，外加剂掺量过多，加水量也不准确，直接影响到混凝土的凝结时间。

3）自然环境的影响。长春地处北方地区，时间在5月，正是春季，风大，昼夜温差较大，湿度很小。所以尽管风力不大，温度适宜，但由于湿度较低，新浇混凝土表面失水仍然很快。混凝土表面较内部先凝结硬化，导致上下硬化速度及化学收缩不一致，产生裂纹。

4）施工部门没有及时养护。混凝土出现长时间不凝结现象后，施工部门没有及时进行有效的养护，出现微小裂纹也没有在第一时间内抹压，造成失水过多，微小裂纹发展，混凝土上部失水干缩，受下部混凝土约束，表面产生不规则的塑性裂纹。

4.5.3 影响混凝土收缩的主要因素

影响混凝土收缩的主要因素分内因和外因两个方面：内因是指混凝土组成材料的品种、质量、级配、外加剂及配合比等；外因是指环境温度、湿度、风速等，对收缩有重大影响，有时比内因的影响更大。

1. 水泥用量和品种

砂石集料的收缩值很小，故混凝土的干缩主要来自水泥浆的收缩，水泥浆的收缩值可达 2000×10^{-6} m/m 以上。在水胶比一定时，水泥用量越大，混凝土干缩值也越大。故在高强混凝土配制时，尤其要控制水泥用量。对普通混凝土而言，相应的干缩比为混凝土：砂浆：水泥浆 $=1:2:4$。混凝土的极限收缩值为（500～900）$\times 10^{-6}$ m/m。

水泥的品种不同，干缩值也有较大差异。一般情况下，矿渣硅酸盐水泥、火山灰质硅酸盐水泥比普通硅酸盐水泥收缩大。故对干燥环境施工和使用的混凝土结构，要尽量避免使用矿渣硅酸盐水泥。

2. 集料用量和质量

混凝土收缩的主要组分是水泥石。**增加集料用量可以适当减小收缩。**在相同条件下，采用弹性模量相对较高的集料，也可以减小收缩。

3. 水胶比

在水泥用量一定时，**水胶比越大，多余水分越多，蒸发产生的收缩值也会越大。**因此，要严格控制水胶比，尽量降低水胶比。

4. 外加剂

混凝土外加剂种类繁多，功能各异，常见的有减水剂、速凝剂、早强剂等。外加剂已经成为现代混凝土材料中不可或缺的组成部分，在土木工程建设中发挥着改善新拌混凝土和易性、调节新拌混凝土的凝结硬化性能、提高混凝土强度和耐久性或者其他特殊性能的作用。**聚羧酸高性能减水剂对硬化混凝土的收缩较小。**

5. 环境条件

气温、湿度、风速对收缩都会产生重大影响。**气温越高、环境湿度越小或风速越大，混**

凝土的干燥速度就越快，在混凝土凝结硬化初期特别容易引起干缩开裂，故必须根据不同环境情况采取早期浇水、保湿或者蒸汽养护等具体措施。

4.5.4 减少收缩的常用措施

1）合理选取水泥，采用低水化热水泥，并尽量减少水泥用量。
2）尽量减少用水量，降低水胶比。
3）选用热膨胀系数低、弹性模量高的集料。
4）正确选用外加剂。
5）在搅拌前预冷原材料。
6）合理分缝、分块，减轻约束。
7）在混凝土中埋冷却水管。
8）表面绝热保温，调节表面温度的下降速率。
9）采用蒸汽养护、蒸压养护等养护措施。

4.5.5 荷载作用下的变形

对荷载作用下的变形，分为**短期荷载作用下的变形**和**长期荷载作用下的变形**。

1. 短期荷载作用下的变形

混凝土内部结构中含有砂石集料、水泥石（水泥石中又存在着凝胶、晶体和未水化的水泥颗粒）、游离水分和气泡，这就决定了混凝土本身的不均质性。它不是完全的弹性体，而是一种弹塑性体。受力时，混凝土既产生可以恢复的弹性变形，又会产生不可恢复的塑性变形，其应力与应变关系不是直线而是曲线。混凝土短期荷载作用下的应力－应变曲线如图 4-22 所示。

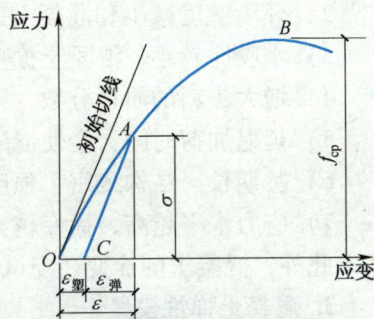

图 4-22 混凝土短期荷载作用下的应力－应变曲线

在静力试验的加荷过程中，若加荷至应力为 σ、应变 ε 的 A 点，然后将荷载逐渐卸去，则卸载时的应力－应变曲线如图 4-22 中 AC 所示。卸载后能恢复的应变是由混凝土的弹性作用引起的，称为弹性应变 $\varepsilon_{弹}$；不能恢复的应变是由于混凝土的塑性性质引起的，称为塑性应变 $\varepsilon_{塑}$。

2. 长期荷载作用下的变形（徐变）

混凝土承受一定持续荷载（如应力达到 50% ~ 70% 的极限强度）时，保持荷载不变，随时间的延长而变形增加的现象，称为徐变。

混凝土徐变在加荷早期增长较快，然后逐渐减慢，当混凝土卸载后，一部分变形瞬时恢复，还有一部分要过一段时间才恢复，称为徐变恢复。不可恢复的变形称为残余变形。徐变变形与徐变恢复如图 4-23 所示。

徐变产生的原因：一般认为是由于水泥石凝胶体在长期荷载作用下的黏性流动或滑移，同时吸附在凝胶粒子上的吸附水因荷载应力而向毛细管渗出。

混凝土的徐变对混凝土及钢筋混凝土结构物的应力和应变状态有很大影响。徐变可能超过弹性变形，甚至达到弹性变形的 2 ~ 4 倍。徐变应变一般可达 $(3 ~ 15) \times 10^{-4}$。

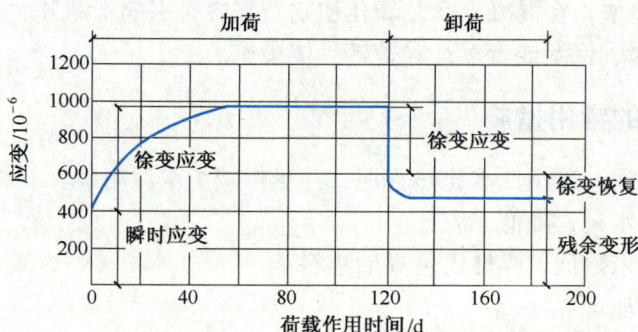

图4-23 徐变变形与徐变恢复

混凝土的徐变在不同结构物中有不同的作用。**对普通钢筋混凝土构件，能消除混凝土内部温度应力和收缩应力，减弱混凝土的开裂现象；对预应力混凝土结构，混凝土的徐变使预应力损失大大增加，这是极其不利的**。因此，预应力结构通常要求混凝土的强度等级较高，以减小徐变及预应力损失。

影响混凝土徐变的因素有以下几点：

1）水泥用量越多，徐变越大，采用强度发展快的水泥则混凝土徐变减小。

2）环境湿度减小和混凝土失水会使徐变增加。

3）水胶比越小，混凝土徐变越小。

4）增大集料的质量分数，则会相应增大混凝土弹性模量，从而会使徐变减小。

5）延迟加荷时间，会使混凝土徐变减小。

6）龄期长、结构致密、强度高，则徐变小。

7）应力水平越高，徐变越大。

此外，混凝土的徐变还与试验时的应力种类、试件尺寸、温度等有关。

3. 混凝土弹性模量

弹性模量为应力与应变之比值。对纯弹性材料来说，弹性模量是一个定值。而对混凝土这种弹塑性材料来说，其应力－应变曲线为非线性。应力水平越高，塑性变形比重越大，故测得的比值越小。对硬化混凝土的静弹性模量，目前有三种弹性模量（见图4-24）。

（1）初始切线模量 该值为混凝土应力－应变曲线的原点对曲线所作切线的斜率。由于混凝土受压的初始加荷阶段，原来存在于混凝土中的

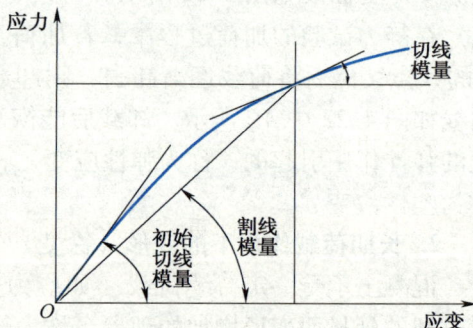

图4-24 弹性模量分类

裂缝会在所加荷载作用下引起闭合，从而导致应力－应变曲线开始时稍呈凹形，使初始切线模量不易求得。另外，该模量只适用于小应力和应变，在工程结构计算中无实用意义。

（2）切线模量 该值为应力－应变曲线上任一点对曲线所作切线的斜率，仅适用于考察某特定荷载处，较小的附加应力所引起的应变反应。

（3）割线模量 该值为应力－应变曲线原点与曲线上相应于40%极限应力的点所作连

线的斜率。该模量包括了非线性部分，也较易测准，适宜于工程应用。

收缩应变大小只是导致混凝土开裂的一方面原因，另一方面还有混凝土的弹性模量。弹性模量越小，产生一定量收缩引起的弹性拉应力越小。

混凝土的弹性模量受其组成相及孔隙率影响，并与混凝土的强度有一定的相关性。混凝土的强度越高，弹性模量也越高，当混凝土的强度等级由 C15 增加到 C60 时，其弹性模量大致由 1.75×10^4 MPa 增至 3.60×10^4 MPa。

混凝土的弹性模量随其集料与水泥石的弹性模量而异。由于水泥石的弹性模量一般低于集料的弹性模量，所以混凝土的弹性模量一般略低于其集料的弹性模量。在材料质量不变的条件下，混凝土的集料含量越多、水胶比较小、养护较好及龄期较长时，混凝土的弹性模量较大。蒸汽养护的弹性模量比标准养护的低。

4.6　混凝土的耐久性

混凝土的耐久性是它暴露在使用环境下抵抗各种物理和化学作用破坏的能力。长期以来，混凝土材料被认为是一种耐久性良好的材料。自混凝土出现以来，与金属材料、木材相比，混凝土不生锈、不腐朽，如法国的地铁建筑至今使用完好。由于人们对混凝土结构物寿命的期望值较低，能够使用 50 年以上便认为其耐久性良好。

混凝土在工程应用中出现的问题和形势的发展，使人们认识到其耐久性的重要性。一方面，国内外大量的混凝土结构物没有达到预期的使用年限，受环境作用而过早破坏。1998年，美国国家标准局调查表明当年混凝土桥梁的修复费用为 1550 亿美元；我国较早建成的北京西直门立交桥由于冻融循环，尤其是除冰盐盐冻造成的剥蚀，破损严重，使用不到 19年就被迫拆除；北京东直门、大北窑桥等二十几座立交桥也不得不提前进行大修或部分更换；山东潍坊白浪河大桥按交通部公路桥梁通用标准图建造，但因位于盐渍地区，受盐冻侵蚀仅使用 8 年就成危桥，现已部分拆除并加固重建。港口、码头、闸口等工程因处于海洋环境，腐蚀情况最为严重。1980 年，交通部四航局等单位对华南地区 18 座码头调查的结果，有 80% 以上均发生严重或较严重的钢筋锈蚀破坏，出现破坏的码头有的距建成时间仅 5 ~ 10年。青岛市临海某 16 层混凝土结构大楼，1989 年 11 月竣工，3 年后就由于楼盖板钢筋严重锈蚀，致使结构失效，16 层楼盖全部拆除；1990 年以后，随着混凝土等级提高，大量建筑出现早期开裂，损失严重。另一方面，随着经济的发展、社会的进步，各类投资巨大、施工期长的大型工程日益增多，如大跨度桥梁、超高层建筑、大型水工结构物等。所以，人们对结构耐久性的期待日益提高，希望混凝土构筑物能够有数百年的使用寿命，做到历久弥坚。同时，由于人类开发领域的不断扩大，地下、海洋、高空环境建筑越来越多，有些结构物使用的环境越来越苛刻，客观上要求混凝土有优异的耐久性。

混凝土的耐久性是一个综合性概念，它包括的内容很多，如抗渗性、抗冻性、抗侵蚀性、抗碳化性、抗碱集料反应、抗氯离子渗透等方面。这些性能决定着混凝土经久耐用的程度。

4.6.1 混凝土的抗渗性

1. 抗渗性定义与意义

混凝土材料抵抗压力水渗透的能力称为抗渗性，它是决定混凝土耐久性最基本的因素。钢筋锈蚀、冻融循环、硫酸盐侵蚀和碱集料反应等导致混凝土品质劣化的前提是水能够渗透到混凝土内部。也就是说，水或者直接导致膨胀和开裂，或者作为侵蚀性介质的载体扩散进入混凝土内部。可见渗透性对于混凝土耐久性的重要意义。

2. 抗渗性的试验测定

1）**普通混凝土的抗渗性用抗渗等级表示**，共有 P4、P6、P8、P10、P12 五个等级。混凝土的抗渗试验采用 185mm × 175mm × 150mm 的圆台形试件，每组 6 个试件。按照标准试验方法成型并养护至 28 ~ 60d 期间内进行抗渗性试验。试验时将圆台形试件周围密封并装入模具，从圆台形试件底部施加水压力，初始压力为 0.1MPa，每隔 8h 增加 0.1MPa，当达到 6 个试件中有 4 个试件未出现渗水时的最大水压力，停止试验。JGJ 55—2011《普通混凝土配合比设计规程》中规定，具有抗渗要求的混凝土，试验要求的抗渗水压值应比设计值高 0.2MPa，试验结果应符合下式要求

$$P_t \geqslant \frac{P}{10} + 0.2 \tag{4-7}$$

式中　P_t——6 个试件中 4 个未出现渗水的最大水压值（MPa）；

　　　P——设计要求的抗渗等级值。

2）**高性能混凝土具有很高的密实度，按现行国家标准用加压透水的方法无法正确评价其渗透性**。目前较常用的混凝土渗透性评价方法是 ASTM C1202 直流电量法和 NEL 法。

ASTM C1202 直流电量法是将混凝土试块切割成厚度为 100mm × 100mm × 50mm 或直径 100mm × 50mm 的上下表面平行的试件，在真空下浸水饱和后，侧面密封安装到试验箱中，两端安置铜网电极，负极浸入 3% 的 NaCl 溶液，正极浸入 0.3mol/L 的 NaOH 溶液，通过计算 60V 电压下 6h 通电量来评价混凝土渗透性。ASTM C1202 法评价标准见表 4-21。

表 4-21　ASTM C1202 法评价标准

6h 总导电量/C	Cl⁻ 渗透性	相应类型的混凝土
>4000	高	$W/C > 0.6$ 的普通混凝土
2000 ~ 4000	中	中等水胶比（0.5 ~ 0.6）混凝土
1000 ~ 2000	低	低水胶比混凝土
100 ~ 1000	非常低	低水胶比，掺硅粉 5% ~ 10% 混凝土
<100	可忽略不计	聚合物混凝土，掺硅粉 10% ~15% 混凝土

NEL 法是将标养 28d 的混凝土试验（可为钻芯样）表面切去 2m，然后切成 100mm × 100mm × 50mm 或 φ100mm × 50mm 试件，上下表面应平整；取其中三块试件在 NEL 型真空饱盐设备中用 4mol/L 的 NaCl 溶液真空饱盐。擦去饱盐试样表面盐水并置于试件夹具上的尺寸为 φ50mm 的两紫铜电极间，再用 NEL 型氯离子扩散系数测试系统在低电压下（1 ~ 10V）对饱盐混凝土试件的氯离子扩散系数进行测定，饱盐完成后，可在 15min 内得到结果。NEL 法评价指标见表 4-22。

表 4-22　NEL 法评价指标

氯离子扩散系数/（$10^{-14} m^2/s$）	混凝土渗透性	氯离子扩散系数/（$10^{-14} m^2/s$）	混凝土渗透性
>1000	I（很高）	10 ~ 50	V（很低）
500 ~ 1000	II（高）	5 ~ 10	VI（极低）
100 ~ 500	III（中）	<5	VII（可忽略）
50 ~ 100	IV（低）		

3. 提高抗渗性的途径

影响混凝土抗渗性的根本因素是孔隙率和孔隙特征，混凝土孔隙率越低，连通孔越少，抗渗性越好。所以，提高混凝土抗渗性的主要措施是降低水胶比，选择好的集料级配，充分振捣和养护，掺用引气剂和优质粉煤灰掺合料。试验表明：当 $W/C > 0.55$ 时，抗渗性很差；当 $W/C < 0.50$ 时，则抗渗性较好。掺用引气剂的抗渗混凝土，其质量分数宜控制在 3% ~ 5%，引气剂的引入让微小气泡切断了许多毛细孔的通道，但当含气量超过 6% 时，会引起混凝土强度急剧下降。胶凝材料体系中掺用 30% 粉煤灰，且水胶比小于 0.40 时，会有效减小混凝土的吸水性，主要原因是优质粉煤灰能发挥其形态效应、微集料效应和活性效应，提高了混凝土的密实度，细化了孔隙。

4.6.2　混凝土的抗冻性

1. 抗冻性定义与冻融破坏机理

混凝土的抗冻性是指混凝土在水饱和状态下经受多次冻融循环作用，能保持强度和外观完整性的能力。

通常混凝土是多孔材料，若内部含有的水分在负温下结冰，体积可膨胀约 9%。然而，此时水泥浆体及集料在低温下收缩，以致与水分接触位置将膨胀，而冰融化时水的体积又将收缩。在这种冻融循环的作用下，混凝土结构受到结冰体积膨胀引起的静水压力作用，以及静力压力推动未冻结水向冻结区迁移而引起的渗透压力作用。当上述冻结过程中的水结冰引发的内应力或者融化过程中这两种压力所产生的内应力超过混凝土的抗拉强度时，混凝土就会产生裂缝，多次冻融循环使裂缝不断扩展直到破坏。混凝土的密实度、孔隙构造和数量，以及孔隙的充水程度是决定抗冻性的重要因素。密实的混凝土和具有封闭孔隙的混凝土抗冻性较高。

2. 抗冻性的表征

混凝土抗冻性用抗冻等级表示。抗冻试验方法有慢冻法和快冻法两种。

（1）慢冻法　采用立方体试块，以龄期 28d 的试件在吸水饱和后承受反复冻融循环作用（冻 4h，融 4h），以抗压强度下降不超过 25%、质量损失不超过 5% 时所承受的最大冻融循环次数表示混凝土的抗冻等级，如 D50、D100。

（2）快冻法　采用 100mm × 100mm × 400mm 的棱柱体试件，从龄期 28d 后进行试验，试件吸水饱和后承受冻融循环，一个循环在 2 ~ 4h 内完成，以相对动弹性模量值不小于 60%，而且质量损失率不超过 5% 时所承受的最大循环次数表示混凝土的抗冻等级，如 F150、F200、F300 等。

根据快速冻融最大次数，按下式可以求出混凝土的耐久性系数

$$K_n = P_n \times \frac{n}{300} \tag{4-8}$$

式中 K_n——混凝土耐久性系数；

P_n——经 n 次冻融循环后试件的相对动弹性模量；

n——满足快冻法控制指标要求的最大冻融循环次数（次）。

3. 除冰盐对混凝土的破坏

在冬季，高速公路和城市道路为防止因结冰和积雪使汽车打滑造成交通事故，通常在路面撒盐（$NaCl$ 或 $CaCl_2$）以降低冰点去除冰雪。近年来，国内外交通行业和学术界越来越注意到除冰盐会对混凝土路面和桥面造成严重的破坏，**在工程应用中发现除冰盐不仅会引起路面破坏，渗入混凝土中的氯盐还会导致严重的钢筋锈蚀，加速碱集料反应。**

（1）破坏机理

1）渗透压增大导致混凝土孔隙吸水饱和度提高，结冰压增大。

2）盐的结晶压力。

3）盐的含量梯度使其受冻时因分层结冰产生应力差。

4）除静水压力外，还存在盐溶液的渗透压力和结晶压力，盐冻的产生加剧了冻害。

（2）破坏特征

1）破坏从表面开始，逐渐向内部发展，表面砂浆剥落，集料暴露。

2）剥落层内部的混凝土保持坚硬完好。

3）这种破坏非常快，少则一个冬季，多则数个冬季，就可产生严重剥蚀破坏。

4）干燥时剥蚀表面及裂纹内可见白色粉末 $NaCl$ 晶体。

（3）主要预防措施

1）混凝土必须引气，含气量应在 5% 左右。

2）要使用硅酸盐水泥或普通硅酸盐水泥。

3）掺粉煤灰、矿渣时，注意降低水胶比，但不提倡掺硅灰。

4）适当增加保护层厚度。

（4）提高混凝土抗冻性的措施

1）降低混凝土水胶比，降低孔隙率。

2）掺加引气剂，保持含气量在 4%～5%。

3）提高混凝土强度，在相同含气量的情况下，混凝土强度越高，抗冻性越好。

4.6.3　碳化、氯离子与钢筋锈蚀

1. 碳化的定义

碳化是空气中的二氧化碳与水泥石中的水化产物在有水的条件下发生化学反应，生成碳酸钙和水。碳化过程是二氧化碳由表及里向混凝土内部逐渐扩散的过程。未经碳化的混凝土 $pH = 12 \sim 13$，碳化后 $pH = 8.5 \sim 10$，接近中性，故碳化又称中性化。**混凝土碳化程度常用碳化深度表示。**

2. 混凝土保护钢筋不生锈的原因

这是因为混凝土孔隙的孔溶液通常含有较大量的 Na^+、K^+、OH^- 及少量 Ca^{2+} 等离子存在，为保持离子电中性，OH^- 含量较高，即 pH 较大。在这样的强碱环境中，钢筋表面生成

一层厚 $20\sim60\mathring{A}$ 的致密钝化膜，使钢材难以进行电化学反应，即电化学腐蚀难以进行。一旦这层钝化膜遭到破坏，钢筋的周围又有一定的水分和氧时，混凝土中的钢筋就会腐蚀。

3. 混凝土碳化的影响
1）使混凝土的碱度降低，减弱了对钢筋的保护作用。
2）引起混凝土收缩，容易使混凝土的表面产生微细裂纹，抗拉和抗折强度下降。
3）水泥石中的水化产物分解。
4）混凝土抗压强度有所提高。

4. 影响碳化的因素
（1）外部环境
1）二氧化碳的含量。二氧化碳的含量越高将加速碳化的进行，近年来，工业排放二氧化碳量持续上升，城市建筑混凝土碳化速度在加快。
2）环境湿度。水分是碳化反应进行的必需条件，相对湿度在 $50\%\sim75\%$ 时，碳化速度最快。

（2）混凝土内部因素
1）水泥品种与掺合料用量。在混凝土中随着胶凝材料体系中硅酸盐水泥熟料成分减少，掺合料用量的增加，碳化加快。
2）混凝土的密实度。随着水胶比降低，孔隙率减少，二氧化碳气体和水不易扩散到混凝土内部，碳化速度减慢。

5. 氯离子对钢筋锈蚀的影响
氯离子是一种极强的钢筋腐蚀因子，扩散能力很强，氯离子从混凝土表面扩散到钢筋表面并积累到临界含量，局部钝化膜开始破坏。依据国内外大量试验、研究和工程实践，混凝土中氯离子在 $0.3\sim0.6kg/m^3$ 范围内有引起钢筋锈蚀的可能，超过时腐蚀的可能性更大。破钝"临界值"应为 $0.3\sim0.6kg/m^3$。但有一些资料证明，钢筋表面氯离子在 $0.6\sim0.9kg/m^3$ 应是钢筋腐蚀和发展期，当达到或超过 $1kg/m^3$ 时，钢筋锈蚀发展可以将混凝土胀裂。故一般将 $1kg/m^3$ 定为混凝土破坏"临界值"，但由于混凝土的复杂性和环境的差异性，"临界值"不是一个固定值，它是随条件而定的。

6. 钢筋锈蚀及对混凝土的影响
当钢筋表层的保护膜破坏时，破坏部位露出铁基体，与尚完好的钝化膜区域之间构成电位差，在氧、水分存在的条件下，钢筋表面发生电化学腐蚀，在阳极铁离子发生化学反应生成氧化亚铁、氢氧化铁等腐蚀物。钢筋锈蚀后，一方面会使钢筋有效直径减小，直接危及混凝土结构的安全性；另一方面锈蚀生成物的体积膨胀，会使混凝土保护层顺筋开裂，混凝土自身免疫性大幅降低，品质迅速劣化。

4.6.4　抗侵蚀性

当混凝土所处使用环境中有侵蚀性介质时，混凝土很可能遭受侵蚀，通常有软水侵蚀、硫酸盐侵蚀、镁盐侵蚀、碳酸侵蚀、一般酸侵蚀与强碱腐蚀等，其机理在水泥章节中已做讲解。随着混凝土在海洋、盐渍、高寒等环境中的大量使用，也对混凝土的抗侵蚀性提出了更严格的要求。

混凝土的抗侵蚀性受胶凝材料的组成、混凝土的密实度、孔隙特征与强度等因素的影响。

近年的研究表明：硫酸盐对混凝土的侵蚀，除反应生成钙钒石造成膨胀开裂外，**盐在混凝土孔隙中结晶导致的膨胀也是导致混凝土开裂的重要原因之一**，如图4-25所示（此图为葛勇教授提供）。

地下含盐土中的盐溶液因混凝土毛细孔的吸附而上升到地面以上约1m，在空气中失水，盐溶液含量增加，过饱和析出结晶，腐蚀破坏结构，如图4-26所示（此图为廉慧珍教授提供）。

图4-25　硫酸盐结晶膨胀造成破坏　　　　图4-26　混凝土毛细孔吸收土中盐发生结晶腐蚀

如图4-27所示，在地下工程、隧道工程中，水泥混凝土在富水压条件下的溶蚀现象是一种特殊的软水侵蚀，应该引起注意。

4.6.5　碱集料反应

1. 碱集料反应的定义与危害

混凝土中的碱性氧化物（Na_2O、K_2O）与集料中的活性SiO_2、活性碳酸盐发生化学反应，生成碱硅酸盐凝胶或碱碳酸盐凝胶，沉积在集料与水泥胶体的界面上，吸水后体积膨胀3倍以上导致混凝土开裂破坏。

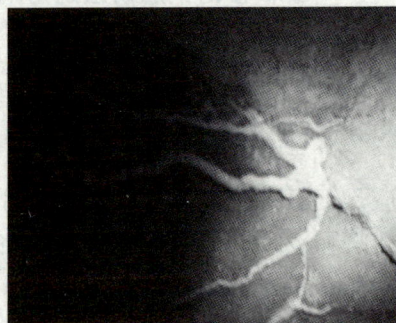

图4-27　地下工程混凝土溶蚀破坏

多年来，碱集料反应已经使许多处于潮湿环境中的结构物受到破坏，包括桥梁、大坝、堤岸。1988年以前，我国未发现有较大的碱集料破坏，这与我国长期使用中低强度等级水泥及混凝土等级低有关。但进入20世纪90年代后，由于混凝土等级越来越高，水泥用量大且碱含量高，开始导致碱集料病害的发生。1999年京广线主线，石家庄南某铁路桥发生严重的碱集料反应，部分梁更换，部分梁维修加固；山东兖石线部分桥梁也因碱集料病害而出现网状开裂，维修代价高，但维修效果差。

2. 碱集料破坏的特征

1）开裂破坏一般发生在混凝土浇筑后两三年或者更长时间。

2）常呈现顺筋开裂和网状龟裂。

3）裂缝边缘出现凹凸不平现象。

4）越潮湿的部位反应越强烈，膨胀和开裂破坏越明显。

5）常有透明、淡黄色、褐色凝胶从裂缝处析出。

3. 碱集料病害的预防措施

混凝土中碱集料反应一旦发生，不易修复，损失大。预防措施如下：

1）避免使用碱活性集料。

2）限制混凝土中碱总含量，一般 $\leqslant 3 kg/m^3$。

3）掺用矿物细粉掺合料，如粉煤灰、磨细矿渣，但至少要替代 25% 的水泥。

4）掺用引气剂。

5）保证混凝土在使用期一直处于干燥状态，注意隔绝水的侵入。

4.6.6　提高混凝土耐久性的主要措施与要求

1. 减少拌合用水及水泥浆的用量

将拌合用水的最大用量作为控制混凝土耐久性的指标，比使用最大水胶比更为适宜。因为依靠水胶比的控制尚不能解决因混凝土中浆体过多，而引发收缩和水化热增加的负面影响问题。在高性能混凝土中，减少浆体量，增大集料所占的比例，又是提高混凝土抗渗性或抗氯离子扩散性的重要手段。如果控制拌合用水量，则可同时控制浆体用量，就有可能从多个方面体现耐久性要求。对水胶比很低的混凝土，用水量一般不宜超过 150 kg/m^3；**对水胶比在 0.42 以下的混凝土，用水量一般应控制在 170 kg/m^3 以下。**

为达到减少拌合用水与水泥浆量的目的，主要途径有：

1）选用良好级配和粒形的粗集料。

2）添加高效减水剂。

3）添加低需水量比的矿物掺合料。

在胶凝材料体系中，降低混凝土的水泥用量，增大矿物细粉掺合料的用量，可以提高混凝土结构的化学稳定性和抵抗化学侵蚀的能力，降低内部缺陷，提高密实性。粉煤灰、磨细矿粉的添加，在过去曾被严重误解，以为对混凝土品质会有很大影响，但随着减水剂的应用，当水胶比较低时，大掺量矿物细粉掺合料配制的混凝土各方面品质表现优良，这一点已被近年的工程实践所证实，并已在 1995 年版的美国混凝土 ACI 318《结构混凝土规范》中被认同，肯定了粉煤灰、磨细矿渣在混凝土中的正面作用。2004 年出版的我国土木工程学会标准《混凝土结构耐久性设计与施工指南》（CCES 01：2004）中提出，大掺量矿物掺合料混凝土水胶比不宜大于 0.42。

2. 增强界面的黏结性

混凝土中集料与水泥浆界面是最薄弱的环节，强化界面是提高耐久性的重要措施，主要通过以下途径达到这一目的。

1）降低水胶比。降低水胶比可以提高长期强度，并且使界面强化。

2）降低水泥浆量，增加矿物细粉掺合料。

以上方法可以有效**降低界面水胶比，提高密实性，减少氢氧化钙在界面的富集现象**。

3. 合理选择水泥品种

选用低水化热和含碱量偏低的水泥，尽可能避免使用早强水泥和高 C_3A 含量的水泥。

4. 增加电阻系数及降低毛细孔渗透性

（1）降低水固比（W/S）　对混凝土整体而言，降低拌和水量而增加固态材料的重量，是有益的。对于高性能混凝土，建议水固比（W/S）$\leqslant 0.08$。

（2）使孔隙细致化　通过添加矿物细粉掺合料使得孔隙变细且减少。

5. 掺用引气剂

掺用引气剂，引入微小封闭气泡，不仅可以有效提高混凝土抗渗性、抗冻性，而且可以明显提高混凝土抗化学侵蚀能力。这主要是由于这些**微小气泡可以缓解部分内部应力，抑制裂纹生成和扩展。**

6. 限制单方混凝土中胶凝材料的最高用量

减少单方混凝土中胶凝材料用量，有利于降低混凝土的渗透性，并减少收缩量，所以必须有最高用量的限制。我国对于低水胶比混凝土的胶凝材料用量，过去一直偏高，有的甚至高达 $550kg/m^3$ 以上，其主要原因就是因为集料品质不好，因此必须特别重视对混凝土集料的级配及粗集料的粒形要求。

7. 防止钢筋锈蚀

碳化和卤化物（尤其是氯盐）是混凝土中钢筋腐蚀的主要原因，因此应注意以下几点：

1）控制混凝土组成材料中的氯离子含量。

2）提高混凝土密实度，降低混凝土碳化速度，降低氯离子渗透量，这样可在防止碳化引起的钢筋腐蚀的同时，控制含氯盐混凝土碳化时氯离子向钢筋表面富集加速钢筋腐蚀。

8. 加强混凝土质量的生产控制

在混凝土施工中，应当均匀搅拌、灌注和振捣密实及加强养护，以保证混凝土的施工质量。

4.7　混凝土质量评定

混凝土材料是典型的多相复合材料，影响其性能的因素众多，因此实际工程中的质量控制较为困难。为确保混凝土材料在工程中的质量稳定与性能可靠，应严格控制影响其质量的诸因素，如原材料、计量、搅拌、运输、成型、养护等。对于已经生产或使用的混凝土，准确评定其质量状况则更为重要，因为混凝土的实际性能是确定工程质量的最基本保障，故工程实际中应正确掌握混凝土质量评定的方法。评定混凝土质量最为常用的指标是其强度指标。

GB 50164—2011《混凝土质量控制标准》明确规定，混凝土的质量控制包括初步控制、生产控制和合格控制，其中初步控制主要包括组成材料的质量控制和混凝土配合比的确定与控制；生产控制主要包括生产过程中各组分的准确计量，混凝土拌合物的搅拌、运输、浇筑和养护等；合格控制主要包括按照生产批次对浇筑成型的混凝土的强度或其他性能指标进行检验评定和验收。

4.7.1　强度分布规律——正态分布

影响混凝土强度的因素众多，且许多影响因素是随机的，故混凝土的强度也呈现出一定幅度内的随机波动性。大量试验结果表明，混凝土强度的概率密度分布接近正态分布，如

图4-28所示。以混凝土强度的平均值为对称轴，距离对称轴越远的强度值出现的概率越小，曲线与横轴包围的面积为1。曲线高峰为混凝土强度平均值的概率密度。**概率分布曲线窄而高，则说明混凝土的强度测定值比较集中，波动小，混凝土的均匀性好，施工水平较高。**反之，如果曲线宽而扁，说明混凝土强度值离散性大，混凝土的质量不稳定，施工水平低。

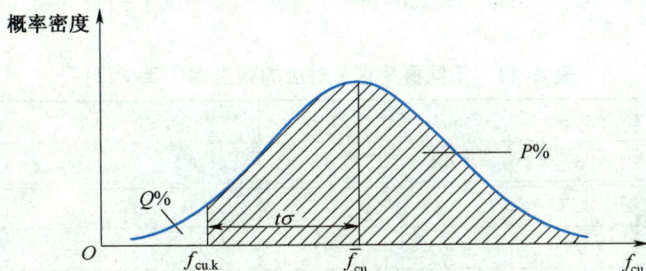

图4-28 混凝土强度的概率密度分布

4.7.2 强度平均值、标准差、变异系数

在生产中常用强度平均值、标准差、强度保证率和变异系数等参数来评定混凝土质量。强度平均值为预留的多组混凝土试块强度的算术平均值，即

$$\overline{f}_{cu} = \frac{1}{n} \sum_{i=1}^{n} f_{cu,i} \tag{4-9}$$

式中　n——预留混凝土试块组数（每组3块）；

　　　$f_{cu,i}$——第 i 组试块的抗压强度（MPa）。

标准差又称均方差，其数值表示正态分布曲线上拐点至强度平均值（对称轴）的距离，可用下式计算

$$\sigma = \sqrt{\frac{\sum_{i=1}^{n} f_{cu,i}^2 - n\overline{f}_{cu,i}^2}{n-1}} \tag{4-10}$$

变异系数又称离散系数，以强度标准差与强度平均值之比来表示，即

$$C_v = \frac{\sigma}{\overline{f}_{cu}} \tag{4-11}$$

强度平均值只能反映强度整体的平均水平，而不能反映强度的实际波动情况。**通常用标准差反映强度的离散程度，对于强度平均值相同的混凝土，标准差越小，则强度分布越集中，混凝土的质量越稳定**，此时标准差的大小能准确地反映出混凝土质量的波动情况；但当强度平均值不等时，适用性较差。变异系数也能反映强度的离散程度，**变异系数越小，说明混凝土的质量水平越稳定**，对于强度平均值不同的混凝土之间，可用该指标判断其质量波动情况。

4.7.3 强度保证率

强度保证率是指混凝土的强度值在总体分布中大于强度设计值的概率，可用图4-28中的阴影部分的面积表示。JGJ 55—2011《普通混凝土配合比设计规程》规定，工业与民用建

筑及一般构筑物所用混凝土的保证率不低于 95%。一般通过变量 $t = \dfrac{\overline{f}_{cu} - f_{cu,k}}{\sigma}$ 将混凝土强度的概率分布曲线转化为标准正态分布曲线，然后通过标准正态分布方程 $P(t) = \int_{t}^{+\infty} \Phi(t)\mathrm{d}t = \dfrac{1}{\sqrt{2\pi}}\int_{t}^{+\infty} \mathrm{e}^{-\frac{t^2}{2}}\mathrm{d}t$ 求得强度保证率，其中概率度 t 与保证率的关系见表4-23。

表4-23　不同概率度 t 对应的强度保证率 $P(t)$

t	0.0	0.5	0.8	1.0	1.2	1.2	1.4	1.6
$P(t)$	50	69	80	84	88	90	91	94
t	1.6	1.7	1.8	1.8	2.0	2.0	2.3	3.0
$P(t)$	95	95	96	97	97	99	99	99

4.7.4　设计强度、配制强度、标准差及强度保证率的关系

根据正态分布的相关知识可知，当所配制的混凝土强度平均值等于设计强度时，其强度保证率仅为 50%，显然不能满足要求，会造成极大的工程隐患。因此，**为了达到较高的强度保证率，要求混凝土的配制强度 $f_{cu,0}$ 必须高于设计强度等级 $f_{cu,k}$。**

由 $t = \dfrac{\overline{f}_{cu} - f_{cu,k}}{\sigma}$ 可得，$\overline{f}_{cu} = f_{cu,k} + t\sigma$。令混凝土的配制强度等于平均强度，即 $f_{cu,0} = \overline{f}_{cu}$，则可得

$$f_{cu,0} = f_{cu,k} + t\sigma \tag{4-12}$$

式（4-12）中，概率密度 t 的取值与强度保证率 $P(t)$ 一一对应，其值通常可根据要求的保证率查表4-23获得。强度标准差 σ 一般根据混凝土生产单位以往积累的资料经统计计算获得。当无历史资料或资料不足时，可根据以下情况参考取值：**当混凝土设计强度等级小于或等于 C20 时，$\sigma = 4.0\text{MPa}$；当混凝土设计强度等级为 C25 ~ C45 时，$\sigma = 5.0\text{MPa}$；当混凝土设计强度等级为 C50 ~ C55 时，$\sigma = 6.0\text{MPa}$。**

JGJ 55—2011《普通混凝土配合比设计规程》规定，混凝土配制强度应按下式计算

$$f_{cu,0} \geqslant f_{cu,k} + 1.645\sigma \tag{4-13}$$

4.7.5　混凝土强度的检验评定

混凝土强度的检测评定是以抗压强度作为主控指标。留置试块用的混凝土应在浇筑地点随机抽取且具有代表性，取样频率及数量、试件尺寸大小选择、成型方法、养护条件、强度测试以及强度代表值的取定等，均应符合现行国家标准的有关规定。

GB/T 50107—2010《混凝土强度检验评定标准》规定，混凝土的强度应按照批次分批检验，同一个批次的混凝土强度等级、生产工艺条件、龄期应相同及混凝土配合比基本相同。目前，评定混凝土强度合格性的常用方法主要有**统计法**和**非统计法**两类。

1. 统计法

当连续生产混凝土，生产条件在较长时间内保持一致，且同一品种、同一强度等级混凝土的强度变异性保持稳定时，应按下列规定进行评定：

1）一个验收批的样本容量应为连续的 **3** 组试件，其强度应同时满足下列要求

$$m_{f_{cu}} \geq f_{cu,k} + 0.7\sigma_0 \tag{4-14}$$

$$f_{cu,min} \geq f_{cu,k} - 0.7\sigma_0 \tag{4-15}$$

$$\sigma_0 = \sqrt{\frac{\sum\limits_{i=1}^{n} f_{cu,i}^2 - nm_{f_{cu}}^2}{n-1}} \tag{4-16}$$

$$f_{cu,min} \geq 0.85 f_{cu,k} \ (\text{当混凝土强度等级} \leq \text{C20 时}) \tag{4-17}$$

或 $\qquad f_{cu,min} \geq 0.90 f_{cu,k} \ (\text{当混凝土强度等级} > \text{C20 时}) \tag{4-18}$

式中　$m_{f_{cu}}$——同一个验收批的混凝土立方体抗压强度平均值（MPa）；

$f_{cu,k}$——同一个验收批的混凝土立方体抗压强度标准值（MPa）；

$f_{cu,min}$——验收批的混凝土立方体抗压强度的最小值（MPa）；

σ_0——验收批的混凝土立方体抗压强度的标准差（MPa），精确到 0.01，当验收批的混凝土标准差 σ_0 计算值小于 2.5MPa 时，应取 2.5MPa。

$f_{cu,i}$——前一个检验期内同一品种、同一强度等级的第 i 组混凝土试件的立方体抗压强度代表值（MPa），精确到 0.1，该检验期不应小于 60d，也不得大于 90d。

n——前一个检验期内的样本容量，在该期间内样本容量不应小于 45。

2）当样本容量不少于 **10** 组时，其强度应同时满足下列要求

$$m_{f_{cu}} - \lambda_1 S_{f_{cu}} \geq f_{cu,k} \tag{4-19}$$

$$f_{cu,min} \geq \lambda_2 f_{cu,k} \tag{4-20}$$

同一个验收批的混凝土立方体抗压强度的标准差应按下式计算

$$S_{f_{cu}} = \sqrt{\frac{\sum\limits_{i=1}^{n} f_{cu,i}^2 - nm_{f_{cu}}^2}{n-1}} \tag{4-21}$$

上式中 λ_1、λ_2 为混凝土强度的合格判定系数，应根据留置的试件组数来确定，具体取值见表4-24。$S_{f_{cu}}$ 为验收批内混凝土立方体抗压强度的标准差（MPa），精确到 0.01；当验收批混凝土标准差 σ_0 计算值小于 2.5MPa 时，应取 2.5MPa。

表4-24　混凝土强度的合格判定系数

试件组数	10～14	15～19	≥20
λ_1	1.15	1.05	0.95
λ_2	0.90	0.85	0.85

2. 非统计法

当样本容量小于 **10** 时，应采用非统计法评定混凝土强度。此时，其强度应同时符合下列要求：

当混凝土强度等级小于 **C60** 时

$$m_{f_{cu}} \geq 1.15 f_{cu,k} \tag{4-22}$$

$$f_{cu,min} \geq 0.95 f_{cu,k} \tag{4-23}$$

113

当混凝土强度等级大于或等于 C60 时

$$m_{f_{cu}} \geq 1.10 f_{cu,k} \tag{4-24}$$

$$f_{cu,min} \geq 0.95 f_{cu,k} \tag{4-25}$$

在生产实际中应根据具体情况选用适当的评定方法。用判定为不合格的混凝土浇筑的构件或结构时应进行工程实体鉴定和处理。

当不能满足上述规定时，该批混凝土强度应评定为不合格。

【例题 4-2】 某商品混凝土公司，计划配制强度等级为 C40 的商品混凝土，根据其过去 1 年的统计资料，确定对应的强度标准差为 5MPa，强度保证率为 95% 时对应的概率度为 1.645。

试回答以下问题：

1）确定保证率为 95% 时所要求的配制强度。

2）如果配制强度确定为 49MPa，能否满足 95% 的保证率？为什么？

3）如果配制强度确定为 45MPa，为了满足 95% 的保证率，强度的标准差应该控制在什么范围内？

解： 1）因 $t = 1.645$，$\sigma = 5MPa$，根据式 $f_{cu,0} = f_{cu,k} + t\sigma$ 可得配制强度

$$f_{cu,0} = (40 + 1.645 \times 5)\ MPa \approx 48.23MPa$$

2）由式 $f_{cu,0} = f_{cu,k} + t\sigma$，可得 $t = \dfrac{f_{cu,0} - f_{cu,k}}{\sigma}$，把 $f_{cu,0} = 49MPa$、$\sigma = 5MPa$ 代入得 $t = \dfrac{49 - 40}{5} = 1.8 > 1.645$。

所以，当配制强度确定为 49MPa 时，可以满足 95% 的保证率。因为当配制强度为 49MPa 时，对应的概率度为 1.8，大于 95% 保证率时对应的概率度 1.645。

3）由式 $f_{cu,0} = f_{cu,k} + t\sigma$，可得 $\sigma = \dfrac{f_{cu,0} - f_{cu,k}}{t}$，把 $f_{cu,0} = 40MPa$，$t = 1.645$ 代入得 $\sigma = \dfrac{45 - 40}{1.645}MPa \approx 3MPa$。

所以，为了能满足 95% 的保证率，强度的标准差应不大于 3MPa。

4.8 混凝土配合比设计

4.8.1 概述

混凝土配合比设计得是否合理，关系到混凝土拌合物的性能及混凝土成型后的力学性能和耐久性。配合比设计是混凝土设计、生产和应用中的最重要环节，其设计理念与方法决定了混凝土的技术先进性、成本可控性和发展可持续性等问题。混凝土配合比设计的目的，就是要根据原材料的技术性能、结构形式、使用环境及施工条件，合理地选择原材料，并确定能满足工程所要求的技术、经济指标的各项组成材料的用量。近年来，我国混凝土强度水平的提高；在严酷环境中的工程增多，耐久性要求突出；化学外加剂的广泛使用改变了水泥和混凝土的关系；拌合物对流变性能的要求提高；原材料品种多，各地区品质差异很大。混凝

土已经由过去的四组分混凝土，演变为现在的多组分混凝土，配合比设计的复杂性增加。

在当前的混凝土工程中，由于追求大流态，混凝土的离析泌水现象增多，匀质性变差；为满足快速施工要求，追求混凝土的早强、高强，混凝土的体积稳定性变差。所以，从事混凝土行业的技术人员必须掌握和熟练应用混凝土配合比设计方法进行混凝土的配制，保证混凝土工程质量。

1. 混凝土配合比的含义

传统混凝土配合比是指混凝土各组成材料（水泥、水、砂、石）之间的比例关系。现代混凝土的配合比是指水泥、掺合料、水、砂、石、外加剂等材料之间的比例关系。

2. 混凝土配合比设计的任务

混凝土配合比设计的任务，就是要根据原材料的技术性能及施工条件，合理选择原材料，并确定出能满足工程所要求的技术经济指标的各项组成材料的用量。

混凝土配合比设计的基本要求是：

1）满足结构设计的强度等级要求。

2）满足混凝土施工所要求的和易性。

3）满足工程所处环境对混凝土耐久性的要求。

4）符合经济性原则。

5）符合低碳和可持续发展的生态要求。

3. 混凝土配合比设计的基本资料

在进行混凝土配合比设计时，须事先明确的基本资料有：

1）混凝土设计要求的强度等级。

2）工程所处环境，耐久性要求（如抗渗等级、抗冻等级等）。

3）混凝土结构类型。

4）施工条件，包括施工质量管理水平及施工方法（如强度标准差的统计资料、混凝土拌合物应采用的坍落度）。

5）各项原材料的性质及技术指标，如水泥的品种及强度等级，集料的种类、级配，砂的细度模数，石子的最大粒径，各项材料的密度、表观密度及体积密度等。

4.8.2 混凝土配合比设计的技术理念

过去，依据四组分混凝土的大量试验提出的保罗米（Bolomy）公式成为混凝土配合比设计的重要基础，延续了近100年。由此，人们得到了混凝土强度依赖于水泥强度的结论。现代混凝土是建立在混凝土化学外加剂和矿物掺合料两大混凝土科学技术进展基础上的多组分混凝土。外加剂的应用使混凝土在较低水胶比下可以实现泵送施工，混凝土强度不再像过去那样依赖水泥。原材料也有很大变化：水泥强度等级高、细度细，集料粒形和级配差了，且品种多样化，品质相差很大。**混凝土耐久性逐渐成为混凝土的重要性能**。随着对混凝土学研究的不断深入，混凝土配合比设计理念开始发生变化。美国加州大学伯克利分校 Mehta 教授认为以水胶比大小控制混凝土耐久性这一理论是不对的。因为不是水胶比，而是用水量对控制开裂更为重要。减少用水量，在保证强度相同的情况下，可随之相应地降低水泥用量，从而减小混凝土的温度收缩、自生收缩和干缩。所以，为了获得良好的耐久性，选择混凝土配合比的标准也必须进行一次重大的改革，在配合比设计中强调从水胶比－强度关系转变到用水量-耐久性关系。传统混凝土配合比设计方法以保罗米公式为重要基础仍然是以强度为主线的设计理念。目前，我国行业标准依然采用改进的保罗米公式计算水胶比，在某些情况下已经难以适合现代混凝土。传统混凝土的四种主要组成材料的相对比例通常由水胶比、砂率和用水量这三个参数进行控制。现代混凝土使用粉煤灰、硅灰等矿物细粉掺合料，胶凝材料不再单一由水泥组成。虽然混凝土主要还是由水化产物形成硬化体，产生强度，但是其内涵已发生很大变化。经过修订的行业标准 JGJ 55—2011《普通混凝土配合比设计规程》，将过去使用的"水灰比"概念更替为"水胶比"；取消了最小水泥用量的提法，改为最小胶凝材料用量；提出了矿物掺合料掺量的相关规定；利用胶凝材料胶砂 28d 强度与混凝土 28d 强度的关系，修订了保罗米公式。虽然该标准在很大程度上体现了混凝土的技术进步与发展现状，但在学术界和工程界仍有较大争议。我国工程院资深院士清华大学陈肇元教授认为：**"能满足质量控制标准的混凝土，可以有不同的配合比设计方法。"**本节主要介绍《普通混凝土配合比设计规程》中的设计方法。

4.8.3 基本规定

《普通混凝土配合比设计规程》规定，混凝土配合比设计应满足混凝土配制强度及其他力学性能、拌合物性能、长期性能和耐久性能的设计要求。混凝土拌合物性能、力学性能、长期性能和耐久性能的试验方法应分别符合《普通混凝土拌合物性能试验方法标准》《普通混凝土力学性能试验方法标准》和《普通混凝土长期性能和耐久性能试验方法标准》的规定。

混凝土配合比设计应采用工程实际使用的原材料；配合比设计所采用的细集料的含水率应小于 0.5%，粗集料的含水率应小于 0.2%。

混凝土的最大水胶比应符合 GB 50010—2010（2015 年版）《混凝土结构设计规范》的规定。

《普通混凝土配合比设计规程》规定，除配制 C15 及其以下强度等级的混凝土外，**混凝土的最小胶凝材料用量应符合表 4-25 的规定**。

表 4-25　混凝土的最小胶凝材料用量

最大水胶比	最小胶凝材料用量/（kg/m³）		
	素混凝土	钢筋混凝土	预应力混凝土
0.60	250	280	300
0.55	280	300	300
0.50	320		
≤0.45	330		

关于矿物掺合料的掺量，《普通混凝土配合比设计规程》规定，应通过试验确定。采用硅酸盐水泥或普通硅酸盐水泥时，钢筋混凝土中矿物掺合料最大掺量宜符合表 4-26 的规定，预应力混凝土中矿物掺合料最大掺量宜符合表 4-27 的规定。对于大体积混凝土，粉煤灰、粒化高炉矿渣粉和复合掺合料的最大掺量可增加 5%。采用掺量大于 30% 的 C 类粉煤灰的混凝土应以实际使用的水泥和粉煤灰掺量进行安定性检验。

表 4-26 　钢筋混凝土中矿物掺合料最大掺量

矿物掺合料种类	水　胶　比	最大掺量（%）	
		采用硅酸盐水泥时	采用普通硅酸盐水泥时
粉煤灰	≤0.40	45	35
	>0.40	40	30
粒化高炉矿渣粉	≤0.40	65	55
	>0.40	55	45
钢渣粉	—	30	20
磷渣粉	—	30	20
硅灰	—	10	10
复合掺合料	≤0.40	65	55
	>0.40	55	45

注：1. 采用其他通用硅酸盐水泥时，宜将水泥混合材料掺量20%以上的混合材料量计入掺合料。

　　2. 复合掺合料各组分的掺量不宜超过单掺时的最大掺量。

　　3. 在混合材料使用两种或两种以上矿物掺合料时，矿物掺合料总掺量应符合本表中复合掺合料的规定。

表 4-27 　预应力混凝土中矿物掺合料最大掺量

矿物掺合料种类	水　胶　比	最大掺量（%）	
		采用硅酸盐水泥时	采用普通硅酸盐水泥时
粉煤灰	≤0.40	35	30
	>0.40	25	20
粒化高炉矿渣	≤0.40	55	45
	>0.40	45	35
钢渣粉	—	20	10
磷渣粉	—	20	10
硅灰	—	10	10
复合掺合料	≤0.40	55	45
	>0.40	45	35

注：1. 采用其他通用硅酸盐水泥时，宜将水泥混合材料掺量20%以上的混合材料量计入掺合料。

　　2. 复合掺合料各组分的掺量不宜超过单掺时的最大掺量。

　　3. 在混合材料使用两种或两种以上矿物掺合料时，矿物掺合料总掺量应符合本表中复合掺合料的规定。

　　关于混凝土中的含气量，《普通混凝土配合比设计规程》也有明确规定，长期处于潮湿或水位变动的寒冷和严寒环境，以及盐冻环境的混凝土应掺用引气剂。引气剂掺量应根据混凝土含气量要求经试验确定，混凝土最小含气量应符合表 4-28 的规定，最大不宜超过 7.0%。

表 4-28 　混凝土最小含气量

粗集料最大公称粒径/mm	混凝土最小含气量（%）	
	潮湿或水位变动的寒冷和严寒环境	盐冻环境
40.0	4.5	5.0
25.0	5.0	5.5
20.0	5.5	6.0

注：含气量为气体体积占混凝土体积的百分比。

对于有预防混凝土碱集料反应设计要求的工程，宜掺用适量粉煤灰或其他矿物掺合料，混凝土中碱含量不应大于 $3.0kg/m^3$；对于矿物掺合料的碱含量，粉煤灰碱含量可取实测值的 1/6，粒化高炉矿渣的碱含量可取实测值的 1/2。

4.8.4　普通配合比设计步骤

混凝土配合比设计步骤包括配合比计算、试配和调整、施工配合比的确定等。

1. 初步配合比计算

混凝土初步配合比计算应按下列步骤进行：①计算配制强度 $f_{cu,0}$，并求出相应的水胶比；②选取每立方米混凝土的用水量，并计算出每立方米混凝土的水泥和掺合料用量；③选取砂率，计算粗集料和细集料的用量，并提出供试配用的初步配合比。

（1）配制强度（$f_{cu,0}$）的确定　《普通混凝土配合比设计规程》中规定，混凝土配制强度应按以下两种情况确定：

1）当混凝土的设计强度等级小于 C60 时，配制强度应按下式确定

$$f_{cu,0} \geqslant f_{cu,k} + 1.645\sigma \tag{4-26}$$

式中　$f_{cu,0}$——混凝土配制强度（MPa）；

$\qquad f_{cu,k}$——混凝土立方体抗压强度标准值，这里取混凝土的设计强度等级值（MPa）；

$\qquad \sigma$——混凝土强度标准差（MPa）。

2）当设计强度不小于 C60 时，配制强度应按下式确定

$$f_{cu,0} \geqslant 1.15 f_{cu,k} \tag{4-27}$$

混凝土强度标准差应按下列规定确定：

当具有近 1~3 个月的同一品牌、同一强度等级混凝土的强度资料，且试件组数不小于 30 时，其混凝土强度标准差 σ 应按下式计算

$$\sigma = \sqrt{\frac{\sum\limits_{i=1}^{n} f_{cu,i}^2 - n m_{f_{cu}}^2}{n-1}} \tag{4-28}$$

式中　σ——混凝土强度标准差（MPa）；

$\qquad f_{cu,i}$——第 i 组的试件强度（MPa）；

$\qquad m_{f_{cu}}$——n 组试件的强度平均值（MPa）；

$\qquad n$——试件组数。

对于强度等级不大于 C30 的混凝土，当混凝土强度标准差计算值不小于 3.0MPa 时，应按式（4-28）计算结果取值；当混凝土强度标准差计算值小于 3.0MPa 时，应取 3.0MPa。

对于强度等级大于 C30 且小于 C60 的混凝土，当混凝土强度标准差计算值不小于 4.0MPa 时，应按式（4-28）计算结果取值；当混凝土强度标准差计算值小于 4.0MPa 时，应取 4.0MPa。

当没有近期的同一品种、同一强度等级混凝土强度资料时，其强度标准差 σ 可按表 4-29 取值。

表 4-29　标准差 σ 值

混凝土强度等级	≤ C20	C25 ~ C45	C50 ~ C55
σ/MPa	4.0	5.0	6.0

（2）水胶比（W/B）的初步确定 《普通混凝土配合比设计规程》中规定，当混凝土强度等级小于 C60 时，混凝土水胶比宜按下式计算

$$W/B = \frac{\alpha_a f_b}{f_{cu,0} + \alpha_a \alpha_b f_b} \tag{4-29}$$

式中 W/B ——混凝土水胶比；

α_a、α_b ——回归系数，按表 4-30 取值；

f_b ——胶凝材料 28d 胶砂抗压强度（MPa），可按《水泥胶砂强度检验方法（ISO 法）》实测，也可按式（4-30）计算。

回归系数 α_a、α_b 宜按下列规定确定：根据工程所使用的原材料，通过试验建立的水胶比与混凝土强度关系式来确定；当不具备上述试验统计资料时，可按表 4-30 选用。

表 4-30 回归系数（α_a、α_b）取值

系数	粗集料品种	
	碎石	卵石
α_a	0.53	0.49
α_b	0.20	0.13

当胶凝材料 28d 胶砂抗压强度值 f_b 无实测值时，可按下式计算

$$f_b = \gamma_f \gamma_s f_{ce} \tag{4-30}$$

式中 γ_f、γ_s ——粉煤灰影响系数和粒化高炉矿渣粉影响系数，可按表 4-31 选用；

f_{ce} ——水泥 28d 胶砂抗压强度（MPa），可实测，也可按书后部分说明确定。

表 4-31 粉煤灰影响系数 γ_f 和粒化高炉矿渣粉影响系数 γ_s

掺量（%）	种类	
	粉煤灰影响系数 γ_f	粒化高炉矿渣粉影响系数 γ_s
0	1.00	1.00
10	0.85 ~ 0.95	1.00
20	0.75 ~ 0.85	0.95 ~ 1.00
30	0.65 ~ 0.75	0.90 ~ 1.00
40	0.55 ~ 0.65	0.80 ~ 0.90
50	—	0.70 ~ 0.85

注：1. 采用Ⅰ级、Ⅱ级粉煤灰宜取上限值。

2. 采用 S75 级粒化高炉矿渣粉宜取下限值，采用 S95 级粒化高炉矿渣粉宜取上限值，采用 S105 级粒化高炉矿渣粉可取上限值加 0.05。

3. 当超出表中的掺量时，粉煤灰和粒化高炉矿渣粉影响系数应经试验确定。

当水泥 28d 胶砂抗压强度 f_{ce} 无实测值时，可按下式计算

$$f_{ce} = \gamma_c f_{ce,g} \tag{4-31}$$

式中 γ_c ——水泥强度等级值的富余系数，可按实际统计资料确定，当缺乏实际统计资料时，也可按表 4-32 选用；

$f_{ce,g}$ ——水泥强度等级值（MPa）。

表 4-32　水泥强度等级值的富余系数 γ_c

水泥强度等级值	32.5	42.5	52.5
富余系数	1.12	1.16	1.10

（3）每立方米混凝土用水量的确定　每立方米干硬性或塑性混凝土的用水量 m_{w0} 应符合下列规定：当混凝土水胶比在 0.40~0.80 时，可按表 4-33 和表 4-34 选取；当混凝土水胶比小于 0.40 时，可通过试验确定。

表 4-33　干硬性混凝土的用水量　（单位：kg/m^3）

拌合物稠度		卵石最大公称粒径/mm			碎石最大公称粒径/mm		
项目	指标	10.0	20.0	40.0	16.0	20.0	40.0
维勃稠度/s	16~20	175	160	145	180	170	155
	11~15	180	165	150	185	175	160
	5~10	185	170	155	190	180	165

表 4-34　塑性混凝土的用水量　（单位：kg/m^3）

拌合物稠度		卵石最大公称粒径/mm				碎石最大公称粒径/mm			
项目	指标	10.0	20.0	31.5	40.0	16.0	20.0	31.5	40.0
坍落度/mm	10~30	190	170	160	150	200	185	175	165
	35~50	200	180	170	160	210	195	185	175
	55~70	210	190	180	170	220	205	195	185
	75~90	215	195	185	175	230	215	205	195

注：1. 表中用水量是采用中砂的取值，采用细砂时，每立方米混凝土用水量可增加 5~10kg；采用粗砂时，可减少 5~10kg。

2. 掺用矿物掺合料和外加剂时，用水量应相应调整。

若掺加外加剂，每立方米流动性或大流动性混凝土的用水量 m_{w0} 可按下式计算

$$m_{w0} = m'_{w0}(1 - \beta) \tag{4-32}$$

式中　m_{w0}——计算配合比每立方米混凝土的用水量（kg/m^3）；

m'_{w0}——未掺外加剂时推定的满足实际坍落度要求的每立方米混凝土用水量（kg/m^3），以表 4-34 中 90mm 坍落度的用水量为基础，按每增大 20mm 坍落度相应增加 $5kg/m^3$ 用水量来计算，当坍落度增大到 180mm 以上时，随坍落度相应增加的用水量可减少；

β——外加剂的减水率（%），应经混凝土试验确定。

每立方米混凝土中外加剂用量 m_{a0} 应按下式计算

$$m_{a0} = m_{b0}\beta_a \tag{4-33}$$

式中　m_{a0}——计算配合比每立方米混凝土中外加剂用量（kg/m^3）；

m_{b0}——计算配合比每立方米混凝土中胶凝材料用量（kg/m^3）；

β_a——外加剂掺量（%），应经混凝土试验确定。

（4）每立方米混凝土胶凝材料用量 m_{b0}　每立方米混凝土胶凝材料用量 m_{b0} 应按式（4-34）计算，并应进行试拌调整，在拌合物性能满足的情况下，取经济合理的胶凝材料

用量。

$$m_{b0} = \frac{m_{w0}}{W/B} \qquad (4-34)$$

式中 m_{b0}——计算配合比每立方米混凝土中胶凝材料用量（kg/m³）；

m_{w0}——计算配合比每立方米混凝土的用水量（kg/m³）；

W/B——混凝土水胶比。

每立方米混凝土的矿物掺合料用量 m_{f0} 应按下式计算

$$m_{f0} = m_{b0}\beta_f \qquad (4-35)$$

式中 m_{f0}——计算配合比每立方米混凝土中矿物掺合料用量（kg/m³）；

β_f——矿物掺合料掺量（%）。

每立方米混凝土的水泥用量 m_{c0} 应按下式计算

$$m_{c0} = m_{b0} - m_{f0} \qquad (4-36)$$

式中 m_{c0}——计算配合比每立方米混凝土中水泥用量（kg/m³）。

（5）砂率 β_s 的确定 砂率 β_s 应根据集料的技术指标、混凝土拌合物性能和施工要求，参考既有历史资料确定。当缺乏砂率的历史资料时，混凝土砂率的确定应符合下列规定：

1）坍落度小于 10mm 的混凝土，其砂率应经试验确定。

2）坍落度为 10~60mm 的混凝土，其砂率可根据粗集料品种、最大公称粒径及水胶比按表4-35选取。

3）坍落度大于 60mm 的混凝土，其砂率可经试验确定，也可在表4-35的基础上，按坍落度每增大 20mm，砂率增大 1% 的幅度予以调整。

表 4-35　混凝土的砂率

（%）

水 胶 比	卵石最大公称粒径/mm			碎石最大公称粒径/mm		
	10.0	20.0	40.0	16.0	20.0	40.0
0.40	26~32	25~31	24~30	30~35	29~34	27~32
0.50	30~35	29~34	28~33	33~38	32~37	30~35
0.60	33~38	32~37	31~36	36~41	35~40	33~38
0.70	36~41	35~40	34~39	39~44	38~43	36~41

注：1. 表中砂率是采用中砂的取值，对细砂和粗砂，可相应地减少或增大砂率。

2. 采用人工砂配制混凝土时，砂率可适当增大。

3. 只用一个单粒级粗集料配制混凝土时，砂率应适当增大。

另外，砂率也可根据以砂填充石子空隙并稍有富余，以拨开石子的原则来确定。根据此原则，可列出砂率计算式如下

因 $\qquad V_{os} = V_{og}P'$；$S = \rho'_{os}V_{os}$；$G = \rho'_{og}V_{og}$；

所以 $\qquad S_p = \beta\dfrac{S}{S+G} = \beta\dfrac{\rho'_{os}V_{os}}{\rho'_{os}V_{os}+\rho'_{og}V_{og}} = \beta\dfrac{\rho'_{os}V_{og}P'}{\rho'_{os}V_{os}P'+\rho'_{og}V_{og}} = \beta\dfrac{\rho'_{os}P'}{\rho'_{os}P'+\rho'_{og}} \qquad (4-37)$

式中 S_p——砂率（%）；

S、G——每立方米混凝土中砂及石子用量（kg）；

V_{os}、V_{og}——每立方米混凝土中砂及石子松散体积（m³）；

ρ'_{os}、ρ'_{og}——砂和石子堆积密度（kg/m³）；

β——砂浆剩余系数，又称拨开系数，一般取 1.1 ~ 1.4；

P'——石子空隙率（%）。

（6）粗、细集料用量 当采用质量法计算混凝土配合比时，粗、细集料用量应按式（4-38）计算，砂率应按式（4-39）计算。

$$m_{f0} + m_{c0} + m_{g0} + m_{s0} + m_{w0} = m_{cp} \tag{4-38}$$

$$\beta_s = \frac{m_{s0}}{m_{s0} + m_{g0}} \times 100\% \tag{4-39}$$

式中 m_{g0}——计算配合比每立方米混凝土的粗集料用量（kg/m³）；

m_{s0}——计算配合比每立方米混凝土的细集料用量（kg/m³）；

m_{cp}——每立方米混凝土拌合物的假定质量（kg），可取 2350 ~ 2450kg/m³；

β_s——砂率（%）。

当采用体积法计算混凝土配合比时，砂率应按式（4-39）计算，粗、细集料用量应按下式计算。

$$\frac{m_{c0}}{\rho_c} + \frac{m_{f0}}{\rho_f} + \frac{m_{g0}}{\rho_g} + \frac{m_{s0}}{\rho_s} + \frac{m_{w0}}{\rho_w} + 0.01\alpha = 1 \tag{4-40}$$

式中 ρ_c——水泥密度（kg/m³），可按 GB/T 208—2014《水泥密度测定方法》测定，也可取 2900 ~ 3100kg/m³；

ρ_f——矿物掺合料密度（kg/m³），可按《水泥密度测定方法》测定；

ρ_g——粗集料的表观密度（kg/m³），应按《普通混凝土用砂、石质量及检验方法标准》测定；

ρ_s——细集料的表观密度（kg/m³），应按《普通混凝土用砂、石质量及检验方法标准》测定；

ρ_w——水的密度（kg/m³），可取 1000kg/m³；

α——混凝土的含气量的百分数，在不使用引气剂或引气型外加剂时，α 可取 1。

2. 配合比的试配、调整与确定

（1）混凝土的试配 混凝土试配应采用强制式搅拌机进行搅拌，并应符合 JG/T 244—2009《混凝土试验用搅拌机》的规定，搅拌方法宜与施工采用的方法相同。

试验室成型条件应符合 GB/T 50080—2016《普通混凝土拌合物性能试验方法标准》的规定。

每盘混凝土试配的最小搅拌量应符合表 4-36 的规定，并不应小于搅拌机公称容量的 1/4，且不应大于搅拌机公称容量。

表 4-36 每盘混凝土试配的最小搅拌量

粗集料最大公称粒径/mm	拌合物数量/L
≤31.5	20
40.0	25

在计算配合比的基础上应进行试拌。计算水胶比宜保持不变，并应通过调整配合比或减水剂用量使混凝土拌合物性能符合设计和施工要求，然后修正计算配合比，提出试拌配合比。

在试拌配合比的基础上应进行混凝土强度试验，并应符合以下规定：

1）应采用三个不同的配合比，其中一个应为上述确定的试拌配合比，另外两个配合比的水胶比宜较试拌配合比分别增加和减少 0.05，用水量应与试拌配合比相同，砂率可分别增加和减少 1%。

2）进行混凝土强度试验时，拌合物性能应符合设计和施工要求。

3）进行混凝土强度试验时，每个配合比应至少制作一组试件，并应标准养护到 28d 或设计规定龄期时试压。

（2）配合比的调整与确定 配合比调整应符合下列规定：

1）根据混凝土强度试验结果，宜绘制强度和水胶比的线性关系图或插值法确定略大于配制强度对应的水胶比。

2）在试拌配合比的基础上，用水量 m_{w0} 和外加剂用量 m_{a0} 应根据确定的水胶比调整。

3）胶凝材料用量 m_{b0} 应以用水量乘以确定的水胶比计算得出。

4）粗集料用量 $m_{g0}h$ 和细集料用量 m_{s0} 应根据用水量和胶凝材料用量调整。

配合比调整后的混凝土拌合物的表观密度应按下式计算

$$\rho_{c,c} = m_c + m_f + m_g + m_s + m_w \qquad (4-41)$$

式中 $\rho_{c,c}$——混凝土拌合物的表观密度计算值（kg/m³）；

m_c——每立方米混凝土的水泥用量（kg/m³）；

m_f——每立方米混凝土的矿物掺合料用量（kg/m³）；

m_g——每立方米混凝土的粗集料用量（kg/m³）；

m_s——每立方米混凝土的细集料用量（kg/m³）；

m_w——每立方米混凝土的用水量（kg/m³）。

混凝土配合比校正系数应按下式计算

$$\delta = \frac{\rho_{c,t}}{\rho_{c,c}} \qquad (4-42)$$

式中 δ——混凝土配合比校正系数；

$\rho_{c,t}$——混凝土拌合物的表观密度实测值（kg/m³）。

当混凝土拌合物表观密度实测值与计算值之差的绝对值不超过计算值的 2% 时，配合比可维持不变；当二者之差超过 2% 时，应将配合比中每项材料用量均乘以校正系数 δ。

生产单位可根据常用材料设计出常用的混凝土配合比备用，并应在启用过程中予以验证或调整，当对混凝土性能有特殊要求时，或者水泥、外加剂或矿物掺合料等原材料品种、质量有显著变化时，应重新进行配合比设计。

《混凝土结构设计规范》关于各种环境类别的规定见表 4-37。

表 4-37 混凝土结构的环境类别

环 境 类 别	条 件
一	室内干燥环境； 无侵蚀性静水环境
二 a	室内潮湿环境； 非严寒和非寒冷地区的露天环境； 非严寒和非寒冷地区与无侵蚀性的水或土壤直接接触的环境； 严寒和寒冷地区的冰冻线以下与无侵蚀性的水或土壤直接接触的环境

（续）

环境类别	条件
二 b	干湿交替环境； 水位频繁变动环境； 严寒和寒冷地区的露天环境； 严寒和寒冷地区冰冻线以上与无侵蚀性的水或土壤直接接触的环境
三 a	严寒和寒冷地区冬季水位变动区； 受除冰盐影响环境； 海风环境
三 b	盐渍土环境； 受除冰盐作用环境； 海岸环境
四	海水环境
五	受人为或自然的侵蚀性物质影响的环境

注：1. 室内潮湿环境是指构件表面经常处于结露或润湿状态的环境。

2. 严寒和寒冷地区的划分应符合 GB 50176—2016《民用建筑热工设计规范》的有关规定。

3. 海岸环境和海风环境宜根据当地情况，考虑主导风向及结构所处迎风、背风部位等因素的影响，由调查研究和工程经验确定。

4. 受除冰盐影响环境是指受到除冰盐盐雾影响的环境及使用除冰盐地区的洗车房、停车楼等建筑。

5. 暴露的环境是指混凝土结构表面所处的环境。

《混凝土结构设计规范》关于设计使用年限为 50 年的混凝土结构，其混凝土材料宜符合表 4-38 的规定。

表 4-38　结构混凝土材料的耐久性基本要求

环 境 等 级	最大水胶比	最低强度等级	最大氯离子的质量分数（%）	最大碱含量/（kg/m³)
一	0.60	C20	0.30	不限制
二 a	0.55	C25	0.20	3.0
二 b	0.50（0.55)	C30（C25)	0.15	
三 a	0.45（0.50)	C35（C30)	0.15	
三 b	0.40	C40	0.10	

注：1. 氯离子的质量分数是指其占胶凝材料总量的百分比。

2. 预应力构件混凝土中的最大氯离子的质量分数为 0.06%；其最低混凝土强度等级宜按本表中的规定提高两个等级。

3. 素混凝土构件的水胶比及最低强度等级的要求可适当放松。

4. 有可靠工程经验时，二类环境中的最低混凝土强度等级可降低一个等级。

5. 处于严寒和寒冷地区二 b、三 a 类环境中的混凝土应使用引气剂，并可采用括号中的有关参数。

6. 当使用非活性集料时，对混凝土中的碱含量可不做限制。

3. 普通混凝土配合比设计的实例

【例题 4-3】 某教学楼现浇钢筋混凝土柱，混凝土柱截面最小尺寸为 300mm，钢筋间距最小尺寸为60mm。该柱在露天受雨雪影响，混凝土设计等级为C30，采用42.5级普通硅酸盐水泥，无实测强度，密度为 $3.1g/m^3$；粉煤灰为Ⅱ级灰，密度为 $2.21g/m^3$；砂为中砂，密度为 $2.60g/m^3$，堆积密度为 $1500kg/m^3$；石子为碎石，表观密度为 $2.69g/m^3$，堆积密度为 $1550kg/m^3$。混凝土要求坍落度 $35\sim50mm$，施工采用机械搅拌，机械振捣，施工单位无混凝土强度标准差的历史统计资料。试设计混凝土配合比。

解：（1）初步配合比的确定

1）根据《普通混凝土配合比设计规程》中规定，由表4-26可以得出，粉煤灰掺量宜取30%。

配制强度 $f_{cu,0}$ 的确定 $f_{cu,0} \geqslant f_{cu,k} + 1.645\sigma$

由于施工单位没有 σ 的统计资料，查表4-29可得，$\sigma = 5.0MPa$，同时 $f_{cu,k} = 30MPa$，代入上式得

$$f_{cu,0} \geqslant (30 + 1.645 \times 5.0)MPa \approx 38.2MPa$$

2）确定水胶比 W/B

$$\frac{W}{B} = \frac{\alpha_a f_b}{f_{cu,0} + \alpha_a \alpha_b f_b}$$

采用碎石，查表4-30可得：$\alpha_a = 0.53$，$\alpha_b = 0.20$。

$f_b = \gamma_f \gamma_s f_{ce} = \gamma_f \gamma_s \gamma_c f_{ce,g} = 0.75 \times 1 \times 1.16 \times 42.5MPa \approx 37.0MPa$，其中 γ_f、γ_s 由表4-31查得，γ_c 由表4-32查得，代入式（4-43）得

$$\frac{W}{B} = \frac{0.53 \times 37.0}{38.2 + 0.53 \times 0.20 \times 37.0} \approx 0.47$$

由于柱子所处环境受雨雪影响，为干湿交替环境，根据表4-37和表4-38规定，处于该条件下的混凝土水胶比不得超过0.50。故该计算符合要求，取 $W/B = 0.47$。

3）确定单位用水量 m_{w0}。首先确定粗集料最大粒径，由前述可知

$$D_{max} \leqslant \frac{1}{4} \times 300mm = 75mm$$

同时

$$D_{max} \leqslant \frac{3}{4} \times 60mm = 45mm$$

因此，粗集料最大粒径按公称粒径可选用 $D_{max} = 31.5mm$，即采用 $5\sim31.5mm$ 的碎石。查表4-34，单位用水量选取 $185kg/m^3$。

4）计算胶凝材料用量

$$m_{b0} = \frac{m_{w0}}{W/B} = \frac{185}{0.47}kg/m^3 \approx 394kg/m^3$$

由于粉煤灰掺量为30%，故 $m_{f0} = m_{b0} \times 30\% = 394 \times 0.3kg/m^3 \approx 118kg/m^3$

$$m_{c0} = m_{b0} - m_{f0} = (394 - 118)kg/m^3 = 276kg/m^3$$

5）确定砂率。查表4-35并按线性插值法计算后可知，本工程砂率宜选 $30\%\sim35\%$，最终确定砂率选取35%。

6）计算砂石用量。采用体积法

$$\begin{cases} 1 = \dfrac{m_{c0}}{\rho_c} + \dfrac{m_{f0}}{\rho_f} + \dfrac{m_{g0}}{\rho_g} + \dfrac{m_{s0}}{\rho_s} + \dfrac{m_{w0}}{\rho_w} + 0.01\alpha = \dfrac{276}{3100} + \dfrac{118}{2200} + \dfrac{m_{g0}}{2690} + \dfrac{m_{s0}}{2600} + \dfrac{185}{1000} + 0.01 \\ \\ \beta_s = \dfrac{m_{s0}}{m_{s0} + m_{g0}} \times 100\% = 35\% \end{cases}$$

解方程组得 $m_{s0} = 616\text{kg/m}^3$，$m_{g0} = 1144\text{kg/m}^3$。

经初步计算，每立方米混凝土材料用量比例为

$$m_{c0} : m_{f0} : m_{w0} : m_{s0} : m_{g0} = 276 : 118 : 185 : 616 : 1144$$

（2）配合比的调整

1）和易性的调整。按初步配合比，称取 15L 混凝土的材料用量，水泥为 4.14kg/m^3，粉煤灰为 1.77kg/m^3，水为 2.78kg/m^3，砂为 9.24kg/m^3，石为 17.16kg/m^3，按照规定方法拌和，测得坍落度为 38mm，符合工程要求，混凝土黏聚性、保水性均良好。

2）强度校核。采用水胶比为 0.42、0.47 和 0.52 三个不同的配合比，配制三组混凝土试件，并检验和易性，测得混凝土拌合物表观密度，分别制作混凝土试块，标准养护 28d，然后测强度，其结果见表 4-39。

表4-39　混凝土 28d 强度值

W/B	混凝土配合比/kg					坍落度/mm	表观密度/（kg/m³）	强度/MPa
	水泥	粉煤灰	砂	石	水			
0.42	4.63	1.99	9.24	17.16	2.78	32	2355	44.1
0.47	4.14	1.77	9.24	17.16	2.78	38	2350	39.5
0.52	3.74	1.61	9.24	17.16	2.78	48	2340	32.9

根据结果，选取水胶比为 0.47 的基准配合比为试验室配合比。按实测表观密度校核。

3）表观密度的校核。

$$\delta = \frac{2350}{4.14 + 1.77 + 9.24 + 17.16 + 2.78}\text{kg/m}^3 \approx 67.0\text{kg/m}^3$$

$$m_c = 4.14 \times 67.0\text{kg/m}^3 \approx 277\text{kg/m}^3$$

$$m_f = 1.77 \times 67.0\text{kg/m}^3 \approx 119\text{kg/m}^3$$

$$m_w = 2.78 \times 67.0\text{kg/m}^3 \approx 186\text{kg/m}^3$$

$$m_s = 9.24 \times 67.0\text{kg/m}^3 \approx 619\text{kg/m}^3$$

$$m_g = 17.16 \times 67.0\text{kg/m}^3 \approx 1150\text{kg/m}^3$$

即确定的混凝土配合比为

$$m_c : m_f : m_w : m_s : m_g = 277 : 119 : 186 : 619 : 1150$$

4）施工配合比。在进行大量搅拌时，测得砂含水率为 3%，石子含水率 1%，调整为施工配合比步骤如下

$$m_c' = m_c = 277\text{kg/m}^3$$

$$m_f' = m_f = 119\text{kg/m}^3$$

$$m_s' = m_s(1 + a\%) = 619 \times (1 + 0.03)\text{kg/m}^3 \approx 638\text{kg/m}^3$$

$$m_g' = m_g(1 + b\%) = 1150 \times (1 + 0.01)\text{kg/m}^3 \approx 1162\text{kg/m}^3$$

$$m_w' = m_w - m_s \times a\% - m_g \times b\% = (186 - 619 \times 0.03 - 1150 \times 0.01)\text{kg/m}^3 \approx 156\text{kg/m}^3$$

故施工配合比为

$$m_c' : m_f' : m_w' : m_s' : m_g' = 277 : 119 : 156 : 638 : 1162$$

4. 大流动性混凝土配合比设计的实例

【例题 4-4】仍为上题中所指，掺加 30% 的粉煤灰，密度为 2.2g/cm³，并使用掺量为 2% 的、减水率为 18% 的萘系减水剂，并要求混凝土的坍落度达到 180~200mm，试进行混凝土配合比设计。

解： 初步配合比的确定、确定水胶比 W/B 的计算见【例题 4-3】。

1）确定单位用水量 m_{w0}。

首先确定粗集料最大粒径，由前述可知

$$D_{max} \leqslant \frac{1}{4} \times 300mm = 75mm$$

同时

$$D_{max} \leqslant \frac{3}{4} \times 60mm = 45mm$$

由于泵送管直径为 100mm，且泵送混凝土集料不宜超过泵送管 1/3，因此，粗集料最大粒径按公称粒径可选用 $D_{max} = 31.5mm$，即采用 5~31.5mm 的碎石。

查表 4-34，单位用水量选取 205kg/m³。按照每增加 20mm 坍落度增加 5kg/m³ 水计算

$$m'_{w0} = (205 + 5 \times 5)kg/m^3 = 230kg/m^3$$

则

$$m_{w0} = m'_{w0}(1 - \beta) = 230 \times (1 - 0.18)kg/m^3 \approx 189kg/m^3$$

2）计算胶凝材料用量。

$$m_{b0} = \frac{m_{w0}}{W/B} = \frac{189}{0.47}kg/m^3 \approx 402kg/m^3$$

由于粉煤灰掺量为 30%，故 $m_{f0} = m_{b0} \times 30\% = 402 \times 0.3kg/m^3 \approx 121kg/m^3$

$$m_{c0} = m_{b0} - m_{f0} = (402 - 121)kg/m^3 = 281kg/m^3$$

3）计算减水剂用量。

$$m_{d0} = 402 \times 2\% kg/m^3 = 8kg/m^3$$

4）确定砂率。查表 4-35 并按线性插值法计算后可知，本工程砂率宜选 30%~35%，由于欲配制泵送混凝土，根据《普通混凝土配合比设计规程》规定，坍落度每增大 20mm，砂率增大 1%，确定砂率选取 39%。

5）计算砂石用量。采用体积法

$$\begin{cases} 1 = \dfrac{m_{c0}}{\rho_c} + \dfrac{m_{f0}}{\rho_f} + \dfrac{m_{g0}}{\rho_g} + \dfrac{m_{s0}}{\rho_s} + \dfrac{m_{w0}}{\rho_w} + 0.01\alpha = \dfrac{281}{3100} + \dfrac{121}{2200} + \dfrac{m_{g0}}{2690} + \dfrac{m_{s0}}{2600} + \dfrac{189}{1000} + 0.01 \\ \beta_s = \dfrac{m_{s0}}{m_{s0} + m_{g0}} \times 100\% = 39\% \end{cases}$$

解方程组得 $m_{s0} = 675kg/m^3$，$m_{g0} = 1055kg/m^3$。

经初步计算，每立方米混凝土材料用量比例为

$$m_{c0} : m_{f0} : m_{w0} : m_{s0} : m_{g0} : m_{d0} = 281 : 121 : 189 : 675 : 1055 : 8$$

4.9 轻质混凝土

密度小于 1900kg/m³ 的混凝土为轻质混凝土，轻质混凝土主要用作保温隔热材料，也可以作为结构材料使用。轻质混凝土主要有轻集料混凝土、多孔混凝土、轻集料多孔混凝土、

大孔混凝土或无砂大孔混凝土。

4.9.1 轻集料混凝土

用轻集料、水泥和水配制的、干密度不大于1950kg/m³的混凝土为轻集料混凝土。粗、细集料均为轻集料者为全轻混凝土；细集料全部或部分采用普通砂者为砂轻混凝土。轻集料混凝土通常以所用集料品种命名，如粉煤灰陶粒混凝土、黏土陶粒混凝土、页岩陶粒混凝土、浮石混凝土、膨胀珍珠岩混凝土等。

轻集料混凝土已成为当今混凝土领域的主要发展方向之一，优质的高性能轻集料混凝土比传统混凝土强度高，质量轻20%以上，而且更耐久。因此，在建造大跨度桥梁和超高层建筑时，结构自重会大幅度减轻，相应地材料用量会减少，基础荷载也会降低。从建筑节能方面考虑，在北方地区采用高性能轻集料混凝土作外墙，冬季取暖能耗较传统的实心黏土砖或普通混凝土墙体节约30%～50%，如考虑夏季降温能耗，使用能耗将节省40%～60%。此外，轻质结构用混凝土还是海上采油平台的理想建设材料，与现有的钢铁采油平台相比，具有安全度高、稳定性好、使用寿命长、维修费用低、综合造价低等优点。

轻集料混凝土按照用途，可分为保温轻集料混凝土、结构保温轻集料混凝土、结构轻集料混凝土三类。保温轻集料混凝土主要用于保温的围护结构或热工构筑物，结构保温轻集料混凝土主要用于既承重又保温的围护结构，结构轻集料混凝土主要用于承重构件或构筑物。这三类轻集料混凝土的强度等级和重度依次提高。

1. 轻集料混凝土的主要技术性质及分类

（1）表观密度 轻集料混凝土按其干表观密度可分为14个等级，见表4-40。

表4-40 轻集料混凝土的密度等级

密度等级	干表观密度的变化范围/（kg/m³）	密度等级	干表观密度的变化范围/（kg/m³）	密度等级	干表观密度的变化范围/（kg/m³）
600	560～650	1100	1060～1150	1600	1560～1650
700	660～750	1200	1160～1250	1700	1660～1750
800	760～850	1300	1260～1350	1800	1760～1850
900	860～950	1400	1360～1450	1900	1860～1950
1000	960～1050	1500	1460～1550		

（2）强度 轻集料混凝土强度等级的确定方法与普通混凝土相似，按边长为150mm立方体试件，在标准试验条件下养护至28d龄期测得的、具有95%以上保证率的抗压强度标准值（MPa）来确定，分为LC5、LC7.5、LC10、LC15、LC20、LC25、LC30、LC35、LC40、LC45、LC50、LC55、LC60等若干个等级。

影响轻集料混凝土强度的因素很多，如轻集料的种类、性质、用量等。轻集料混凝土强度与其表观密度关系密切，一般来说，表观密度越大，强度越高。轻粗集料颗粒越坚硬，所配制的混凝土强度越高；反之，则强度越低。全轻混凝土的抗压强度低于砂轻混凝土。中、低强度等级的轻集料混凝土的抗拉强度与抗压强度的比值为1/7～1/5，略高于普通混凝土。随着强度等级增高，其拉压比值略有下降。

(3) 变形性质与导热性质　与普通混凝土相比，轻集料混凝土受力后变形较大，弹性模量较小。轻集料混凝土的干缩性及徐变均大于普通混凝土。轻集料混凝土的热导率与其密度及含水状态有关。干燥条件下的热导率见表4-41。

表4-41　轻集料混凝土热导率

混凝土密度等级	600	700	800	900	1000	1100	1200	1300	1400	1500	1600	1700	1800	1900
热导率 λ/[W/(m·K)]	0.18	0.20	0.23	0.26	0.28	0.31	0.36	0.42	0.49	0.57	0.66	0.76	0.87	1.01

(4) 抗冻性　轻集料混凝土的抗冻性比较好，因为轻集料混凝土多孔，且这些孔隙不易被水饱和。混凝土受冻时，部分受冻的水可以被结冰的膨胀压力挤入集料的孔隙中，从而减小了膨胀压力及混凝土的内应力。因此，采用轻集料拌制的混凝土不加引气剂也能获得良好的抗冻性。如果轻集料本身的抗冻性差，经冻融后易破裂，则以其配制的混凝土的抗冻性也差。此时，即使加入引气剂也不能提高混凝土的抗冻性能。一般认为，高性能轻集料的抗冻性＞粉煤灰高强轻集料的抗冻性＞普通黏土轻集料的抗冻性。轻集料混凝土的抗冻性能还与其强度有密切的关系。高强度等级的轻集料混凝土经过500次冻融循环后，强度损失不超过25%，而低强度等级的轻集料混凝土只能承受很少次数的冻融循环。

(5) 抗渗性　为保证轻集料混凝土具有良好的和易性，轻集料混凝土中一般都加入了足量的矿物掺合料，通过火山灰反应和颗粒密实堆积作用使得界面区结构得到有效改善。另外，掺合料的掺入能够减少水泥用量，降低水化热，有助于减少因热应力而导致的微裂缝。因此，轻集料混凝土比普通混凝土具有更好的抗渗性。

2. 轻集料的技术性能

轻集料的性能直接影响轻集料混凝土的性质。轻集料的颗粒级配、粒型、吸水率、堆积密度、筒压强度、最大粒径及有害物质含量等，影响着轻混凝土的和易性、强度、表观密度、弹性模量、收缩与徐变、耐久性等性能。轻集料应考虑以下技术性质。

(1) 有害物质含量　轻集料中严禁混入煅烧过的石灰石、白云石和硫化铁等不稳定物质。

(2) 颗粒级配、最大粒径及粗细程度　轻粗集料级配规定中只控制最大、最小和中间粒级颗粒的含量及其堆积孔隙率。自然级配的轻粗集料堆积孔隙率应不大于50%。轻粗集料累计筛余小于10%（按质量计）的该号筛筛孔尺寸，定为该轻粗集料的最大粒径。若轻粗集料的最大粒径过大，其颗粒表观密度小、强度较低，会使混凝土强度较低。所以，对于保温及结构兼保温轻集料混凝土用的轻粗集料，其最大粒径不宜大于40mm；结构轻集料混凝土用的轻粗集料最大粒径不宜大于20mm。轻砂的细度模数不宜大于4.0；5mm筛的累计筛余不宜大于10%。

(3) 堆积密度及其波动性　轻集料的堆积密度主要取决于集料颗粒的表观密度、级配及粒形。为了保证轻集料的质量，在实际生产中堆积密度的变异系数，对圆球形的和普通型的轻粗集料不应大于0.10；碎石型的轻集料不应大于0.15。

(4) 筒压强度　筒压强度是评定轻粗集料品质的重要指标。轻集料混凝土的破坏机理与普通混凝土有所不同，通常不是沿着砂、石与水泥石的界面破坏，而是轻集料本身首先破坏。因此，轻集料本身的强度对混凝土强度影响极大。如用轻砂代替普通砂，则强度明显下降。所以，轻集料的强度是一项极其重要的质量指标。测定轻集料的强度通常采用筒压法，其指标是"筒压强度"。将 10～20mm 粒级的轻粗集料按要求装入特制的承压圆筒中，用冲压模压入 20mm 深时的压力值，除以承压面积所得值来表示颗粒的平均相对强度。轻粗集料在圆筒内受力状态是点接触、多项挤压破坏，所测得的只是相对强度，而不是轻集料颗粒的抗压强度。

3. 轻集料混凝土存在的问题和解决方法

（1）集料上浮 轻集料混凝土成型初期，密度较小的轻集料和水上浮，而水泥浆体下沉，从而使混凝土拌合物产生分层和离析现象，使混凝土结构整体均质性变差，易造成硬化后混凝土的局部缺陷，影响构筑物的耐久性和寿命。控制轻集料上浮的方法有：①在保证轻集料颗粒级配的基础上，控制其粒径，尽量减小轻集料最大粒径；②通过加入矿物外加剂等方法来减小砂浆密度，以减小集料同混凝土的密度差；③加入起增黏作用的化学外加剂以增大砂浆黏度。

（2）工作性差 轻集料混凝土的工作性较差，尤其是可泵性差和坍落度损失大。长期以来，人们主要依据轻集料 1h 吸水率的大小选择相应的预处理时间，但由于轻集料的种类不同，轻集料的初始吸水率、吸水率随饱水时间的变化及压力下的吸水率不同，因而难以有效解决轻集料混凝土可泵性差和坍落度损失大的问题。为了降低轻集料混凝土坍落度损失，应根据轻集料的初始吸水率、吸水率随饱水时间的变化及压力下的吸水率等指标来确定不同的预处理时间。对于连通率高、初始吸水率高、吸水率随预湿时间延长增幅较大的轻集料，通过延长预湿时间来降低混凝土的坍落度经时损失，提高可泵性。

（3）轻集料质量不理想 目前，绝大多数企业生产的人造轻集料仅能达到"普通轻集料"的质量标准，密度等级为 600～900，颗粒匀质性差，强度不高，一般仅适用于制备非承重的混凝土制品，以轻集料混凝土砌块、轻质内隔墙板、保温材料为主。由于普通轻集料的吸水率较高，配制泵送混凝土和 C40 以上的高强、高性能混凝土工艺较困难。轻集料工业严重制约了轻集料在国内工程结构混凝土上的应用。

制备轻质结构用高性能轻集料混凝土的基础是高性能轻集料，其性能的优劣直接关系到混凝土的工作性和耐久性，可以说高性能轻集料混凝土研究的关键技术之一是制备优质的高性能轻集料。大力发展高性能轻集料对开发新型超轻质结构用混凝土具有重要意义。

4.9.2 多孔混凝土

多孔混凝土是在混凝土砂浆或净浆中引入大量气泡而制得的混凝土。根据引气的方法不同，有加气混凝土和泡沫混凝土两种。多孔混凝土的干密度为 300～800kg/m³，是轻质混凝土中密度最小的混凝土。由于其强度较低，一般为 5.0～7.0MPa，主要用于墙体或屋面的保温。

加气混凝土是通过发气剂使水泥料浆拌合物产生大量孔径为 **0.5～1.5mm** 的均匀封闭气泡，并经蒸压养护硬化而成的一种多孔混凝土。原材料主要有：钙质原料，如水泥、石灰等；硅质原料，如石英砂、粉煤灰、烧矸石、矿渣等；发气剂，主要有铝粉、过氧化氢、漂白粉等；少量稳泡剂和调节剂。密度是加气混凝土的主要性能指标，随着密度的变化，加气混凝土的其他性能也相应改变。加气混凝土的密度取决于这种混凝土的总孔隙率，目前各国趋向生产密度为500kg/m³的加气混凝土，总孔隙率约79%，一般用调节发气剂的掺量来控制加气混凝土的密度。

泡沫混凝土是在配制好的含有胶凝物质的料浆中加入泡沫而形成的多孔坯体，并经养护形成的多孔混凝土。泡沫混凝土的主要原材料为水泥、石灰、活性掺合料、发泡剂及对泡沫有稳定作用的稳泡剂，必要时还可以掺入早强剂等外加剂。发泡剂是配制泡沫混凝土的关键原料，目前用于泡沫混凝土的发泡剂主要有 UG – FP 型发泡剂、造纸厂废液发泡剂、牲血发泡剂、松香皂发泡剂。泡沫混凝土的强度较低，只能作为围护材料和保温隔热材料。

4.9.3　轻集料多孔混凝土

轻集料多孔混凝土是在轻集料混凝土和多孔混凝土基础上发展起来的一种混凝土。清华大学冯乃谦教授在1974年与北京加气混凝土厂合作，利用铝粉为发气剂，以页岩或天然浮石为轻集料，水泥和粉煤灰为胶结料，研制和生产以墙板为主要产品的轻集料加气混凝土。蒸养后表观密度在 950～1000kg/m³，强度可达 7.5～10.0MPa。

轻集料多孔混凝土的施工制作与加气混凝土或泡沫混凝土类似，只是在原加气混凝土或泡沫混凝土中加入轻集料（在泡沫混凝土中以轻集料代替原泡沫混凝土中的砂）。

轻集料多孔混凝土的强度、弹性模量、抗渗性等基本介于多孔混凝土和轻集料混凝土之间。但相同表观密度的轻集料混凝土、多孔混凝土和轻集料多孔混凝土相比，保温隔热性和隔声性能以轻集料多孔混凝土最好。

4.9.4　大孔混凝土

大孔混凝土是不用细集料（或只用很少细集料），而是由粗集料、水泥、水拌和配制而成的具有大量孔径较大的孔组成的轻质混凝土。粗集料可以是一般的碎石或卵石，也可以是各种陶粒等轻集料。用普通碎石或卵石作集料的大孔混凝土称为普通大孔混凝土，用陶粒等轻集料的大孔混凝土称为轻集料大孔混凝土。普通大孔混凝土的表观密度在 1200～1900kg/m³，轻集料大孔混凝土的表观密度在 150～1000kg/m³。

大孔混凝土中大孔的形成是因为配制混凝土时不加细集料（或只用很少细集料），如果对水泥浆体量加以控制，水泥浆体只作为粗集料之间的胶结料而没有多余的料浆对粗集料之间的孔隙进行填充，粗集料之间的孔隙就成为混凝土的大孔。

大孔混凝土的孔隙率和孔尺寸与粗集料的粒径及级配有关。级配越均匀，孔的数量越多，孔隙率也就越高。孔径尺寸从理论上说应接近粗集料的粒径。

大孔混凝土的抗压强度取决于集料的类型、粒径及水泥和水的用量。集料粒度越小，外形越粗短，强度越高，其主要原因是在这种情况下集料之间接触点的数目增加。

由于大孔混凝土结构的特殊性，不需要像普通混凝土一样采用振捣的方法使新拌混凝土产生塑性流动而致密。在施工时，一方面要保证粗集料之间能够相互"架拱"形成更多的孔隙，以达到降低混凝土密度的目的；另一方面要求水泥料浆能够将粗集料全部包裹住，形成胶结层，把集料牢固地黏结在一起。施工时严禁采用机械振捣。

4.10 高性能混凝土

4.10.1 高性能混凝土技术的历史渊源

1）古罗马的石灰——火山灰混凝土。凝结硬化缓慢，强度较低。但典型建筑经历2000多年的流水、雨雪、海水等自然因素作用至今仍然完整保存。其性能特点是低强度、低内能、高耐久性。

2）波特兰水泥混凝土（塑性、干硬性）及钢筋混凝土。1860—1960年大量的工业与民用建筑：中低等级居多，耐久性不好。溯本求源，高水胶比是关键。

3）预应力混凝土的出现。用张拉钢筋对混凝土施加预应力，可以保证混凝土构件在荷载作用下，既能抗拉又不产生裂纹，特别是应用高强材料时，预应力方法最为有效，使混凝土在大跨、高层等建筑中广泛使用。

4）外加剂带给混凝土的变化有大流动性、补偿收缩、防冻、早强高强、阻锈、缓凝。外加剂解决了强度和泵送施工的要求，但也带来了频繁的开裂，造成工程病害和耐久性问题时有出现。

5）矿物细粉的掺加与混凝土的高性能化。矿物细粉的功能是密实结构，使胶凝材料具有低内能。低水胶比、低水泥用量、低单位体积用水量等技术理念得以成功实践。

外加剂使混凝土进入大流态时代，实现泵送，而粉体掺合料使泵送混凝土走向成熟。混凝土材料满足强度、工作性和耐久性的要求，完成了一次重要的螺旋式上升。

4.10.2 混凝土耐久性不足的问题与常见诱因

1. 耐久性不足的问题

普通混凝土的基本缺点之一就是耐久性不足。一般建筑工程的使用年限为50～100年，但不少工程在使用10～20年后即需维修或重建。例如，北京西直门立交桥盐冻破坏，导致其过早拆除；南京长江大桥投入使用30年后禁止外部汽车通行；武汉汉江某桥原设计使用寿命50年，实际使用10年拆除；北京美术馆、人民大学图书馆使用10余年出现钢筋锈蚀引起的开裂；美国50万座州际公路桥中，20万座已出现损坏；美国基建设施工程总价6万亿美元，但由于混凝土的耐久性不足，每年所需的维修和重建费用约为3000亿美元。

2. 混凝土耐久性不足的常见诱因

（1）物理因素

1）混凝土普遍存在的裂缝问题。

2）混凝土的冻融破坏问题。

3）高速含砂水流对水工混凝土的冲蚀破坏问题。

（2）化学因素 混凝土与钢筋混凝土在某些条件下可以使用数十年而完好无损，但在另一些条件下，就会受到侵蚀破坏。构筑物的倒塌要比设计预期早得多，这主要与使用过程所受的环境影响、混凝土本身组成和结构有关，如水泥石所受的各种腐蚀，碱集料病害，碳化、氯离子引入及钢筋锈蚀。

4.10.3 高性能混凝土的定义

20 世纪 90 年代前半期是国内高性能混凝土（high performance concrete）发展的初期，国内学术界认为"三高"混凝土就是高性能混凝土。据此观点，高性能混凝土应该是高强度、高工作性、高耐久的，或者说高强混凝土才可能是高性能混凝土；高性能混凝土必须是流动性好的、可泵性好的混凝土，以保证施工的密实性；耐久性是高性能混凝土的重要指标，但混凝土达到高强后，自然会有较高的耐久性。经过 20 余年的发展，在国内外多种观点逐渐交流融合后，目前对高性能混凝土的定义已有清晰的认识。

1. 美国认证协会（ACI）最初关于高性能混凝土（HPC）的定义

HPC 是具备所要求的性能和匀质性的混凝土，这种混凝土按照惯常作法，靠传统的组分、普通的拌和、浇筑与养护方法是不可能获得的。

1）定义中所要求的性能包括：①易浇筑、压实而不离析；②高长期力学性能；③高早期强度；④高韧性；⑤高体积稳定性；⑥在严酷环境下使用寿命长。当然不同的工程在不同条件下，所要求的性能是不同的。

2）定义强调了对 HPC 均匀性的要求，越重要、质量要求越高的工程，对 HPC 匀质性的要求也应该越高。

3）定义明确表示 HPC 的获得不仅靠更新组分材料，还靠贯穿混凝土生产和施工全过程的体现。

2. 吴中伟、廉慧珍的定义

吴中伟、廉慧珍提出：①高性能混凝土是一种新型高技术混凝土，是在大幅度提高普通混凝土性能的基础上采用现代混凝土技术制作的混凝土；②它以耐久性作为设计的主要指标；③针对不同用途要求，高性能混凝土对下列性能重点地予以保证，即耐久性、工作性、适用性、强度、体积稳定性、经济性，为此高性能混凝土在配制上的特点是低水胶比，选用优质原材料，必须掺加足够数量的矿物细粉和高效减水剂；④强调高性能混凝土不一定是高强混凝土。

由于 HPC 概念引入我国时，正值 HSC（高强度混凝土）受到结构设计研究者的青睐。最初的 HPC 曾被理解为"三高"混凝土。对于将 HPC 与 HSC 两个概念相混淆这一问题，吴中伟是有很多担忧的。1997 年吴中伟提出："如果现在将 HPC 规定在 50～60MPa 以上，则用途很受限制，大大妨碍 HPC 的推广应用；更重要的是窒息了 HPC 向绿色 HPC 的发展，不能改变水泥混凝土愈来愈沦为不可持续发展的材料的可怕前景。"1998 年他进一步谈道：建议将 HPC 的强度下降到 C30 左右，以不损及混凝土内部结构（孔结构、水化物结构、界面区结构）为度，以保证其耐久性及体积稳定性。如日本明石大桥，HPC 使用 C20。

我国工程建设标准 CECS 207：2006《高性能混凝土应用技术规程》定义，高性能混凝土是"采用常规材料和工艺生产的能保证混凝土结构所要求的各项力学性能，并具有高耐久性、高工作性和高体积稳定性的混凝土。"该标准强调的重点是耐久性，规定根据混凝土结构所处环境条件，高性能混凝土应满足下列的一种或几种技术要求：①水胶比 ≤0.38；②56d 龄期的 6h 总导电量 <1000c；③300 次冻融循环后相对动弹性模量 >80%；④胶凝材料抗硫酸盐腐蚀试验试件 15 周膨胀率 <0.4%，混凝土最大水胶比 ≤0.45；⑤混凝土中可溶性碱的总含量 <3.0kg/m^3。

综上所述，高性能混凝土是混凝土技术从传统理念向现代转变、革新过程中的产物，并非一个能做精确界定的简单术语。它所具有的技术路线和追求目标，表明国内外土木工程界科技人员已开始意识到，通过一定的技术措施，在一定的技术参数条件下，是能够赋予混凝土高耐久性的，从而保障混凝土结构具备足够长的使用寿命。

4.10.4　高性能混凝土与传统混凝土的区别

由于 HPC 的低水胶比和掺加大量活性矿物细掺料与高效外加剂，尤其是后两者的复合作用，与传统的常规混凝土有着本质区别，从而导致性能与功能上的差别是极为悬殊的，尤其体现在耐久性上的巨大差别。

由于水胶比低、用水量少及水化作用不同于常规混凝土，HPC 由水化引起的早期自收缩率大大超过常规混凝土，但总收缩率较低，必须十分重视初凝后即开始的早期养护。

HPC 中由于存在大量活性矿物掺合料，使水泥石的组分结构发生很大改变：

1）Ca（OH）$_2$ 晶体。传统水泥混凝土的水泥石中占 20% ~ 25%，HPC 的水化结构中可以大大减少以至消除。

2）当 HPC 水化程度只及常规混凝土 60% 时，两者中水化硅酸钙凝胶数量相近。也就是说，HPC 水化程度提高后，凝胶数量增多，强度、密实性继续提高。

3）孔数量与结构的不同。常规混凝土，水泥石孔分布集中在 100 ~ 200Å，凝胶孔隙率 26.7%；高性能混凝土，水泥石孔分布集中在 20Å，凝胶孔隙率 18.8%，具有很高的密实性。

4）集料与水泥基材料界面有明显不同，薄弱的界面得到强化。

4.10.5　高性能混凝土的组成与结构

1. 高性能混凝土的水泥石微结构

按照中心质假说属于次中心质的未水化水泥颗粒（H 粒子）、属于次介质的水泥凝胶（L 粒子）和属于负中心质的毛细孔组成水泥石。

1）从强度的角度看，当孔隙率一定时，H/L 粒子比值越大，水泥石强度越高；但有个最佳值，超过后随其提高而下降。

2）在一定范围内，H/L 最佳值随孔隙率下降而提高。也就是说在次中心质的尺度上，一定量的孔隙率需要一定量的次中心质以形成足够的效应圈，起到效应叠加的作用，改善次介质。

3）在水胶比很低的高性能混凝土中水泥石的孔隙率很低，在一定的 H/L 粒子比值下，强度随孔隙率的减小而提高。

因此，尽管水泥的水化程度很低，水泥石中保留了很大的 H/L 粒子比值，但与很低的孔隙率和良好的孔结构相配合，可获得高强度。

2. 高性能混凝土的界面结构和性能

高性能混凝土的界面特点也主要是由低水胶比和掺入外加剂与矿物细粉带来的。由于低水胶比提高了水泥石强度和弹性模量，使水泥石和集料弹性模量的差距变小，因而使界面处水膜层厚度减小，晶体生长的自由空间减少；掺入的活性矿物细粉与 Ca（OH）$_2$ 反应后，会增加 C-S-H 和 AFt，减少 Ca（OH）$_2$ 含量，并且干扰水化物的结晶，因此水化物结晶颗粒尺寸变小，富集程度和取向程度下降，硬化后的界面孔隙率也下降。

3. 高性能混凝土结构的模型

1）孔隙率很低，而且基本上不存在大于100nm的大孔。

2）水化物中 Ca（OH）$_2$ 减少，C-S-H 和 AFt 增多。

3）未水化颗粒多，未水化颗粒和矿物细粉等各级中心质增多（H/L粒子比值增大），各中心质间的距离缩短，有利的中心质效应增多，中心质网络骨架得到强化。

4）界面过渡层厚度小，并且孔隙率低、Ca（OH）$_2$ 数量减小，取向程度下降，水化物结晶颗粒尺寸减小，更接近于水泥石本体水化物的分布，因而得到加强。

4.10.6 高性能混凝土外加剂的性能要求

高性能混凝土的外加剂要求具有以下性能：

1）减水剂对水泥颗粒的分散性（流动性）要好，对混凝土的减水率要高，对普通混凝土减水率至少要在20%。

2）对水泥分散和流动性随时间的变化小，在混凝土中表现为坍落度经时损失小。

3）有一定的引气量，但引气量不宜过大，不致影响混凝土最终强度。

4）碱含量尽可能小，不含大量氯离子，能显著改善硬化混凝土的耐久性。

5）成本适中，添加量低，便于推广应用。

近年来开发并投入使用的聚羧酸系高性能减水剂是一种典型的适用于高性能混凝土的外加剂。它由含有羧基的不饱和单体和其他单体共聚而成，使混凝土在减水、保坍、增强、收缩及环保方面具有优良性能的减水剂。作为萘系第二代减水剂的更新换代产品，聚羧酸系高性能减水剂本身具有高性能。从技术性能上来说，和萘系、树脂系等第二代（高效）减水剂不同，聚羧酸系高性能减水剂不是一种单一的产品，而是具有一定共性的系列产品，因分子结构不同而对混凝土性能的改善程度也有不同。

聚羧酸系高性能减水剂性能特点主要为：

1）掺量低、减水率高，一般掺量为胶凝材料的0.2%~0.3%，减水率一般为25%~30%。

2）混凝土拌合物的流动性好，坍落度损失明显低于萘系高效减水剂。

3）对混凝土增强效果潜力大，早期抗压强度比提高更为显著，以 3d、7d 抗压强度为例，萘系高效减水剂的 3d、7d 抗压强度比一般在 130% 左右，而聚羧酸系高性能减水剂的同龄期抗压强度比一般在 180% 以上。

4）混凝土收缩低，基本克服了第二代减水剂增大混凝土收缩的缺点。

5）总碱含量极低，其带入混凝土中的总碱含量仅为数十克，降低了发生碱集料反应的可能性，有利混凝土的耐久性。

6）环境友好，聚羧酸系高性能减水剂合成生产过程中不使用甲醛和其他任何有害的原材料，在生产和使用过程中对人体健康无危害。

7）一定的引气量，与第二代（高效）减水剂相比，其引气量有较大提高，平均为3%~4%。

该类产品目前没有发现明显的缺陷和不足。尤其是其低坍落度损失和混凝土收缩小的优点，为高性能混凝土的开发和推广提供了新的有力武器。

需要说明的是，目前国内聚羧酸系减水剂产品还不同程度地存在性能不够稳定的问题，以上优点还不能充分体现。

4.10.7 高性能混凝土的配制原则与配合比设计方法

1. 高性能混凝土的配制原则

为实现混凝土的高性能，混凝土的配合比设计应遵循下述原则：

（1）水胶比 水胶比对高性能混凝土很重要，但不能过分地提高胶凝材料的用量。胶凝材料过多，不仅成本高，混凝土的体积稳定性也差，也对获得高的强度意义不大。可依靠减水剂实现混凝土的低水胶比。

（2）高效减水剂和引气剂 在高性能混凝土中加入高效减水剂，保证混凝土在低水胶比、胶凝材料用量不过多的情况下有大的流动度。萘系高效减水剂的掺量一般为胶凝材料总量的 0.8% ~1.5%。高效减水剂的减水量在其掺量超过一定值后，变化很小，且价格高昂。在使用萘系高效减水剂时复合一定剂量的引气剂，保证混凝土具有3%左右的含气量。如选用聚羧酸型高效减水剂，则不仅掺量低，而且减水率高，混凝土流动性好，还有一定的引气作用。

（3）选择高质量的集料 高性能混凝土对集料的颗粒级配和最大粒径有严格的要求。可通过改变加工工艺，改善集料的粒形和级配。

（4）掺入活性矿物材料 降低水泥用量，由水泥、粉煤灰或磨细矿粉等共同组成合理的胶凝材料体系。掺入活性矿物材料可带来许多益处：

1）改善新拌混凝土的工作度。

2）降低混凝土初期水化热，减少温度裂缝。

3）活性矿物材料与水泥水化产物 $Ca(OH)_2$ 起火山灰反应，提高混凝土的抗化学侵蚀性能。

4）提高混凝土密实度，保证耐久性能。

2. 高性能混凝土的配合比设计方法

关于高性能混凝土配合比设计方法，CECS 207：2006《高性能混凝土应用技术规程》基于耐久性设计思路，给出了高性能混凝土配合比设计的详细规定。已故中国工程院院士吴中伟先生也提出了简易配合比设计方法。

4.10.8 高性能混凝土的工程应用

高性能混凝土自问世以来，因其优异的性能，应用范围越来越广泛，应用量越来越大。从20世纪90年代，我国高性能混凝土在应用上已经有很多成功的案例。目前，HPC 以其性能优势在应用方面几乎渗透到土建工程的各个领域。

【案例4-17】国家大剧院工程中高性能混凝土的应用。

概况：国家大剧院在施工时，其部分柱子采用了 C100 高性能混凝土，经检验性能优良。

分析：从原材料配合比及混凝土性能分析：42.5 级普通硅酸盐水泥，中砂（细度模数2.8），压碎指标为 6.3%，碎石最大粒径为 25mm，使用矿物掺合料及高效减水剂。配合比参数为：水胶比为 0.26，水泥用量为 $450kg/m^3$，复合掺合料用量为 $150kg/m^3$，砂用量为 $614kg/m^3$，碎石用量为 $1092kg/m^3$，坍落度为 250 ~260mm，扩展度为 600 ~620mm，500 次冻融循环，质量损失为 0，相对动弹性模量损失为 6.9% ~ 7.6%，21 组 150mm × 150mm × 150mm 立方体试件平均强度为 117.9MPa，均方差为 6.75。高性能混凝土在国家大剧院工程中的应用取得了圆满成功。

【案例 4-18】 高性能混凝土技术在清河斜拉桥大体积混凝土结构中的应用。

概况：北京地铁五号线清河斜拉桥，主跨为 108m，边跨为 102m，曲线半径 400m，主梁为单箱双预应力混凝土结构，主塔为钻石形构造，塔高 66.9m。主墩承台长为 23m，宽为 12m，高为 4m 的钢筋混凝土结构，混凝土设计等级为 C30，浇筑量为 1104m³，为大体积混凝土结构。

分析：为降低混凝土因水化热引起的温升，在原材料及配合比上采用粉煤灰、磨细矿渣双掺及缓凝技术，采用大掺量粉煤灰混凝土配制技术并加强混凝土养护等措施，保证混凝土质量。水泥用量为 200kg/m³、粉煤灰为 140kg/m³、矿渣粉为 50kg/m³，混凝土水化热较小，干燥收缩较小，强度满足 C30 要求，混凝土未出现裂缝。

【案例 4-19】 中央电视台新台址工程主楼底板混凝土的配合比。

该配合比特点是低水泥用量、大粉煤灰掺量和聚羧酸减水剂的选用。坍落度为 180mm，2h 坍落度损失小于 30mm。水胶比为 0.39，砂率为 38%，水为 155kg，水泥为 200kg，粉煤灰为 196kg，砂为 721kg，碎石为 1128kg，外加剂为 3.97kg。其中石子的最大粒径为 25mm，砂细度模数为 2.5 以上，28d 强度 48.1MPa，60d 强度 64.7MPa。降低了水化热，有效控制了混凝土内外温差。

4.11　纤维增强混凝土

纤维增强混凝土（fiber reinforced concrete，FRC），简称纤维混凝土，它是以水泥浆、砂浆或混凝土为基体，以金属纤维、合成纤维、无机非金属纤维或天然有机纤维为增强材料组成的复合材料。

4.11.1　纤维增强混凝土的发展历史

纤维增强混凝土的发展过程可划分为以下五个阶段：

(1) 距今 1000 多年前至 19 世纪末　在古代，先人们即用天然纤维作为某些无机胶结料的增强材料，以减少收缩裂缝，增强整体性并降低脆性。例如，中国山西平遥古城附近的双林寺，已历时 1000 余年，寺内 10 余座大殿的砖墙均以掺有麻丝的石灰黏土做抹灰料。古埃及人用掺有稻草的黏土制成太阳晒干的实心砖，古罗马人将马的鬃毛剪短后掺入石膏浆体中。由此可见，用天然纤维增强脆性无机胶结料在人类历史上已沿用了 1000 多年。

(2) 20 世纪初至 20 世纪 30 年代　奥匈帝国人于 1900 年发明用圆网抄取机制造石棉水泥板，并建立了世界上第一座石棉水泥制品工厂，首创用纤维增强水泥净浆制成薄壁制品。1912 年，意大利人发明用抄取法制造石棉水泥管。至 20 世纪 30 年代，全世界有 30 多个国家生产与使用石棉水泥制品，此后推广到更多的国家。1911—1993 年，美、英、法等国均有人申请了在混凝土中均匀掺入短钢丝、细木片等使混凝土改性的专利，但当时并未在实际工程中应用。

(3) 20 世纪 40 ~ 50 年代　1942—1943 年，意大利人发明了钢丝网水泥，实际上可视为用连续的钢纤维所制成网片增强的水泥砂浆，用于生产一些薄壁制品，但一般并不将它列入纤维增强混凝土。20世纪50年代末至60年代初，苏联有人探索用无碱玻璃纤维增强石膏矾土水泥砂浆，但由于水泥水化物对中碱或无碱玻璃纤维的碱性腐蚀而未获得成功。

(4) 20世纪60~70年代 1963年，美国人提出了"纤维阻裂机理"，促进了钢纤维增强混凝土的开发。而70年代起，钢纤维增强混凝土开始进入实用阶段。20世纪60年代中期，美国人进行了用尼龙、丙纶等合成纤维增强水泥砂浆的探索性研究，发现掺入这类纤维有助于水泥砂浆抗冲击强度的提高。1967年，英国建筑科学研究院试制成含锆的抗碱玻璃纤维，并继而研制了抗碱玻璃纤维增强波特兰水泥砂浆，1971年起，英国开始生产抗碱玻璃纤维与玻璃纤维增强水泥，美、日等国也相继进行了玻璃纤维增强水泥的小批量生产。

(5) 20世纪80年代至现在 鉴于石棉中所含微细纤维有害人体，从20世纪80年代初期起，若干发达国家相继限制石棉水泥制品的生产和使用，因而推动了无石棉纤维增强水泥制品的研制与开发。无石棉纤维增强水泥制品的主要品种有玻璃纤维增强水泥、木浆纤维增强水泥、木浆纤维增强硅酸钙及合成纤维增强水泥。

由于抗碱玻璃纤维增强水泥长期在潮湿环境中或经大气暴露后其抗拉强度、弯拉强度和韧性均明显下降，为此在20世纪80年代，国际上有关科研单位均致力于提高玻璃纤维增强水泥长期耐久性的研究，采取了抗碱玻璃纤维外覆阻蚀膜层、波特兰水泥中外掺高火山活性混合料或聚合物乳液等措施；中国建筑科学研究院则采取了抗碱玻璃纤维与低碱度水泥相复合的措施，取得了明显成效，并在国际同行中引起较大反响。

20世纪80年代起，美国大力开发合成纤维增强混凝土，主要使用聚丙烯、尼龙等纤维，发现掺入少量（体积掺入率为0.05%~0.2%）此类纤维即可显著减少混凝土的塑性收缩裂缝，因而有助于增进其耐久性。德国与日本则分别开发了聚丙烯腈纤维增强混凝土与聚乙烯醇纤维增强混凝土。

20世纪90年代，纤维增强混凝土有了更大的发展，其重要标志是混杂（混合）纤维增强混凝土与高性能纤维增强混凝土的研制与开发。用混杂纤维可制得兼具高强度、高延性和高韧性的纤维增强混凝土。通过增大纤维体积率、调整水泥基体的组成并改变制作工艺等，可制得高性能纤维增强混凝土，不仅大幅度提高了材料的强度、韧性和延性，还改进了其他各项性能，从而用于高抗爆、高抗震的结构和桥梁等受疲劳、冲击荷载的结构中。

4.11.2 纤维增强混凝土的分类

采用以下四种方法对纤维增强混凝土进行分类：

1）按所用纤维的类别与品种，分为金属纤维增强混凝土、合成纤维增强混凝土、无机非金属纤维增强混凝土、天然有机纤维增强混凝土、混杂纤维增强混凝土五类。为了改善纤维增强混凝土特性和降低成本，有时将两种或者两种以上的纤维混杂使用，称为混杂纤维增强混凝土。

2）按基体不同，可分为纤维增强水泥、纤维增强砂浆、纤维增强混凝土三类。纤维增强水泥是由纤维与水泥浆或掺有细粉活性材料或填料的水泥浆组成的复合材料，多用于建筑制品，如石棉水泥瓦、石棉水泥板、玻璃纤维水泥墙板等。纤维增强砂浆是在砂浆中掺入纤维，多用于防裂、防渗结构，如聚丙烯纤维抹面砂浆、钢纤维防水砂浆等。纤维增强混凝土，这里是指狭义的纤维增强混凝土，专指基体含有粗集料的混凝土。按照基体混凝土的特征，又可以分为纤维轻质混凝土、纤维膨胀混凝土、纤维高强混凝土等。

3）按单位体积混凝土中纤维的含量不同分类。单位体积纤维混凝土中纤维的含量通常用纤维所占体积百分率来表示，称为"纤维体积率"，用 ρ_f（%）表示。按照纤维体积率范围不同，纤维增强混凝土可分为低纤维体积率纤维增强混凝土、中纤维体积率纤维增强混凝土、高纤维体积率纤维增强混凝土三类。对于钢纤维，低体积率的范围是 $0.1\% \sim 1.0\%$；中体积率的范围是 $1.0\% \sim 2.5\%$；高体积率的范围是 $3.0\% \sim 20.0\%$。

4）按所用纤维的长度及其在纤维增强混凝土中的取向可分为连续纤维增强混凝土、非连续纤维增强混凝土、连续与非连续纤维增强混凝土三类。在混凝土中呈一维或二维定向排列的长纤维一般称为连续纤维；呈二维乱向或三维乱向分布的短纤维一般称为非连续纤维。纤维在混凝土中的取向很大程度上取决于所采用的成型方法。

4.11.3　纤维的作用

在混凝土中掺入纤维的主要目的是降低混凝土的脆性，纤维在混凝土中主要起阻裂、增强、增韧等作用。

(1) 阻裂作用　纤维可阻止混凝土中微裂缝的产生与扩展。这种阻裂作用既存在于混凝土的塑性阶段，也存在于混凝土的硬化阶段。混凝土在浇筑后的24h内抗拉强度极低，若处于约束状态，当其所含水分蒸发时极易产生大量微裂缝，均匀分布于混凝土中的合成纤维、有机纤维和无机纤维可以承受因塑性收缩引起的拉应力，从而阻止或减少微裂缝的产生。混凝土硬化后，若仍处于约束状态，因周围环境温度与湿度的变化而使干缩引起的拉应力超过其抗拉强度时，也容易生成大量裂缝，此情况下钢纤维等弹性模量较高的纤维可阻止或减少裂缝的生成。

(2) 增强作用　混凝土抗拉强度低，且因存在内部缺陷而往往难以保证，加入纤维可使其抗拉性能得到改善。

(3) 增韧作用　在荷载作用下，即使混凝土发生开裂，纤维可横跨裂缝承受拉应力，阻止裂缝的扩展，使混凝土具有一定的韧性和变形能力，从而使混凝土结构具有一定的延性和抗震耗能能力，这是混凝土中掺入纤维的重要目的之一。

(4) 改善耐久性　纤维可以提高混凝土抗冻性能、抗冲击、抗疲劳、耐磨和抗冲刷等耐久性，添加纤维是提高结构使用寿命的有效途径之一。

在纤维增强混凝土中，纤维能否同时起到以上四方面的作用，或只起到其中两方面或单一作用，就纤维本身而论，主要取决于纤维品种、纤维长度与长径比、纤维的体积率、纤维取向、纤维外形与表面状况五个因素。

4.11.4　纤维增强混凝土的特性

纤维的掺入使混凝土性能发生明显改善，和普通混凝土相比，纤维增强混凝土具有以下特点：

1）在配合比设计和拌和工艺上采取相应措施可使纤维在基体中均匀分散，拌合物具有良好的施工性能。

2）与普通混凝土相比，纤维混凝土的抗拉强度、弯拉强度、抗剪强度均有提高。

3）纤维在基体中可明显降低早期收缩裂缝，并可降低长期收缩裂缝和温度裂缝。

4）纤维增强混凝土的裂后变形性能明显改善。

5）纤维增强混凝土的收缩变形和徐变变形较基体混凝土具有一定程度的降低。

6）纤维增强混凝土的抗疲劳、抗冲击及抗爆性能有显著提高。

7）高弹性模量纤维用于钢筋混凝土和预应力混凝土构件中时，可显著提高构件的抗剪强度、抗冲切强度、局部抗压强度和抗扭强度，并延缓裂缝出现，减小裂缝宽度，提高构件的裂后刚度和延性。

8）纤维增强混凝土的耐磨性、耐空蚀性、耐冲刷性、抗冻融性和抗渗性有不同程度的提高。

9）纤维增强混凝土的抗断裂、抗冲击、抗爆和抗震等耗能能力显著提高。

10）纤维增强混凝土中纤维的耐蚀性和耐老化与纤维品种和基体特征有关。碳纤维、石棉纤维在碱性环境中不受腐蚀，耐紫外线、耐候性好，故碳纤维、石棉纤维增强混凝土的耐久性好。合成纤维耐紫外线老化性能差，如聚丙烯纤维，但由于水泥石和集料的保护，基体内部纤维不产生老化。

11）某些特殊纤维配制的混凝土，其热力学性能、电磁学性能、耐久性能较普通混凝土也有变化。

4.11.5 纤维增强混凝土的工程应用

钢纤维增强混凝土目前作为工程结构材料用途最广、用量较大的一种纤维增强混凝土，它的主要应用领域有：

1）公路路面、桥面、机场道面、码头铺面和工业建筑地面，用以提高这些面板结构的抗裂性、弯拉强度、弯曲韧性、耐冲击、耐疲劳性能等，延长使用寿命，降低维修费用。

2）房屋和桥梁结构、水工结构、特种结构中，用于梁和叠合梁的裂缝控制和抗剪性能的增强，复杂应力区如悬挑结构、闸门门槽、大坝孔口等部位的增强，抗震框架节点、牛腿、剪力墙等的抗剪增强，桩基承台的抗剪、抗冲击增强等。

3）交通隧道、输水隧洞、沟壑等钢纤维喷射混凝土衬砌、支护。

4）防水、防渗结构，如刚性防水屋面、地下室刚性防水层、储水池、输水沟渠等。

5）预制构件，如管（压力水管）、杆（电杆）、桩（管桩）、盖（各种井盖）、枕（铁路轨枕）和板（大型板材）等。纤维对提高水泥制品的质量、耐久性和使用寿命，节省资源和能源有非常重要的作用。

6）军事上主要用于抗爆，如掩体、防空洞、防护门等。

合成纤维目前应用较多的是聚丙烯纤维、聚丙烯腈纤维、聚酰胺（尼龙）纤维、聚乙烯醇和高弹性模量聚乙烯纤维。合成纤维的掺量一般较少，体积率只有 0.05% ~ 0.2%，主要用于减少和防止砂浆、混凝土的早期收缩裂缝，在一定程度上改善混凝土的抗渗性、抗冻性、耐磨性等。当纤维的弹性模量较高或者掺量较多时，也用于增强混凝土的韧性，提高抗冲击和抗疲劳性能。其主要应用领域有：桥面板、路面、工业建筑地面；建筑外墙砂浆抹面、刚性防水砂浆抹面、屋面刚性防水层；水池底板、池壁、渠道、输水和排水管道；水工建筑物，如面板堆石坝的面板、混凝土坝的外表面部位、预应力渡槽等；隧洞、护坡喷射混凝土支护、衬砌；与玻璃纤维、钢纤维混合使用，对混凝土防裂、增强和增韧。

4.11.6 纤维增强水泥基体复合材料的新发展

为了大幅度提高混凝土韧性和断裂能，国际上已经研制成功了多种钢纤维增强高性能水泥基复合材料（high performance fiber reinforced cement composite，HPFRCC），主要有渗浆纤维混凝土（slurry infiltrated fiber concrete，SIFCON）、渗浆非编织纤维网混凝土（slurry infiltrated mat fiber concrete，SIMCON）、纤维增强活性粉末混凝土（reactive powder concrete，RPC）、纤维增强均布超细颗粒致密体系（fiber reinforced densified system containing homogeneously arranged ultrafine particles，FRDSP）和纤维增强无宏观缺陷水泥（fiber reinforced macro-defect free cement，FRMDF）。

渗浆纤维混凝土的制作工艺：先将钢纤维填入一定形状的模具中，然后灌注高强度的水泥砂浆。渗浆纤维混凝土的抗拉强度、抗弯强度分别是普通纤维混凝土的 7 倍和 5 倍，伸长率是普通纤维混凝土的 3 倍，韧性可比普通纤维混凝土提高 20 倍。

纤维增强活性粉末混凝土中不用粗集料，降低细集料的粒径，增进内部结构均匀性；使用细粉料，达到最优的堆积密度；充分发挥粉体自身功效，降低水胶比，提高密实度；用直径细的高强钢纤维，起阻裂增韧作用。活性粉末混凝土的抗压强度可以达到 600～800MPa，断裂能是高强混凝土的 2000～4000 倍，收缩变形非常小。

纤维增强均布超细粒致密体系中水泥与活性超细粉料均匀混合，形成自致密的堆积，孔径和孔隙率极小，孔隙不连通，很低的水胶比，同时掺入细短的高强度钢纤维。

纤维增强无宏观缺陷水泥不含大孔隙与粗大晶体的层状解理面等大缺陷，在组分中掺有水泥和水溶性聚合物，后者使水泥颗粒易于移动，形成致密结构；在硬化过程中聚合物与水泥水化产物发生络合反应，有利于复合体强度的提高，掺入钢纤维能提高断裂能和冲击韧性。

这四种高性能纤维混凝土的共同特点：基体的超高致密和高强度、高弹性、高强微粒的微集料效应及其与基体间的物理与化学结合；掺有根数多、间距小的超细高强钢纤维，起增强、增韧和阻裂作用，大幅度提高复合材料的断裂韧性、冲击强度、抗拉与抗压强度的比值。

4.12 再生混凝土

4.12.1 再生混凝土的定义

再生集料混凝土简称再生混凝土，是指将废弃混凝土块经过破碎、清洗、分级后，按一定比例与级配混合，部分或全部代替砂石等天然集料（主要是粗集料）配制而成的混凝土。

1. 发展和应用再生混凝土的背景和意义

（1）建筑垃圾的环境问题 城市环境是衡量一个城市管理水平的重要标志，也是一个城市市民生活质量和水平的重要体现。随着城镇化建设的发展及旧城的改造，建筑物拆旧、新建、扩建、房屋装修，都会产生大量建筑垃圾。近年来，我国建筑垃圾年产生量约 35.5 亿 t，占城市垃圾的比例约 40%，资源化利用率不足 5%，与发达国家平均 80% 左右的利用率相比，存在很大差距。一方面，大量建筑垃圾不断产生；另一方面，建筑垃圾绝大部分未经任何处理，便被施工单位运往市郊或乡村，采用露天堆放或填埋的方式处理。这样不但要占用大量的耕地，而且要耗用大量的经费，在运输和处理建筑垃圾过程中的堆放、遗撒和扬尘等问题时又造成了城市郊区和乡村的二次污染。总之，建筑垃圾造成的"垃圾围城"现象影响了城市的形象和市民的生活质量，造成了严重的环境污染。将建筑垃圾进行资源化利用，变得越来越重要了。如何处理建筑垃圾不仅是建筑施工企业和环境保护部门面临的重要课题，也是全社会无法回避的环境与生态问题。

（2）混凝土原材料的资源问题　在现代建筑业中，混凝土成为应用最广泛的建筑材料，目前，我国的混凝土年产量约 28 亿 m^3，而混凝土原材料中集料占混凝土总量的 75%。为满足建筑业对混凝土的需求，相应的每年就要开采 20 多亿 m^3 的砂石资源，破坏大量的山地。过度地开采混凝土集料已经给我国带来了许多自然灾害：开山采石破坏原有的自然环境，造成山体断裂、陡崖滑坡，同时也破坏了开采地带的植被，影响动物的生存，打破了原有的生态平衡，对物种的灭绝起着加速作用；河砂的过度开采，造成河床位置形状改变，堤岸毁坏，河流改道，影响桥梁的安全使用，水土流失加剧等后果。过度地开采每年给国家带来的直接和间接的经济损失达数百亿元，严重影响着我国经济和社会的可持续发展。

随着生态环境的不断恶化，可持续发展已成为全球人类必然的选择，我国不仅人均资源占有率低，浪费与污染也比较严重，发展循环经济是改变现状的唯一出路，作为建筑结构最重要的材料，混凝土实现循环利用是混凝土产业的客观要求。我国水泥混凝土专家吴中伟提出了"绿色混凝土"的概念，即在混凝土材料中尽可能用其他材料来代替水泥和混凝土集料，生产出性能好、能耗更低、污染更小的新型混凝土。

当前，我国处于现代化建设的重要时期，在旧城改造和基础建设方面的速度和规模空前，需要大量的混凝土，但也产生了大量的废弃混凝土。因此，利用废弃混凝土进行再生混凝土的开发和应用对我国混凝土行业按循环经济模式发展具有重要意义。

2. 再生混凝土的性能

（1）再生混凝土的强度　同一水胶比的再生集料混凝土的 28d 抗压强度较普通混凝土低，但相差幅度会随着龄期的增长而慢慢缩小。在同一水胶比的条件下，再生集料强度越高，再生混凝土的强度也就越高。加入硅粉和高效减水剂可配制出高强再生混凝土。

（2）再生混凝土的工作性能　再生集料比天然集料的吸水率大，空隙多，表面粗糙度高，用浆量多，在相同水胶比的条件下，再生混凝土中再生集料所占比例越高，混凝土坍落度就越小。在再生混凝土中掺加粉煤灰或多掺高效减水剂可以提高坍落度，同时可以保证再生混凝土具有较好的保水性和黏聚性。

（3）再生混凝土的干缩性　再生混凝土的干缩性与集料的高吸水率、高孔隙率相关，所以，它的干缩性比天然集料混凝土要大，且其干缩随再生集料取代比例的增大而增大。可以通过掺加粉煤灰和膨胀剂等方法减少和抑制再生混凝土的干缩。

（4）再生混凝土的抗渗性　相同水胶比的再生混凝土比普通混凝土的抗氯离子渗透性略差，但是可以通过掺加粉煤灰和采用低水胶比，填补再生集料中的裂纹或者是集料与集料之间的间隙，使混凝土集料与水泥砂浆的界面更加致密，同时由于降低了混凝土的孔隙率，从而使抗氯离子渗透性得到加强。

（5）再生混凝土的抗碳化性　当再生集料掺量为 50% 时，再生混凝土的碳化速度与普通混凝土相差不大，随着再生集料掺量的进一步增加，碳化速度略有增加。

（6）再生混凝土的抗冻性 多数试验结果表明，再生混凝土抗冻性较普通混凝土差，这与再生集料吸水率大、孔隙率高有关。通过掺加粉煤灰和采用低水胶比，再生混凝土的抗冻性可以达到 F150 以上。

4.12.2 再生混凝土的配制与应用实例

1. 再生混凝土设计与配制时应注意的问题

再生混凝土以废弃混凝土破碎后作为集料，与天然集料相比，再生集料强度低、吸水率大、表面粗糙率大，所以再生混凝土在进行配合比设计时与普通混凝土有所不同。由于再生集料的吸水率比较大，所以将再生混凝土拌合用水量分为两部分：一部分为集料所吸附的水分，称为吸附水，它是集料吸水至饱和面干状态时的用水量；另一部分为拌合用水量，除了一部分蒸发外，这部分水用来提高拌合物的流动性并参与水泥的水化反应。吸附水的用量根据试验确定。所以，与普通混凝土相比，混凝土外加剂掺量相同达到同样流动性时，再生混凝土的用水量较大。

再生混凝土可以利用建筑垃圾作粗集料，也可以利用建筑垃圾作全集料。利用建筑垃圾作全集料配制生成全级配再生混凝土时，由于破碎工艺及集料来源的不同，破碎出集料的级配可能存在一定的差异，全集料中的再生细集料的比例有时会比较低，所以在进行配合比设计时，针对现场集料的级配情况，需要加入建筑垃圾细颗粒调整砂率。但考虑到砂率过大，坍落度降低，坍落度损失增大，调整后的砂率不宜过大，建议控制在 40% 以内。此外，粉煤灰的掺入也是必不可少的，粉煤灰的微集料效应和二次水化反应可以增加混凝土的密实性，提高再生混凝土后期强度，提高混凝土的耐久性，考虑到再生混凝土的经济性，粉煤灰的掺量可控制在 $100 \sim 120 \mathrm{kg/m^3}$。

2. 再生混凝土的应用实例

2007 年 8 月，北京建筑工程学院（现为北京建筑大学）建材试验室利用全级配再生混凝土建造一栋建筑面积 $1000\mathrm{m^2}$ 三层框架结构的再生混凝土试验建筑。

试验材料：水泥为 42.5 级普通硅酸盐水泥，其表观密度为 $3100\mathrm{kg/m^3}$。粉煤灰是北京市石景山电厂的Ⅱ级粉煤灰。减水剂为萘系高效减水剂，其减水率为 20%，掺量为胶凝材料的 3% 左右。全级配再生集料由北京市昌平区金峰方盛科贸有限公司提供，由废混凝土块加工制成，将全级配集料筛分，取粒径范围 $4.75 \sim 19\mathrm{mm}$ 的为再生粗集料，小于 $4.75\mathrm{mm}$ 的为再生细集料。经测定，再生细集料占全集料材料的质量百分比为 37%，再生集料的具体性能见表 4-42 和表 4-43。

表 4-42 再生粗集料的材料性能

颗 粒 级 配	空隙率（%）	堆积密度/（kg/m³）	表观密度/（kg/m³）	压碎指标（%）
5~20mm 的连续级配	41	1500	2550	8

表 4-43 再生细集料的材料性能

细 度 模 数	颗 粒 级 配	含泥量（%）	堆积密度/（kg/m³）	表观密度/（kg/m³）	吸水率（%）
3.0	Ⅱ	13.4	1500	2440	7

全级配再生混凝土的配合比及试验结果见表4-44。

表4-44　全级配再生混凝土的配合比及试验结果

组　号	水胶比	水/ (kg/m^3)	水泥/ (kg/m^3)	粉煤灰/ (kg/m^3)	附加的再生全集料（kg/m^3）			试验结果	
					细集料/ (kg/m^3)	再生 细集料	再生 粗集料	坍落度/ mm	28d 抗压强 度/MPa
Z1	0.46	170	283	86	106	612	1043	200	47.0
Z2	0.36	170	386	86	33	601	1024	240	56.3

注：外加剂掺量为胶凝材料总量的3%。

4.12.3　再生混凝土发展存在的问题及展望

目前，有关再生混凝土的研究工作很多，但国内利用再生混凝土的工程较少，主要原因如下：

1）我国对再生混凝土还没有一套完整的规范，集料加工行业也很不成熟。再生集料来源的稳定性得不到保证，质量不均匀，其本身的随机性和变异性大，导致再生混凝土抗压强度的变异性增加，控制再生混凝土的质量就有了一定的难度。

2）经济性是阻碍再生混凝土推广的另一个原因。由于再生集料的生产要耗费大量的人力物力，致使再生混凝土的生产成本要高于普通混凝土。

3）受人们传统观念的影响，工程界也不习惯接受再生混凝土。

但从社会、经济、环境效益上进行综合考虑，推广再生混凝土技术势在必行。为了使废弃混凝土实现再生利用，必须出台强制性政策，引导使用，同时通过各种措施扶植相关产业，为再生混凝土的广泛应用铺平道路。

随着环境污染和资源危机的加剧，发展循环经济已成为共识。建设节约型社会是改变现状的唯一出路，作为建筑中的最大宗材料——混凝土实现可循环使用是必由之路。再生混凝土的应用符合这一发展趋势，尤其在全面推行乡村振兴的背景下，再生集料混凝土足以满足乡村建设中的中低层房屋建设的需要。发展再生混凝土，改善人居环境，节约更多的资源、能源，使工程建设对生态的压力减少。这不仅是水泥混凝土和土建工程可持续发展的需要，也是人类生存和社会发展的需要。

4.13　大体积混凝土

现代建筑中时常涉及大体积混凝土施工，如高层楼房基础、大型设备基础、水利大坝等。美国混凝土学会有过规定："任何就地浇筑的大体积混凝土，其尺寸之大，必须要采取措施解决水化热及随之引起的体积变形问题，以最大的限度减少开裂。"日本建筑学会标准（JASS 5）的定义是："结构断面最小尺寸在800mm以上；水化热引起混凝土内的最高温度与外界气温之差，预计超过25℃的混凝土，称为大体积混凝土。"大体积混凝土的表面系数比较小，水泥水化热释放比较集中，内部温升比较快。混凝土内外温差较大时，会使混凝土产生温度裂缝，影响结构安全和正常使用。所以必须从根本上分析它，来保证施工的质量。

4.13.1 大体积混凝土裂缝

大体积混凝土由于截面尺寸大，水泥水化所释放的水化热散失较慢，而混凝土内部硬化冷却发生收缩。这种温差引起的变形，加上混凝土体积的收缩，将产生不同大小的拉应力而出现裂缝，成为大体积混凝土突出的共性问题。

(1) 混凝土裂缝的种类 按混凝土裂缝宽度不同，将混凝土裂缝分为微观裂缝和宏观裂缝两种。

1) 微观裂缝。裂缝宽度在 0.05mm 以下的、用肉眼看不见的裂缝。微观裂缝在混凝土中的分布是不规则的，沿截面是不贯穿的，因此有微观裂缝的混凝土可以承受拉力，但结构物的某些薄弱环节中微观裂缝在拉力作用下，很容易形成贯穿全截面的宏观裂缝，最终导致结构丧失承载力而破坏。

2) 宏观裂缝。裂缝宽度在 0.05mm 以上的、用肉眼可见的裂缝。宏观裂缝是微观裂缝不断扩展的结果。其贯穿裂缝切断了结构的全断面，破坏了结构的整体性、稳定性、耐久性、防水性等，影响结构的正常使用。应当采取一切措施，坚决控制贯穿裂缝的产生。

(2) 大体积混凝土裂缝产生的原因 大体积混凝土裂缝主要是由于混凝土内外温差产生的应力和应变引起的；其次是混凝土内外约束条件对混凝土应力和应变的影响。工程实践证明，大体积混凝土裂缝产生主要有以下几个原因：

1) 水泥水化热的影响。水泥水化热是大体积混凝土内部升温的主要热量来源。由于大体积混凝土内部体积较大，水泥水化热聚集在结构内部不易散发，引起混凝土内部急剧升温。水泥用量越大，水泥早期强度越高，混凝土内部温升越快。大体积混凝土试验研究表明，水泥水化热 1~3d 内释放的热量最多，大约占总热量的 50%，浇筑后 3~5d 内混凝土内部的温度最高。随着混凝土龄期的增长，混凝土降温收缩变形的约束也越来越强，即产生很大的温度应力，当混凝土的抗拉强度不足以抵抗此温度应力时，便会产生温度裂缝。

2) 内外约束条件的影响。混凝土结构在变形中，必然要受到一定的约束，以阻碍混凝土的自由变形，这种阻碍变形的因素称为约束条件。如大体积混凝土与地基浇筑在一起，地基与混凝土接触面形成的约束为外约束，而混凝土内部各质点间形成的约束为内约束。如果外约束条件较薄弱，混凝土易在约束边界部位开裂；若混凝土内部约束较薄弱，混凝土易在内部产生裂缝。因此，改善混凝土内外约束条件，是防止大体积混凝土开裂的重要措施之一。

3) 外界气温变化的影响。大体积混凝土在施工期间，外部气温变化对大体积混凝土开裂有着重大影响。大体积混凝土由于内部体积大，不易散热，其内部温度有的工程竟高达 90℃ 或以上，而且持续时间长。温度应力是由温差引起的变形造成的，温差越大，温度应力也越大。因此，研究和采用合理的温度控制措施，控制混凝土表面温度与外界气温的温差，是防止混凝土产生裂缝的又一重要措施。

4) 混凝土收缩变形的影响。主要包括混凝土的塑性收缩变形和混凝土体积变形两个方面。混凝土的塑性收缩变形是指混凝土硬化之前，混凝土处于塑性状态，如果上部混凝土的均匀沉降受到限制，就容易形成一些不规则的混凝土塑性收缩裂缝。这种裂缝一般是相互平行的，间距在 0.2~1.0m，深度较浅，它不仅可以发生在大体积混凝土中，还可以发生在平面尺寸较大、厚度较薄的结构构件中。混凝土体积变形是指混凝土在凝结硬化过程中体积的变化，这种体积变化主要是混凝土硬化时吸附水不断逸出，形成的干缩变形。

4.13.2 控制大体积混凝土裂缝的技术措施

1. 水泥品种选择和用量控制

大体积混凝土结构引起裂缝的原因很多，主要原因是混凝土的导热性能较差，水泥水化热的大量积聚，使混凝土出现早强温升和后期降温现象。因此，控制水泥水化热引起的温升，即减少混凝土内外温差，对降低温度应力、防止产生温度裂缝将起到关键的作用。

（1）选用中热或低热的水泥品种　混凝土升温的热源主要是水泥在水化反应中产生的水化热，因此，选用中热或低热水泥品种，是控制混凝土温升的最根本方法。如强度等级为42.5MPa的矿渣硅酸盐水泥，其3d的水化热为180kJ/kg；而强度等级为42.5MPa的普通硅酸盐水泥，其3d的水化热高达250kJ/kg；强度等级为42.5MPa的火山灰质硅酸盐水泥，其3d的水化热仅为同强度等级普通硅酸盐水泥的60%。某大型基础对比试验表明：选用强度等级为42.5MPa的硅酸盐水泥，比选用强度等级为42.5MPa的矿渣硅酸盐水泥，3d内水化热平均升温高 $5 \sim 8$ ℃。

（2）充分利用混凝土的后期强度　大量试验资料表明，每立方米混凝土中的水泥用量，每增减10kg，其水化热将使混凝土的温度相应升降1℃。因此，为控制混凝土温升，降低温度应力，避免温度裂缝，一方面在满足混凝土强度和耐久性的前提下，尽量减少水泥的用量，普通混凝土控制在每立方米混凝土水泥用量不超过400kg；另一方面可根据结构实际承受荷载的情况，对结构的强度和刚度进行复核，并取得设计单位、监理单位和质量检查部门的认可后，采用 f_{45}、f_{60} 或 f_{90} 替代 f_{28} 作为混凝土的设计强度，这样可使每立方米混凝土的水泥用量减少 $40 \sim 70$ kg，混凝土水化热温升也相应降低 $4 \sim 7$ ℃。

结构工程中的大体积混凝土大多采用矿渣硅酸盐水泥，其水泥熟料矿物含量要比硅酸盐水泥少得多，而且混合材料中的活性氧化硅、活性氧化铝与氢氧化钙、石膏的作用，在常温下进行比较缓慢，早期强度（3d和7d）较低，但在硬化后期（28d以后），由于水化硅酸钙凝胶数量增多，水泥石强度不断增长，最后甚至能超过同强度等级的普通硅酸盐水泥，对利用其后期强度非常有利。如上海宝山钢铁厂、新锦江宾馆工程大型基础都采用了 f_{45} 或 f_{60} 作为混凝土设计强度，取得了明显的效果。

2. 掺加外加剂

大体积混凝土中掺加的外加剂主要是木质素磺酸钙（简称木钙）。木钙属阴离子表面活性剂，它对水泥颗粒有明显的分散效应，并能使水的表面张力降低。因此，在混凝土中掺入水泥质量0.2% ~ 0.3%的外加剂，不仅能使混凝土的和易性有明显的改善，而且可减少10%左右的拌合用水，若保持强度不变，可节省水泥10%，从而可降低水化热。

大量试验证明，在混凝土中掺入一定量的粉煤灰后，除了粉煤灰本身的火山灰活性作用，生成硅酸盐凝胶，作为胶凝材料的一部分起增强作用外，在混凝土用水量不变的条件下，由于粉煤灰颗粒呈球状并具有"滚珠效应"，可以显著改善混凝土的和易性。若保持混凝土拌合物原有的流动性不变，则可减少单位用水量，从而可提高混凝土的密实性和强度。由此可见，在混凝土中掺入适量的粉煤灰，不仅可满足混凝土的流动性，还可以降低混凝土的水化热。

3. 集料的选择

大体积混凝土所需的强度并不是很高，所以砂石料的用量要比高强混凝土多，约占混凝土总质量的85%。因此，正确选用砂石料对保证混凝土质量、节约水泥用量、降低水化热量、降低工程成本是非常重要的。

(1) 粗集料的选择 结构工程的大体积混凝土，宜优先选择以自然连续级配的粗集料配制。根据施工条件，尽量选用粒径较大、级配良好的石子。有关试验结果表明，采用5～40mm石子比采用5～20mm石子，每立方米混凝土可减少用水量15kg左右，在相同水胶比的情况下，水泥用量可节约20kg左右，混凝土温升可降低2℃。集料粒径增大后，容易引起混凝土的离析，影响混凝土的质量。因此，进行混凝土配合比设计时，不要盲目选用大粒径粗集料，必须进行优化级配设计，施工时要加强搅拌，细心浇筑和认真振捣。

(2) 细集料的选择 大体积混凝土中的细集料，以采用优质的中、粗砂为宜，细度模数宜为2.6～2.9。有关试验资料表明，当采用细度模数为2.79、平均粒径为0.381mm的中粗砂时，比采用细度模数为2.12、平均粒径为0.336mm的细砂，每立方米混凝土可减少水泥用量28～35kg，减少用水量20～25kg，这样就降低了混凝土的温升，减小了混凝土的收缩。

(3) 集料的质量要求 集料是混凝土的骨架，集料的质量如何，直接关系到混凝土的质量。因此，集料的质量技术要求应符合国家标准的有关规定。混凝土试验表明，集料中的泥含量是影响混凝土质量的最主要因素。若集料中泥含量过大，它对混凝土的强度、干缩、徐变、抗渗、抗冻融、抗磨损及和易性等性能都会产生不利影响，尤其会增大混凝土的收缩，引起混凝土抗拉强度的降低，对混凝土的抗裂十分不利。因此，在大体积混凝土施工中，石子的泥含量不得大于1%，砂的泥含量不得大于2%。

4. 控制混凝土拌合物温度和水化热绝热温升值

为了降低大体积混凝土的总温升，减小结构物的内外温差，必须控制混凝土的拌合物温度与水化热绝热温升值。

(1) 拌合物温度 混凝土的原材料在投入搅拌前均有温度，通过搅拌使之调合成一个温度，称为拌合物温度。拌合物浇筑成型后，其温度受运输工具和模具的影响，会有变化，此时的温度称为混凝土温度。

(2) 水化热绝热温升值 考虑改用水化热较低的水泥品种，或掺用减水剂或粉煤灰以降低水泥用量。

5. 延缓混凝土的降温速率

根据实践经验，大体积混凝土中产生的裂缝绝大多数为表面裂缝，而这些表面裂缝的大多数又是在经受寒潮冲击或越冬时经受长时间的剧烈降温后产生的。因此，在施工时若能减小混凝土的暴露面和暴露时间，就可以使这些混凝土面减小遭遇寒潮冲击，并在越冬时避免直接接触寒冷空气，从而降低裂缝产生的可能性。

大体积混凝土浇筑后，加强表面的保湿、保温养护，对防止混凝土产生裂缝具有重要作用。保湿、保温养护的目的有三个：第一，减小混凝土的内外温差，防止出现表面裂缝；第二，防止混凝土骤然受冷，避免产生贯穿裂缝；第三，延缓混凝土的冷却速度，以减小新老混凝土的上下层约束。总之，在混凝土浇筑之后，以适当的材料加以覆盖，采取保湿和保温措施，不仅可以减小升温阶段的内外温差，防止产生表面裂缝，而且可以使水泥顺利水化，提高混凝土的极限拉伸值，防止产生过大的温度应力和温度裂缝。

混凝土终凝后，在其表面蓄存一定深度的水，采取蓄水养护是一种较好的方法。我国在许多工程曾经采用蓄水养护，取得了良好的效果。水的热导率为 0.58W/（m·K），具有一定的隔热保温作用，这样可以延缓混凝土内部水化热的降温速率，缩小混凝土中心和表面的温度差值，从而可控制混凝土的裂缝开展。当采用蓄水养护时，可按下式计算混凝土表面的蓄水深度

$$h_w = xM(T_{max} - T_2)K_b\lambda_w/700T_j + 0.28m_cQ \qquad (4\text{-}43)$$

式中　h_w——蓄水深度（m）；

x——蓄水养护时间（h）；

M——混凝土结构表面系数（m^{-1}），$M = F/V$，F 为混凝土与大气接触的表面（m^2），V 为混凝土体积（m^3）；

T_{max}——混凝土计算最高温度（℃）；

T_2——混凝土计算表面温度（℃）；

K_b——热导率修正值；

λ_w——水的热导率，取 0.58W/(m·K)；

700——折减系数［kJ/(m^3·K)］；

T_j——混凝土浇筑温度（℃）；

m_c——混凝土中胶合料用量（kg/m^3）；

Q——水泥 28d 水化热（kJ/kg）。

6. 提高混凝土的极限拉伸值

混凝土的收缩值和极限拉伸值，除与水泥用量、集料品种和级配、水胶比、集料含泥量等因素有关外，还与施工工艺和施工质量密切相关。因此，通过改善混凝土的配合比和施工工艺，可以在一定程度上减小混凝土的收缩和提高混凝土的极限拉伸值，这对防止产生温度裂缝也可起到一定的作用。

（1）二次振捣　如对浇筑后未初凝的混凝土进行二次振捣，能排除混凝土因泌水在粗集料、水平钢筋下部生成的水分和空隙，提高混凝土与钢筋之间的握裹力，防止因混凝土沉落而出现裂缝，减小混凝土内部微裂，增加混凝土的密实度，使混凝土的抗压强度提高10%～20%，从而可提高混凝土的抗裂性。

（2）二次投料　在传统混凝土搅拌工艺过程中，水分直接湿润石子的表面；在混凝土成型和静置过程中，自由水进一步向石子与水泥砂浆界面集中，形成石子表面的水膜层。在混凝土硬化后，由于水膜层的存在而使界面过渡层疏松多孔，削弱了石子与硬化水泥砂浆之间的黏结，形成混凝土中最薄弱的环节，从而对混凝土的抗压强度和其他物理力学性能产生不良影响。

采用二次投料的砂浆裹石或净浆裹石的搅拌新工艺，这样不仅可有效地防止水分向石子与水泥砂浆界面集中，使硬化后的界面过渡层的结构致密，黏结强度增强，而且可使混凝土强度提高10%左右，相应地也提高了混凝土的抗拉强度和极限拉伸值。实践证明，当混凝土强度基本相同时，可减少7%左右的水泥用量，从而也减少了水化热。

7. 改善边界约束和构造设计

防止大体积混凝土产生温度裂缝，除可以采取以上施工技术措施外，在改善边界约束和

构造设计方面也可采取一些技术措施，如合理分段浇筑、设置滑动层、避免应力集中、设置缓冲层、合理配筋、设应力缓和沟等。

此外，还可通过预埋水管、通水冷却等方法，来降低混凝土的内部升温。

4.14 喷射混凝土

喷射混凝土是利用压缩空气，借助喷射机械，把一定配合比的速凝混凝土高速高压喷向岩石或结构物表面，从而在被喷射面形成混凝土层，使岩石或结构物得到加强和保护。喷射混凝土主要用于矿山、竖井平巷、交通隧道和水工涵洞等地下建（构）筑物的混凝土支护或喷锚支护；地下水池、油罐和大型管道的抗渗混凝土施工；各种工业炉衬的快速修补；大型混凝土构筑物的补强和修补等。喷射混凝土施工一般不用模板，可以省去支模、浇筑和拆模工序，将混凝土的搅拌、输送、浇筑和捣实合为一道工序，具有施工进度快、强度增长快、密实性良好、施工准备简单、适应性较强、施工技术易掌握和工程投资较少等优点，但也有施工厚度不易控制、回弹量较大、表面不平整、劳动条件差和需专门的施工机械等缺点。

喷射混凝土技术自 20 世纪初开始至今已有一百多年的历史，其间国内外十分重视喷射混凝土技术的研究开发工作，在施工机械、施工工艺、新材料开发方面，结构设计和革新模板体系等方面均取得了较大突破。美国混凝土学会喷射混凝土专业委员会于 1977 年制定了《喷射混凝土的材料、配比与施工规定》。联邦德国钢筋混凝土学会于 1974 年制定了《喷射混凝土施工规范》，1976 年制定了《喷射混凝土维修和加固混凝土结构的规程》。我国冶金、水电、军工、铁道和煤炭等部门相继制定了有关喷射混凝土锚杆支护的标准，2001 年修改并新颁布了《锚杆喷射混凝土支护技术规范》。以上国家对喷射混凝土标准化建设的重视程度，反映了喷射混凝土在土木建筑工程中的重要地位，也标志着喷射混凝土技术的开发和应用进入了一个新的阶段。

4.14.1 喷射混凝土的原材料与配合比

1. 喷射混凝土的原材料

喷射混凝土的原材料主要是指水泥、集料、拌合用水和外加剂等。水泥是喷射混凝土中的关键性原材料，对水泥品种和强度等级的选用主要应满足工程环境条件和工程使用要求。一般情况下，喷射混凝土应优先选用强度等级不低于 42.5 级的硅酸盐水泥或普通硅酸盐水泥，必要时可选用特种水泥。应特别注意的是，选择水泥品种时要注意它与速凝剂的相容性。如果水泥品种选择不当，不仅可能造成急凝或缓凝、初凝与终凝时间过长等不良现象，而且会增大回弹量，影响喷射混凝土强度的增长，甚至会造成工程的失败。喷射混凝土宜采用细度模数大于 2.5、质地坚硬的中粗砂。砂子过细会使混凝土干缩增大，过粗会使喷射时回弹增大。砂子的其他技术指标应满足有关标准要求；喷射混凝土所用粗集料的最大粒径不宜大于 16mm，宜采用连续粒级级配，其余指标应符合有关标准规定。

用于喷射混凝土的外加剂主要有速凝剂、引气剂、减水剂、早强剂和增黏剂等。使用速凝剂的主要目的是使喷射混凝土速凝快硬，减少混凝土的回弹损失，防止喷射混凝土因重力作用而引起脱落，提高其在潮湿或含水岩层中使用的适应性能，也可以适当加大一次喷射厚度和缩短喷射层间的间隔时间。掺加速凝剂的喷射混凝土与不掺者相比,后期强度往往损失30%左右。这是因为掺加速凝剂的水泥石中先期形成了疏松的铝酸盐水化物结构,以后虽有C_3S和C_2S水化物填充加固,但已使硅酸盐颗粒分离,妨碍了硅酸盐水化物在单位面积内达到最大附着和凝聚所必需的紧密接触。速凝剂的掺量应适宜,大多数速凝剂的最佳掺量为水泥质量的2.5%~4.0%,若掺量超过4.0%,不仅后期强度将严重降低,而且凝结时间反而增长。喷射混凝土也可按需要掺入其他外加剂,其掺量应通过试验确定。

2. 喷射混凝土的配合比

喷射混凝土的配合比设计要求和设计方法与普通混凝土基本相似,但由于施工工艺有很大差别,所以还必须满足一些特殊要求。无论干喷法还是湿喷法施工,拌合料设计必须符合下列要求:

1)必须具有良好的黏附性,喷射到指定的厚度,获得密实均匀的混凝土。

2)具有一定的早强作用,4~8h的强度应能具有控制地层变形的能力。

3)在速凝剂用量满足可喷性和早期强度的条件下,必须达到设计的28d强度。

4)工程施工中粉尘含量较小,混凝土回弹量较少,且不发生管路堵塞。

5)喷射混凝土设计要求的其他性能,如耐久性、抗渗性和抗冻性等。

进管喷射混凝土配合比设计时,下列数据可供选择:灰骨比宜为1:(4~5);水胶比宜为0.40~0.50,砂率宜为45%~60%,湿喷混凝土的胶凝材料用量不宜小于400kg/m³,混凝土拌合物的坍落度宜为80~130mm。

4.14.2 喷射混凝土的施工工艺

1. 喷射混凝土的施工机具和工艺流程

喷射混凝土的施工机具包括混凝土喷射机、喷嘴、混凝土搅拌机、上料装置、动力及储水容器等。按混凝土在喷嘴处的状态,喷射混凝土的喷射施工工艺有干法和湿法两种。将水泥、砂、石子和速凝剂等按一定配合比拌和而成的混合料装入喷射机内,混凝土在微湿状态输送至喷嘴处加水加压喷出者为干式喷射混凝土;将水胶比为0.45~0.50的混凝土拌合物输送至喷嘴处加压喷出者为湿式喷射混凝土。干式喷射设备简单,价格较低,能进行远距离压送,易加入速凝剂,喷射脉冲现象少,但施工粉尘多,回弹比较严重,工作条件差;湿式喷射施工粉尘少,回弹比较轻,混凝土质量易保证,但设备比较复杂,不易远距离压送和加入速凝剂,混凝土拌合物容易在输送管中产生凝结和堵塞,造成清洗比较困难。国内以干式喷射机施工为主。

根据喷射混凝土采用的施工机具不同,干式喷射和湿式喷射的施工工艺流程也不同,各自的工艺流程如图4-29所示。

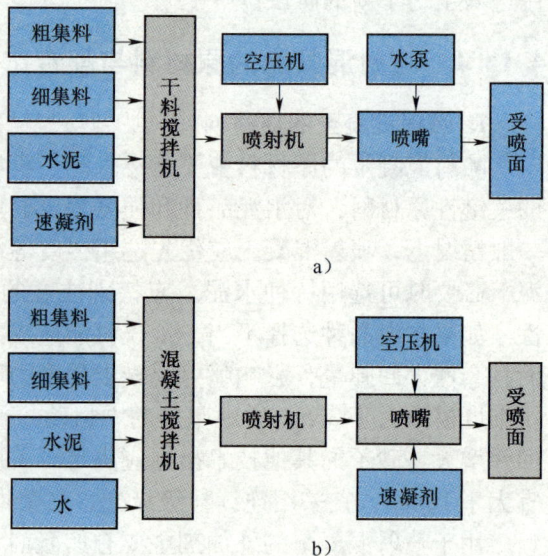

图4-29 混凝土喷射施工工艺流程
a)干式 b)湿式

2. 喷射混凝土的施工步骤

(1) 待喷面的准备工作 在正式进行喷射施工之前,除搞好配料、设备试运转、施工劳动组织等工作外,做好待喷面的准备工作是保证顺利施工的关键。待喷面的准备工作主要包括清除危石、待喷面冲洗、作业区段划分和其他准备工作等。喷射施工要按一定的顺序有条不紊地进行。喷射作业区段的宽度,应根据施工机具、受喷面的具体情况而定,一般应以1.5~2.0m为宜。对于水平坑道,其喷射顺序为先墙后拱、自下而上;侧墙应自墙基开始,拱应自拱脚开始,封拱区宜沿轴线由前向后。

(2) 喷射混凝土的作业 根据我国喷射混凝土的施工经验,以干式喷射施工机具为例,在作业中应当注意以下问题:

1) 工作风压的选择。喷射机在正常进行喷射作业时,工作罐内所需的风压称为工作风压。选择适宜的工作风压,是保证喷射混凝土顺利施工和质量的关键。工作风压是否适宜,对喷射混凝土的粉尘大小与回弹率高低影响甚大。

2) 喷嘴处水压的选择。在采用干式喷射施工时,作业手必须在风流通过喷嘴时向材料注入正确的水量,而正确水量的注入必须有适宜的水压力。工程实践证明,喷嘴处的水压必须大于工作风压,并且压力稳定才会有良好的喷射效果。水压一般比工作风压大0.10MPa左右为宜。

3) 一次喷射厚度的确定。一次喷射厚度太薄,喷射时集料易产生大的回弹;一次喷射厚度太大,易出现喷层下坠、流淌,或与基层面之间出现空壳。因此,一次喷射的适宜厚度,以喷射混凝土不滑移、不坠落为度,一般以大于集料粒径的2倍为宜。根据施工经验,喷射混凝土的一次喷射厚度,与喷射方向、是否掺加速凝剂有密切关系,也与水平夹角有一定关系。

4) 集料含水率的控制。喷射混凝土所用的集料,如果含水率低于4%,在搅拌、上料及喷射工程中,很容易使粉尘飞扬;如果含水率高于8%,很容易发生喷射机料罐粘料和堵管现象。因此,集料在使用前应提前8h洒水,使之充分均匀湿润,保持适宜的含水率,这样对拌制拌合料时水泥同集料的黏结、减少粉尘和提高喷射混凝土的强度都是有利的。喷射混凝土所用集料中的含水率一般以5%~7%为宜。

5) 水泥预水化的控制。集料中有适宜的含水率,具有众多的优越性,但水泥与高湿度的集料接触会产生部分水泥预水化,特别是加入速凝剂更会加速水泥预水化。水泥预水化的混合料会出现结块成团现象,使拌合料温度升高,喷射后形成一种缺乏黏聚力的、松散的、强度很低的混凝土。为了防止水泥预水化的不利影响,最重要的是缩短拌合料从搅拌到喷射的时间,即拌合料一般应随搅随喷,两者应当紧密衔接。

6) 严格控制混凝土的回弹。混凝土回弹是由于喷射料流与坚硬表面、钢筋碰撞或集料颗粒间相互撞击,而从受喷面上弹落下来的混凝土拌合料。回弹是喷射混凝土施工中的一大难题,它不仅浪费了建筑材料和能量,而且改变了混凝土的配合比和强度。回弹率大小同原材料的配合比、施工方法、喷射部位及一次喷射厚度关系很大,其中混凝土的配合比是最重要的一个方面。在正常情况下,侧墙的回弹率不得超过10%,拱顶的回弹率不得超过15%。回弹物应及时回收利用,但掺量不得超过总集料的30%,并要进行试验确定。

7) 加强喷射混凝土的养护。加强对喷射混凝土的养护,对于水泥用量高、表面粗糙的薄壁喷射混凝土结构尤为重要。为使水泥充分水化、减少和防止收缩裂缝,在喷射混凝土终凝后即开始洒水养护。工程实践证明，喷射混凝土在喷射后的 7d 内，进行养护是最关键的时期，因此，在任何情况下，地下工程养护时间不得少于 7d，地面工程不得少于 14d。

8）及时进行质量检查。在喷射混凝土施工中，及时进行质量检查是一项非常重要的工作，它便于及早发现问题，立即采取措施，保证施工质量。质量检查包括的内容很多，并且贯穿于施工的全过程。归纳起来，主要有以下几个方面：

① 对原材料的质量检查。这是保证工程质量的基础，原材料质量的优劣对喷射混凝土的质量有直接影响。

② 对混凝土拌合料配合比的质量检查。在喷射过程中要及时测定混凝土的配合比和回弹率，尤其是采用干喷法更要严格控制配合比。

③ 对受喷面混凝土的质量检查。要及时检查已经喷射的混凝土表面，检查是否有松动、开裂、下坠滑移等质量问题，如有以上问题应及时消除重喷。

④ 对混凝土力学性能的质量检查。按规范规定及时制作喷射混凝土试件，进行混凝土力学性能的试验，以控制和评价喷射混凝土的质量。

4.15 活性粉末混凝土

4.15.1 活性粉末混凝土的发明

20 世纪 70 年代，高效减水剂的发展与一些优质活性矿物细粉、超细粉（如硅灰、沸石粉等）的掺入，促使混凝土在较低水胶比的条件下成型密实而获得较高强度（>60MPa）的水泥基复合材料，即高强混凝土（high strength concrete，HSC）。但高强混凝土在早期的弹性模量随强度升高而增大，同时变形受约束产生的应力松弛作用（徐变）减小，因此导致它比中低强度的混凝土更易开裂。硅粉掺量越多、水胶比越低的高强混凝土，早期强度发展越迅速，开裂和强度倒缩现象也就越显著。并且随着混凝土强度的不断提高，混凝土的固有弱点（抗拉强度低、韧性差等）更加突出。为此，在水泥基材料中掺加抗拉强度高、伸长率大、抗碱性好的各种纤维（金属纤维、无机纤维或有机纤维）作为增强材料而形成水泥基复合材料，即纤维混凝土（fiber reinforced concrete，FRC），其中纤维材料可以约束水泥基料中裂缝的扩展，使混凝土具有较高的抗拉和抗弯强度、良好的韧性及延性。当然，在粗集料颗粒仍然较大的情况下，不仅钢纤维的"架桥"作用受到限制，而且长纤维对拌合物的工作度影响十分显著。

因此，为了获得性能更加优异的混凝土，法国人 Prierre Richard 和 Marcel Cheyrezy 采用"高致密水泥基均匀体系"（DSP）模型，集高强混凝土和纤维混凝土之优势于一体，将粗集料剔除，根据最紧密堆积原理，用最大粒径为 $400 \sim 600 \mu m$ 的石英砂为集料，掺入适量短纤维和活性矿物掺合料，配以成型施压、热处理养护等制备方法，得到新型高性能混凝土——活性粉末混凝土（reactive powder concrete，RPC）。

4.15.2 活性粉末混凝土的理论基础

1. 高致密水泥基均匀体系

人们认识到混凝土集料粒径与其界面的微裂隙尺寸和扩展有直接关系，因而高强、高性能混凝土强调使用粗集料的最大粒径趋小化。在 RPC 活性粉末混凝土中，采用石英细砂（最大粒径 $400\sim600\mu m$）作为集料，剔除了粗集料，并在混凝土中掺加活性组分，采用很低的水胶比，从而提高基体的匀质性和密实性。具体来讲，有以下两个方面：

第一，在活性粉末混凝土中，剔除了粗集料，减小过渡区的厚度与范围，并掺加了活性组分，使极细小的粒子及反应生成的水化物填充沉积在水泥凝胶孔及微裂缝之中（称为"微粉效应"），在极低的水胶比下，这不仅极大地降低了混凝土的基体缺陷，还大大地降低了混凝土中的孔隙率，并显著改善了混凝土孔结构。

第二，混凝土中存在集料对水泥石变形的约束作用。在 RPC 活性粉末混凝土的体系中，由于剔除了粗集料，消除了粗集料对砂浆收缩的约束，在整体上提高了体系的匀质性，减少了应力，从而改善了 RPC 活性粉末混凝土的各项性能。

2. 微观增强

吴中伟院士提出的水泥基复合材料的中心质假说，把不同尺度的分散相称为中心质，把连续相称为介质。具体来讲，水泥基复合材料中的集料、钢筋、钢丝网、各种纤维和增强聚合物属于大中心质，未水化的水泥熟料颗粒为次中心质，水化产物中水泥凝胶等为次介质，毛细孔为负中心质。各级中心质和介质都存在相互效应，即围绕各级中心质存在着吸附、黏结、机械咬合等作用，称为"中心质效应"。依据中心质假说，在活性粉末混凝土中，水胶比很低，各级中心质数量多，中心质之间的距离大大减小，中心质效应变得很强，从而使混凝土结构在很大程度上得到强化。

3. 纤维增强

在 RPC 活性粉末混凝土中，钢纤维对基体的作用与普通纤维混凝土中的纤维作用相同，概括起来主要有阻裂、增强和增韧三种。阻裂作用是纤维对新拌混凝土早期收缩裂缝和硬化后收缩裂缝的产生和扩展的阻碍作用。纤维对基体的增强作用，主要为对抗拉强度的提高，相应地，以主拉应力为控制破坏的，如弯拉强度、抗剪强度等也随之提高。当高弹性模量的钢纤维含量较高时，纤维混凝土的抗压强度就会显著提高。材料的韧性通常是指材料在各种受力状态下进入塑性阶段保持一定抗力的变形能力。纤维混凝土的最大特点就在于韧性的显著改善。换句话说，纤维混凝土中纤维的主要作用是限制水泥基材料在外力作用下裂缝的扩展。若纤维的体积掺量超过某一临界值，整个复合材料可继续承受较高的荷载并产生较大变形，直到纤维被拉断或纤维从基体中被拔出以致复合材料被破坏。RPC 活性粉末混凝土一般采用高强度钢纤维，当混凝土破坏时，钢纤维通常是被拔出而非拉断。

4. 硅灰强化

矿物超细粉是指粒径小于 $10\mu m$ 的矿物粉体材料，是作为高性能混凝土的一个组分材料而被单独粉磨的。一般超细粉的比表面积 $\geqslant6000cm^2/g$；而一般水泥的比表面积仅为 $2800\sim3200cm^2/g$。矿物超细粉具有表面能高、对水泥空隙有微观填充作用及化学活性很高等特性，这使超细粉在水泥浆体中具有过去一般掺合料没有的功能，并给混凝土带来许多新的特性。作为高性能混凝土超细粉的品种有硅灰、粉煤灰及超细矿渣等。RPC 活性粉末混凝土中必不可少的一种矿物超细粉掺合料就是硅灰。硅灰的作用是降低泌水，减少水分在集料颗粒下方的积聚，并与氢氧化钙反应生成水化硅酸钙，这样既降低了界面的厚度，又提高了界面的密实度，大大地降低了界面区的渗透性，从而大大提升了混凝土抵抗有害离子侵入的能力。

4.15.3 活性粉末混凝土的应用与研究

活性粉末混凝土一经出现，由于其超高强与高韧性，很快引起了学术界和工程界的广泛关注。活性粉末混凝土可应用的领域非常广泛，包括供水、废物处理、石油工业、锻造与冲压、探矿、一般机械、船舶制造、航空工程、市政工程、低温工程、表面防护层、化学工业、机床—刀具、液压设备及军事上的防护设施等。利用活性粉末混凝土的高强度和高韧性，在不需要配筋或少量配筋的情况下，能生产薄壁制品、细长构件和其他新颖结构形式的构件；利用活性粉末混凝土的超高抗渗性与抗拉性能，可替代钢材制造压力管道和腐蚀性介质的远距离输送管道；利用活性粉末混凝土的超高抗渗性与高冲击韧性，制造中低放射性核废料储藏容器，不仅可大幅度降低泄漏的危险，而且可大幅度延长使用寿命等。

法国就利用活性粉末混凝土的极低空隙率、高抗侵蚀性、抗渗透性对一座核电厂的冷却塔进行了改造。加拿大在对 RPC 配合比研究的基础上，研究了无纤维 RPC 钢管混凝土，并用于加拿大魁北克省 70m 跨的 Sherbrooke 人行混凝土桁架桥上。桥构件采用 30mm 厚无纤维活性粉末混凝土桥面板、直径 150mm 的预应力 RPC 钢管混凝土桁架、纤维活性粉末混凝土加劲肋和纤维 RPC 梁，整个结构在现场进行组装。由于采用了 RPC，不仅大大减轻了桥梁结构的自重，还提高了桥梁在高湿度环境、除冰盐腐蚀与冻融循环作用下的耐久性能。北美的 Lafarge 公司在 RPC 的商业化方面走在了前面，该公司为 RPC 注册了"Ductal"商标，并应用于工程实际，甚至用来制作装饰产品。2002 年春，由法国著名建筑师 Rudy Riccioti 设计的象征法国与韩国合作与友谊的步行桥——和平桥建成了，这座桥的主跨部分完全使用 Lafarge 公司的"Ductal"。和平桥建设速度很快，结构轻盈，自重很小，标志着 RPC 在实际应用中达到了新的高度。

1999 年以来，我国清华大学、湖南大学等科研机构的学者就这一领域也进行了积极的探索和研究，目前，已针对活性粉末混凝土的材料配合比、养护条件、强度、部分耐久性和微观结构等方面进行了试验研究。所研究的活性粉末混凝土的抗压强度多为 150～250MPa，抗折强度在 30MPa 以上。弹性模量为 50～75GPa，其抗折强度和断裂韧性都大大提高。在青藏铁路的建设中，还将 RPC 应用于铁路桥的步行系统。

常规活性粉末混凝土的水泥用量很高，一般在 700～800kg/m³，而采用大掺量粉煤灰配制的活性粉末混凝土，其水泥用量在 400kg/m³ 左右，力学性能降低幅度不大，与常规活性粉末混凝土一样具有优异的耐久性。这一结论给我们如下启示：

1）在低水胶比下，高水泥用量对混凝土性能积极的作用并不明显。

2）在低水胶比下，大掺量粉煤灰混凝土一样具有很强的抗碳化、冻融能力，以及耐久性。

3）在低水胶比下，硅灰—粉煤灰—水泥的逐级填充对凝胶结构具有积极的意义。

4）在低水胶比下，大量的矿物细粉与未水化水泥颗粒对结构的强度有积极的贡献——中心质假说的解释比较合理。

4.16 "双碳"目标下混凝土行业面临的挑战和发展方向

混凝土作为建筑领域的核心材料，其重要性和产业体量对整个建材行业整体发展影响深远。随着我国"双碳"目标的提出，各行各业都在谋求和加速绿色低碳转型。对于在基础设施建设中发挥巨大作用的混凝土行业来说,绿色低碳同样是未来发展的必由之路。大力推进绿色高性能混凝土技术的广泛应用,努力实现混凝土绿色和耐久发展,是行业未来发展的方向。

4.16.1　混凝土行业发展面临的挑战

过去的15年,是我国混凝土行业快速发展的阶段,行业处于技术变革时期,充满活力。绿色高性能混凝土理论和技术取得了显著进步,科技成果增多,工程应用最多,在重大工程中技术效果最好。主要体现在以下几个方面:

一是粉煤灰、矿渣等矿物掺合料得到广泛应用。水灰比相关规律向着水胶比相关规律的理论探索不断深入;机制砂石粉、尾矿微粉等固废在胶凝材料体系中逐渐占有一定的位置,混凝土生产中使用具有潜在活性的矿物掺合料和石灰石粉、尾矿微粉等非活性掺合料的企业也越来越多。

二是机制砂替代河砂成为主力砂源。当前,机制砂混凝土技术受到广泛关注,这方面的研究越来越系统,应用也越来越成功。目前机制砂混凝土已经成功应用到超高强高性能混凝土工程中,在建筑工程、交通工程、铁道工程、水电工程和国防工程中实现了常态化应用。高品质砂石集料与高性能混凝土成为行业发展的焦点和热点。

三是外加剂技术持续支撑混凝土产业技术发展,聚羧酸高性能减水剂已经成为主流产品,各类新型多功能外加剂的研发和应用对机制砂混凝土的和易性、强度和结构耐久性发挥着重要作用。化学外加剂、高品质集料和矿物掺合料是绿色高性能混凝土的三大物质基础。

当前面临的考验主要有两方面。一是砂石的质量问题及其不稳定的供应链带来的混凝土质量风险。虽然砂石集料技术和产业近年来得到快速发展,但是从整体上看,产品质量参差不齐,个别区域风化成分、膨胀性成分的混入,以及沿海地区海砂供应中存在许多不规范清洗的现象,都为混凝土工程质量埋下隐患。二是混凝土产业存在畸形的产业"生态环境",产能过剩,企业低价恶性竞争,被迫接受"霸王"合同,垫资生产、回款困难等问题困扰着整个行业,一些产能过剩的区域还在允许批准或变相批准新的混凝土企业资质,进一步加剧了市场竞争和产能过剩。解决问题的方法是"做减法",利用国家和行业对环境保护、企业转型升级越来越高的要求,逐渐淘汰不符合要求的混凝土企业,恢复正常的市场秩序和生存发展氛围。

4.16.2　绿色低碳已成发展主旋律

2021年10月26日,国务院发布的《2030年前碳达峰行动方案》明确提出"加强新型胶凝材料、低碳混凝土、木竹建材等低碳建材产品研发应用"。"低碳混凝土"概念首次出现在了国务院颁发的重磅文件中。

当前,绿色低碳已经成为各行各业发展的主旋律,对于混凝土行业来说,发展的方向是大力推进绿色高性能混凝土技术的广泛应用,实际上就是两个方面——绿色和耐久。

在实现路径上,首先是鼓励利用对混凝土性能无害的工业固废加工砂石集料和矿物掺合料,如隧道洞渣制备机制砂石、尾矿机制砂石、尾矿微粉、石灰石粉等在混凝土中的应用;其次是结构混凝土性能上的耐久,也就是长寿命,这是"双碳"背景下,混凝土行业发展的重中之重。绝对不能以绿色为由,无底线掺加废弃物来建造短命建筑。这里面有理论创新，也有技术创新。例如，金属矿尾矿微粉的断键重聚机理的提出，中低强度低水泥绿色高性能混凝土制备技术的应用等。但是，太低的水泥用量或者熟料用量也是行不通的。

混凝土本身相比其他建筑材料比较低碳，低碳混凝土和高性能混凝土一样，不应该是一个具体的混凝土品种，而应是一种混凝土技术发展的理念和方向。"低碳混凝土"在国务院文件中的首次出现，意味着国家对混凝土行业发展的重视及期望和要求，不仅要承担国家基础设施建设对结构工程材料的刚需，还要承担国家资源、生态环境和可持续发展的使命，承担"双碳"目标实现的责任。例如，控制和减少混凝土中水泥用量，利用可利用的隧道洞渣、建筑垃圾、固体废弃物来生产砂石集料和掺合料，节约能源、资源；提高混凝土耐久性，极大延长建筑物服役寿命；建筑物寿命从50年提高到200年，从长远来看，也是控制碳排放的重要措施。

固废利用是混凝土低碳化路径之一。固体废弃物和低碳混凝土的关系是互相倚重、不可割裂的，不能高效地利用固体废弃物，就无法实现低碳混凝土的目标。但混凝土不是"垃圾箱"，只有对混凝土性能无害的工业固废才可以使用。同时利用这些固废加工生产的砂石集料、矿物掺合料或低熟料胶凝材料也要追求高质量，这是推广绿色高性能混凝土的先决条件和物质基础。

习　题

4-1　普通混凝土的组成材料有哪几种？在混凝土中各起何作用？

4-2　什么是集料级配？当两种砂的细度模数相同，其级配是否相同？反之，如果级配相同，其细度模数是否相同？

4-3　集料有哪几种含水状态？为何施工现场必须经常测定集料的含水率？

4-4　什么叫减水剂、早强剂、引气剂？简述减水剂的减水机理。

4-5　粉煤灰掺入混凝土中，对混凝土产生什么效应？

4-6　如何测定塑性混凝土拌合物和干硬性混凝土拌合物的流动性？它们的指标各是什么？单位是什么？

4-7　影响混凝土拌合物和易性的主要因素有哪些？分别有什么影响？

4-8　改善混凝土拌合物和易性的主要措施有哪些？哪种措施效果最好？

4-9　如何判定混凝土拌合物属于流态、流动性、低流动性、干硬性？

4-10　在试拌混凝土时出现下列情况使拌合物和易性达不到要求。应采取什么措施来改善？

1）混凝土拌合物黏聚性、保水性均好，但坍落度太小。

2）混凝土拌合物坍落度超过原设计要求，保水性较差，且用棒敲击一侧时，混凝土发生局部崩塌。

4-11　配制混凝土时为什么要选用合理砂率？

4-12　某混凝土搅拌站原使用砂的细度模数为2.5，后改用细度模数为2.1的砂。改砂后原混凝土配合比不变，但坍落度明显变小。请分析原因。

4-13　为什么混凝土在潮湿条件下养护时收缩较小，干燥条件下养护时收缩较大，而在水中养护时几乎不收缩？

4-14　混凝土有哪几种变形？这些变形对混凝土结构有何影响？

4-15　试述混凝土产生干缩的原因。影响混凝土干缩值大小的主要因素有哪些？

4-16　哪些措施可以减小混凝土的徐变？

4-17　试述温度变形对混凝土结构的危害。有哪些有效的防治措施？

4-18 如何确定混凝土的强度等级？混凝土强度等级如何表示？单位是什么？普通混凝土划分为哪几个强度等级？

4-19 试简单分析下述不同试验条件测得的强度有何不同和为何不同？

1）试件形状不同（同横截面的棱柱体试件和立方体试件）。

2）试件尺寸不同。

3）加荷速度不同。

4）试件与压板之间的摩擦力大小不同（涂油和不涂油）。

4-20 影响混凝土弹性模量的因素有哪些？混凝土的弹性模量有哪几种表示方法？常用的是哪一种？怎样测定？

4-21 试结合混凝土的荷载－变形曲线说明混凝土的受力破坏过程。

4-22 何谓混凝土的塑性收缩、干缩、自收缩和徐变？其影响因素有哪些？收缩与徐变对混凝土的抗裂性有何影响？

4-23 试从混凝土的组成材料、配合比、施工、养护几个方面综合考虑，提出提高混凝土强度的措施。

4-24 在标准条件下养护一定时间的混凝土试件，能否真正代表同龄期的相应结构物中的混凝土强度？在现场同条件下养护的混凝土又如何呢？

4-25 试述混凝土耐久性的含义。耐久性要求的项目有哪些？提高耐久性有哪些措施？

4-26 影响混凝土抗渗性的因素有哪些？有哪些改善措施？

4-27 某施工单位在一个月内根据施工配合比先后留置了28组立方体试块，测得每组试块的抗压强度代表值（MPa）为：

29.5，27.5，24.0，26.5，26.0，25.2，27.6，28.5，25.6，26.1，26.7，24.1，25.2，27.6，
28.6，26.7，23.2，27.1，25.8，23.9，28.1，27.8，24.9，25.6，23.1，25.4，26.2，29.6

试计算该批混凝土强度的平均值、标准差和保证率，并判定该批混凝土的生产质量水平。简述混凝土强度检测评定方法、标准及各自的适用范围。

4-28 混凝土的配合比设计时，为什么必须进行试配和调整？

4-29 配制混凝土如何确定其坍落度？

4-30 某教学楼现浇钢筋混凝土柱，混凝土柱截面最小尺寸为300mm，钢筋间距最小尺寸为40mm。该柱在露天受雨雪影响。混凝土设计等级为C40，采用42.5级普通硅酸盐水泥，无实测强度，密度为3.1g/cm³；粉煤灰为Ⅱ级灰，密度为2.21g/cm³；磨细矿渣粉为S95级，密度为2.6g/cm³；粉煤灰与矿渣粉按6:4的比例使用，砂子为中砂，密度为2.60g/cm³，堆积密度为1500kg/m³；石子为碎石，表观密度为2.69g/cm³，堆积密度为1550kg/m³；减水剂减水率为20%，掺量为1%。混凝土要求坍落度180~200mm，施工采用机械搅拌，机械振捣，施工单位无混凝土强度标准差的历史统计资料。试设计混凝土配合比。

4-31 某试验室拌混凝土15L，经调整后各材料的用量为：水泥4.0kg，粉煤灰水1.7kg，砂11.0kg，碎石16.2kg，水2.4kg，实测混凝土拌合物的密度2362kg/m³，经强度检验满足设计要求。试确定：

1）试验室配合比。

2）施工现场砂的含水率为4%，石子的含水率为1.5%，确定施工配合比。

3）混凝土实测强度为38.7MPa，施工时直接将试验室配合比误用为施工配合比，试分析对混凝土强度有何影响？

砂　浆 | 第5章

【本章提要】 主要介绍普通砂浆的组成材料、和易性、力学性质、黏结性能等方面内容，并介绍砂浆配合比的设计方法与步骤。简要介绍其他品种砂浆，如特殊用途的砂浆、干粉砂浆等。本章的学习目标：熟悉和掌握砌筑砂浆的性能特点，以及在工程施工中正确选择原材料、合理确定配合比等方面的内容。

　　建筑砂浆由胶凝材料、细集料、掺合料和水等材料按适当比例配制而成。建筑砂浆和混凝土在组成上的差别仅在于它不含粗集料，故又称无粗集料混凝土。

　　砂浆是土木工程中用量大、用途广的建筑材料之一，主要用于砌筑、抹面、修补和装饰工程。在结构工程中，砂浆主要作为砖、砌块、石材等砌体的胶结材料，也可用于砖墙勾缝、大型墙板和各种结构的接缝材料；在装饰工程中，砂浆可用作建筑物内、外表面的抹灰材料，以及石材、陶瓷面砖、锦砖等贴面时的黏结和嵌缝材料。

　　砂浆按所用胶凝材料不同，可分为水泥砂浆、水泥混合砂浆、石灰砂浆、石膏砂浆及聚合物水泥砂浆等。按其用途可分为砌筑砂浆、抹灰砂浆，以及其他特殊用途的砂浆，如保温、吸声、防水、耐酸、装饰、修补等砂浆。本章主要介绍常用的砌筑砂浆和抹灰砂浆。

5.1　砂浆的组成材料

5.1.1　胶凝材料

　　胶凝材料在砂浆中起着胶结的作用，它是影响砂浆流动性、黏聚性和强度等技术性质的主要组分。 常用的有水泥、石灰、石膏、黏土等。胶凝材料的选用应根据砂浆的用途及使用环境决定，对于干燥环境中使用的砂浆，可选用气硬性胶凝材料；对处于潮湿环境或水中的砂浆，则必须用水硬性胶凝材料。

1. 水泥

　　配制砂浆的水泥可采用普通硅酸盐水泥、矿渣硅酸盐水泥、火山灰质硅酸盐水泥等常用品种的水泥。砂浆中水泥品种的选择与混凝土相同，应根据其用途及使用环境决定。**水泥强度等级过高，将使砂浆中水泥用量不足而导致其保水性不良。** 由于砂浆对强度的要求并不高，为合理利用资源、节约材料，在配制砂浆时，应尽量选用低强度等级的水泥。因此，一般采用32.5级水泥。若水泥强度过高，应加掺合料予以调整。在配制特殊用途的砂浆时，可采用某些专用水泥和特种水泥。

2. 石灰

在配制石灰砂浆或混合砂浆时，需使用石灰。砂浆中使用的石灰的技术要求见第 2 章。为保证砂浆的质量，应将石灰预先消化，并经"陈伏"，消除过火石灰的膨胀破坏作用。在满足工程要求的前提下，也可使用工业废料配制石灰砂浆或混合砂浆，如电石灰膏等。为配制修补砂浆或有特殊要求的砂浆，也可采用有机胶结剂作为胶凝材料。

5.1.2 细集料

细集料在砂浆中起着骨架和填充作用，对砂浆的流动性、黏聚性和强度等技术性能影响较大。性能良好的细集料可提高砂浆的工作性和强度，尤其对砂浆的收缩开裂，有较好的抑制作用。

砂浆中最常使用的细集料是河砂。**砂中含的泥对砂浆的和易性、强度、变形性和耐久性均有影响。**砂子中含有少量泥，可改善砂浆的黏聚性和保水性，故砂浆中砂的泥含量可比混凝土中略高。对强度等级为 M2.5 以上的砌筑砂浆，砂的泥含量应小于 5%；对强度等级为 M2.5 的砂浆，砂的泥含量应小于 10%。

砂的粗细程度对水泥用量、和易性、强度及收缩性能影响很大。由于砂浆层较薄，对砂子的最大粒径应有所限制。用于砌筑毛石砌体的砂浆，砂子的最大粒径应小于砂浆层厚度的 1/5～1/4，可采用粗砂。用于砌筑砖砌体的砂浆，砂子的最大粒径不得大于 2.5mm。用于光滑抹面和勾缝的砂浆，则应采用细砂，最大粒径不宜超过 1.25mm。用于装饰的砂浆，还可采用彩砂、石渣等。

当细集料采用山砂、人工砂、炉渣和特细砂时，应根据经验并经试验确定其技术指标要求。如用煤渣作集料，应选用燃烧完全且有害杂质含量少的，以免影响砂浆质量。

5.1.3 掺合料和外加剂

在砂浆中，掺合料是为改善砂浆的和易性而加入的无机材料，如粉煤灰、沸石粉等。**为改善砂浆的和易性及其他性能，还可在砂浆中掺入外加剂，如增塑剂、早强剂、减水剂、防水剂、防冻剂、缓凝剂等。**砂浆中掺入外加剂时，不仅要考虑外加剂对砂浆本身性能的影响，还要根据砂浆的用途，考虑外加剂对砂浆使用功能的影响，并通过试验确定外加剂的品种和掺量。当在配有钢筋的砌体砂浆中掺加氯盐类外加剂时，氯盐掺量按无水状态计算不得超过水泥质量的 1%。砂浆中常用的外加剂如下：

(1) 粉煤灰 在砂浆中掺加粉煤灰可改善砂浆的和易性，提高其强度，节约水泥和石灰。砂浆中使用的粉煤灰应满足水泥和混凝土用粉煤灰的要求。

(2) 微沫剂 微沫剂是用松香与工业纯碱熬制成的一种憎水性有机表面活性剂，经强力搅拌能在砂浆中产生微细泡沫，增加水泥的分散性，可改善砂浆的和易性，代替部分石灰膏。

5.1.4 拌合用水

砂浆拌合用水的技术要求与混凝土拌合用水相同，应选用洁净、无杂质的饮用水来拌制砂浆。为节约用水，经化验分析或试拌验证合格的工业废水也可用于拌制砂浆。

5.2 砌筑砂浆

将砖、石及砌块黏结成为砌体的砂浆称为砌筑砂浆。在砌体中，它起着黏结砖、石及砌块构成砌体，传递荷载，协调变形的作用。因此，砌筑砂浆是砌体的重要组成部分。

5.2.1 砌筑砂浆的技术性质

土木工程中，要求砌筑砂浆具有如下性质：

1. 和易性

新拌砂浆应具有良好的和易性。新拌砂浆应容易在砖、石及砌块表面上铺砌成均匀的薄层，以利于砌筑施工和砌筑材料的黏结。**新拌砂浆的和易性包括两个方面：流动性和保水性。**

（1）流动性　流动性是指新拌砂浆在自重或外力的作用下产生流动的性质。**砂浆的流动性可以用稠度来表示。**无论是采用手工施工，还是机械喷涂施工，都要求砂浆具有一定的流动性或稠度。砂浆的流动性和许多因素有关，**胶凝材料的用量、用水量、砂的质量以及砂浆的搅拌时间、放置时间、环境的温度、湿度等均影响其流动性。**

工程中砂浆的流动性可根据经验来评价、控制。试验室中可用砂浆稠度仪来测定其稠度值（沉入量），进而来评价控制其流动性。测定砂浆流动性时，首先将被测砂浆均匀地装入砂浆流动性测定仪的砂浆筒中，置于测定仪圆锥体下，将质量为300g的带滑杆的圆锥尖与砂浆表面接触，然后突然放松滑杆，在10s内，圆锥体沉入砂浆中的深度值（单位为cm）为沉入度（稠度）值。**沉入度值越大，表示砂浆流动性越好。**

选用流动性适宜的砂浆，能提高施工效率，有利于保证施工质量。砂浆流动性的选择，应根据砌体材料的种类、施工时的气候条件和施工方法等情况来确定（见表5-1）。通常情况下，若基层为多孔的，吸水大的材料（如烧结砖），或在干热条件下施工，应选择流动性大一些的砂浆。相反，若基层为密实的，吸水很少的材料（如密实的石材），或在湿冷条件下施工，应选择流动性小的砂浆。

表 5-1　砌筑砂浆稠度的选择

砌 体 种 类	砂浆稠度（沉入量）/mm
烧结普通砖砌体	70 ~ 90
轻集料混凝土小型空心砌块砌体	60 ~ 90
烧结多孔砖、空心砖砌体	60 ~ 80
烧结普通砖平拱式过梁 空斗墙、筒拱 普通混凝土小型空心砌块砌体 加气混凝土砌块砌体	50 ~ 70
石砌体	30 ~ 50

（2）保水性　保水性是指新拌砂浆保持其内部水分的能力，它反映了砂浆中各组分材料不易分离的性质。保水性不好的砂浆在存放、运输和施工过程中容易产生泌水和离析现象，当铺抹于基底后，水分很快被基面吸走，从而使砂浆干涩，不易铺成均匀密实的砂浆薄

层，施工困难，同时也影响水泥的正常水化硬化，使强度和黏结力下降。为提高水泥砂浆的保水性，往往在砂浆中掺入适量的石灰膏或塑化剂，能明显改善砂浆的保水性和流动性。

砂浆保水性用分层度表示。测定时，首先将砂浆搅拌均匀，测定沉入度后，将其装入内径 15cm、高 30cm 的圆筒内，静止半小时后除去筒上部 2/3 高度的砂浆，然后测定下部 1/3 高度砂浆的沉入度值，两次沉入度值之差即为分层度值。

一般工程要求砂浆分层度以 **1~3cm** 为宜。分层度大于 **3cm** 的砂浆，易产生离析，保水性不良；分层度为 **0** 的砂浆，虽然无分层现象，保水性好，但是往往由于胶凝材料用量过多，或者砂过细，致使砂浆硬化后干缩值大。

影响新拌砂浆保水性的主要因素是胶凝材料的种类和用量，砂的品种、细度和用量，以及用水量。在砂浆中掺入石灰膏、粉煤灰等掺合料，可明显提高砂浆的保水性。

【案例 5-1】 砂浆质量问题。

概况：某工地现场配制 M10 砌筑砂浆时，把水泥直接倒在砂堆上，再人工搅拌。拌和后发现该砂浆的和易性和黏结力都较差。请分析原因。

分析：首先，砂浆的均匀性有问题。将水泥直接倒入砂堆上，采用人工搅拌的方式往往会导致水泥和砂混合不够均匀，使强度波动大，应加入搅拌机中搅拌。其次，仅以水泥与砂配制强度等级较低（如本案例 M10）的砌筑砂浆时，一般只需少量水泥就可满足强度要求，但这样使得胶凝材料用量不足，砂浆的流动性和保水性较差，黏结力较低。通常可掺入少量石灰膏、石灰粉或微沫剂等以改善砂浆和易性，提高黏结力。

2. 硬化砂浆的强度

（1）强度等级 硬化后的砂浆应将砖、石、砌块等块状材料黏结成整体，并具有传递荷载和协调变形的能力。因此，砂浆应具有一定的强度和黏结性。一定的强度可保证砌体强度等结构性能。良好的黏结力有利于砌块与砂浆之间的黏结。一般情况下，砂浆抗压强度越高，它与基层的黏结力也越强，同时，在粗糙、洁净、湿润的基面上，砂浆黏结力比较强。故工程上以抗压强度作为砂浆的主要技术指标。

砂浆的抗压强度是用标准试件（**70.7mm × 70.7mm × 70.7mm 的立方体试件**），在标准条件［水泥砂浆在温度为（**20 ± 3**）℃，相对湿度 **90%** 以上；水泥石灰混合砂浆在温度为（**20 ± 3**）℃，相对湿度 **60% ~ 80%**］下养护 28d，按标准试验方法测得的。

砂浆按抗压强度的大小划分为六个强度等级，即 M2.5，M5.0，M7.5，M10，M15，M20。其中，M2.5 ~ M10 为常用的强度等级。

（2）影响砂浆强度的影响因素 砂浆的强度除受砂浆本身的组成材料及配合比（水泥、砂、外加剂及掺合料的种类、质量、数量）影响外，还与基层的吸水性能有关。

1）当基层不吸水（如致密石材）时，影响砂浆强度的主要因素与混凝土的基本相同，即主要决定于水泥强度和胶水比。计算式为

$$f_{m,0} = A f_{ce} \left(\frac{C}{W} - B \right) \tag{5-1}$$

式中　$f_{m,0}$——砂浆 28d 抗压强度（MPa）；

　　A，B——系数，$A = 0.29$，$B = 0.40$；

　　f_{ce}——水泥 28d 实测抗压强度（MPa）；

　　C/W——胶水比。

2）当基层为吸水材料（如砖或其他多孔材料）时，由于基层吸水性强，即使砂浆用水量不同，但因砂浆具有一定的保水性，经过底面吸水后，保留在砂浆中的水分几乎是相同的，因此，**砂浆的抗压强度主要取决于水泥强度及水泥用量，而与砂浆拌和时的水胶比无关**。其关系如下

$$f_{m,0} = \frac{A f_{ce} Q_c}{1000} + B \tag{5-2}$$

式中　$f_{m,0}$——砂浆 28d 抗压强度（MPa）；

　　　f_{ce}——水泥 28d 实测抗压强度（MPa）；

　　　Q_c——水泥用量（kg）；

　A，B——系数，可根据试验资料统计确定。

3. 砂浆的其他性能

（1）黏结力　砂浆的黏结力是影响砌体结构抗剪强度、抗震性、抗裂性等的重要因素。为了提高砌体的整体性，保证砌体的强度，要求砂浆具有足够的黏结力。砂浆的黏结力与砂浆强度有关，砂浆抗压强度越高，其黏结力也越大。此外，砂浆的黏结力还与养护条件、砖石表面粗糙程度、清洁程度及潮湿程度等有关。在充分润湿、干净、粗糙的基面表面上，砂浆的黏结力较好。所以为了提高砂浆的黏结力，保证砌体质量，砌筑前应将砖石等砌筑材料浇水润湿。

（2）变形性能　砂浆在硬化过程中承受荷载或温度、湿度条件变化时都容易产生**变形**。**如果变形过大或变形不均匀，就会降低砌体的整体性，引起沉降或开裂**。在拌制砂浆时，如果砂过细、胶凝材料过多或选用轻集料，则砂浆会因较大的收缩变形而开裂。因此，为了减小收缩，可以在砂浆中加入适量的膨胀剂。

（3）凝结时间　砂浆**凝结时间**，以贯入阻力达到 0.5MPa 时所用时间为评定的依据。**水泥砂浆不宜超过 8h，水泥混合砂浆不宜超过 10h**，掺入外加剂后，砂浆的凝结时间应满足工程设计和施工的要求。

（4）耐久性　由于砂浆经常受到环境中各种有害成分的影响，所以，砂浆除应满足强度要求外，还应该有良好的**耐久性**，如抗冻性、抗渗性、抗侵蚀性等。

鉴于砂浆的黏结力和耐久性都随着抗压强度的增大而增高，所以工程上以抗压强度作为砂浆的主要技术指标。对冻融循环次数要求的砌筑砂浆，经冻融试验后，质量损失率不得大于 5%，抗压强度损失率不得大于 25%。

5.2.2　砂浆配合比设计

砌筑砂浆的配合比设计，应根据原材料的性能和砂浆的技术要求及施工水平进行计算并经试配后确定。砌筑砂浆配合比设计的基本要求是：

1）新拌砂浆的和易性应满足施工要求，且新拌砂浆的体积密度：水泥砂浆不应小于 1900kg/m³；水泥混合砂浆不应小于 1800kg/m³。

2）砌筑砂浆的强度、耐久性应满足设计要求。

3）经济上合理，水泥及掺合料用量较少。

先根据工程类型和砌筑部位确定砂浆的品种和强度等级，再按其品种和强度等级确定其配合比。砌筑砂浆的配合比确定，可以通过查资料、规范手册和计算两种方法确定。但无论

采用哪种方法，都应通过试验调整及验证后才能应用。

1. 砂浆类型和强度等级的选择

建筑常用的砌筑砂浆有水泥砂浆、水泥混合砂浆和石灰砂浆等，工程中应根据砌体种类、砌体性质及所处环境条件等进行选用。通常，水泥砂浆用于片石基础、砖基础、一般地下构筑物、砖平拱、钢筋砖过梁、水塔、烟囱等；水泥混合砂浆用于地面以上的承重和非承重的砖石砌体；石灰砂浆只能用于平房或临时性建筑。

砌筑砂浆的强度等级应根据设计要求或规范规定确定，一般的砖混多层住宅多采用 M5 或 M10 的砂浆；办公楼、教学楼及多层商店常采用 M2.5 ~ M10 砂浆；平房宿舍、商店常采用 M2.5 ~ M5.0 砂浆；食堂、仓库、锅炉房、变电站、地下室、工业厂房及烟囱等常采用 M2.5 ~ M10 砂浆；检查井、雨水井、化粪池等可用 M5.0 砂浆。特别重要的砌体，可采用 M15 ~ M20 砂浆。高层混凝土空心砌块建筑应采用 M20 及以上强度等级的砂浆。

2. 砂浆配合比的确定

(1) 混合砂浆的配合比计算

1) 砂浆试配强度的确定。砌筑砂浆强度应具有95%的保证率，其试配强度按下式计算

$$f_{m,0} = f_{m,k} - t\sigma_0 = f_2 + 0.645\sigma_0 \tag{5-3}$$

式中 $f_{m,0}$——砂浆的试配强度（MPa）；

　　$f_{m,k}$——砂浆的设计强度标准值（MPa）；

　　　t——概率度，当保证率为95%时，$t = -1.645$；

　　σ_0——砂浆现场强度标准差（MPa）；

　　f_2——砂浆的抗压强度平均值（MPa），$f_2 = f_{m,k} + \sigma_0$。

砂浆现场强度标准差应通过有关资料统计得出，如无统计资料，可按表5-2取用。

表5-2　不同施工水平的砂浆强度标准差　　　　　　（单位：MPa）

施工水平	砂浆强度等级					
	M2.5	M5.0	M7.5	M10	M15	M20
优良	0.50	1.00	1.5	2.00	3.00	4.00
一般	0.62	1.25	1.88	2.50	3.75	5.00
较差	0.75	1.50	2.25	3.00	4.50	6.00

2) 水泥用量的计算

$$Q_c = \frac{1000(f_{m,0} - B)}{A \times f_{ce}} \tag{5-4}$$

式中　Q_c——水泥用量（kg）；对于水泥砂浆，Q_c 不应小于200kg；

　　$f_{m,0}$——砂浆28d抗压强度（MPa）；

　　f_{ce}——水泥28d实测抗压强度（MPa）；

　$A，B$——系数，可根据试验资料统计确定。

在没有水泥28d实测抗压强度时，可按下式计算 f_{ce}

$$f_{ce} = \gamma_c f_{ce,k}$$

式中　$f_{ce,k}$——水泥强度等级对应的强度值（MPa）；

　　γ_c——水泥强度等级值的富余系数，该值应按实际资料统计确定，无统计资料时取

1.13~1.15。

3）掺合料的确定。为了保证砂浆有良好的和易性、黏结力和较小的变形，在配制砌筑砂浆时，一般要求水泥和掺合料总量在300~400kg，一般取350kg。水泥砂浆中水泥的最小用量不能低于200kg。所以掺合料用量可用下式计算

$$Q_D = Q_A - Q_C \tag{5-5}$$

式中　Q_D——每立方米砂浆的掺合料用量（kg）；

　　　Q_A——每立方米砂浆中水泥和掺合料总量（kg）；

　　　Q_C——每立方米砂浆中水泥用量（kg）。

当掺合料为石灰膏时，其稠度应为（120±5）mm；但当石灰膏的稠度不是120mm时，其用量应乘以换算系数，不同稠度石灰膏用量的换算系数见表5-3。

表5-3　不同稠度石灰膏用量的换算系数

石灰膏稠度/cm	12	11	10	9	8	7	6	5	4	3
换算系数	1.00	0.99	0.97	0.95	0.93	0.92	0.90	0.88	0.87	0.86

4）用砂量的确定。砂浆中砂的用量与砂的含水率有关。配制 $1m^3$ 砂浆需要含水率小于0.5%的干砂 $1m^3$，所以砂的用量为

$$Q_s = 1 \times \rho_{s,0} \tag{5-6}$$

式中　Q_s——每立方米砂浆的砂用量（kg）；

　　　$\rho_{s,0}$——干砂的堆积密度（kg/m^3）。

当含水率大于0.5%时，应考虑砂的含水率的影响。

5）用水量的确定。按砂浆稠度要求，根据经验，砂浆用水量选取见表5-4。

表5-4　砂浆用水量选取

砂浆品种	混合砂浆	水泥砂浆
用水量/（kg/m^3）	240~310	270~330

注：1. 混合砂浆中的用水量，不包括石灰膏或黏土膏中的水。
　　2. 当采用细砂或粗砂时，用水量分别取上限或下限。
　　3. 稠度小于7cm时，用水量可小于下限。
　　4. 施工现场气候炎热或干燥季节，可酌情增加用水量。

（2）水泥砂浆配合比选用　由于水泥砂浆按配合比规程计算，普遍出现水泥用量偏少，这主要因水泥强度太高，砂浆强度过低所致。为此，参照国内外施工经验，采用直接查表选用，见表5-5。表中水泥采用32.5级，当大于采用32.5级时，水泥用量宜取下限。

表5-5　每立方米水泥砂浆中各材料用量

强度等级	水泥用量/kg	砂子用量/kg	用水量/kg
M2.5~M5.0	200~230		
M7.5~M10	220~280	$1m^3$砂的堆积密度值	270~330
M15	280~340		
M20	340~400		

水泥用量应根据水泥的强度等级和施工水平合理选择，一般当水泥的强度等级较高（>32.5级）或施工水平较高时，水泥用量选低值。用水量应根据砂的粗细程度、砂浆稠度和气候条件选择，当砂较粗、稠度较小或气候较潮湿时，用水量选低值。

（3）砂浆配合比的试配、调整与确定 当砂浆的初始配合比确定以后，应进行砂浆的试配。试配时应先满足和易性要求，若没有达到要求，可通过改变用水量或掺合料用量达到要求。调整强度则是在已达到和易性的基准配合比基础上，增减10%水泥用量，同时相应调整用水量或掺合料用量，在保证和易性的前提下成型试块，进行强度检测。最终确定既满足和易性和强度要求，又节约水泥用量的配合比。将各种材料用量换算成以水泥为1的质量比或体积比，即得到最后的配合比。

5.2.3　砂浆配合比设计实例

某砖墙使用的砌筑砂浆为水泥石灰混合砂浆。砂浆强度等级为M10，稠度为70~80mm。原材料如下：32.5级普通硅酸盐水泥；中砂、干砂的堆积密度为1480kg/m³，砂的实际含水率为2%；石灰膏稠度为100mm；施工水平一般。

1）计算试配强度。查表5-2，$\sigma_0 = 2.50\text{MPa}$，$f_2 = 10.0\text{MPa}$，则

$$f_{m,0} = f_2 + 0.645\sigma_0 = (10 + 0.645 \times 2.50)\text{MPa} = 11.6\text{MPa}$$

2）计算水泥用量。$A = 3.03$，$B = -15.09$，$f_{ce} = 32.5\text{MPa}$，则

$$Q_c = \frac{1000(f_{m,0} - B)}{A \times f_{ce}} = \frac{1000 \times (11.6 + 15.09)}{3.03 \times 32.5}\text{kg} \approx 271\text{kg}$$

3）计算石灰膏用量。取 $Q_A = 350\text{kg}$，则

$$Q_D = Q_A - Q_C = (350 - 271)\text{kg} = 79\text{kg}$$

石灰膏稠度100mm换算成120mm，查表5-3得 $79 \times 0.97\text{kg} \approx 77\text{kg}$。

4）根据砂的堆积密度和含水率，计算用砂量

$$Q_s = 1480 \times (1 + 0.02)\text{kg} \approx 1510\text{kg}$$

砂浆试配时的配合比（质量比）为

水泥:石灰膏:砂 = 271:79:1510 = 1:0.29:5.57

5.3　抹面砂浆

抹面砂浆是指涂抹于建筑物内外表面的砂浆，按其功能可分为普通抹面砂浆、装饰砂浆和特殊用途砂浆（如防水砂浆、吸声砂浆、隔热砂浆等），其中应用较为广泛的有普通抹面砂浆和防水砂浆。

5.3.1　普通抹面砂浆

普通抹面砂浆具有保护结构的作用，同时，经过砂浆抹面的结构表面平整、光洁和美观。**为了便于涂抹，普通抹面砂浆要求比砌筑砂浆具有更好的和易性，故胶凝材料（包括掺合料）的用量比砌筑砂浆的多一些。**

常用的普通抹面砂浆有石灰砂浆、水泥砂浆、水泥混合砂浆、麻刀石灰浆（简称麻刀灰）、纸筋石灰浆（简称纸筋灰）等。

为了保证抹灰表面的平整，避免开裂和脱落，抹面砂浆一般分两层或三层施工。各层所使用的材料和配合比及施工做法应视基层材料的品种、部位及气候环境而定。

砖墙的底层抹灰多用石灰砂浆；混凝土墙、梁、柱、顶板等的底层抹灰多用混合砂浆。一般要求底层砂浆与底层材料能牢固黏结，故抹面砂浆应具有良好的黏结力，同时为了防止抹面砂浆中水分被基层材料吸收而影响砂浆的黏结力，抹面砂浆还应具有良好的保水性，底层砂浆还兼有初步找平的作用。砂浆稠度一般为 100～120mm。

中层抹灰多采用混合砂浆。其主要作用是找平，有时可以省略。抹面砂浆稠度一般为70～80mm。

面层抹灰多用混合砂浆、麻刀石灰浆或纸筋石灰浆。面层抹灰要达到平整美观的效果，要求砂浆细腻抗裂，稠度一般为 100mm 左右。

在容易碰撞或潮湿的地方，如墙裙、踢脚板、地面、窗台、雨篷及水池等处，一般应采用水泥砂浆。

普通抹面砂浆的流动性和砂的最大粒径可参考表 5-6；常用的抹面砂浆的配合比和应用范围可参考表 5-7。

表 5-6 普通抹面砂浆的流动性和砂的最大粒径

抹 面 层	沉入度/mm（人工抹面）	砂的最大粒径/mm
底层	100～120	2.5
中层	70～90	2.5
面层	70～80	1.2

表 5-7 常用的抹面砂浆的配合比和应用范围

抹面砂浆组成材料	配合比（体积比）	应 用 范 围
石灰:砂	1:3	砖石墙面打底找平（干燥环境）
石灰:砂	1:1	墙面石灰砂浆面层
水泥:石灰:砂	1:1:6	内外墙面混合砂浆打底找平
水泥:石灰:砂	1:0.3:3	墙面混合砂浆面层
水泥:砂	1:2	地面、顶棚或墙面水泥砂浆面层
水泥:石膏:砂:锯末	1:1:3:5	吸声粉刷
石灰膏:麻刀	100:2.5（质量比）	木板条顶棚底层
石灰膏:麻刀	100:1.3（质量比）	木板条顶棚面层
石灰膏:纸筋	100:3.8（质量比）	木板条顶棚面层
石灰膏:纸筋	1m³ 石灰膏掺 3.6kg 纸筋	较高级墙面及顶棚

【案例 5-2】抹面砂浆裂缝问题。

概况：图 5-1 中的地面基层抹灰砂浆层上有很多裂纹。抹灰砂浆的配合比为水泥:砂:水 =1:1:0.65，请分析抹灰砂浆层开裂的原因。

分析：用于地面基层的抹灰砂浆中的水泥用量不宜多，一般可采取水泥:砂 = 1:2～1:3的配合比，因为水泥用量高不仅多消耗水泥，而且砂浆的干缩量大。此外，该砂浆水胶比较大，用水量较多也是导致产生裂缝的另一原因。

5.3.2 装饰砂浆

粉刷在建筑物内外表面，具有美化装饰、改善功能、保护建筑物的抹面砂浆称为装饰砂浆。装饰砂浆施工时，底层和中层的抹面砂浆与普通抹面砂浆基本相同。所不同的是装饰砂浆的面层，要求选用具有一定颜色的胶凝材料、集料及采用特殊的施工操作工艺，使表面呈现出不同的色彩、质地、花纹和图案等装饰效果。

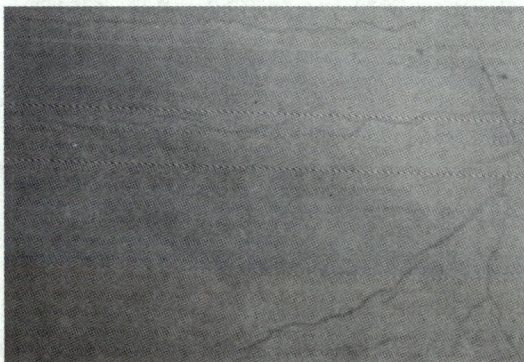

图 5-1 抹灰砂浆层裂纹

装饰砂浆所采用的胶凝材料除普通水泥、矿渣水泥等外，还可用白水泥、彩色水泥，或在常用水泥中掺加耐碱矿物颜料，配制成彩色水泥砂浆；装饰砂浆采用的集料除普通河砂外，还可使用色彩鲜艳的花岗石、大理石等色石及细石渣，有时也采用玻璃或陶瓷碎粒。

外墙面的装饰砂浆有如下工艺做法：

(1) 拉毛 先用水泥砂浆做底层，再用水泥石灰砂浆做面层。在砂浆尚未凝结之前，用抹刀将表面拍拉成凹凸不平的形状。

(2) 水刷石 用颗粒细小（约 5mm）的石渣拌成的砂浆做面层，在水泥终凝前，喷水冲刷表面，冲洗掉石渣表面的水泥浆，使石渣表面外露。水刷石用于建筑物的外墙面，具有一定的质感，且经久耐用，不需维护。

(3) 干粘石 在水泥砂浆的面层的表面，黏结粒径 5mm 以下的白色或彩色石渣、小石子、彩色玻璃、陶瓷碎粒等，要求石渣黏结均匀、牢固。干粘石的装饰效果与水刷石相近，且石子表面更洁净艳丽；避免了喷水冲洗的湿作业，施工效率高，并且节约材料和水。干粘石在预制外墙板的生产中有较多的应用。

(4) 斩假石 又称为剁假石、斧剁石。砂浆的配制与水刷石基本一致。砂浆抹面硬化后，用斧刃将表面剁毛并露出石渣。斩假石的装饰效果与粗面花岗石相似。

(5) 假面砖 将硬化的普通砂浆表面用刀斧锤凿刻划出线条；或者在初凝后的普通砂浆表面用木条、钢片压划出线条；也可用涂料画出线条，将墙面装饰成仿砖砌体、仿瓷砖贴面、仿石材贴面等艺术效果。

(6) 水磨石 用普通水泥、白水泥、彩色水泥或普通水泥加耐碱颜料拌和各种色彩的大理石石渣做面层，硬化后用机械反复磨平抛光表面而成。水磨石多用于地面、水池等工程部位。可事先设计图案色彩，磨平抛光后更具艺术效果。水磨石还可制成预制件或预制块，用作楼梯踏步、窗台板、柱面、台度、踢脚板、地面板等构件。室内外的地面、墙面、台面、柱面等，也可用水磨石进行装饰。

装饰砂浆还可采用喷涂、弹涂、辊压等工艺方法，做成丰富多彩、形式多样的装饰面层。装饰砂浆的操作方便，施工效率高。与其他墙面、地面装饰相比，其成本低，耐久性好。

5.3.3 特殊用途砂浆

1. 防水砂浆

防水砂浆是一种抗渗性高的砂浆。防水砂浆可构成刚性防水层，适用于不受振动和具有

一定刚度的混凝土或砖石砌体工程，可用于地下室、水塔、水池、储液罐等的防水。变形较大或可能发生不均匀沉陷的工程不宜采用刚性防水层。

随着防水剂产品日益增多、性能的提高，在普通水泥砂浆中掺入一定量的防水剂而制得的防水砂浆，是目前应用最广泛的防水砂浆品种之一。水泥砂浆的配合比，按水泥∶砂 = 1∶(2~3)，水胶比控制在 0.5~0.55，稠度不应大于80mm，水泥宜选用32.5级以上的普通硅酸盐水泥，砂子应选用洁净的中砂，级配良好。防水剂掺量按生产厂家推荐的最佳掺量掺入，最后经试配确定。

常用的防水剂有氯化物金属盐类防水剂（主要由氯化钙和氯化铝组成）、水玻璃类防水剂（以水玻璃为基料加两种或四种矾所组成）、金属皂类防水剂（主要由硬质酸、氨水和氢氧化钾组成）等。防水剂掺入砂浆中所形成的生成物能促使砂浆密实，或者堵塞孔隙。

防水砂浆的防水效果在很大程度上取决于施工质量，其施工方法有两种：

（1）喷浆法 利用高压喷枪将砂浆以每秒约100m的高速喷至建筑物表面，砂浆被高压空气强烈压实，密实度大，抗渗性好。

（2）人工多层抹压法 将砂浆分四~五层抹压，每层厚约5mm，一、三层可用防水水泥净浆，二、四、五层用防水水泥砂浆。每层在初凝前要用木抹子压实一遍，最后一层要压光，抹完后应加强养护。

2. 绝热砂浆

采用水泥、石灰、石膏等胶凝材料与膨胀珍珠岩、膨胀蛭石、陶粒、陶砂或聚苯乙烯泡沫颗粒等轻质多孔材料，按一定比例配制的砂浆称为绝热砂浆。绝热砂浆质轻，且具有良好的绝热保温性能。其热导率为 0.07~0.10W/(m·K)，可用于屋面隔热层、隔热墙壁、冷库以及工业窑炉、供热管道隔热层等处。如在绝热砂浆中掺入或在绝热砂浆表面喷涂憎水剂，则这种砂浆的保温隔热效果会更好。

3. 耐酸砂浆

耐酸砂浆是以水玻璃与氟硅酸钠为胶凝材料，加入石英石、花岗石、铸石等耐酸粉料和细集料拌制并硬化而成的砂浆。耐酸砂浆可用于耐酸地面、耐酸容器基座及与酸接触的结构部位。在某些有酸雨腐蚀的地区，建筑物的外墙装修也可应用耐酸砂浆，以提高建筑物的耐酸雨腐蚀能力。

4. 防射线砂浆

在水泥砂浆中掺入重晶石粉、重晶石砂，可配制有防 X 射线和 γ 射线的能力的砂浆。其配合比约为水泥∶重晶石粉∶重晶石砂 = 1∶0.25∶(4~5)。如在水泥中掺入硼砂、硼化物等可配制具有防中子射线的砂浆。厚重气密不易开裂的砂浆也可阻止地基中土壤或岩石里的氡（具有放射性的惰性气体）向室内的迁移或流动。

5. 膨胀砂浆

在水泥砂浆中加入膨胀剂，或使用膨胀水泥，可配制膨胀砂浆。膨胀砂浆具有一定的膨胀特性，可补偿水泥砂浆的收缩，防止干缩开裂。膨胀砂浆还可在修补工程和装配式大板工程中应用，靠其膨胀作用而填充缝隙，以达到黏结密封的目的。

6. 自流平砂浆

自流平砂浆是指在自重作用下能流平的砂浆；地坪和地面常采用自流平砂浆。良好的自流平砂浆可使地坪平整光洁、强度高、耐磨性好、不易开裂、施工方便、质量可靠。自流平砂浆的关键技术是掺用合适的外加剂，严格控制砂的级配和颗粒形态，选择级配合适的水泥和其他胶凝材料。

7. 吸声砂浆

吸声砂浆是指具有吸声功能的砂浆。一般多孔结构都具有吸声的功能，所以在砂浆中加入锯末、玻璃棉、矿棉或有机纤维等多孔材料就可配制吸声砂浆。工程上常用以水泥:石灰膏:砂:锯末 ＝1:1:3:5（体积比）来配制吸声砂浆。

吸声砂浆常用于厅堂的墙壁和顶棚的吸声。

5.4 干粉砂浆

干粉砂浆（又称干混砂浆、干拌砂浆或干粉料）是**将干粉状的胶凝材料、集料、化学添加剂等均匀混合，通过精确计量控制、机械化生产，产品可以散装运到现场，作业时只要按一定比例加水搅匀，即可直接使用的新型砂浆。**干混砂浆是建材领域新兴的干混材料之一，其英文名称为 dry mix，从字面上讲，就是干燥混合的意思。干粉砂浆具有质量稳定、节约成本、高度节能、绿色环保、施工方便、便于存储等优点。

5.4.1 胶凝材料

干粉砂浆所用的胶凝材料主要是水泥、石膏、石灰等无机胶凝材料和有机可分散粉末等。水泥强度等级可比普通砂浆略高，特殊情况下使用特种水泥，如装饰砂浆和瓷砖添缝剂等多使用白色硅酸盐水泥。由于石膏在凝结时产生微膨胀，与基面咬合力强，加入适量添加剂配制的粉刷石膏具有轻质、隔热、保温、隔声、高强、节能等特点。石灰具有较好的可塑性，加入质量百分比为 5%～30% 的熟石灰可以改善干粉砂浆的施工性能。

有机胶凝材料主要是乳液干粉，全称可再分散乳胶粉，是一种常用于水泥砂浆改性的聚合物。它是聚合物乳液经过喷雾干燥（以及选用适当的添加剂）形成的粉末状聚合物。乳液干粉遇水变为乳液，在水泥砂浆凝结硬化过程中可再一次脱水，这样聚合物颗粒就在水泥砂浆中形成了聚合物体结构，从而与聚合物乳液的作用过程相似，对水泥砂浆起到改性作用。根据配合比的不同，采用乳液干粉进行干粉砂浆的改性，可以提高与各种基材的胶结强度，并提高砂浆的柔性和可变形性、抗弯强度、耐磨损性、韧性、黏结力和密度（抗渗透性）以及保水能力和施工性。另外，具有疏水效应的乳液干粉可以使砂浆具有很强的防水效果。

由于乳液干粉不像聚合物乳液那样需要考虑乳液配制、稳定性等问题，少量掺加就可以使砂浆达到所需性能，且具有比乳液易于包装、储存、运输和供应，无抗冻和无生酶、生细菌的问题。正是由于乳液干粉，才使得聚合物改性干粉砂浆成为可能。

乳液干粉制造的核心在于乳胶粉再分散后的聚合物颗粒呈现出与原乳液聚合物颗粒相似的粒度或粒度分散。要在乳液中添加一定量的聚乙烯醇类保护性胶体，这样乳胶粉在与水接触时才能重新分散成乳液，乳液干粉只有具备良好的可再分散性，才能确保达到最佳的功效。目前，常用的乳液干粉原料有聚乙烯、脂肪醇、甲基纤维素（MC）、有机硅、聚丙烯酰胺、聚乙烯醇（PVA）、尿醛、聚丙烯酸盐-聚丙烯酸钙及三聚氰胺-甲醛等。

5.4.2 集料

干粉砂浆所用的集料大多数是具有普通粒径的石英砂、石灰石砂或者白云石砂等，广义地讲，集料还包括轻质填料和具有一些特殊功能的填料。为了调节级配，通常需要使用粒径不同的集料。有时为了降低干粉砂浆的密度和提高隔热效果，可以使用轻质集料，如珍珠岩、蛭石、泡沫玻璃、膨胀黏土和浮石等。装饰砂浆或者瓷砖填缝剂经常使用颜料着色。

5.4.3 添加剂

在干粉砂浆的配合比中，添加剂的质量分数一般为 0.1% ~ 10%。添加剂分为有机类和无机类两种，通常以聚合体形式存在。添加剂可以改善干粉砂浆和水的混合情况，如改善砂浆的流变特性或者施工性能，以及改善砂浆硬化的性能等。

1. 纤维素醚

在干粉砂浆中，纤维素醚用作增稠剂和保水剂。虽然纤维素醚的添加比例为 0.02% ~ 0.7%，但它是一种非常重要的添加剂，与乳液干粉一起使用能影响干粉砂浆的性能。在干粉砂浆中使用的纤维素醚主要是甲基羟乙基纤维素醚（MHEC）和甲基羟丙基纤维素醚（MHPC），将它们简单地称为 MC。

2. 其他添加剂

（1）淀粉醚 加入到干粉砂浆中的淀粉醚主要是羟丙基淀粉醚，能明显地增加砂浆的稠度。在水泥基抹灰材料和砂浆中，通常加入的比例为 0.01% ~ 0.04%。淀粉醚的加入造成灰浆的需水量稍微增多，使涂布量也随之稍微增加，但砂浆的保水率没有变化。

（2）引气剂 通过物理作用在砂浆中引入微气泡，这样使得砂浆的密度降低、施工性更好，并且提高了砂浆的产量。存留在砂浆中的空气使混凝土具有更好的保温隔热性能，但也降低了强度。引气剂一般为粉末状，主要为脂肪磺酸钠盐和硫酸钠盐。在灰浆和砌筑砂浆中的加入比例通常为 0.01% ~ 0.06%，可以通过观察砂浆的空气量及其施工性能来确定最佳掺量。

（3）促凝剂 在水泥基系统中经常使用促凝剂来获得预期的凝结时间。甲酸钙是最常用的一种促凝剂，在实际应用中获得较好的效果。如果用甲酸钙作为促凝剂的话，加入比例为 0.5% ~ 2.5%。

（4）缓凝剂 缓凝剂主要用于石膏灰浆和石膏基填缝料中。如果不使用缓凝剂，那么石膏的凝结速度将过快。使用的缓凝剂有不同的类型，主要是果酸盐类，如酒石酸或者柠檬酸盐及合成酸盐等，通常掺量为 0.05% ~ 0.25%。

（5）疏水剂（防水剂） 疏水剂可以防止水渗入到砂浆中，但同时砂浆仍能保持敞开状态以进行水蒸气的扩散。疏水剂的性能可以通过毛细吸水量来测量。疏水剂的主要使用场合为室外抹灰、无机物防水浆料和瓷砖用灰浆中。市场上有两类疏水剂：一类是脂肪酸金属盐（如硬脂酸锌或者油酸钠）；另一类是具有疏水特性的乳液干粉。

（6）超塑化剂 超塑化剂也称为高效塑化剂，在干粉砂浆中能减少砂浆的需水量。

（7）纤维 纤维分长纤维和短纤维两组。长纤维主要用于干粉砂浆的增强和加固；短纤维用来影响改善砂浆的性能和需水量。

（8）消泡剂　消泡剂主要作用为降低砂浆中的空气量。目前正在使用的主要有基于不同化学剂的粉状消泡剂（主要是无机载体上的碳氢化合物、聚乙二醇或者聚硅氧烷等）。

其他的添加剂还有颜料、增稠剂、增塑剂等。

5.4.4　干粉砂浆的强度

干粉砂浆的强度等级可分为 M_b5、M_b10、M_b15、M_b20、M_b25、M_b30。强度等级较高的干粉砂浆是用于高强度混凝土空心砌块的，施工时稠度可控制在 $60\sim80mm$，分层度在 $10\sim20mm$。干粉砂浆的技术性能稳定，和易性良好，可采用手工或机械施工。

干粉砂浆有整吨袋装，也有小袋（50kg 分装），运输、储存和使用方便。储存期可达 3 个月至半年。干粉砂浆的品种多样，有砌筑砂浆、抹面砂浆、修补砂浆、装饰砂浆等。例如，混凝土空心砌块专用干粉砂浆，按规定加水拌和后，黏聚性良好，强度稳定，使混凝土空心砌块的竖缝砌筑质量容易保证；同时也提高了混凝土空心砌块砌体的抗剪强度。

干粉砂浆的使用，有利于提高砌筑、抹灰、装饰、修补工程的施工质量，改善砂浆现场施工条件。

5.5　"双碳"目标下的建筑砂浆发展方向

"双碳"目标下，建筑砂浆行业应以绿色、低碳、可持续发展理念推动砂浆产业高质量发展，"碳"路未来。

低碳与环境友好、资源合理利用、节能减排利废是砂浆行业的发展方向。为尽快实现砂浆行业的"碳达峰"目标，应逐年限制和减少通用胶凝材料以及掺合料的生产能力，加大科技创新和废物利用，推动产业向高端化、智能化、绿色化发展。开展资源、能源替代，实现超低排放、低碳生产，加快建设绿色制造体系，引领砂浆产业走向绿色发展道路。

1. 使用大掺量矿物掺合料以减少硅酸盐水泥的用量

利用工业固体废弃物作矿物细粉掺合料替代大量的硅酸盐水泥配制建筑砂浆。最常见的传统矿物掺合料包括粉煤灰、磨细粒化高炉矿渣粉，也可以用废弃的铁尾矿粉和石灰石粉取代水泥等胶凝材料制备建筑砂浆。大量尾矿、石粉、建筑垃圾微粉及工业废渣在建筑砂浆中将得到更广泛的应用。

2. 使用固体废弃物，减少对不可再生天然集料的消耗

废弃混凝土的循环利用是近年来混凝土行业研究的热点。用再生集料来替代天然集料，可以减少资源的消耗。在建筑砂浆中可以用大量的再生细集料，提高砂浆的保水性。大量的金属尾矿颗粒、煤矸石、慢冷矿渣、建筑垃圾、沙漠砂等可加工成细集料，废弃资源将成为砂石加工中的必然组分，掺加比例则要根据废弃物的质量和技术评价结果来确定。

在低碳环保发展目标下，利用固体废弃物替代水泥、矿物掺合料和细集料，提高其在砂浆行业的利用率，制备新型低碳环保砂浆是土木工程材料领域的研究重点。这些技术的研究及应用，将大幅降低水泥和矿物掺合料在生产过程中的能耗和碳排放，减少固体废弃物对生态环境的污染，促进砂浆行业的可持续发展。

习 题

5-1 新拌砂浆的和易性包括哪两方面含义？如何测定？

5-2 砂浆和易性不良对工程应用有何影响？怎样才能提高砂浆的保水性？

5-3 影响砂浆强度的基本因素是什么？写出其强度公式。

5-4 计算出的配合比通过哪些试验才能确定其配合比？

5-5 普通抹灰砂浆的功用和特点是什么？

5-6 何谓混合砂浆？工程中常采用水泥混合砂浆有何好处？为什么要在抹面砂浆中掺入纤维材料？

5-7 对抹面砂浆和砌筑砂浆的组成材料及技术性质的要求有哪些不同？为什么？

5-8 某墙体砌筑普通烧结黏土砖，使用水泥、石灰混合砂浆，要求砂浆的强度等级为 M15，稠度为 7~10cm。现场有 32.5 级及 42.5 级的矿渣水泥可供选用，砂为中砂，含水率为 1%，堆积密度为 1430kg/m³，石灰膏的稠度为 11cm，施工水平较差。试计算砂浆的配合比。

5-9 某多层住宅楼工程，要求配制强度等级为 M7.5 的水泥石灰混合砂浆，用以砌筑烧结普通砖墙体。工地现有材料如下：水泥为 32.5 级矿渣水泥，堆积密度为 1200kg/m³；石灰膏为一等品建筑生石灰消化制成，堆积密度 1280kg/m³，沉入度为 12cm；砂子为中砂，含水率 2%，堆积密度为 1450kg/m³。试设计其配合比（质量比和体积比）。

沥青及沥青混合料 第6章

【本章提要】 主要介绍石油沥青的四大组分及其作用；石油沥青胶体的三种结构类型；石油沥青的黏滞性、塑性、温度敏感性和大气稳定性以及相应的衡量指标；石油沥青的种类；石油沥青的牌号与性能的关系；石油沥青的三大改性方法；沥青混合料的结构与性能的关系，沥青混合料强度的影响因素，沥青混合料的主要技术性质；热拌沥青混合料的配合比设计等方面的内容。本章的学习目标：掌握石油沥青的组成、结构，石油沥青的技术性能及其标准和选用，在此基础上了解改性的沥青材料及其制品等方面的内容。

沥青是一种以碳氢化合物为主的褐色或黑褐色的天然或石化类物质。沥青在土木工程建设中，作为有机胶凝材料及防水、防潮、防渗、防腐等功能材料，得到了广泛的应用。沥青可分为地沥青（包括湖沥青、石油沥青）、焦油沥青（包括煤沥青、页岩沥青）和复合沥青（环氧沥青及各类改性沥青）。

沥青混合料是一种采用沥青及各种复合沥青作为胶结材料，并与矿粉、石屑或碎石、纤维等拌和而成的沥青基复合材料，也称为沥青混凝土。其主要用途为铺筑沥青路面、机场道面、桥面等。

以往我国常用的主要是石油沥青和少量的煤沥青，改革开放以来，湖沥青和环氧沥青得到了越来越多的应用。

6.1 石油沥青

石油沥青是原油经蒸馏炼制提炼出各种轻质油（如汽油、柴油等）及润滑油后的残留物，或再经加工而得的产品，呈固体、半固体或黏性液体，颜色为黑褐色或褐色。

6.1.1 石油沥青的组分

石油沥青是由许多高分子碳氢化合物及其非金属（主要为氧、硫、氮等）衍生物组成的复杂混合物。沥青的化学组成复杂，对其组成进行分析很困难，同时化学组成还不能反映沥青物理性质的差异。因此，一般不做沥青的化学分析，只从使用角度，**将沥青中化学成分及性质极为接近，并且与物理力学性质有一定关系的成分，划分为若干个组，这些组称为组分**。沥青中各组分含量的变化，直接影响沥青的技术性质。石油沥青的组分及特性见表6-1。

表6-1　石油沥青的组分及特性

组分名称	颜色	状态	密度/（g/m³)	相对分子质量	质量分数（%）	特　点	作　用
油分	淡黄至红褐色	透明液体	0.7～1.0	300～500	45～60	溶于苯等有机溶剂，不溶于酒精	赋予沥青以流动性，但含量多时，沥青的温度稳定性差
树脂	黄色至黑褐色	黏性半固体	1.0～1.1	600～1000	15～30	溶于汽油等有机溶剂，难溶于酒精和丙酮	赋予沥青以塑性，树脂组分高，不但沥青塑性好，黏结性也好
沥青质	深褐色至黑色	脆性固体微粒	1.1～1.5	1000～6000	5～30	溶于三氯甲烷、二硫化碳，不溶于酒精	赋予沥青温度稳定和黏性，沥青质含量高，温度稳定性好，但其塑性降低，沥青的硬脆性增加

（1）油分　油分是石油沥青中淡黄色至红褐色的油状液体，是相对分子质量和密度最小的组分。170℃以上经长时间加热后可挥发。**油分赋予沥青以流动性。**

（2）树脂　树脂也称为沥青脂胶，是石油沥青中黄色至黑褐色黏稠状物质。**沥青脂胶赋予沥青以良好的黏结力、塑性和流动性。**由于树脂中含有少量的酸性树脂，即地沥青酸和地沥青酸酐，是沥青中的表面活性物质。它改善了石油沥青对碱性矿物表面的浸润性，提高了对碳酸盐类岩石的黏附力，为石油沥青乳化提供了可能。

（3）地沥青质　地沥青质也称为沥青质，是石油沥青中深褐色至黑色固体粉末，相对分子质量比树脂更大（1000以上），不溶于酒精、正戊烷，但溶于三氯甲烷和二硫化碳，染色力强，对光的敏感性强，感光后就不能溶解。**地沥青质是决定石油沥青温度敏感性、黏性的重要组成成分，其用量越多，则软化点越高，黏性越大，即越硬脆。**

另外，石油沥青中还含2%～3%的沥青碳和似碳物，为无定形的黑色固体粉末，是在高温裂化、过度加热或深度氧化过程中脱氢而生成的，是石油沥青中相对分子质量最大的，**它能降低石油沥青的黏结力。**

石油沥青中还含有蜡，它会降低石油沥青的黏结性和塑性，同时对温度特别敏感（温度稳定性差）。所以，蜡是石油沥青的有害成分。蜡存在于石油沥青的油分中，它们都是烷烃。油和蜡的区别在于物理状态不同，油是液体烷烃，蜡为固态烷烃（片状、带状或针状晶体）。采用氯盐（如 $AlCl_3$、$FeCl_3$、$ZnCl_2$ 等）处理法、高温吹氧法、减压蒸提法和溶剂脱蜡法等处理多蜡石油沥青，其性质可以得到改善。如多蜡沥青经高温吹氧处理，蜡被氧化和蒸发，从而提高了石油沥青的软化点，降低了针入度，使之达到使用要求。

6.1.2　石油沥青的胶体结构

沥青的组分可分为沥青质和可溶质两个部分，可溶质包括油分和树脂，它们可以相互溶解。沥青是以沥青质为分散相，可溶质为分散介质组成的胶体分散体系。以沥青质为胶核，在其周围吸附有树脂及油分分子，构成胶团。胶团内被吸附的树脂和油分按分子从大至小逐渐向外扩散分布。由于沥青组分含量及化学结构的不同，则形成不同类型的胶体结构，并表现出不同的性状。

在沥青中，油分与树脂互溶，树脂浸润地沥青质。因此，石油沥青的结构是以地沥青质为核心，周围吸附部分树脂和油分，构成胶团，无数胶团分散在油分中而形成胶体结构。

（1）溶胶型结构　当地沥青质含量相对较小时，油分和树脂含量相对较高，胶团外膜较厚，胶团之间相对运动较自由，这时沥青形成溶胶结构。**具有溶胶结构的石油沥青的黏性小而流动性大，温度稳定性较差。**

（2）凝胶型结构　当地沥青质含量较多而油分和树脂较少时，胶团外膜较薄，胶团靠近聚集，移动比较困难，这时沥青形成凝胶结构。**具有凝胶结构的石油沥青弹性和黏结性较高，温度稳定性较好，但塑性较差。**

（3）溶 – 凝胶型结构　当地沥青质含量适当，并有较多的树脂作为保护膜层时，胶团之间保持一定的吸引力，这时沥青形成溶 – 凝胶型结构。**溶 – 凝胶型石油沥青的性质介于溶胶型和凝胶型之间。**

石油沥青胶体结构的类型如图 6-1 所示。

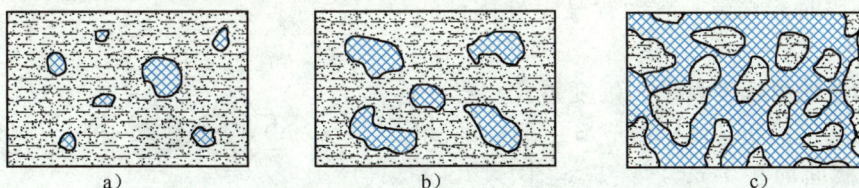

a)　　　　　　　　　　b)　　　　　　　　　　c)

图 6-1　石油沥青胶体结构的类型
a）溶胶型　b）溶 – 凝胶型　c）凝胶型

6.1.3　石油沥青的技术性质

（1）防水性　石油沥青是憎水性材料，几乎完全不溶于水，而且本身构造致密，加之它与矿物材料表面有很好的黏结力，能紧密黏附于矿物材料表面，同时还具有一定的塑性，能适应材料或构件的变形，所以石油沥青具有良好的防水性，故被广泛用作土木工程的防潮、防水材料。

（2）黏滞性　石油沥青的黏滞性是反映沥青材料内部阻碍其相对流动的一种特性，以**绝对黏度表示，是沥青性质的重要指标之一。**各种石油沥青的黏滞性变化范围很大，黏滞性的大小与组分及温度有关。**当地沥青质含量较高，同时有适量树脂，而油分含量较少时，则黏滞性较大。**在一定温度范围内，当温度升高时，则黏滞性随之降低，反之则随之增大。绝对黏度的测定方法因材而异，并较为复杂，工程上常用相对黏度（条件黏度）来表示。测定相对黏度的主要方法是用标准黏度计和针入度仪。**黏稠石油沥青的相对黏度用针入度仪测定的针入度来表示，它反映了石油沥青抵抗剪切变形的能力。针入度值越小，表明黏度越大。**

黏稠沥青的针入度是在温度 25℃ 条件下，以标准针上的质量为 100g 时，经历时间 5s 贯入试样中的深度，以 1/10mm 为单位来表示，其测定装置如图 6-2 所示。显然，**针入度越大，表示黏度越小，沥青越软。**

液体沥青或稀释沥青的相对黏度，可用标准黏度计测定的标准黏度表示。标准黏度是在规定温度（20℃、25℃、30℃ 或 60℃）、规定直径（3mm、5mm 或 10mm）的孔口流出 50cm³ 沥青时所需的秒数，常用符号"CdtT"表示，"d"为流孔直径，"t"为试样温度，"T"为流出 50cm³ 沥青的时间。

（3）塑性 石油沥青的塑性是指其在外力作用时产生变形而不破坏，除去外力后，仍保持变形后形状的性质。它是沥青性质的重要指标之一。石油沥青的塑性与其组分有关。当石油沥青中树脂含量较多，且其他组分含量适当时，则塑性较大。影响沥青塑性的因素有温度和沥青膜层厚度，温度升高，则塑性增大，膜层越厚则塑性越高。塑性较好的沥青在常温下产生裂缝时，也可能由于特有的黏塑性而自行愈合。故塑性还反映了沥青开裂后的自愈能力。采用沥青能制造出性能良好的柔性防水材料，很大程度上取决于沥青的塑性。沥青的塑性对冲击振动荷载有一定吸收能力，并能减小摩擦时的噪声，故沥青是一种优良的道路路面材料。

沥青的塑性用延度表示。延度越大，塑性越好。沥青延度是把沥青试样制成∞字形标准试模（中间最小截面面积 $1cm^2$）在规定速度（5cm/min）和规定温度（25℃）下拉断时的伸长量，以 cm 为单位表示，测定示意图如图 6-3 所示，采用仪器为延度仪，如图 6-4 所示。**延度值越大，则沥青塑性越好。**

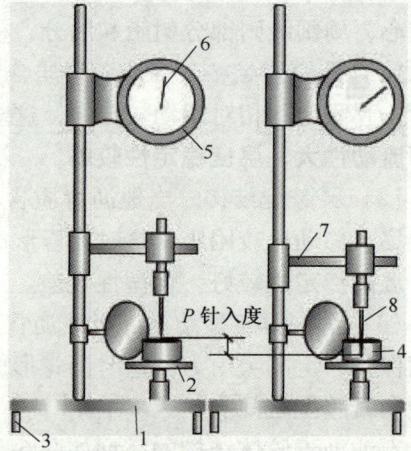

图 6-2 针入度法测定黏稠沥青针入度的装置
1—底座　2—圆形平台　3—调平螺钉　4—试样
5—刻度盘　6—指针　7—活杆　8—标准针

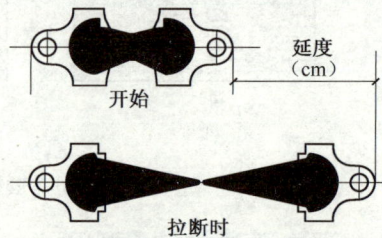

图 6-3 沥青的延度测定示意图

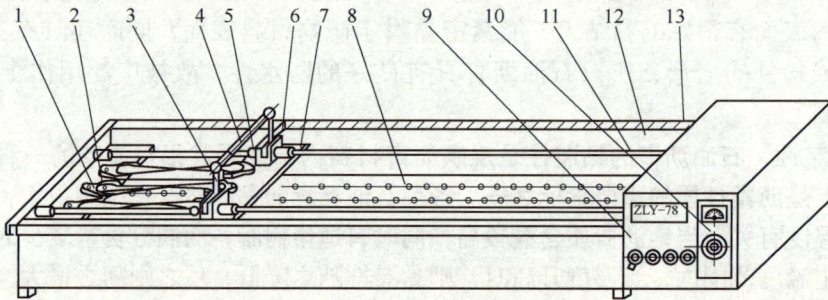

图 6-4 延度仪
1—试模　2—试件　3—操纵杆　4—手柄　5—滑板架　6—指针
7—滑板　8—底盘　9—控制箱　10—控温仪　11—螺杆　12、13—标尺

（4）温度敏感性 石油沥青的结构与特性随温度变化而变化的性能。因沥青是一种高分子非晶态热塑性物质，故没有一定的熔点。当温度升高时，沥青由固态或半固态逐渐软化，使沥青分子之间发生相对滑动，此时沥青就像液体一样发生了黏性流动，称为黏流态。与此相反，当温度降低时又逐渐由黏流态凝固为固态（或称高弹态），甚至变硬变脆（像玻璃一样硬脆称作玻璃态）。在此过程中，反映了沥青随温度升降其黏滞性和塑性乃至韧性的变化。在相同的温度变化间隔里，各种沥青黏滞性、塑性、韧性的变化幅度不会相同，**工程要求沥青随温度变化而产生的黏滞性、塑性、韧性变化幅度应较小，即温度敏感性应较小。**

土木工程宜选用温度敏感性较小的沥青。**温度敏感性是沥青性质的重要指标之一。**通常石油沥青中地沥青质含量较多，在一定程度上能够减小其高温温度敏感性。在工程使用时往往加入滑石粉、石灰石粉或其他矿物填料来减小其高温温度敏感性。沥青中蜡含量较多时，则会增大高温温度敏感性，当温度不太高（60℃左右）时就发生流淌；在温度较低时又易变硬开裂。沥青软化点是反映沥青的高温温度敏感性的重要指标。由于沥青材料从固态至液态有一定的变态间隔，故规定其中某一状态作为从固态转到黏流态（或某一规定状态）的起点，相应的温度称为沥青软化点。

沥青的温度敏感性用软化点表示。测定软化点方法很多，我国采用环球法测定（见图6-5）。先把融化的沥青试样装入规定尺寸的铜环（$\phi = 16mm$，$h = 6mm$）内，试样上放置一标准钢球（$\phi = 9.5mm$，$m = 3.5g$），再装入浸有水的软化点测试定仪上。以规定的升温速度5℃/min 加热，使沥青软化并垂落，当垂落达到规定距离25.4mm 时，其环境温度（℃）即其软化点。**软化点越高，表明沥青的耐热性越好，即温度稳定性越好。**

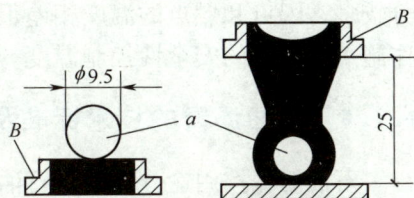

图6-5 环球法测定沥青的软化点

温度降低时，沥青容易硬脆。各种沥青在相同低温的条件下，其硬脆程度也不相同。硬脆程度大的，其低温温度敏感性更大。在相对寒冷或严寒地区，低温温度敏感性增大的沥青材料，更容易出现沥青材料因为疲劳作用而在低温下开裂、脆断等破坏现象。尤其在沥青老化后，这种低温温度敏感性会给工程带来更加不利的影响。沥青的脆化点是反映沥青的低温温度敏感性的重要指标，也称为脆点。

针入度、延度和软化点是评价黏稠石油沥青路用性能最常用的经验指标，通称为"三大指标"。

（5）大气稳定性 大气稳定性也称为抗老化性。**老化是指有机材料在阳光、空气、水分和冷热交替等时间、空间及环境综合作用下，其组分或结构发生变化而导致的性能劣化现象。**

在工程环境中，沥青中各组分会不断递变。相对分子质量低的物质将逐步转变成相对分子质量高的物质，即油分和树脂逐渐减少，地沥青质相应增多。试验发现，树脂转变为地沥青质比油分变为树脂的速度快很多（约50%）。因此，使石油沥青随着时间的延长而流动性和塑性逐渐减小，硬脆性逐渐增大，直至龟裂或自然脆断，这个过程称为石油沥青的"老化"。

石油沥青的大气稳定性常以蒸发损失和蒸发后针入度比来评定。其测定方法是：先测定沥青试样的质量及其针入度，再将试样置于加热损失试验专用的烘箱中，在160℃下蒸发5h，待冷却后再测定其质量及针入度。蒸发损失质量占原质量的百分数，称为蒸发损失；蒸发后针入度占原针入度的百分数，称为蒸发后针入度比。**蒸发损失百分数越小和蒸发后针入度比越大，则表示大气稳定性越高，"老化"越慢。**

$$蒸发损失百分率 = \frac{蒸发前的质量 - 蒸发后的质量}{蒸发前的质量} \times 100\%$$

$$蒸发前后针入度比 = \frac{蒸发后针入度}{蒸发前针入度} \times 100\%$$

此外，为评定沥青的品质和保证施工安全，还应了解石油沥青的溶解度、闪点和燃点。溶解度是指石油沥青在三氯乙烯、四氯化碳或苯中溶解的百分率，以表示石油沥青中有效物质的含量，即纯净程度。那些不溶解的物质会降低沥青的性能（如黏性等），应把不溶物视为有害物质（如沥青碳或似碳物）并加以限制。

（6）闪点 闪点也称闪火点，是指加热沥青时挥发出的可燃气体和空气混合，在规定条件下与火焰接触，初次闪火（有蓝色闪光）时的沥青温度（℃）。

（7）燃点 燃点也称着火点，是指加热沥青产生的气体和空气的混合物，与火焰接触能持续燃烧 5s 以上时的沥青温度（℃）。

燃点温度比闪点温度约高 10℃。沥青质组分多的沥青相差较多，液体沥青由于轻质成分较多，闪点和燃点的温度相差很小。闪点和燃点是沥青火灾或爆炸的临界温度，是沥青热作施工加热时的安全性控制温度。

6.1.4 石油沥青的技术标准及选用

石油沥青按用途分为建筑石油沥青、道路石油沥青和普通石油沥青三种。在土木工程中主要使用的是建筑石油沥青和道路石油沥青。

1. 建筑石油沥青

建筑石油沥青按针入度指标划分牌号，每一牌号的沥青还应保证相应的延度、软化点、溶解度、蒸发损失、蒸发后针入度比、闪点等。建筑石油沥青的技术要求见表 6-2。**建筑石油沥青针入度较小（黏性较大），软化点较高（耐热性较好），但延度较小（塑性较小），主要用作制造油纸、油毡、防水涂料和沥青嵌缝膏。**它们绝大部分用于屋面及地下防水、沟槽防水防腐蚀及管道防腐等工程。在屋面防水工程中使用时制成的沥青胶膜较厚，增大了对温度的敏感性。同时，黑色沥青表面又是好的吸热体，一般同一地区沥青屋面的表面温度比其他材料的都高，据高温季节测试，沥青屋面达到的表面温度比当地最高气温高 25～30℃；为避免夏季流淌，一般屋面用沥青材料的软化点还应比本地区屋面最高温度高 20℃ 以上。一般地区可选用 30 号石油沥青，夏季炎热地区宜选用 10 号石油沥青。但严寒地区不宜选用 10 号石油沥青。在地下防水工程中，沥青所经历的温度变化不大，为了使沥青防水层有较长的使用年限，宜选用牌号较高的沥青材料，如 40 号石油沥青。

表 6-2 道路石油沥青和建筑石油沥青的技术要求

质量指标	道路石油沥青（NB SH/T 0522—2000）					建筑石油沥青（GB/T 494—2010）		
	200 号	180 号	140 号	100 号	60 号	10 号	30 号	40 号
针入度(25℃,100g,5s)/(1/10mm)	200～300	150～200	110～150	80～110	50～80	10～25	26～35	36～50
延度(25℃)/cm，不小于	20	100	100	90	70	1.5	2.5	3.5
软化点/℃	30～48	35～48	38～51	42～55	45～58	95	75	60
溶解度(%)，不小于	99					99		
闪点(开口)/℃，不低于	180	200	230			260		
质量变化(%)，不大于	1.3	1.3	1.3	1.2	1	1		

2. 道路石油沥青

按道路的交通量，道路石油沥青分为重交通道路石油沥青和中、轻交通道路石油沥青。重交通道路石油沥青主要用于高速公路、一级公路路面、机场道面及重要的城市道路路面等工程。按 GB/T 15180—2010《重交通道路石油沥青》，重交通道路石油沥青分为 AH – 130、AH – 110、AH – 90、AH – 70、AH – 50 和 AH – 30 六个牌号，各牌号的技术要求见表 6-3。除石油沥青规定的有关指标外，延度的温度为 15℃，大气稳定性采用薄膜烘箱试验，并规定了蜡含量的要求。

表 6-3　重交通道路石油沥青的技术要求

项　目	质量指标						试验方法
	AH – 130	AH – 110	AH – 90	AH – 70	AH – 50	AH – 30	
针入度（25℃，100g，5s）/0.1mm	120 ~ 140	100 ~ 120	80 ~ 100	60 ~ 80	40 ~ 60	20 ~ 40	GB/T 4509
延度（15℃）/cm	≥100	≥100	≥100	≥100	≥80	报告	GB/T 4508
软化点/℃	38 ~ 51	40 ~ 53	42 ~ 55	44 ~ 57	45 ~ 58	50 ~ 65	GB/T 4507
溶解度（%）	≥99.0	≥99.0	≥99.0	≥99.0	≥99.0	≥99.0	GB/T 11148
闪点（开口杯法）（℃）	≥230					≥260	GB/T 267
密度（25℃）/（kg/m³）	报告						GB/T 8928
蜡含量质量分数（%）	≤3.0	≤3.0	≤3.0	≤3.0	≤3.0	≤3.0	GB/T 0425
薄膜烘箱试验（163℃，5h）							GB/T 5304
质量变化（%）	≤1.3	≤1.2	≤1.0	≤0.8	≤0.6	≤0.5	GB/T 5304
针入度比（%）	≥45	≥48	≥50	≥55	≥58	≥60	GB/T 4509
延度（15℃）/cm	≥100	≥50	≥40	≥30	报告[a]	报告[a]	GB/T 4508
[a] 必须报告实测值							

中、轻交通道路石油沥青主要用于一般的道路路面、车间地面等工程。道路沥青的牌号较多，选用时应根据地区气候条件、施工季节气温、路面类型、施工方法等按有关标准选用。道路石油沥青还可用作密封材料、胶黏剂及沥青涂料等。此时一般选用黏性较大和软化点较高的道路石油沥青，如 A-60 甲。

【案例 6-1】 上海进口"新加坡"壳牌 70 号沥青质量出现问题。

概述：为黄浦江南浦大桥铺筑沥青混凝土路面，上海特地从新加坡进口壳牌 70 号沥青 4600t，该沥青因质量不符要求，上海市商检局决定退货。南浦大桥建设指挥部委托上海沥青混凝土二厂对此壳牌 70 号沥青进行阳离子乳化沥青试验，打开密封的铁桶，取沥青试样时，发现此沥青在冬天非常脆、用小锤子和凿子开挖沥青时，沥青飞溅。该沥青加温时，由于含水率较高，直至 150℃ 时，还在起水泡。虽能对此沥青进行乳化，但容易产生沥青颗粒沉淀，上海市商检局委托上海市市政研究所进行反复测试，证明确实这批壳牌 70 号沥青特别容易老化，163℃5h 后的延度都小于 30℃。

【案例 6-2】 沥青混凝土路面的拥包。

概述：某沥青混凝土路面表面处治用层铺法施工，即用沥青和矿料铺筑厚度不大于 3cm 的薄面层，施工中洒沥青不够均匀。使用一段时间后，出现不少拥包。

分析：由于洒沥青不均，致使局部沥青量过大，使沥青混合料中有较多"自由沥青"，成为混合料中的润滑剂，推拥成油包、波浪，影响行车舒适性和安全性。而由于路面不平坦，还增加了车载的冲击力，更加剧路面的破坏。

3. 石油沥青的选用

选用石油沥青的原则是：根据工程类别（房屋、道路或防腐）、当地气候条件及所处工程部位（屋面、地下）等具体情况，合理选用不同品种和牌号的沥青。在满足使用需求的前提下，尽量选用较大牌号的石油沥青，以保证较长的使用年限。

4. 沥青的掺配

某一种牌号的石油沥青往往不能满足工程技术要求，因此需用不同牌号沥青进行掺配。在进行掺配时，为了不使掺配后的沥青胶体结构破坏，应选用表面张力相近和化学性质相似的沥青。两种沥青掺配是掺配量与软化点呈比例关系，通常按直线规律（见图6-6）进行掺配比例计算

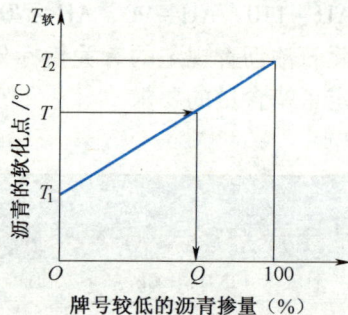

图6-6 沥青掺配图

$$Q = \frac{T - T_1}{T_2 - T_1} \times 100\%$$
(6-1)

式中　Q——牌号较低沥青的掺量（%）；

　　　T——掺配后所需的软化点（%）；

　　　T_1——牌号较高沥青的软化点（℃）；

　　　T_2——牌号较低沥青的软化点（℃）。

牌号较高的沥青掺量为$100\% - Q$。

【例题6-1】 某工程需用软化点为85℃的石油沥青，现有10号和60号石油沥青，其软化点分别为95℃和45℃。试估算如何掺配才能满足工程需要？

解： 按式（6-1）估算掺配用量

$$60 号石油沥青用量 = \frac{95℃ - 85℃}{95℃ - 45℃} \times 100\% = 20\%$$

$$10 号石油沥青用量 = 100\% - 20\% = 80\%$$

即以20%的60号石油沥青和80%的10号石油沥青掺配进行试配。

6.2 煤沥青

6.2.1 化学组分和特征

煤沥青由煤干馏的产品煤焦油再加工而获得，根据煤干馏的温度不同而分为高温煤焦油（700℃以上）和低温煤焦油（450～700℃）两类。以高温煤焦油制得的沥青数量多且质量较佳，低温煤焦油则相反。

煤沥青的组成主要是芳香族碳氢化合物及其氧、硫和碳的衍生物的混合物。其元素组成主要为C、H、O、S和N。煤沥青元素组成的特点是"碳氢比"较石油沥青大得多，它的化学结构主要是由高度缩聚的芳核及其含氧、氮和硫的衍生物，在环结构上带有较短的侧链。

　　煤沥青化学组分的分析方法与石油沥青的方法相似，即采用选择性溶解将煤沥青分离为几个化学性质相近且与应用性能有一定联系的组分。

　　煤沥青与石油沥青虽然都是复杂的高分子碳氢化合物，外观相似，具有一定的共同特征，但是由于两者的组分不同，还是存在许多差别。

　　1）煤沥青大气稳定性较差。煤沥青在空气中的氧、气温、紫外线及大气降水等周围介质的作用下，老化进程比石油沥青快。

　　2）温度稳定性较差。煤沥青含有较多挥发性成分和化学稳定性差的成分，故热稳定性比石油沥青较差。

　　3）煤沥青与矿质集料的黏附性较好。煤沥青含有较多的酸、碱性物质，具有较高的表面活性，所以它与矿质集料具有较好的黏附性。

　　4）煤沥青更容易变形、开裂。煤沥青中游离碳含量较多，塑性差，相对石油沥青而言，它更容易变形、开裂。

　　5）煤沥青有毒性、臭味，以及防腐能力。由于煤沥青含有蒽、酚等物质，故煤沥青有毒性、臭味，但同时防腐能力也很强，适于对木材或木结构建筑做防腐处理。

　　煤沥青与石油沥青的鉴别方法见表6-4。

表6-4　煤沥青与石油沥青的鉴别方法

鉴别方法	煤沥青	石油沥青
密度/（g/cm³）	1.25～1.28	近于1.0
燃烧	烟多，黄色，臭味大，有毒	烟少，无色，有松香味，无毒
锤击	声脆，韧性差	声哑，有弹性感，韧性好
颜色	浓黑色	呈黑色或黑褐色
溶解	难溶于煤油或汽油，呈黄绿色	易溶于煤油或汽油，呈棕黑色

6.2.2　技术指标

　　（1）黏滞度　煤沥青的黏滞度测定方法与液体沥青相同，它是确定煤沥青牌号的主要指标。当煤沥青中油分含量减少，固态树脂及游离碳含量增加时，煤沥青的黏滞度增大。由于煤沥青的温度稳定性和大气稳定性均较差，故当温度变化或"老化"后，其黏滞度会发生显著变化。

　　（2）甲苯不溶物含量　甲苯不溶物含量是指煤沥青中不溶于热甲苯的各种物质的总含量。这些不溶物主要为游离碳，以及含有氧、氮和硫等结构复杂的大分子有机物和少量的灰分。过量的甲苯不溶物将降低煤沥青黏结性。因此，必须限制其在煤沥青中的含量。

　　（3）含水率　水分在煤沥青中存在，会导致在施工加热时易产生泡沫或爆沸现象，不易控制。另外如果将含有水分的煤沥青作为路面结合料，会影响煤沥青与集料的黏附，降低路面强度。因此，必须限制其在煤沥青中的含量。

　　（4）酚含量　酚能溶解于水，其水溶物有毒，遇水易导致沥青道路路面的强度降低，并且酚污染环境，对人体有害。因此，必须限制其在煤沥青中的含量。

　　（5）萘含量　常温条件下，煤沥青中的萘易挥发、升华，加速煤沥青"老化"，并且挥发出的气体对人体有毒害；在低温条件下，煤沥青中的萘易结晶析出，使煤沥青失去塑性，易导致道路路面在冬季产生裂缝。因此，必须限制其在煤沥青中的含量。

6.3　改性石油沥青

在土木工程中使用的沥青应具有一定的物理性质和黏附性。在低温条件下应有弹性和塑性，在高温条件下要有足够的强度和稳定性，在加工和使用条件下具有抗"老化"能力，还应与各种矿料和结构表面有较强的黏附力，以及对变形的适应性和耐疲劳性。通常，石油加工厂加工制备的沥青不一定能全面满足这些要求，为此常用橡胶、树脂和矿物填料等对其改性。橡胶、树脂和矿物填料等统称为石油沥青的改性材料。

6.3.1　橡胶改性沥青

橡胶是沥青的重要改性材料，它和沥青有较好的混溶性，并能使沥青具有橡胶的很多优点，如高温变形性小，低温柔性好。由于橡胶的品种不同，掺入的方法也有所不同，而各种橡胶沥青的性能也有差异。现将常用的几种分述如下。

（1）氯丁橡胶改性沥青　沥青中掺入氯丁橡胶后，可使其气密性、低温柔性、耐化学腐蚀性、耐候性等得到大大改善。氯丁橡胶改性沥青的生产方法有溶剂法和水乳法。溶剂法是先将氯丁橡胶溶于一定的溶剂中形成溶液，再掺入沥青中，混合均匀即成为氯丁橡胶改性沥青。水乳法是先将橡胶和石油沥青分别制成乳液，再混合均匀即可使用。氯丁橡胶改性沥青可用于路面的稀浆封层和制作密封材料和涂料等。

（2）丁基橡胶改性沥青　丁基橡胶改性沥青的配制方法与氯丁橡胶改性沥青类似，并且较简单些。将丁基橡胶碾切成小片，于搅拌条件下把小片加到 100℃ 的溶剂中（不得超过110℃），制成浓溶液。同时将沥青加热脱水熔化成液体状沥青。通常在 100℃ 左右把两种液体按比例混合搅拌均匀浓缩 15 ~ 20min，达到要求性能指标。丁基橡胶在混合物中的质量分数一般为 2% ~ 4%。同样也可以先分别将丁基橡胶和沥青制备成乳液，再按比例把两种乳液混合。丁基橡胶改性沥青具有优异的耐分解性，并有较好的低温抗裂性能和耐热性能，多用于道路路面工程和制作密封材料和涂料。

（3）热塑性弹性体（SBS）改性沥青　SBS 是热塑性弹性体苯乙烯 - 丁二烯嵌段共聚物，它兼有橡胶和树脂的特性，常温下具有橡胶的弹性，高温下又能像树脂那样熔融流动，成为可塑的材料。SBS 改性沥青具有良好的耐高温性、优异的低温柔性和耐疲劳性，是目前用量最大的一种改性沥青。SBS 改性沥青可采用胶体磨法或高速剪切法生产，SBS 的掺量一般为 3% ~ 10%。它主要用于制作防水卷材和铺筑高等级公路路面等。

（4）再生橡胶改性沥青　在沥青中掺入再生橡胶后，可大大提高沥青的气密性，低温柔性，耐光、热、臭氧性，耐候性。先将废旧橡胶加工成 1.5mm 以下的颗粒，再与沥青混合，经加热搅拌脱硫，就能得到具有一定弹性、塑性和黏结力良好的再生橡胶改性沥青。废旧橡胶的掺量视需要而定，一般为 3% ~ 15%。再生橡胶改性沥青可以制成卷材、片材、密封材料、胶黏剂和涂料等，随着科学技术的发展、加工方法的改进，各种新品种的制品将不断增多。

6.3.2 树脂改性沥青

用树脂改性石油沥青，可以改进沥青的耐寒性、耐热性、黏结性和不透气性。由于石油沥青中含芳香性化合物很少，故树脂和石油沥青的相容性较差，而且可用的树脂品种也较少，常用的树脂有古马隆树脂、聚乙烯、乙烯、乙酸乙烯共聚物（EVA）、无规聚丙烯APP等。

(1) 古马隆树脂改性沥青 古马隆树脂又名香豆桐树脂，呈黏稠液体或固体状，浅黄色至黑色，易溶于氯化烃、酯类、硝基苯等，为热塑性树脂。将沥青加热熔化脱水，在150~160℃情况下，把古马隆树脂放入熔化的沥青中，并不断搅拌，再把温度升至185~190℃，保持一定时间，使之充分混合均匀，即得到古马隆树脂改性沥青，树脂掺量约40%。这种沥青的黏性较大。

(2) 聚乙烯树脂改性沥青 在沥青中掺入5%~10%的低密度聚乙烯，采用胶体磨法或高速剪切法即可制得聚乙烯树脂改性沥青。聚乙烯树脂改性沥青的耐高温性和耐疲劳性有显著改善，低温柔性也有所改善。一般认为，聚乙烯树脂与多蜡沥青的相容性较好，对多蜡沥青的改性效果较好。此外，乙烯、乙酸乙烯共聚物（EVA）、无规聚丙烯（APP）也常用来改善沥青性能，制成的改性沥青具有良好的弹塑性、耐高温性和抗老化性，多用于防水卷材、密封材料和防水涂料等。

6.3.3 橡胶和树脂改性沥青

橡胶和树脂同时用于改善沥青的性质，使沥青同时具有橡胶和树脂的特性，且树脂比橡胶便宜，橡胶和树脂又有较好的混溶性，故效果较好。橡胶、树脂和沥青在加热熔融状态下，沥青与高分子聚合物之间发生相互侵入和扩散，沥青分子填充在聚合物大分子的间隙内，同时聚合物分子的某些链节扩散进入沥青分子中，形成凝聚的网状混合结构，故可以得到较优良的性能。配制时，采用不同的原材料品种、配合比、制作工艺，可以得到很多性能各异的产品，主要有卷、片材，密封材料，防水涂料等。

6.3.4 矿物填充料

改性沥青为了提高沥青的黏结能力和耐热性，降低沥青的温度敏感性，经常加入一定数量的矿物填充料。

(1) 矿物填充料的品种 常用的矿物填充料大多是粉状的和纤维状的，主要有滑石粉、石灰石粉、硅藻土和石棉等。滑石粉主要化学成分是含水硅酸镁（$3MgO \cdot 4SiO_2 \cdot H_2O$），亲油性好（憎水），易被沥青润湿，可直接混入沥青中，以提高沥青的机械强度和抗老化性能，可用于具有耐酸、耐碱、耐热和绝缘性能的沥青制品中。石灰石粉主要成分为碳酸钙，属亲水性的岩石，但其亲水程度比石英粉弱，最重要的是石灰石粉与沥青有较强的物理吸附力和化学吸附力，故是较好的矿物填充料。硅藻土是软质多孔而轻的材料，易磨成细粉，耐酸性强，是制作轻质、绝热、吸声的沥青制品的主要填料。膨胀珍珠岩粉有类似的作用，故也可用作这类沥青制品的矿物填充料。石棉绒或石棉粉的主要组成为钠、钙、镁、铁的硅酸盐，呈纤维状，富有弹性，具有耐酸、耐碱和耐热性能，是热和电的不良导体，内部有很多微孔，吸油（沥青）量大，掺入后可提高沥青的抗拉强度和热稳定性。此外，白云石粉、磨细砂、粉煤灰、水泥、高岭土粉、白垩粉等也可用作沥青的矿物填充料。

（2）**矿物填充料的作用机理** 沥青中掺入矿物填充料后，能被沥青包裹形成稳定的混合物。一要沥青能润湿矿物填充料；二要沥青与矿物填充料之间具有较强的吸附力，并不为水所剥离。一般具有共价键或分子键结合的矿物属憎水性（亲油性）的，如滑石粉等，对沥青的亲和力大于对水的亲和力，故滑石粉颗粒表面所包裹的沥青在水中也不会被水所剥离。另外，具有离子键结合的矿物，如碳酸盐、硅酸盐等，属亲水性（憎油性）矿物。但是沥青中含有酸性树脂，它是一种表面活性物质，能够与矿物颗粒表面产生较强的物理吸附作用。例如，石灰石粉颗粒表面上的钙离子和碳酸根离子，对树脂的活性基团有较大的吸附力，还能与沥青酸或环烷酸发生化学反应形成不溶于水的沥青酸钙或环烷酸钙，产生化学吸附力，故石灰石粉与沥青也可形成稳定的混合物。从以上分析可以认为，由于沥青对矿物填充料的润湿和吸附作用，沥青可能成单分子状排列在矿物颗粒（或纤维）表面，形成结合力牢固的沥青薄膜，有的将它称为结构沥青。沥青与矿粉相互作用的结构图式如图6-7所示。结构沥青具有较高的黏性和耐热性等。因此，沥青中掺入的矿物填充料的数量要适当，以形成恰当的结构沥青膜层。

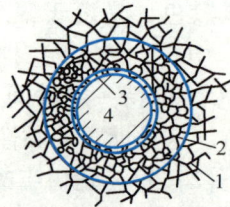

图 6-7　沥青与矿粉相互作用的结构图式
1—自由沥青　2—结构沥青
3—钙质薄膜　4—矿粉颗粒

6.4　沥青混合料的组成与性质

沥青混合料是一种黏弹塑性材料，具有良好的力学性能，一定的高温稳定性和低温柔性，修筑路面不需设置接缝，行车较舒适。沥青混合料施工方便、速度快，能及时开放交通，并可再生利用。因此，沥青混合料是高等级道路修筑中的一种主要路面材料。

6.4.1　沥青混合料的组成

沥青混合料是由矿料（粗集料、细集料和填料）与沥青拌和而成的混合料。通常，它包括沥青混凝土混合料和沥青碎（砾）石混合料两类。沥青混合料按集料的最大粒径，分为特粗式、粗粒式、中粒式、细粒式和砂粒式沥青混合料；按矿料级配，分为密级配、半开级配、开级配和间断级配沥青混合料；按施工条件，分为热拌热铺、热拌冷铺和冷拌冷铺沥青混合料。

6.4.2　沥青混合料的结构

沥青混合料是由沥青、粗细集料和矿粉按一定比例拌和而成的一种复合材料。按矿质骨架的结构状况，其组成结构分为以下三种类型。

（1）**悬浮密实结构** 当采用连续密级配矿质混合料与沥青组成的沥青混合料时，矿料由大到小形成连续级配的密实混合料，由于粗集料的数量较少，细集料的数量较多，较大颗粒被小一档颗粒挤开，使粗集料以悬浮状态存在于细集料之间（见图6-8a），**这种结构的沥青混合料虽然密实度和强度较高，但是稳定性较差。**

（2）**骨架空隙结构** 当采用连续级配矿质混合料与沥青组成的沥青混合料时，粗集料较多，彼此紧密相接，细集料的数量较少，不足以充分填充空隙，形成骨架空隙结构（见

图6-8b)，沥青碎石混合料多属此类型。这种结构的沥青混合料，粗集料能充分形成骨架，集料之间的嵌挤力和内摩阻力起重要作用。因此，**这种结构的沥青混合料受沥青材料性质的变化影响较小，因而热稳定性较好，但沥青与矿料的黏结力较小、空隙率大、耐久性较差。**

（3）骨架密实结构　采用间断型级配矿质混合料与沥青组成的沥青混合料时，是综合以上两种结构之长的一种结构。它既有一定数量的粗集料形成骨架，又根据粗集料空隙的多少加入细集料，形成较高的密实度（见图6-8c）。**这种结构的沥青混合料的密实度、强度和稳定性都较好，是一种较理想的结构类型。**

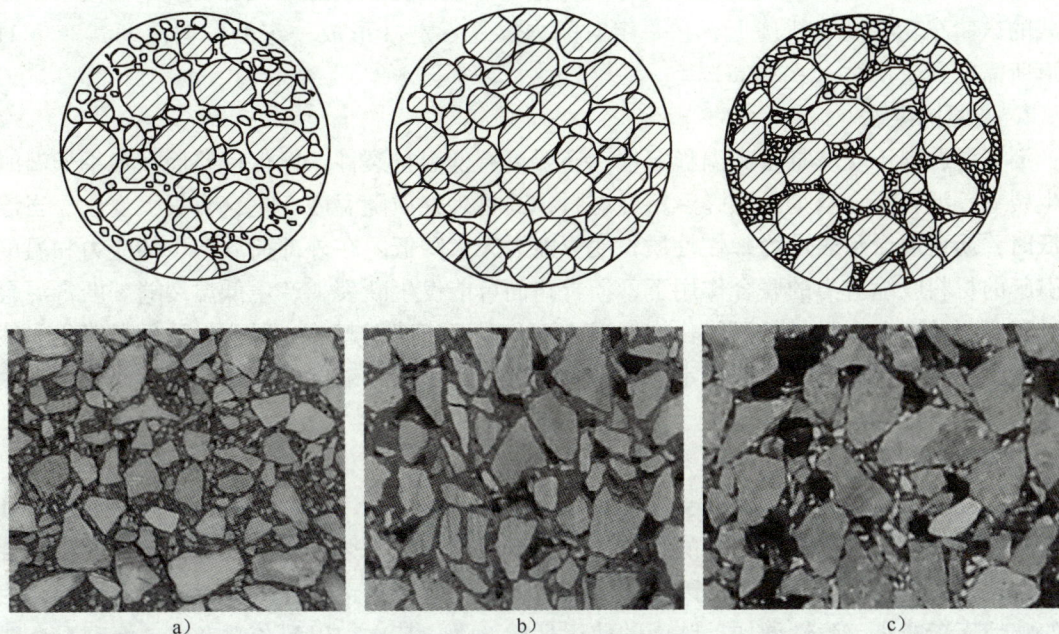

图6-8　沥青混合料的结构
a）悬浮密实结构　b）骨架空隙结构　c）骨架密实结构

6.4.3　沥青混合料的技术性质

沥青混合料作为沥青路面的面层材料，承受车辆行驶反复荷载和气候因素的作用，而胶凝材料沥青具有黏-弹-塑性的特点，因此，**沥青混合料应具有抗高温变形、抗低温脆裂、抗滑、耐久等技术性质及施工和易性。**

1. 高温稳定性

沥青混合料的高温稳定性是指在高温条件下其承受多次重复荷载作用而不发生过大累积塑性变形的能力。**高温稳定性良好的沥青混合料在车轮引起的垂直力和水平力的综合作用下，能抵抗高温的作用，保持稳定而不产生车辙和波浪等破坏现象。**沥青混合料的高温稳定性通常采用高温强度与稳定性作为主要技术指标。常用的测试评定方法有马歇尔试验法、无侧限抗压强度试验法、史密斯三轴试验法等。马歇尔试验法比较简便，既可以用于混合料的配合比设计，也便于工地现场质量检验，因而得到了广泛应用，我国国家标准也采用了这一方法。但该方法仅适用于热拌沥青混合料。尽管马歇尔试验方法简便，但多年的实践和研究认为，马歇尔试验用于混合料配合比设计决定沥青用量和施工质量控制，并不能正确地反映沥青混合料的抗车辙能力，因此，在 GB 50092—1996《沥青路面施工及验收规范》中规定：对用于高速公路、一级公路和城市快速路等沥青路面的上面层和中面层的沥青混凝土混合料，在进行配合比设计时，应通过车辙试验对抗车辙能力进行检验。

马歇尔试验通常测定的是马歇尔稳定度和流值。马歇尔稳定度是指标准尺寸试件在规定温度和加荷速度下，在马歇尔仪中的最大破坏荷载（kN）；流值是达到最大破坏荷重时试件的垂直变形（0.1mm）。

车辙试验测定的是动稳定度。沥青混合料的动稳定度是指标准试件在规定温度下，一定荷载的试验车轮在同一轨迹上，在一定时间内反复行走（形成一定的车辙深度）产生 1mm 变形所需的行走次数（次/mm）。

2. 低温抗裂性

沥青混合料不仅应具备高温稳定性，还要具有低温抗裂性，以保证路面在冬季低温时不产生裂缝。沥青混合料是黏－弹－塑性材料，其物理性质随温度变化会有很大变化。**当温度较低时，沥青混合料表现为弹性性质，变形能力大大降低**。在外部荷载产生的应力和温度下降引起的材料收缩应力的联合作用下，沥青路面可能发生断裂，产生低温裂缝。沥青混合料的低温开裂是由混合料的低温脆化、低温收缩和温度疲劳引起的。混合料的低温脆化一般用不同温度下的弯拉破坏试验来评定，低温收缩可采用低温收缩试验评定，温度疲劳可采用低频疲劳试验来评定。

3. 耐久性

沥青混合料在路面中，长期受自然因素（阳光、热、水分等）的作用，为使路面具有较长的使用年限，必须具有较好的耐久性。**沥青混合料的耐久性与组成材料的性质和配合比有密切关系**。首先，沥青在大气因素作用下组分会产生转化，油分减少，沥青质增加，使沥青的塑性逐渐减小，脆性增加，路面的使用品质下降。其次，以耐久性考虑，沥青混合料应有较高的密实度和较小的空隙率，但空隙率过小将影响沥青混合料的高温稳定性。因此，在我国的有关规范中，对空隙率和饱和度均提出了要求。目前，沥青混合料耐久性常用浸水马歇尔试验或真空饱水马歇尔试验评价。

4. 抗滑性

随着现代交通车速不断提高，对沥青路面的抗滑性提出了更高的要求。沥青路面的抗滑性能与集料的表面结构（粗糙度）、级配组成、沥青用量等因素有关。为保证抗滑性能，面层集料应选用质地坚硬、具有棱角的碎石，通常采用玄武岩。**采取适当增大集料粒径、减少沥青用量及控制沥青蜡含量等措施，可提高路面的抗滑性**。

5. 施工和易性

沥青混合料应具备良好的施工和易性，使混合料易于拌和、摊铺和碾压施工。影响施工和易性的因素很多，如气温、施工机械条件及混合料性质等。**从混合料的材料性质看，影响施工和易性的是混合料的级配和沥青用量**。如粗、细集粒的颗粒大小相差过大，缺乏中间尺寸的颗粒，混合料容易分层层积；如细集料太少，沥青层不容易均匀地留在粗颗粒表面；如细集料过多，则使拌和困难。如沥青用量过少，或矿粉用量过多时，混合料容易出现疏松，不易压实；如沥青用量过多，或矿粉质量不好，则混合料容易黏结成块，不易摊铺。

若采用特种沥青混合料或沥青混凝土，则应注意其特殊的施工特性，注意其浇筑、碾压、养护及交通开放的特性。

总之，沥青混合料或沥青混凝土特别适合于道路路面或桥梁桥面的铺装。新铺设的沥青混合料路面平整无缝，减振降噪，可满足车辆高速行驶的舒适性；沥青混合料摩擦系数较大，可满足车辆的加速或刹车的安全性；多数沥青混合料的碾压铺装工艺都能满足交通即时开放性要求；沥青混合料的防水、防腐性能，可满足除冰盐化雪除冰，保证路面耐久性及冬季车辆行驶安全；沥青混合料的分段施工、方便修补、废料回收再生，也适合于各国交通道路工程的环境。

6.5　沥青混合料的配合比设计

沥青混合料的各项路用性能不是相互独立的，而是相互联系、相互制约的。例如，从耐久性的角度考虑，空隙率较小为好，而从表面特性考虑，要提供较好的抗滑性能与吸声降噪效果，空隙率较大为好，这就是一对矛盾。沥青混合料的高温性能与低温性能也是众所周知的一对矛盾，还有其他的种种矛盾。因此，如何平衡沥青混合料各项路用性能的关系，采用什么样的设计指标能够更好地反映沥青混合料的路用性能，什么样的室内试验方法能够尽量与现场施工成型的路面混合料体积参数、受力状态一致，就是沥青混合料设计的任务。

热拌沥青混合料广泛应用于各种等级道路的沥青面层。其配合比设计的任务就是通过确定粗集料、细集料、矿粉和沥青之间的比例关系，使沥青混合料的强度、稳定性、耐久性、平整度等各项指标均达到工程要求。

热拌沥青混合料配合比设计应通过目标配合比设计、生产配合比设计、生产配合比验证三个阶段。JTG F40—2004《公路沥青路面施工技术规范》规定的热拌沥青混合料配合比设计采用马歇尔试验配合比设计方法，主要参数有材料品种及配合比、矿料级配、最佳沥青用量。

1. 确定工程设计级配范围

沥青路面工程的混合料设计级配范围由工程设计文件或招标文件规定，密级配沥青混合料的设计级配宜在《公路沥青路面施工技术规范》规定的级配范围内，根据公路等级、工程性质、气候条件、交通条件、材料品种等因素，通过对条件大体相当的工程使用情况调研后调整确定，必要时允许超出规范级配范围。密级配沥青稳定碎石混合料可直接以该规范规定的级配范围做工程设计级配范围试验。经确定的工程设计级配范围是配合比设计的依据，不得随意变更。

调整工程设计级配范围宜遵照下列原则：

1）按《公路沥青路面施工技术规范》确定采用粗型（C型）或细型（F型）的混合料，见表6-5。对夏季温度高、高温持续时间长、重载交通多的路段，宜选用粗型密级配沥青混合料（AC-C型），并取较高的设计空隙率。对冬季温度低且低温持续时间长的地区，或者重载交通较少的路段，宜选用细型密级配沥青混合料（AC-F型），并取较低的设计空隙率。

表6-5 粗型和细型密级配沥青混凝土的关键性筛孔通过率

混合料类型	公称最大粒径/mm	用以分类的关键性筛孔尺寸/mm	粗型密级配（C型）		细型密级配（F型）	
			名称	关键性筛孔通过率（%）	名称	关键性筛孔通过率（%）
AC－25	26.5	4.75	AC－25C	<40	AC－25F	>40
AC－20	19	4.75	AC－20C	<45	AC－20F	>45
AC－16	16	2.36	AC－16C	<38	AC－16F	>38
AC－13	13.2	2.36	AC－13C	<40	AC－13F	>40
AC－10	9.5	2.36	AC－10C	<45	AC－10F	>45

2）为确保高温抗车辙能力，兼顾低温抗裂性能的需要，配合比设计宜适当减少公称最大粒径附近的粗集料用量，减少0.6mm以下部分细粉的用量，使中等粒径集料较多，形成S形级配曲线，并取中等或偏高水平的设计空隙率。

3）确定各层的工程设计级配范围时应考虑不同层位的功能需要。经组合设计的沥青路面应能满足耐久、稳定、密水、抗滑等要求。

4）根据公路等级和施工设备的控制水平，确定的工程设计级配范围应比规范级配范围窄，其中4.75mm和2.36mm通过率的上下限值差值宜小于12%。

5）沥青混合料的配合比设计应充分考虑施工性能，使沥青混合料容量摊铺和压实，避免造成严重的离析。

2. 材料选择与准备

配合比设计的各种矿料必须按JTG E42—2005《公路工程集料试验规程》规定的方法，从工程实际使用的材料中取代表性样品。进行生产配合比设计时，取样至少应在干拌5次以后进行。

配合比设计所用的各种材料必须符合气候和交通条件的需要。其质量应符合《公路沥青路面施工技术规范》规定的技术要求。当单一规格的集料某项指标不合格，但不同粒径规格的材料按级配组成的集料混合料指标能符合规范要求时，允许使用。

3. 矿料配合比设计

1）高速公路和一级公路沥青路面矿料配合比设计宜借助计算机的电子表格用试配法进行。其他等级公路沥青路面也可参照进行。

2）矿料级配曲线按JTG E20—2011《公路工程沥青及沥青混合料试验规程》中的方法绘制。矿料级配曲线横坐标采用泰勒曲线的横坐标，见表6-6。以原点与通过集料最大粒径100%的点的连线作为沥青混合料的最大密度线。

表6-6 泰勒曲线的横坐标

d_i	0.075	0.15	0.3	0.6	1.18	2.36	4.75	9.5
$x = d_i^{0.45}$	0.312	0.426	0.582	0.795	1.077	1.472	2.016	2.754
d_i	13.2	16	19	26.5	31.5	37.5	53	63
$x = d_i^{0.45}$	3.193	3.482	3.762	4.370	4.723	5.109	5.969	6.452

3）对高速公路和一级公路，宜在工程设计级配范围内计算1~3组粗细不同的配合比，绘制设计级配曲线，分别位于工程设计级配范围的上方、中值及下方。设计及合成级配不得

有太多的锯齿形交错，且在 0.3 ~ 0.6mm 范围内不出现"驼峰"。当反复调整不能满意时，宜更换材料设计。

4）根据当地的实践经验选择适宜的沥青用量，分别制作几组级配的马歇尔试件，测定试件的矿料间隙率 VMA，初选一组满足或接近设计要求的级配作为设计级配。

4. 马歇尔试验

1）配合比设计马歇尔试验技术标准按《公路沥青路面施工技术规范》的规定。

2）沥青混合料试件的制作温度按《公路沥青路面施工技术规范》规定的方法确定，并与施工实际温度相一致，普通沥青混合料如缺乏黏温曲线时可参照表 6-7 执行，改性沥青混合料的成型温度在此基础上再提高 10 ~ 20℃。

表 6-7　普通沥青混合料试件的制作温度　（单位：℃）

施工工序	石油沥青的标号				
	50 号	70 号	90 号	110 号	130 号
沥青加热温度	160 ~ 170	155 ~ 165	150 ~ 160	145 ~ 155	140 ~ 150
矿料加热温度	集料加热温度比沥青温度高 10 ~ 30（填料不加热）				
沥青混合料拌和温度	150 ~ 170	145 ~ 165	140 ~ 160	135 ~ 155	130 ~ 150
试件击实成型温度	140 ~ 160	135 ~ 155	130 ~ 150	125 ~ 145	120 ~ 140

注：表中混合料温度并非拌和机的油浴温度，应根据沥青的针入度、黏度选择，不宜都取中值。

3）按下式计算矿料混合料的合成毛体积相对密度 γ_{sb}

$$\gamma_{sb} = \frac{100}{\dfrac{P_1}{\gamma_1} + \dfrac{P_2}{\gamma_2} + \cdots + \dfrac{P_n}{\gamma_n}} \tag{6-2}$$

式中　P_1，P_2，…，P_n——各种矿料成分的配合比，其和为 100；

γ_1，γ_2，…，γ_n——各种矿料相应的毛体积相对密度，粗集料按 T 0304 方法测定，机制砂及石屑可按 T 0330 方法测定，也可以用筛出的 2.36 ~ 4.75mm 部分的毛体积相对密度代替，矿粉（含消石灰、水泥）以表观相对密度代替。

4）按下式计算矿料混合料的合成表观相对密度 γ_{sa}

$$\gamma_{sa} = \frac{100}{\dfrac{P_1}{\gamma_1'} + \dfrac{P_2}{\gamma_2'} + \cdots + \dfrac{P_n}{\gamma_n'}} \tag{6-3}$$

式中　γ_1'，γ_2'，…，γ_n'——各种矿料按试验规程方法测定的表观相对密度。

5）预估沥青混合料的适宜的油石比 P_a 或沥青用量为 P_b。

6）确定矿料的有效相对密度 γ_{se}。对非改性沥青混合料，宜以预估的最佳油石比拌和 2 组的混合料，采用真空法实测最大相对密度，取平均值。然后采用下式反算合成矿料的有效相对密度 γ_{se}

$$\gamma_{se} = \frac{100 - P_b}{\dfrac{100}{\gamma_t} - \dfrac{P_b}{\gamma_b}} \tag{6-4}$$

式中　P_b——试验采用的沥青用量（占矿料总质量的百分数）（%）；

γ_{se}——合成矿料的有效相对密度；

γ_t——试验沥青用量条件下实测得到的最大相对密度；

γ_b——沥青的相对密度。

对改性沥青及 SMA 等难以分散的混合料，有效相对密度宜直接由 γ_{sa}、γ_{sb} 按下式计算确定，沥青吸收系数根据合成矿料的吸水量求得

$$\gamma_{se} = C\gamma_{sa} + (1 - C)\gamma_{sb} \tag{6-5}$$

$$C = 0.033W_x^2 - 0.2936W_x + 0.9339 \tag{6-6}$$

$$W_x = \left(\frac{1}{\gamma_{sb}} - \frac{1}{\gamma_{sa}}\right) \times 100\% \tag{6-7}$$

式中 C——合成矿料的沥青吸收系数；

W_x——合成矿料的吸水量（%）。

7）以预估的油石比为中值，按一定间隔（密级配沥青混合料通常为 0.5%，沥青碎石混合料可适当缩小间隔为 0.3% ~0.4%），取 5 个或 5 个以上不同的油石比分别成型马歇尔试件。每一组试件的试样数按现行试验规程的要求确定，对粒径较大的沥青混合料，宜增加试件数量。

8）测定压实沥青混合料试件的毛体积相对密度和吸水量，取平均值。测试方法应遵照以下规定执行：通常采用表干法测定毛体积相对密度；对吸水量大于 2% 的试件，宜改用蜡封法测定的毛体积相对密度。

9）确定沥青混合料的最大理论相对密度。对非改性的普通沥青混合料，在成型马歇尔试件的同时，用真空法实测各组沥青混合料的最大理论相对密度 γ_{ti}。当只对其中一组油石比测定最大理论相对密度时，可按式（6-8）计算其他不同油石比时的最大理论相对密度 γ_{ti}。对改性沥青或 SMA 混合料宜按式（6-8）计算各个不同沥青用量混合料的最大理论相对密度。

$$\gamma_{ti} = \frac{100 + P_{ai}}{\dfrac{100}{\gamma_{se}} + \dfrac{P_{ai}}{\gamma_b}} \tag{6-8}$$

式中 γ_{ti}——相对于计算沥青用量时沥青混合料的最大理论相对密度；

P_{ai}——所计算的沥青混合料中的油石比（%）；

γ_b——沥青的相对密度（25℃/25℃）。

10）按以下三式计算沥青混合料试件的空隙率 VV、矿料间隙率 VMA、有效沥青饱和度 VFA。

$$VV = \left(1 - \frac{\gamma_f}{\gamma_t}\right) \times 100\% \tag{6-9}$$

$$VMA = \left(1 - \frac{\gamma_f}{\gamma_{sb}} \times P_s\right) \times 100\% \tag{6-10}$$

$$VFA = \frac{VMA - VV}{VMA} \times 100\% \tag{6-11}$$

式中 VV——试件的空隙率（%）；

VMA——试件的矿料间隙率（%）；

VFA——试件的有效沥青饱和度（有效沥青的体积占 VMA 的体积比例）（%）；

γ_f——试件的毛体积相对密度；

P_s——各种矿料占沥青混合料总质量的百分率之和，即 $P_s = 100\% - P_b$。

进行马歇尔试验，测定马歇尔稳定度及流值。

5. 确定最佳沥青用量

1）以油石比或沥青用量为横坐标，以马歇尔试验的各项指标为纵坐标，将试验结果绘入图中，连成圆滑的曲线。确定符合设计的沥青混合料技术标准的油石比范围 OAC_{min} ~ OAC_{max}。选择的沥青范围必须覆盖设计空隙率的全部范围，并尽可能涵盖沥青饱和度的要求范围，试验必须扩大沥青用量范围。还需说明的是，绘制曲线时含 VMA 指标，且应为下凹形曲线，但确定 OAC_{min} ~ OAC_{max} 时不包括 VMA。

2）根据试验曲线走势，按下列方法确定沥青混合料的最佳沥青用量 OAC_1。

① 在马歇尔试验结果图上分别求得相应于最大密度、最大稳定度、目标空隙率（中值）、沥青饱和度范围的中值的油石比 a_1、a_2、a_3、a_4，按下式计算其平均值作为 OAC_1

$$OAC_1 = \frac{(a_1 + a_2 + a_3 + a_4)}{4} \tag{6-12}$$

② 如果在所选择的沥青用量范围未能覆盖沥青饱和度的要求范围，则按下式计算 OAC_1

$$OAC_1 = \frac{(a_1 + a_2 + a_3)}{3} \tag{6-13}$$

③ 对所选择试验的沥青用量范围，密度或稳定度没有出现峰值时，可直接以目标空隙率所对应的油石比 a_3 作为 OAC_1，但 OAC_1 必须介于 OAC_{min} ~ OAC_{max} 范围内，否则必须重新进行配合比设计。

3）以各项指标均符合技术标准（不包括 VMA）的油石比范围 OAC_{min} ~ OAC_{max} 的中值作为 OAC_2，即

$$OAC_2 = \frac{(OAC_{min} + OAC_{max})}{2} \tag{6-14}$$

4）通常情况下取 OAC_1 与 OAC_2 的中值作为计算的最佳沥青用量 OAC

$$OAC = \frac{(OAC_1 + OAC_2)}{2} \tag{6-15}$$

5）按式（6-15）确定的最佳油石比 OAC，从马歇尔试验结果图中得到所对应的空隙率和 VMA 值，检验是否能满足《公路沥青路面施工技术规范》及相关规定关于最小 VMA 值的要求。OAC 值宜位于凹形曲线最小值（贫油）的一侧。当空隙率不是整数时，最小 VMA 按内插法确定，并将其绘入马歇尔试验结果图中。

6）检查马歇尔试验结果图中相应与此 OAC 的各项指标是否符合马歇尔试验技术标准。

7）根据实践经验和公路等级、气候条件、交通情况，调整确定最佳油石比 OAC。

① 调查当地基本情况相接近工程的沥青混合料设计资料与实际使用效果，论证适宜的最佳沥青用量。通过对比，检查试验所确定的最佳沥青用量是否相当，如相差甚远，应查明原因，必要时重新调整级配，进行配合比设计。对于夏季炎热的地区公路及高速公路、一级公路的重载交通路段，区公路的长大坡度路段，预计有可能产生较大车辙时，宜在空隙率符合要求的范围内将试验确定的最佳油石比减小 0.1% ~ 0.5% 作为设计沥青用量。此时，除空隙率外其他指标可能会超出规范规定的技术标准，必须在配合比设计报告或设计文件中予

以说明。

② 配合比设计报告中必须明确要采用重型轮胎压路机和振动压路机组合等方式加强碾压，以使施工后路面的空隙率达到油石比未调整前的原最佳沥青用量时的水平，且渗水系数符合要求。如果试验段试拌试铺达不到此要求，宜调整所减油石比的幅度。

③ 对于冬季寒冷区公路、旅游公路、交通量很少的公路，最佳油石比可以在 OAC 的基础上增加 0.1% ~ 0.3%，以适当减小设计空隙率，但不得降低对压实度的要求。

8）计算沥青结合料被集料吸收的比例及有效沥青含量。

9）检验最佳沥青用量时的粉胶比和有效沥青厚度。

6. 配合比设计检验

沥青混合料的体积参数及马歇尔试验指标虽然与沥青混合料的路用性能存在联系，但是还不能充分反映沥青混合料的路用性能。

1）对于高速公路和一级公路的密级配沥青混合料，需要在配合比设计的基础上进行各种路用性能的验证。不符合要求的沥青混合料，必须更换材料或重新进行配合比设计。其他等级公路的沥青混合料可参照执行。

2）配合比设计检验按计算确定的设计最佳沥青用量在标准条件下进行。如按照此方法将计算的设计沥青用量调整后作为最佳沥青用量，或者改变试验条件时，各项技术要求均应适当调整，不宜照搬。

3）高温稳定性检验。对公称最大粒径等于或小于 19mm 的混合料，按规定方法进行车辙检验，动稳定度应符合《公路沥青路面施工技术规范》的相关要求。

4）水稳定性检验。按规定方法进行浸水马歇尔试验和冻融劈裂试验，残留稳定度及残留强度比必须符合《公路沥青路面施工技术规范》的相关要求。

5）低温抗裂性能检验。对公称最大粒径等于或小于 19mm 的混合料，按规定方法进行低温弯曲试验，其破坏应变宜符合《公路沥青路面施工技术规范》的相关要求。

6）渗水系数检验。利用轮碾机成型的车辙试件进行渗水试验，所测定的渗水系数宜符合《公路沥青路面施工技术规范》的相关要求。

7）钢渣活性检验。对使用钢渣的沥青混合料，应按规定的试验方法检验钢渣的活性及膨胀性，并符合《公路沥青路面施工技术规范》的相关要求。

8）根据需要，可以改变试验条件进行配合比设计检验，如按调整后的最佳沥青用量、变化最佳沥青用量 OAC ±0.3%、提高试验温度、加大试验荷载、采用现场压实密度进行车辙试验，在施工后的残余孔隙率（如 7% ~ 8%）的条件下进行水稳定性试验和渗水试验等，但不宜用规范规定的技术要求进行合格评定。

7. 配合比设计报告

1）配合比设计报告应包括工程设计级配范围选择说明、材料品种选择与原材料质量试验结果、矿料级配、最佳沥青用量，以及各项体积指标、配合比设计检验结果等。试验报告的矿料级配曲线应按规定的方法绘制。

2）当按实践经验和公路等级、气候条件、交通情况调整沥青用量作为最佳沥青用量，宜报告不同沥青用量条件下的各项试验结果，并提出对施工压实工艺的技术要求。

【例题6-2】某路线修筑沥青混凝土高速公路路面面层，试计算矿质混合料的组成，用马歇尔试验法确定最佳沥青用量。

设计原始资料：路面结构，高速公路沥青混凝土面层；气候条件，属于温和地区；路面形式，三层式沥青混凝土路面上面层；混合料制备条件及施工设备，工厂拌和摊铺机铺筑、压路机碾压。

材料的技术性能如下：

1）沥青材料。沥青采用进口优质沥青，符合 AH-70 指标，其技术指标见表6-8。

表6-8 沥青技术指标

15℃时密度/（g/cm³）	针入度/0.1mm（25℃，100g，5s）	延度/cm（5cm/min15℃）	软化点/℃
1.033	74.3	>100	46.0

2）矿质材料。粗集料采用玄武岩，1 号料（19.0~13.2mm）密度为 2.918g/cm³，2 号料（13.2~4.75mm）密度为 2.864g/cm³，与沥青的黏附情况评定为 5 级。其他各项技术指标见表6-9。细集料石屑采用玄武岩，其密度为 2.81g/cm³，砂子的视密度为 2.63g/cm³。矿粉的视密度为 2.67g/cm³，含水率为 0.8%。矿质集料的级配情况见表6-10。

表6-9 粗集料技术指标

压碎值（%）	磨耗值（%）（洛杉矶法）	针片状颗粒的质量分数（%）	磨光值（PSV）	吸水率（%）
14.7	17.6	10.5	45.0	1.0

表6-10 矿质集料的级配情况

原材料	通过下列筛孔（mm）的质量百分率（%）										
	19.0	16.0	13.2	9.5	4.75	2.36	1.18	0.6	0.3	0.15	0.075
1号碎石	100	90.3	42.2	5.0	1.4	0.3	0				
2号碎石			100	88.7	29.0	6.8	3.0	2.2	1.6	0	
石屑				100	99.2	78.5	38.1	29.8	20.0	18.1	8.7
砂				100	98.6	94.2	76.5	52.8	29.5	5.8	0.5
矿粉								100	99.2	95.90	80.0

设计要求：

1）确定各种矿质集料的用量比例。

2）用马歇尔试验确定最佳沥青用量。

解：（1）矿质混合料级配组成的确定

1）由原始资料可知，沥青混合料用于高速公路三层式沥青混凝土上面层，依据有关标准，沥青混合料类型可选用 AC-16。参照规范规定的要求，中粒式 AC-16 I 型沥青混凝土的矿质混合料级配范围见表6-11。

表6-11 矿质混合料级配范围

级配类型	通过下列筛孔（mm）的质量百分率（%）										
	19.0	16.0	13.2	9.5	4.75	2.36	1.18	0.6	0.3	0.15	0.075
AC-16 I	100	95~100	75~90	58~78	42~63	32~50	22~37	16~28	11~21	7~15	4~8

2）根据矿质集料的筛分结果及JTG F40—2004《公路沥青路面施工技术规范》的有关规定，采用图解法或试算（电算）法求出矿质集料的比例关系，并进行调整，使合成级配尽量接近要求级配范围的中值。经调整后的矿质混合料合成级配计算列于表6-12中，矿料级配曲线如图6-9所示。

表6-12　矿质混合料合成级配计算表

原材料	级配比例	通过下列筛孔（mm）的质量百分率（%）										
		19.0	16.0	13.2	9.5	4.75	2.36	1.18	0.6	0.3	0.15	0.075
1号碎石	30	30	27.1	12.7	1.5	0.4	0.1	0				
2号碎石	25	25	25	25	22.2	7.3	1.7	0.8	0.6	0.4	0	
石屑	22	22	22	22	22	21.8	17.3	8.4	6.6	4.4	4	1.9
砂	17	17	17	17	17	16.8	16	13	9	5	1	0.1
矿粉	6	6	6	6	6	6	6	6	6	6	5.8	4.8
合成级配	100	100	97.1	82.7	68.7	52.3	41.1	28.2	22.2	15.8	10.8	6.8
级配中值	100	100	97.5	82.5	68	52.5	41	29.5	22	16	11	6
要求级配	100	100	95~100	75~90	58~78	42~63	32~50	22~37	16~28	11~21	7~15	4~8

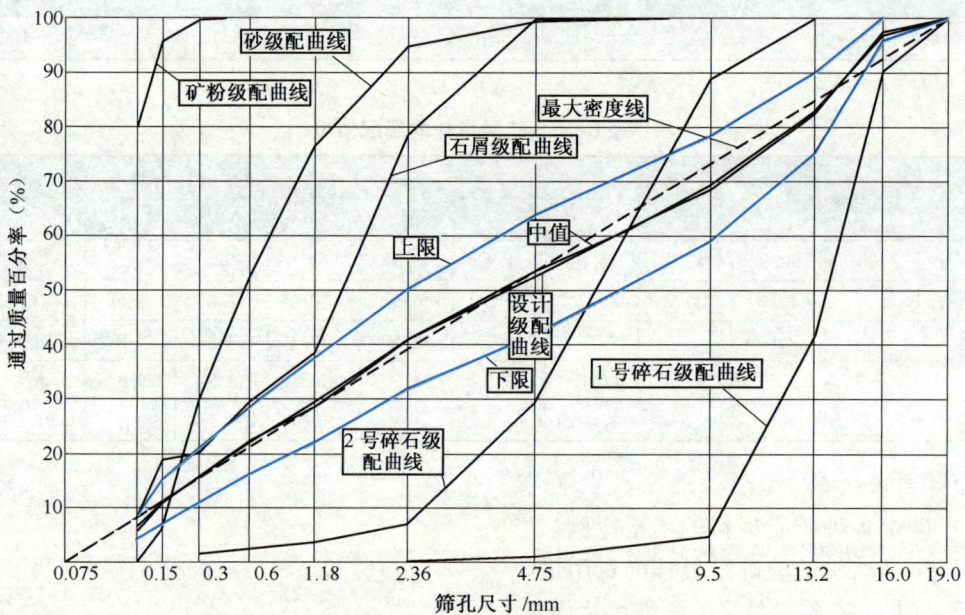

图6-9　矿料级配曲线图

由此可得出矿质混合料的组成为：1号碎石30%；2号碎石25%；石屑22%；砂17%；矿粉6%。

（2）沥青最佳用量的确定

1）按上述计算所得的矿质集料级配和规范规定的沥青用量范围中，中粒式沥青混凝土（AC–16 I）的沥青用量为4.0%~6.0%，采用0.5%的间隔变化，配制5组马歇尔试件。试件拌制温度为140℃，试件成型温度为130℃，击实次数为两面各击实75次。成型试件经

24h 后，测定其各项指标，以沥青用量为横坐标，以实测密度、空隙率、饱和度、稳定度、流值为纵坐标，画出沥青用量和它们之间的关系曲线，如图6-10所示。

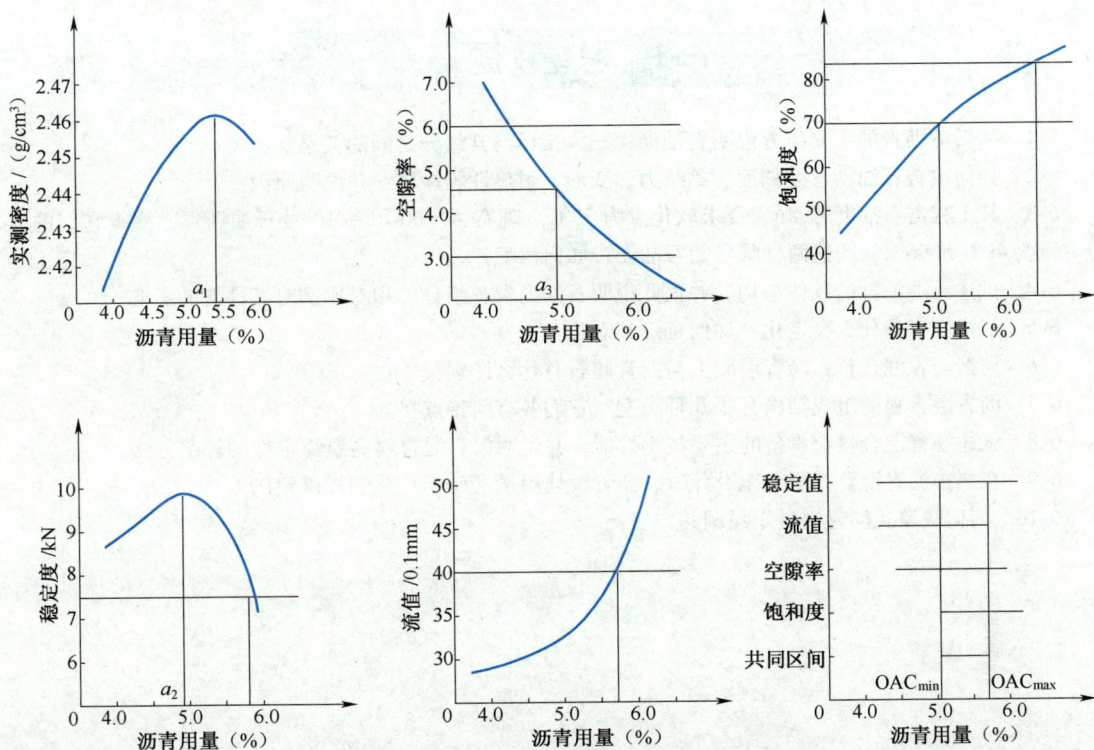

图6-10 马歇尔试验各项指标与沥青用量关系图

2）从图中取相应于密度最大值的沥青用量为 a_1，相应于稳定度最大值的沥青用量为 a_2，相应于规定空隙率范围中值的沥青用量为 a_3，以三者平均值作为最佳沥青用量 OAC_1。从图中可看出，$a_1 = 5.4\%$，$a_2 = 4.9\%$，$a_3 = 4.9\%$。则

$$OAC_1 = \frac{(a_1 + a_2 + a_3)}{3} \approx 5.07\%$$

根据热拌沥青混合料马歇尔试验技术指标，对高速公路用 I 型沥青混合料，稳定度 >7.5kN，流值为 20~40（0.1mm），空隙率为 3%~6%，饱和度为 65%~75%，分别确定各关系曲线上沥青用量的范围，取其共同部分，可得

$$OAC_{min} = 5.05\% \qquad OAC_{max} \approx 5.70\%$$

$$OAC_2 = \frac{(OAC_{min} + OAC_{max})}{2} \approx 5.38\%$$

考虑到高速公路所处的气候条件属温和地区，为防止车辙，则 OAC 的取值在 OAC_2 与 OAC_{min} 的范围内决定，结合工程经验取 OAC = 5.2%。

3）按最佳沥青用量 5.2%，制作马歇尔试件，进行浸水马歇尔试验，测得的试验结果为：密度为 2.457g/cm³，空隙率为 3.8%，饱和度为 72.0%。马歇尔稳定度为 9.6kN，浸水马歇尔稳定度为 7.8kN，残留稳定度为 81%，符合规定要求（>75%）。

4）按最佳沥青用量 5.2%制作车辙试验试件，测定其动稳定度，其结果大于 800 次/mm，

符合规定要求。

通过上述试验和计算，最后确定沥青用量为5.2%。

习 题

6-1 从石油沥青的主要组分说明石油沥青三大指标与其组分之间的关系。

6-2 如何改善石油沥青的稠度、黏结力、变形、耐热性等性质？并说明原因。

6-3 某工程需石油沥青40t，要求软化点为75℃。现有A-60甲和10号石油沥青，测得它们的软化点分别为49℃和96℃，问这两种牌号的石油沥青如何掺配？

6-4 试述石油沥青的胶体结构，并据此说明石油沥青各组分的相对比例对其性能的影响。

6-5 石油沥青为什么会老化？如何延缓其老化？

6-6 何谓沥青混合料？沥青混凝土与沥青碎石有什么区别？

6-7 沥青混合料的组成结构有哪几种类型？它们各有何特点？

6-8 试述沥青混合料应具备的主要技术性能，并说明沥青混合料高温稳定性的评定方法。

6-9 在热拌沥青混合料配合比设计时，沥青最佳用量（OAC）是怎样确定的？

6-10 为何浇筑式沥青混凝土强调其"三高"？

墙体材料 第7章

【**本章提要**】 主要介绍烧结普通砖、烧结多孔砖和烧结空心砖的主要原材料和物理力学性能指标；介绍普通混凝土小型空心砌块、粉煤灰小型空心砌块、蒸压加气混凝土小型空心砌块的原材料组成和性能等方面的内容。本章的学习目标：掌握各种墙体材料的技术性质与特性。

墙体材料在建筑材料中占有很大的比重，约占房屋建筑总重的50%，是土木工程中最重要的材料之一。我国传统的墙体材料有黏土砖、石材等，但黏土砖和石材的大量开采与使用，不仅需要耗用大量的土地资源与矿山资源，影响农业生产和生态环境，不利于资源节约和资源保护，而且黏土砖和石材的自重大、体积小，生产率低，单位能耗大，影响建筑业的发展速度。因此，逐步淘汰黏土砖制品，发展新型墙体材料是建筑材料行业可持续发展的重要工作。

7.1 砌墙砖

砌墙砖通常是指砌筑用的小型人造块材，其外形多为直角六面体，长度不大于365mm，宽度不大于240mm，高度不大于115mm，包括实心块材和带空（孔）块材。根据砖的孔洞率的大小砖分为**实心砖**、**多孔砖**和**空心砖**。常用于承重部位、孔洞率等于或大于15%、孔的尺寸小而数量多的砖称为多孔砖；常用于非承重部位、孔洞率等于或大于35%、孔的尺寸大而数量少的砖称为多孔砖。根据制造工艺，砖又可分为**烧结砖**和**非烧结砖**。

7.1.1 烧结普通砖

以黏土、页岩、煤矸石、粉煤灰等为主要原料，经焙烧而成标准尺寸的实心砖，称为烧结普通砖。按所用主要原料的不同，烧结普通砖可分为黏土砖（N）、页岩砖（Y）、煤矸石砖（M）、粉煤灰砖（F）。我国烧结普通砖主要是黏土砖。

烧结黏土砖有红砖和青砖。焙烧窑中为氧化气氛时，可烧得红砖；焙烧窑中为还原气氛时，可烧得青砖。青砖比红砖耐碱，耐久性好。

由于砖在焙烧时窑内温度分布难于绝对均匀，因此，除正火砖外，还常出现过火砖和欠火砖。过火砖色深、敲击时声音清脆、吸水量低、强度较高，但有弯曲变形；欠火砖色浅、敲击时声音发哑、吸水量大、强度低、耐久性差。过火砖和欠火砖均属不合格产品。

GB/T 5101—2017《烧结普通砖》对其一系列物理力学性能指标做了严格的要求。

（1）尺寸规格 按标准规定，烧结普通砖的标准尺寸是175mm×115mm×53mm。普通黏土砖在砌筑时一般需要10mm厚的灰缝，砌筑后4块砖长，或8块砖宽或16块砖厚均为1m。因此，每立方米砖砌体需用砖512块。

（2）外观质量　烧结普通砖的优等品颜色应基本一致，合格品颜色无要求。在生产或运输过程中可能产生某些外观缺陷，如翘曲、掉角等。这些缺陷将会影响砌体的砌筑质量。其他外观质量要求的规定可查《烧结普通砖》。

（3）强度等级　烧结普通砖强度等级的划分，是通过取10块砖试样进行抗压强度试验，根据试验结果划分为MU10、MU15、MU20、MU25、MU30五个强度等级。试验方法可查GB/T 2542—2012《砌墙砖试验方法》。

（4）抗冻性　砖的冻融试验是指首先把吸水饱和的砖放置在−15℃以下的环境中冻结3h，然后置于10～20℃水中融化不少于2h，形成一个冻融循环过程；如此反复冻融15次后，每块砖样不允许出现明显的裂纹、分层、掉皮、缺棱、掉角等冻坏现象，且其干质量损失、抗压强度平均值不超过标准规定，则认为该砖合格，否则为不合格。

（5）泛霜　泛霜是砖在使用过程中出现的一种盐析现象。其原因是有些砖的黏土原料中含有较多的可溶性盐类物质（如硫酸钠等），这些盐分经烧结等一系列过程后仍然残留在砖体内；当这些可溶性盐被进入砖体内的水溶解后，会随着水分向外迁徙带到砖的表面，待水分蒸发后结晶于砖表面而形成白色结晶物。泛霜的结晶物一般呈白色粉末、絮团或絮片状，严重时可使砖的表面发生鱼鳞状的剥落，它不仅有损于建筑物的外观，而且严重降低其耐久性。

（6）石灰爆裂　石灰爆裂是指砖的坯体中夹有石灰块，砖吸水后，由于石灰逐渐熟化而膨胀产生的爆裂现象。石灰爆裂严重影响砌体的强度与外观。因此，在实际工程中应严格控制易于出现石灰爆裂的砖的使用。

（7）抗风化能力　抗风化性能是评定烧结普通黏土砖耐久性的重要指标之一，是一项综合性的指标，主要用抗冻性、吸水量和饱和系数这三项指标来评定。不同地区对砖的抗风化性能的要求不同，必须根据国家标准关于风化区的规定确定是否进行冻融试验。

烧结普通砖主要用于砌筑建筑的内外墙、柱、拱、烟囱和窑炉等。在采用烧结普通砖砌筑砌体时，在砌筑前，必须先将砖吸水润湿后方可使用。

【案例7-1】泛霜影响美观。

概况：某工程采用普通黏土砖砌筑清水墙，在砖的表面出现白色粉状物，影响建筑物的美观。

分析：经耐久性的泛霜试验，发现该工程使用的砖含有过量的可溶盐。

7.1.2　烧结多孔砖与烧结空心砖

烧结多孔砖与烧结空心砖的原料及生产工艺与烧结普通砖基本相同，所不同的是对原料的可塑性要求较高。多孔砖为大面有孔洞的砖，孔多而小，使用时孔洞垂直于承压面；空心砖为顶面有孔洞的砖，孔大而少，使用时孔洞平行于承压面。

与烧结普通砖相比，生产烧结多孔砖与烧结空心砖，可节省黏土20%～30%，节约燃料10%～20%，且砖坯焙烧均匀，烧成率高。采用烧结多孔砖与烧结空心砖砌筑墙体，可减轻自重1/3左右，工效提高约40%，同时还能改善墙体的热工性能。

对烧结多孔砖与烧结空心砖的主要技术要求请查GB/T 13544—2011《烧结多孔砖和多

孔砌块》和 GB/T 13545—2014《烧结空心砖和空心砌块》。

烧结多孔砖具有较高的强度,可用于砌筑 6 层以下建筑物的承重墙。烧结空心砖和空心砌块的强度较低,主要适用于非承重隔墙和框架结构的填充墙。

1. 烧结多孔砖

根据主要原料的不同,烧结多孔砖分为黏土砖(N)、页岩砖(Y)、煤矸石砖(M)和粉煤灰砖(F)。

(1)规格与孔洞尺寸 烧结多孔砖的外形为直角六面体,其长度、宽度、高度尺寸符合的公称尺寸有两种:290mm、240mm、190mm、180mm 和 175mm、140mm、115mm、90mm。多孔砖的孔洞尺寸应符合以下规定:圆孔的直径不大于 22mm,非圆孔内切直径不大于 15mm,手抓孔应为(30 ~ 40)mm ×(75 ~85)mm。图 7-1 所示为常见的烧结多孔砖的孔洞形式。

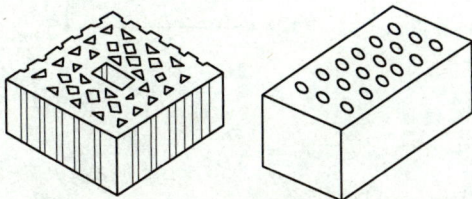

图 7-1 常见的烧结多孔砖的孔洞形式示意图

(2)烧结多孔砖的技术要求 烧结多孔砖的抗压强度分为 MU30、MU25、MU20、MU15、MU10 五个强度等级,强度等级的评定方法应依照烧结普通砖强度等级评定的方法,其强度的各项指标、外观质量、尺寸偏差等应满足《烧结多孔砖和多孔砌块》的规定。烧结多孔砖的泛霜与石灰爆裂指标应满足相应规定,其抗风化性能要求与普通黏土砖相同。风化程度不同的地区应选用抗风化性能不同的烧结多孔砖。不同地区对砖的抗风化性能的要求不同,必须根据国家标准关于风化区的规定确定是否进行冻融试验。

(3)质量等级划分 在强度和抗风化性能满足要求的情况下,根据烧结多孔砖的尺寸偏差、外观质量、孔型及孔洞排列、泛霜、石灰爆裂等指标可分为优等品(A)、一等品(B)与合格品(C)三个质量等级。

(4)产品标志 烧结多孔砖的产品标志按照产品名称、品种、规格、强度等级、质量等级和标准代码的顺序编写。如烧结多孔砖 M290 × 140 × 90 25A GB/T 13544 表示规格尺寸为 290mm × 140mm × 90mm、强度等级为 MU25 的优等品烧结煤矸石多孔砖。

2. 烧结空心砖和空心砌块

根据《烧结空心砖和空心砌块》的标准要求,烧结空心砖的外形与烧结多孔砖相同,多为直角六面体,在与砂浆的接合面上应设有深度在 1mm 以上的凹槽线;其长度、宽度、高度尺寸的公称尺寸有两种:290mm、190mm、140mm、90mm 和 240mm、180(175)mm、115mm。

根据所用主要原料不同,烧结空心砖可分为烧结黏土空心砖、烧结页岩空心砖、烧结粉煤灰空心砖等。

(1)烧结空心砖和空心砌块的规格与孔洞要求 图 7-2 所示为烧结空心砖的外观示意图。其壁厚应大于 10mm,肋厚应大于 7mm。孔洞可采用矩形条孔、菱形孔或三角形孔,且平行于大面和条面。

(2)烧结空心砖和空心砌块的产品等级与技术要求 根据烧结空心砖和空心砌块的体积密度可分为 800、900、1000、1100 四个密度等级;根据 10 块试样砖的抗压强度的平均值与变异系数、标准值或单块最小值可将烧结空心砖划分为 MU3.5、MU5.0、MU7.5 和

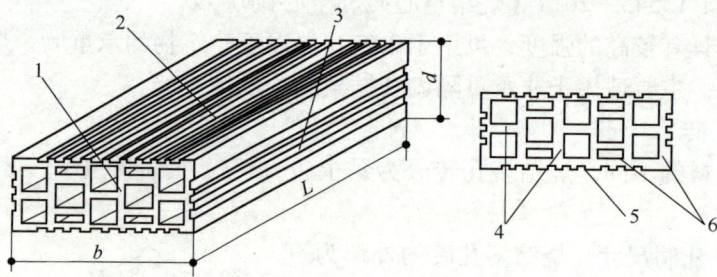

图 7-2 烧结空心砖的外观示意图

L—长度 b—宽度 d—高度

1—顶面 2—大面 3—条面 4—肋 5—凹线槽 6—外壁

MU10.0 四个强度等级；根据其尺寸偏差、外观质量、孔洞率及孔排数、强度等级和抗风化性能等技术指标，每个密度级又可分为优等品（A）、一等品（B）和合格品（C）三个质量等级。其尺寸偏差、外观质量等各项技术指标均应满足《烧结空心砖和空心砌块》的要求。

（3）烧结空心砖和空心砌块的产品标志 烧结空心砖和空心砌块的产品标志按产品名称、类别、规格、密度等级、强度等级、质量等级和标准编号的顺序编写。如规格尺寸 290mm×190mm×90mm、密度等级 900、强度等级 MU10.0、优等品的粉煤灰空心砖，其标记为：烧结空心砖 F（290×190×90）800MU10.0AGB/T 13545。

7.1.3 烧结页岩砖

页岩经破碎、粉磨、配料、干燥和焙烧等工艺制成的砖称为烧结页岩砖。生产这种砖可完全不用黏土，配料调制时所需水分较少，有利于砖坯干燥，焙烧时能耗较少。烧结页岩砖的质量标准和检验方法及应用范围均与普通砖相同。

7.1.4 烧结煤矸石砖

烧结煤矸石砖是指以煤矸石为主要原料，经粉碎、混合料制备、成型、焙烧等工艺制成的砖。煤矸石是开采煤炭时所剔除的废料，利用它烧制砖等砌筑材料既可节约资源与能源，又可消除废料对环境的危害。

煤矸石实心砖的规格和性能指标与粉煤灰实心砖的相同，其主要力学性能指标应满足《烧结普通砖》的要求。

7.1.5 烧结粉煤灰砖

烧结粉煤灰砖是以粉煤灰为主要原料，掺入一定的黏土，经配料、成型、干燥、焙烧而成的产品。其中粉煤灰的掺量可达 30%～70%，由于其粉煤灰利用率高，既可节约能源和土地资源，又可保护环境而利国利民。粉煤灰实心砖根据其抗压强度可划分为 MU30、MU25、MU20、MU15、MU10 五个强度等级。在砖的强度和抗风化性能满足要求的前提下，根据其尺寸偏差、外观质量、泛霜和石灰爆裂等指标可分为优等品（A）、一等品（B）、合格品（C）三个质量等级。其主规格的公称尺寸为 240mm×115mm×53mm。

烧结粉煤灰砖的强度等级、尺寸偏差、外观质量等技术指标详见《烧结普通砖》。

7.1.6 灰砂砖

灰砂砖属于非烧结砖，是以石灰、砂子为原料，经配料、拌和、压制成型和蒸压养护而制成。用料中石灰占 10%～20%。灰砂砖的规格尺寸与烧结普通砖相同，表观密度比烧结普通砖小，保温性能比烧结普通砖好。

灰砂砖可用于工业与民用建筑的墙体和基础。但由于灰砂砖中的某些水化产物不耐酸，也不耐热，所以不得用于长期受热或急冷急热交替作用及有酸性介质侵蚀的建筑部位，也不宜用于受流水冲刷的部位。

【案例 7-2】灰砂砖墙体严重开裂事故。

概况：新疆某石油基地库房砌筑采用蒸压灰砂砖，由于工期紧，灰砂砖也紧俏，出厂 4d 的灰砂砖即砌筑。8 月完工，后发现墙体有较多垂直裂缝，至 11 月底裂缝基本固定。

分析：经调查，工程原设计采用红砖 MU7.5，因红砖供应短缺，改用 MU10 灰砂砖。而对灰砂砖性能未进行深入了解，只是按等强度替换。经检验，灰砂砖的抗压性能与普通黏土砖相当，但抗剪强度的平均值只有普通黏土砖的 80%。由于灰砂砖供应紧张，砖出厂到上墙时间太短，而且在使用前猛浇水，灰砂砖含水率大，其水分挥发速率较普通黏土砖慢，20 多天后才基本稳定，灰砂砖砌筑前后干缩变形大。此外施工时值 7～8 月，砌筑时气温高，砌筑后气温明显下降，温差导致温度变形，从而造成大面积开裂。

7.2 砌块

根据 GB/T 18968—2019《墙体材料术语》的规定，砌块是砌筑用的人造块材。其外形多为直角六面体，也有部分异形的。其长度大于 365mm，或宽度大于 240mm，或高度大于 115mm，但其高度不得大于长度，也不得大于宽度的 6 倍，长度不超过高度的 3 倍。根据砌块系列中主规格高度的尺寸，砌块可分为小型砌块（主规格的高度为 115～380mm）、中型砌块（主规格的高度为 380～980mm）和大型砌块（主规格的高度大于 980mm）。小型砌块是我国目前应用的主要品种。

砌块内无孔洞或空心率≤25%时为实心砌块；空心率＞25%的砌块为空心砌块。根据砌块在砌体中的受力状态分为承重砌块和非承重砌块。除了烧结空心砌块外，大量采用的非烧结砌块品种众多。按照生产砌块所用的原材料的不同，非烧结砌块又可分为普通混凝土小型空心砌块、粉煤灰小型空心砌块、轻集料混凝土小型空心砌块、蒸压加气混凝土小型空心砌块、泡沫混凝土小型空心砌块等。

7.2.1 普通混凝土小型空心砌块

普通混凝土小型空心砌块是由水泥、水、砂、石子，按一定比例配合，经搅拌、成型和养护而成的。砌块的主规格为 390mm×190mm×190mm，配以几种辅助规格，即可组成墙体砌块组合系列。

根据 GB/T 8239—2014《普通混凝土小型砌块》，砌块的强度等级分为 MU3.5、MU5.0、MU7.5、MU10.0、MU15.0、MU20、MU25、MU35 和 MU40 九个等级。其抗压强度检测是用砌块受压面的毛面积除破坏荷载求得的，强度等级的评定按抗压强度的五块平均值和单块最小值确定。

普通混凝土小型空心砌块的密度取决于原材料、混凝土配合比、砌块的规格尺寸、孔型和孔结构、生产工艺等。

普通混凝土小型空心砌块的吸水量和软化系数取决于原材料、混凝土配合比、砌块的密实度、生产工艺等。用普通砂、石做集料的砌块，吸水量低，软化系数较高；用轻集料做集料的砌块，吸水量高，软化系数较低。砌块密实度越高，则软化系数越高。

普通混凝土小型空心砌块与烧结砖相比较，砌块建筑的墙体较易产生裂缝，其原因是多方面的，就墙体材料本身而言，原因有二：一是，由于砌块失去水分而产生收缩；二是，由于砂浆失去水分而收缩。砌块的收缩值取决于所采用的集料种类、混凝土配合比、养护方法和使用环境的相对湿度。我国目前普通混凝土小型空心砌块的收缩值为 0.235 ～ 0.427mm/m。

普通混凝土小型空心砌块的热导率随混凝土材料的不同而有所差异。如在相同的孔结构、规格尺寸和工艺条件下，以卵石、碎石和砂为集料生产的混凝土砌块，其热导率要大于以煤渣、火山灰、浮石、煤矸石、陶粒等为集料生产的混凝土砌块，砌块的孔结构也对其热导率产生很大影响。

普通混凝土小型空心砌块适用于地震设计烈度为 8 度和 8 度以下地区的一般民用和工业建筑物的墙体，还可用于挡土墙工程、地面和路面工程等。

7.2.2　粉煤灰小型空心砌块

粉煤灰小型空心砌块是指以粉煤灰、水泥、各种轻重集料、水为主要成分（也可加入外加剂等）拌和制成的小型空心砌块，其中粉煤灰用量不应低于原材料质量的 20%，水泥用量不应低于原材料质量的 10%。

根据 JC/T 862—2008《粉煤灰混凝土小型空心砌块》，主规格为 390mm × 190mm × 190mm，其他规格尺寸可由供需双方商定。粉煤灰小型空心砌块孔的排数分为单排孔、双排孔和三排孔三类。

粉煤灰小型空心砌块的强度等级分为 MU3.5、MU5.0、MU7.5、MU10.0、MU15.0 和 MU20.0 六个等级。

粉煤灰小型空心砌块按尺寸偏差、外观质量、炭化系数分为优等品（A）、一等品（B）、合格品（C）。

7.2.3　蒸压加气混凝土小型空心砌块

蒸压加气混凝土小型空心砌块是指以水泥或石灰、细集料、粉煤灰、发气剂等主要原料，经配料、搅拌、浇筑、发气、切割、蒸压养护等工艺制成的多孔砌块。蒸压加气混凝土小型空心砌块的特性为多孔轻质、保温隔热性能好、可加工性能好；其孔隙率一般为70% ～ 80%，热导率在 0.116 ～ 0.0212W/(m·K)；但其干缩较大，使用不当时易使墙体产生开裂，故主要用于砌筑框架结构的内外填充墙。当砌体结构遭受长期浸水、经常干湿交替或化学腐蚀作用时，不得使用这种砌块。

GB/T 11968—2020《蒸压加气混凝土砌块》明确规定，蒸压加气混凝土砌块的尺寸允许偏差、外观质量、强度等级、干燥收缩、热导率等主要技术指标应符合相应的要求。

除了上述砌块外，常用的建筑砌块还有石膏砌块、泡沫混凝土砌块等。

7.2.4 砌块房屋的裂缝

根据调查发现，小型砌块房屋的裂缝比砖砌体房屋多且更普遍，应引起工程界的重视。**砌块房屋建成和使用后，由于种种原因可能出现各种各样的墙体裂缝。**从大的方面来说，墙体裂缝可分为受力裂缝和非受力裂缝两大类。在各种荷载直接作用下墙体产生的相应形式的裂缝称为受力裂缝。而由于砌体收缩、温湿度变化、地基沉降不均匀等引起的裂缝称为非受力裂缝，又称为变形裂缝。

从材料学的角度，**更加关注的是由收缩和温湿度变化引起的变形裂缝。**热胀冷缩是绝大多数物体的基本物理性能，砌体也不例外。由于温度变化不均匀使砌体产生不均匀收缩，或者砌体的伸缩受到约束时，则会引起砌体开裂。

黏土砖是烧结而成的，成品后干缩极小，所以砖砌体房屋的收缩问题一般不予考虑。而小型空心砌块是由混凝土拌合料经浇筑、振捣、养护而成的。混凝土在硬化过程中逐渐失水而干缩，其干缩量因材料和成型质量不同而异，并随时间的增长而逐渐减小。对于干缩已经稳定的普通混凝土砌块，如再次被水浸湿后，会再次发生干缩，通常称为第二次干缩。普通混凝土砌块在含水饱和后的第二次干缩，其稳定时间比成型硬化过程的第一次干缩时间要短，一般约为15d，第二次干缩的收缩率约为第一次干缩的80%左右。

砌块上墙后的干缩，引起砌体干缩，而在砌体内部产生一定的收缩应力，当砌体的抗拉、抗剪强度不足以抵抗收缩应力时，就会产生裂缝。

砌块的含湿量是影响干缩裂缝的主要因素，所以国外对砌块的含湿率（是指与最大总吸水量的百分比）有较严格的规定。日本要求各砌块的含水率均不超过40%。美国和加拿大等国则根据使用砌块的湿度环境和砌块线收缩系数等提出不同要求。例如，美国规定混凝土砌块的线收缩系数≤0.03%时，对于高湿环境允许的砌块含水率为45%，中湿环境为40%，干燥环境时要求含水率不大于35%。所以，对于应用建筑工程中砌筑用的砌块在上墙前必须保持干燥。

【案例7-3】 温度差引起的裂缝。

概况：如图7-3所示，某工程采用普通混凝土小型空心砌块砌筑墙体，在顶层两端砌体部位出现裂缝。

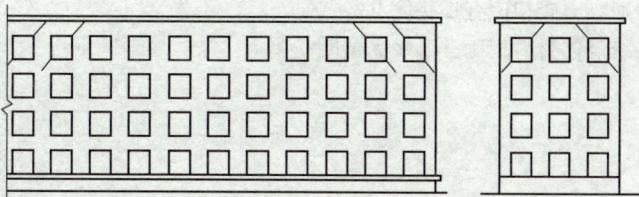

图7-3 普通混凝土小型空心砌块砌筑墙体

分析：温度变化，砌体产生伸缩。由于砌体长度过长，砌体在墙体上层部分因比基础处受到约束小，伸缩变形较大，产生不均匀变形，从而引起开裂。

7.3 墙板

在我国进一步加强墙体材料改革和建筑节能指标控制标准逐步完善的形势下，越来越多的建筑物采用墙用板材。随着建筑体系的改革和大开间多功能框架结构的发展，墙板也因其质量小、节能降耗、施工方便、使用面积大、开间布置灵活等特点，而具有良好的发展前景。

墙板按功能不同可分为承重墙板和非承重墙板。按使用的原材料不同可分为水泥类墙板、石膏类墙板、植物纤维类墙板、复合墙板等。

水泥类墙板具有较好的力学性能和耐久性。其生产技术成熟，产品质量可靠，可用于承重墙、外墙和复合墙板的外层面。其主要缺点是自重较大，抗拉强度低。常见的水泥类墙板有预应力混凝土空心墙板、GRC 空心轻质墙板、纤维增强水泥平板、水泥木丝板、水泥刨花板等。

石膏类墙板具有质量小、保温性能好、隔声、抗震等许多优点。石膏类墙板加工性能好，安装施工方便，常在石膏中加入其他材料来改善其防火、防水性能。常见的石膏类墙板有纸面石膏板、无面纸的石膏纤维板、石膏空心板、石膏刨花板等。

植物纤维类墙板是用农作物的废弃物经适当处理而制成的板材。常见的植物纤维类墙板有稻草板、麦秸板、稻壳板、蔗渣板、麻屑板等。

以单一材料制成的板材虽然各有优点，但是缺点也很明显。复合墙板是利用材料的复合技术，用多种材料制成的具有多种功能的复合墙体材料。如轻质复合夹芯墙板是由两块纤维增强薄板做面板，中间以聚苯乙烯发泡珠为粗集料，轻集料混凝土作芯体的复合条板，这种板材轻质高强，隔热隔声，防火防潮，抗震性、耐久性好，施工方便，适用于承重外墙、内隔墙、屋面等。

习 题

7-1 砌墙砖有哪些类型？它们各有什么特点？
7-2 普通黏土烧结砖的耐久性有哪些要求？
7-3 墙用砌块与普通黏土砖相比有哪些优点？
7-4 复合墙板与传统墙体材料相比有哪些优越性？

建 筑 钢 材 第8章

【本章提要】 主要介绍钢材的生产和分类，重点讲述建筑钢材的微观结构及化学组成，建筑钢材的力学性能和工艺性能，建筑钢材的牌号与选用，并对建筑钢材的腐蚀与防护进行简要的论述。本章的学习目标：了解钢按化学成分及质量等级的分类。掌握钢的抗拉性能、冲击韧性和冷弯性能，工程中钢材工作的条件及选用要求，低合金钢的性能特点及应用，热轧钢筋的分级及用途。

建筑钢材是指用于钢结构中的各种型钢（如角钢、槽钢、工字钢、圆钢等）、钢板、钢管和用于钢筋混凝土结构中的各种钢筋、钢丝等，是重要的土木工程材料。

建筑钢材具有一系列优良的技术性能。有较高的强度和比强度；有良好的塑性和韧性，能承受冲击和振动荷载；可以焊接、铆接或螺栓连接；易于加工和装配，所以在土木工程中得到了广泛的应用。钢材的缺点是易生锈，耐火性差，维护费用高。

8.1 概述

8.1.1 钢材的生产

钢材的生产可大致分为钢的冶炼、铸锭和压力加工三个过程。钢材生产中能否进行严格的工艺和质量控制，将对钢材的质量、性能和使用产生直接影响。

1. 钢的冶炼

钢和铁的主要成分都是铁和碳，其主要区别在于碳的含量不同。**碳的质量分数小于2.06%的为钢，碳的质量分数大于2.06%的为生铁，常用钢材碳的质量分数在1.3%以下。**生铁是铁矿石、石灰石和焦炭在高炉中经过还原反应和其他化学反应而得到的一种铁碳合金。在炼铁过程中，原料中的杂质与石灰石等化合成矿渣，因铁液中残存有硫、磷等杂质含量较高，故生铁硬而脆，塑性及韧性差，不易进行焊接、锻造和轧制等加工，在建筑上难以应用。

钢的冶炼将生铁中多余的碳和硫、磷等杂质经氧化降到各种钢所要求的含量以下，有的还加入一些其他成分，使钢具有所需要的特殊性质。**常用的炼钢方法主要有氧气转炉法、平炉法和电炉法三种。**

（1）氧气转炉法 氧气转炉法是以熔融铁液为原料，由炉顶向炉内吹入高压氧气，将铁液中的碳和硫、磷等杂质迅速氧化而被除去。其特点是冶炼时间短（20~45min），钢的质量好且成本低，**常用来生产优质碳素钢和合金钢，是目前最主要的一种炼钢方法。**

205

（2）平炉法 平炉法是以液态或固体生铁、废钢铁及适量的铁矿石为原料，以燃气或重油为燃料，依靠废钢铁、铁矿石和空气中的氧，使杂质氧化而被除去。平炉法冶炼时间长（4～12h），易调整和控制成分，杂质少，质量好。**平炉法可用于生产优质碳素钢、合金钢及其他有特殊要求的专用钢。其缺点是投资大，需用燃料，成本高。**

（3）电炉法 电炉法是以废钢和生铁为原料，利用电能加热进行高温冶炼。该法熔炼温度高，且温度可以自由调节，清除杂质较容易，故钢的质量最好，但容积小、耗电大，成本最高。**电炉法主要用于炼制优质碳素钢和特殊合金钢。**

2. 钢的铸锭

将冶炼好的钢液注入锭模，冷凝后便形成柱状的钢锭（钢坯），此过程称为钢的铸锭。但在冶炼过程中不可避免地使部分氧化铁残留在钢液中，多余氧化铁的存在降低了钢材的质量。因此，**钢液在铸锭前须进行脱氧处理**，即精炼后期加入脱氧剂，使氧化铁还原为金属铁。常用的脱氧剂有锰铁、硅铁和铝锭等，其中铝锭的脱氧效果最好。

3. 压力加工

钢液在铸锭冷却过程中，由于内部某些元素在铁的固、液相中溶解度不同，随着钢液的逐渐凝固，这些元素向凝固较迟的中心部分聚集，导致化学成分在钢锭截面上分布不均匀，这种现象称为**化学偏析**。其中以硫、磷偏析最为严重。**偏析将增加钢的脆性和时效敏感性，降低焊接性能**，影响钢的质量。

除化学偏析外，在钢锭中往往还会有缩孔、气泡及组织不致密等缺陷，为了保证钢的质量满足工程需要，钢锭须经过压力加工使部分气泡得到闭合，部分缺陷得以消除。**压力加工可分为热加工和冷加工两种。**

（1）热加工 热加工是将钢锭加热至塑性状态（再结晶温度以上），再施加压力改变其形状的加工方法。钢锭经热加工后，不仅能得到形状和尺寸合乎要求的钢材，还可使钢锭内部的气泡和裂纹焊合、疏松组织致密、晶粒细化以及成分均化，钢材强度和质量得到提高，一般加工的次数越多，钢的强度提高也越大。

（2）冷加工 冷加工是指钢材在常温下进行的压力加工。冷加工的方式很多，有冷拉、冷拔、冷轧、冷扭、冲压等。在土木工程中常用冷拉和冷拔工艺来提高钢材的强度和硬度（详见第8.3.2小节）。

8.1.2 钢材的分类

钢的分类方法很多，目前的分类方法主要有下面四种。

1. 按化学成分分类

碳素钢 $\begin{cases} \text{低碳钢（碳的质量分数 <0.25\%）} \\ \text{中碳钢（碳的质量分数 0.25\%～0.6\%）} \\ \text{高碳钢（碳的质量分数 >0.6\%）} \end{cases}$

在建筑工程中，主要用的是低碳钢和中碳钢。

合金钢 $\begin{cases} \text{低合金钢（合金元素的质量分数 <5\%）} \\ \text{中合金钢（合金元素的质量分数 5\%～10\%）} \\ \text{高合金钢（合金元素的质量分数 >10\%）} \end{cases}$

在建筑工程中，常用低合金钢。

2. 按有害杂质含量分类

普通钢（硫的质量分数≤0.050%，磷的质量分数≤0.045%）；优质钢（硫的质量分数≤0.035%，磷的质量分数≤0.035%）；高级优质钢（硫的质量分数≤0.025%，磷的质量分数≤0.025%）；特级优质钢（硫的质量分数≤0.025%，磷的质量分数≤0.015%）。

在建筑工程中，常用普通钢，有时也使用优质钢。

3. 按冶炼时脱氧程度分类

（1）沸腾钢 沸腾钢仅用锰铁脱氧，是脱氧不完全的钢，经脱氧处理后，在钢液中尚存有较多的氧化铁。当钢液注入锭模后，氧化铁与碳发生化学反应生成 CO 气体外逸，引起钢液"沸腾"，故称为沸腾钢，其代号为"F"。**沸腾钢化学成分不均匀，气泡多，密实性差，因而钢质较差，但成本较低，产量高**，故广泛应用于一般土木工程结构中。

（2）镇静钢 镇静钢是用锰铁、硅铁和铝锭进行完全脱氧的钢。钢液在铸锭时不会逸出气体，钢液能够平静地凝固，故称为镇静钢，其代号为"Z"。**镇静钢化学成分均匀，组织致密，力学性能好，因而钢质较好，但成本较高**。镇静钢主要用于承受冲击荷载或其他重要结构中。

（3）特殊镇静钢 脱氧程度比镇静钢更充分彻底，故称为特殊镇静钢，其代号为"TZ"。**特殊镇静钢的质量最好，主要用于特别重要的结构工程**。

（4）半镇静钢 脱氧程度及性能介于沸腾钢和镇静钢之间，其代号为"b"，**为质量较好的钢，兼有两者的优点**。

4. 按用途分类

（1）结构钢 用于建筑工程用结构钢和机械制造用结构钢。

（2）工具钢 用于制作刀具、量具、模具等。

（3）特殊钢 具有特殊物理、化学或力学性能的钢，如不锈钢、耐酸钢、耐热钢等。

在建筑工程中，常用结构钢。

8.2 建筑钢材的微观结构及化学组成

8.2.1 建筑钢材的微观结构

1. 钢的晶体结构

钢是以铁碳为主的合金，其晶体结构中的各原子以金属键的方式结合在一起，这是钢材具有较高强度和较高塑性的根本原因。

描述原子在晶体中排列的最小单元（即空间格子）是晶格。钢铁的晶格分为体心立方晶格和面心立方晶格，前者为原子分布在正立方体的中心和八个顶角，后者为原子分布在正立方体的八个顶角和六个面的中心。当钢材从熔融的状态（熔点1535℃）冷却时，晶体结构要发生两次转变：温度在1390℃以上时为体心立方晶格，称为 $\delta-Fe$；温度在910～1390℃之间为面心立方晶格，称为 $\gamma-Fe$，并伴随着体积收缩；温度在910℃以下时又成为体心立方晶格，称为 $\alpha-Fe$，同时伴随体积膨胀。

在钢材晶体中，原子的排列并非完整无缺，而是存在着许多不同形式的缺陷，这些缺陷对钢材的强度、塑性和其他性能具有显著的影响，这也是钢材的实际强度远比理论强度小的根本原因。这些缺陷主要有点缺陷、线缺陷和面缺陷三种。

（1）点缺陷 点缺陷主要是指晶格内的空位和间隙原子，如图 8-1 所示，空位和间隙原子造成了晶格畸变。空位降低了原子间的结合力，使强度降低。**间隙原子增加了晶面滑移阻力，可以提高强度，但使塑性和韧性下降**，生产钢材时，常加入一定量合金元素以适当增加点缺陷，提高钢材的强度。

（2）线缺陷 线缺陷主要是指刃形错位，如图 8-2 所示。错位的存在使晶体在滑移时并不是整个晶面在滑移，而是错位处的部分晶面产生滑移，因而滑移的阻力大大减小，即**错位的存在降低了钢材的强度，但错位是钢材具有塑性的原因**。此外，通过干预错位的运动，可以控制金属的力学性能。

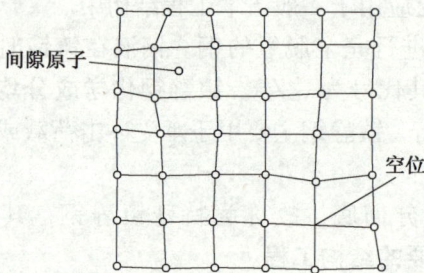

图 8-1　晶格中的点缺陷示意图

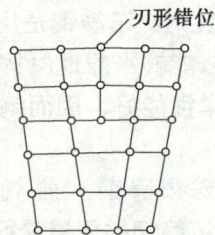

图 8-2　晶格中的线缺陷示意图

（3）面缺陷 多晶体金属由许多不同晶格取向的晶粒所组成，这些晶粒之间的边界称为晶界，如图 8-3 所示，在晶界处原子的排列规律受到严重干扰，使晶格发生畸变，畸变区形成一个面，这些面又交织成三维网状结构，这类缺陷称为面缺陷。**面缺陷增加了滑移时的阻力，因而可以提高强度，但使塑性降低**。晶粒越细小，晶界越多，滑移时的阻力越大，受力时各晶粒的受力状态越均匀，因而强度越高。生产钢材时，常采取适当的措施来细化晶粒以提高钢材的强度及其他性能。

2. 钢的基本晶体组织

钢的基本成分是铁和碳，铁原子和碳原子之间的结合有三

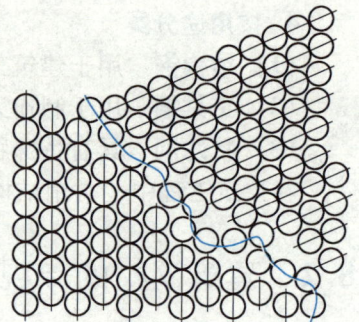

图 8-3　晶界上的面缺陷示意图

种基本方式，即固溶体、化合物及二者之间的机械混合物。固溶体是以铁为溶剂，碳为溶质所形成的固体溶液，铁保持原来的晶格，碳溶解于其中；化合物是铁与碳化合成碳化三铁（Fe_3C），其晶格与原来的晶格不同；机械混合物是由上述固溶体和化合物混合而成的。**碳素钢在常温下形成的基本晶体组织有以下三种：**

（1）铁素体 铁素体是碳溶于 $\alpha-Fe$ 中的固溶体。由于 $\alpha-Fe$ 原子间隙较小，溶碳能力较差，故铁素体中碳含量很少（常温下碳的质量分数不超过 0.006%）。**因此，铁素体的塑性和韧性较好，但强度和硬度低。**

（2）渗碳体 渗碳体是铁与碳的化合物，分子式为 Fe_3C，碳的质量分数高达 6.67%。**其晶体结构复杂，塑性差，性质硬脆，抗拉强度低。**

（3）珠光体 珠光体是铁素体和渗碳体组成的机械混合物，为层状结构。**其性质介于铁素体和渗碳体之间。**

　　碳素钢中基本晶体组织的相对含量与碳含量之间的关系，如图8-4所示。碳的质量分数小于0.8%的钢称为亚共析钢，其显微组织为铁素体与珠光体。随着碳含量的增加，铁素体逐渐减少而珠光体逐渐增多，钢材的强度、硬度逐渐提高，而塑性及韧性逐渐下降。碳的质量分数为0.8%的钢称为共析钢，其显微组织为珠光体，钢的性质由珠光体的性质所决定。碳的质量分数大于0.8%而小于2.06%的钢称为过共析钢，其显微组织为珠光体与渗碳体。此时随着碳含量的增加，珠光体减少，渗碳体含量相应增加，从而使钢的强度略有增加，但当碳的质量分数超过1%后，钢的强度下降，硬度增加，塑性和韧性降低。建筑钢材中碳的质量分数一般均在0.8%以下，其基本晶体组织为铁素体和珠光体。因此，建筑钢材既有较高的强度和硬度，又有较好的塑性和韧性，因而能够很好地满足各种工程所需技术性能的要求。

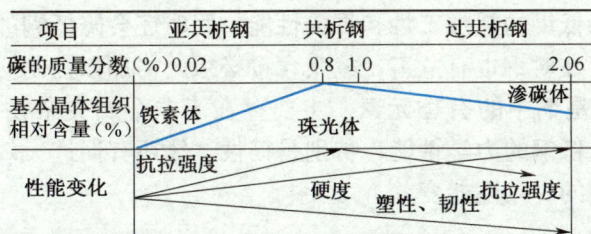

图8-4　碳素钢的碳含量与基本晶体组织及性能之间的关系

8.2.2　建筑钢材的化学组成

　　钢中除基本成分铁和碳以外，在冶炼过程中会从原料、炉气及脱氧剂中引入一些其他元素，如硅、锰、钛、钒、磷、氮、硫、氧等。这些元素含量虽少，但对钢的结构和性能都会产生一定的影响。为了保证钢的质量，国家标准对各类钢的化学成分都做了严格的规定。

　　(1) 碳（C）　**碳是钢的重要元素，对钢材的力学性能有很大的影响。**当碳的质量分数低于0.8%时，随着碳含量的增加，钢材的强度和硬度提高，而塑性和韧性降低；当碳的质量分数在0.8%~1.0%时，钢材的硬度继续增大，而塑性降低；当碳的质量分数大于1.0%时，钢材的脆性增大，而强度和塑性降低。另外，随着碳含量的增加，钢材的焊接性能和耐蚀性降低，而冷脆性和时效敏感性增加。

　　(2) 硅（Si）　硅是在炼钢时为脱氧去硫而加入的，是我国低合金钢的主加合金元素。当钢中硅的质量分数小于1.0%时，可显著提高钢材的强度，而对塑性及韧性没有明显影响。当硅的质量分数超过1.0%时，钢的塑性和韧性会明显降低，冷脆性增加，焊接性能变差。

　　(3) 锰（Mn）　锰是在炼钢时为脱氧去硫而加入的，是我国低合金钢的主加合金元素。当其质量分数小于1.0%时，可显著提高钢的强度和硬度，而几乎不降低其塑性和韧性。**锰能消除钢的热脆性，改善热加工性能。但锰含量较高时，将显著降低钢的焊接性能。**

　　(4) 钛（Ti）　钛是强脱氧剂，能细化晶粒，**显著提高钢的强度并改善韧性。**钛还能减小钢的时效敏感性，改善焊接性能，提高耐大气腐蚀性，是常用的合金元素。

　　(5) 钒（V）　钒是弱脱氧剂，是促进碳化物和氮化物形成的元素，钒加入钢中可减弱碳和氮的不利影响。**钒能细化晶粒，有效地提高强度，减小时效敏感性，**但有增加焊接时的硬脆倾向，是常用的合金元素。

（6）磷（P） 磷是钢中的有害元素，由炼钢原料带入。磷主要溶于铁素体中，并极易产生偏析现象。磷可使钢的强度和硬度提高，但使钢的塑性和韧性显著降低，特别是使钢在低温下的冲击韧性显著降低，即使钢的冷脆性显著增加。磷还能使钢的冷弯性能降低，焊接性能变差，但磷可使钢的耐磨性和耐蚀性提高。

（7）氮（N） 氮主要嵌溶于铁素体中，也可呈化合物形式存在。氮对钢性质的影响与碳、磷基本相似，**它可以使钢的强度提高，塑性特别是韧性下降**。氮还可加剧钢的时效敏感性和冷脆性，降低焊接性能。在钢中，氮如果与铝或钛等元素反应，生成的化合物能使晶粒细化，可改善钢的性能。

（8）硫（S） 硫是钢中最为有害的元素，也是从炼钢原料中带入的杂质。它能明显提高钢的热脆性，大大降低钢的热加工性和焊接性能，同时还会降低钢的冲击韧性、疲劳强度及耐蚀性。即使微量存在对钢也有危害，故其含量必须严格加以控制。

（9）氧（O） 氧是钢中的有害元素，主要存在于非金属夹杂物内，少量溶于铁素体中。非金属夹杂物能**降低钢的力学性能，特别是韧性**。氧还有促进失效倾向的作用，氧化物所造成的低熔点也使钢的焊接性能变差。

8.3　建筑钢材的力学性能和工艺性能

8.3.1　建筑钢材的力学性能

建筑钢材的力学性能主要有抗拉性能、冲击韧度、抗疲劳性和硬度等。

1. 抗拉性能

抗拉性能是建筑钢材最重要的力学性能。**通过拉伸试验可以测得屈服强度、抗拉强度和伸长率，这些是钢材的重要技术性能指标。**

钢材在受拉时，在产生应力的同时，相应地会产生应变，应力和应变的关系反映出钢材的主要力学特征。从低碳钢受拉时的应力 – 应变关系曲线（见图8-5）可以看出，低碳钢试件在受拉过程中，**其应力 – 应变关系曲线可划分为以下四个阶段：**

（1）弹性阶段（OA 段） 在图中 OA 段，随着荷载的增加，应力和应变成比例增加，如卸去荷载，试件将恢复原状，无残余变形，因此称 OA 段为弹性阶段。弹性阶段的最高点（A 点）所对应的应力称为弹性极限，用 σ_p 表示。**在弹性阶段，应力与应变的比值为一常数，称为弹性模量，用 E 表示，即 $E = \sigma/\varepsilon$。**弹性模量反映了钢材抵抗弹性变形的能力即刚度的大小，是计算结构受力变形的重要指标。常用低碳钢的弹性模量 $E = (2.0 \sim 2.1) \times 10^5 \, MPa$。

（2）屈服阶段（AB 段） 当应力超过弹性极限后，应变的增长比应力快，如此时卸去荷载，变形将不能完全恢复，表明试件中除产生弹性变形外，还产生塑性变形。此时应力在

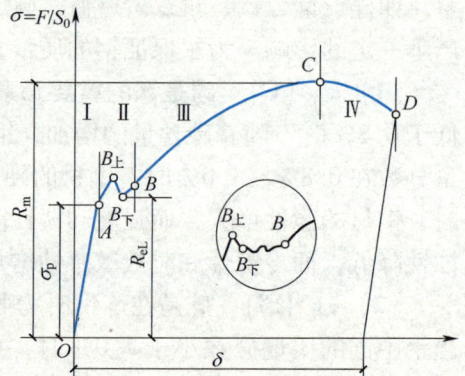

图 8-5　低碳钢受拉时的
应力 – 应变关系曲线

不大的范围内波动，而应变却迅速增加，这说明钢材内部暂时失去了抵抗变形的能力，这种现象称为屈服，因此称 AB 段为屈服阶段。当达到 $B_上$ 点时，所对应的应力称为上屈服强度，以 R_{eH} 表示；当达到 $B_下$ 点时，所对应的应力称为下屈服强度，以 R_{eL} 表示。因 $B_下$ 点对试验条件不很敏感，较为稳定易测，故**一般以 $B_下$ 点对应的应力作为钢材的屈服强度，即以 $R_{eL}(\sigma_s)$ 表示**。钢材受力达到屈服强度后，变形迅速增加，尽管尚未断裂，但因变形过大已不能满足使用要求，故工程中一般以**屈服强度作为钢材设计强度取值的依据**。

(3) **强化阶段（BC 段）** 伴随着屈服阶段塑性变形的迅速增加，钢材内部组织结构发生了变化（晶格畸变、滑移受阻），抵抗塑性变形的能力有所增强，应力 – 应变曲线开始继续上升至最高点 C，因此称 BC 段为强化阶段。对应于 C 点的应力称为钢材的抗拉强度，以 $R_m(\sigma_b)$ 表示，它是钢材受拉时所能承受的最大应力值。

工程上使用的钢材不仅希望具有较高的屈服强度，还希望具有适当的抗拉强度，而抗拉强度不能直接利用，但屈服强度和抗拉强度的比值 R_{eL}/R_m (σ_s/σ_b) 反映了钢材的安全可靠程度和利用率。该值称为屈强比，屈强比越小，钢材在应力超过屈服强度工作时的可靠性就越大，结构安全性越高。但屈强比过小时，钢材会因有效利用率太低而造成浪费。一般低碳钢的屈强比为 0.58 ~ 0.63，普通低合金钢的屈强比为 0.65 ~ 0.75。

(4) **缩颈阶段（CD 段）** 当应力超过钢材的抗拉强度后，试件抵抗塑性变形的能力明显降低，塑性变形急剧增加，试件被拉长。试件的断面在薄弱处急剧缩小，产生"缩颈"直到被拉断，因此，称 CD 段为缩颈阶段。

将拉断后的试件在断口处拼合在一起，使其位于同一轴线上，量出拉断后标距之间的长度 L_u（mm）。试件原始标距长度为 L_0（mm），二者之差 $(L_u - L_0)$ 即为试件在标距长度范围内的塑性变形伸长值，此值占原始标距长度的百分比称为钢材的伸长率，如图 8-6 所示。伸长率 A 的计算公式如下

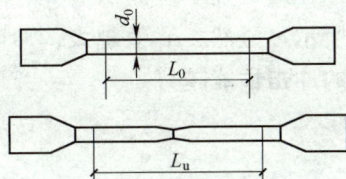

图 8-6　钢筋伸长率的测定

$$A = \frac{L_u - L_0}{L_0} \times 100\% \qquad (8\text{-}1)$$

式中　L_u——断后标距；

　　　　L_0——原始标距。

钢材拉伸时塑性变形在试件标距内的分布是不均匀的，缩颈处的变形最大，离缩颈部位越远，其变形越小。因此，原始标距 L_0 与直径 d_0 之比越大，缩颈处的伸长值在总伸长值中所占比例就越小，则计算所得伸长率 A 值也就越小。对于比例试样，若原始标距不为 $5.65\sqrt{S_0}$（$5.65\sqrt{S_0} = 5\sqrt{\dfrac{4S_0}{\pi}}$，$S_0$ 为平行长度的原始截面面积），符号 A 应附以下脚注说明所使用的比例系数，例如，$A_{11.3}$ 表示原始标距为 $11.3\sqrt{S_0}$ 的断后伸长率。对于非比例试样，符号 A 应附以下脚注说明所使用的原始标距，以毫米（mm）表示，例如，**A_{80mm} 表示原始标距为 80mm 的断后伸长率**。

伸长率是衡量钢材塑性大小的一个重要技术指标，在工程中具有重要意义。塑性大，钢质软，结构塑性变形大，影响使用。塑性小，钢质硬脆，超载后易断裂破坏。塑性良好的钢材，偶尔超载、产生塑性变形，会使内应力重新分布，消除应力集中现象，不致由于应力集

中而发生脆断。

能够反映钢材塑性好坏的另一个技术指标是断面收缩率。钢材试件拉断后，缩颈处横截面面积的最大缩减量占试件原始横截面面积的百分比，称为钢材的断面收缩率，以 Z 表示。其计算式如下

$$Z = \frac{S_0 - S_u}{S_0} \times 100\% \tag{8-2}$$

式中　S_0——平行长度部分的原始横截面面积（mm^2）；

　　　S_u——断后最小横截面面积（mm^2）。

对于某些合金钢或碳含量高的钢材，拉伸时的应力－应变曲线与低碳钢是完全不同的。其特点是材质脆硬，抗拉强度高，塑性变形很小，无明显屈服阶段，不能直接测出屈服强度。**规范中规定以产生 0.2% 残余变形时的应力值作为屈服强度，用 $R_{p0.2}$（$\sigma_{0.2}$）表示**，如图 8-7 所示。

2. 冲击韧度

冲击韧度是指钢材抵抗冲击荷载的能力。 钢材的冲击韧度用冲断试样所需能量的多少来表示，通过冲击韧度试验来确定。钢材的冲击韧度试验是将标准试件（试件中部加工有 V 型或 U 型缺口）放置在摆锤式冲击试验机两支座之间，缺口背向打击面放置，在规定的环境温度条件下，用摆锤一次打击试样，测定试样的吸收能量，如图 8-8 所示。试件被冲断时，在缺口处单位面积上所消耗的功即为钢材的冲击韧度指标，用 α_k 表示，其计算公式如下所示。显然，**α_k 值越大，冲断试件消耗的能量越多，即钢材断裂前吸收的能量越多，钢材的冲击性能越好**。

$$\alpha_k = \frac{A_k}{F} \tag{8-3}$$

式中　A_k——试件被冲断时所消耗的功（J）；（$A_k = GH - Gh$，G 为摆锤的质量）；

　　　F——试件断口处的截面面积（cm^2）。

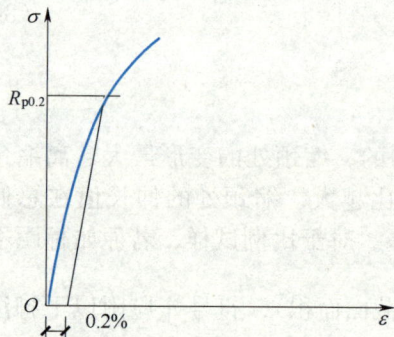

图 8-7 中碳、高碳钢受拉时的
　　　　应力－应变图

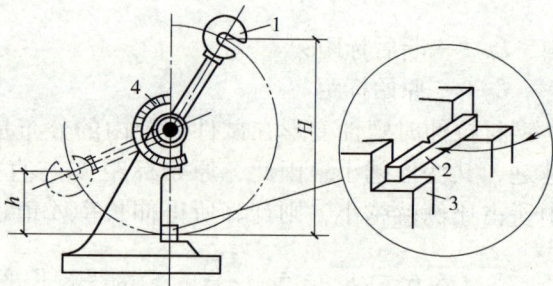

图 8-8 冲击韧度试验示意图
1—摆锤　2—试件　3—支座　4—度盘

钢材的冲击韧度对钢的化学成分、内部组织状态，以及冶炼、轧制质量都较为敏感。例如，钢材中硫、磷含量较高，存在化学偏析或非金属夹杂物，以及焊接中形成微裂纹时，都会使冲击韧度显著降低。同时，环境温度对钢材的冲击韧度也有很大影响。试验表明，冲击

韧度随温度的降低而下降，其规律是开始时下降平缓，当温度降低到某一范围时，突然下降很多而呈脆性（见图8-9），这种现象称为钢材的冷脆性，此时的温度称为脆性临界温度，它的数值越低，钢材的低温冲击性能越好。所以，在负温下使用且直接承受冲击荷载作用的结构，应选用脆性临界温度低于使用温度的钢材，并依据当地气温条件满足规范规定的－20℃或－40℃下冲击韧度指标的要求。

随着时间的延长，钢材的强度和硬度提高，而塑性和韧度降低的现象称为时效。通常，完成时效变化

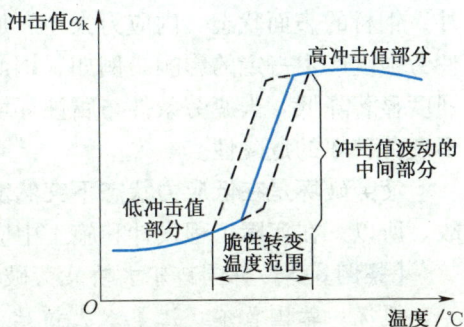

图8-9 钢材的冲击韧度及温度的关系

的过程可达数十年，但钢材如经受冷加工，或使用中受振动和反复荷载的影响，则时效可迅速发展。**因时效而导致性能改变的程度称为时效敏感性。时效敏感性越大的钢材，经过时效以后，其冲击韧度和塑性的降低越显著，**对于承受动荷载的结构物，如桥梁、起重机梁等，应选用时效敏感性较小的钢材。

【案例8-1】 钢材冷脆性不好导致桥体断裂。

概况：加拿大魁北克市的 Duplessis 大桥建于1947年，是全焊接结构。在使用27个月后，发现桥的东端有裂纹，采用新钢板焊补。1951年1月1日，该桥在－35℃的低温下彻底断裂坠入河中。

分析：经检测，钢材碳、磷含量高，夹杂物多，造成冲击韧度很低，冷脆性不好，导致 Duplessis 大桥在低温下断裂而坠入河中。

【案例8-2】 钢材脆性断裂导致海洋石油平台垮塌。

概况：渤海老2号平台是我国自行设计、制造和安装的第二座钢结构桩基海洋石油平台，建造于1967年，1968年安装在渤海湾。1969年2月18日，由于海冰的挤压使生活平台主导管断裂，平台垮塌。

分析：该平台采用16Mn和Q235A作为结构用钢，这两种钢材均不具备低温条件下的高强度和高韧性。事后检查还发现，有些平台导管架焊接断面没有焊透，有些焊口存在夹渣等焊接缺陷，对管结点未做特殊要求，验收标准低，焊口的原始缺陷为后来的低温脆性断裂埋下了隐患。

3. 抗疲劳性

钢材在交变荷载的反复作用下，往往会在应力远低于其抗拉强度的情况下发生突然破坏，这种现象称为疲劳破坏，以疲劳强度（或疲劳极限）来表示。试验证明，钢材承受交变应力越大，则钢材至断裂时经受的交变应力循环次数 N 越少，反之越多。在疲劳试验中，试件在交变应力作用下，于规定的周期基数内不发生断裂时所能承受的最大应力值即为钢材的疲劳强度。设计承受反复荷载且须进行疲劳验算的结构时，应测定所用钢材的疲劳强度。

研究表明，钢材的疲劳破坏是由内部拉应力引起的。在长期交变荷载作用下，首先在应力较高的地方或材料有缺陷的地方，逐渐形成细小裂纹，随后由于微裂纹尖端的应力集中而使其逐渐扩大，构件断面逐渐被削弱，直至突然发生瞬时疲劳断裂。因此，**钢材的内部组织结构不致密、化学偏析、夹杂物等内部缺陷的存在，是影响钢材疲劳强度的主要因素。**此

外，钢材的表面状态、内应力大小、加工损伤及受腐蚀介质侵蚀的程度等因素也会对钢材的疲劳强度产生一定的影响。例如，钢筋焊接接头的卷边和表面微小的腐蚀缺陷，都可使疲劳强度显著降低。当疲劳条件与腐蚀环境同时出现时，可促使局部应力集中的出现，大大增强了疲劳破坏的危险性。

疲劳破坏是在低应力状态下突然发生的，因而危害极大，往往会造成严重的工程质量事故。所以，在实际工程设计和施工中应该对疲劳破坏给予足够的重视。

【**案例8-3**】韩国首尔大桥疲劳破坏。

概况：韩国首尔汉江圣水大桥建于 1979 年，桥长 1160m，宽 19.4m，1994 年 10 月 21 日，该桥中段 48m 长的桥体像刀切一样坠入河中。当时正值交通繁忙期，多数车辆掉入河里，并造成多人死亡。

分析：经调查，采用疲劳性能很差的劣质钢材进行施工是引发事故的直接原因。用相同材料进行疲劳试验表明，圣水大桥支撑材料的疲劳寿命仅为 12 年，即在 12 年后就会因疲劳而破坏。大型汽车在类似桥上反复行驶的试验结果也表明，这些支撑材料约在 8.5 年后开始损坏。而用这些材料制成的圣水大桥，加上施工缺陷的影响，在建成后 6～9 年就有倒塌的可能。实际上，圣水大桥的倒塌发生在建成后 15 年，一方面是由于桥墩上的覆盖物起着抗疲劳的作用；另一方面是由于桥墩里的 6 个支承架并没有全部断裂，因此大桥的倒塌时间才得以推迟。

4. 硬度

钢材的硬度是指其表面局部体积内抵抗外物压入而产生塑性变形的能力。硬度可以用来判断钢材的软硬，同时间接地反映钢材强度和耐磨性能。测定钢材硬度的方法有布氏法、洛氏法和维氏法，较常用的方法为布氏法和洛氏法。

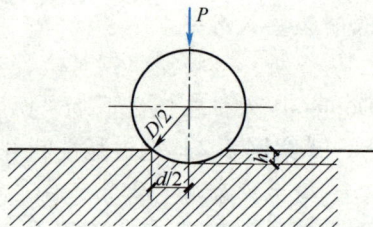

图8-10 布氏硬度试验示意图

布氏法的测定原理是用一直径为 D 的淬火钢球，以荷载 P 将其压入试件表面，经规定的持续时间后卸除荷载，即得直径为 d 的压痕（见图 8-10）。试件单位压痕面积上所承受的荷载即为钢材的布氏硬度值，以 HB 表示，即

$$HB = \frac{P}{F} = \frac{P}{\pi Dh} \tag{8-4}$$

由图 8-10 可知，压痕深度

$$h = \frac{D}{2} - \frac{1}{2}\sqrt{D^2 - d^2} \tag{8-5}$$

因此有

$$HB = \frac{2P}{\pi D(D - \sqrt{D^2 - d^2})} \tag{8-6}$$

式中　P——施加荷载（N）；

　　　D——钢球直径（mm）；

　　　d——压痕直径（mm）。

试验时，D 与 P 应按规范规定选取，一般硬度较大的钢材应选用较大的 P/D^2。例如，HB > 140 的钢材，P/D^2 应采用 30，而 HB < 140 的钢材，P/D^2 则应采用 10。由于压痕附近

的金属将产生塑性变形，其影响深度可达压痕深度的 8～10 倍以上，所以试件厚度一般应大于压痕深度的 10 倍，荷载持续时间以 10～15s 为宜。

　　钢材的硬度值实际上是钢材弹性、塑性、变形强化率、强度和韧性等一系列性能的综合反映。因此，硬度值往往与其他性能有一定的相关性。钢材的布氏硬度值与抗拉强度之间有较好的相关关系。材料的强度越高，抵抗塑性变形能力越强，硬度值也就越大。对于碳素钢，当 HB≤175 时，抗拉强度约为 3.6HB；当 HB＞175 时，抗拉强度约为 3.5HB。据此，可以通过在钢结构的原位上直接测定钢材的 HB 值，然后推算出该钢材的抗拉强度值，而不破坏钢结构本身。

8.3.2　建筑钢材的工艺性能

　　工艺性能是指钢材是否易于加工成型的性能。冷弯性能、冷加工性能及焊接性能是建筑钢材的重要工艺性能。

1. 冷弯性能

　　冷弯性能是指钢材在常温下承受弯曲变形的能力，以**弯曲角度 α 及弯心直径 D 对试件厚度（或直径）的比值**来表示，如图 8-11 和图 8-12 所示，图中 $l = (D + 3a) \pm \dfrac{a}{2}$。

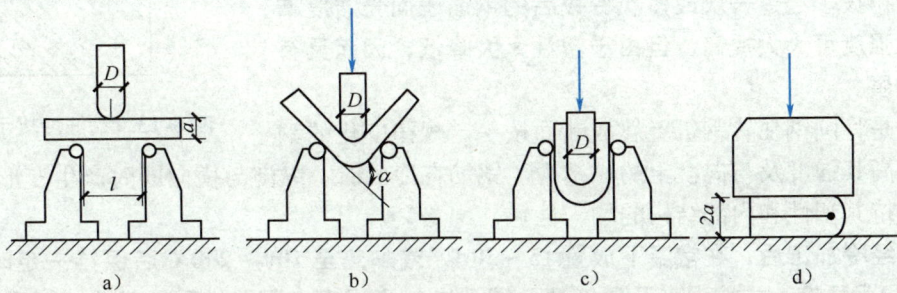

图 8-11　冷弯试验示意图
a）试件安装　b）弯曲90°　c）弯曲180°　d）弯曲至两面重合

　　从图中可以看出，试验时所采用的弯曲角度越大，弯心直径对试件厚度（或直径）的比值越小，则表明对钢材的冷弯性能要求越高。各种钢材按规定的弯曲角度和弯心直径进行冷弯试验后，如在试件的弯曲处未发生裂纹、断裂或起层等现象，即认为冷弯性能合格。

　　钢材的冷弯性能和其伸长率一样，也是表示钢材在静荷载条件下的塑性，但冷弯是钢材处于不利变形下的塑性，而伸长率是反映钢材在均匀

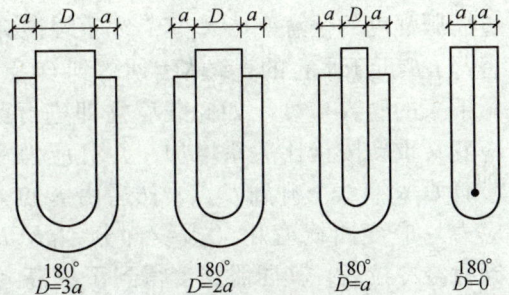

图 8-12　冷弯弯心直径的规定

变形下的塑性。因此，相对伸长率而言，冷弯是对钢材塑性更加严格的检验。冷弯性能不仅能够反映钢材的冶炼质量，同时也能反映钢材的焊接水平。它能在一定程度上揭示钢材内部是否存在组织不均匀、内应力和夹杂物等缺陷。而这些缺陷在拉伸试验中常因塑性变形导致

应力重分布而得不到反映。一般来说，钢材的塑性越大，其冷弯性能越好。

2. 冷加工性能及时效处理

将钢材在常温下进行冷拉、冷拔或冷轧等冷加工，使其产生塑性变形，从而提高其屈服强度，降低塑性和韧性，这个过程称为冷加工强化处理。土木工程中常利用该原理对热轧钢筋或圆盘条进行冷加工处理，从而达到提高强度和节约钢材的目的。

冷加工强化的机理是钢材在冷加工过程中塑性变形区域内的晶粒产生相对滑移，使滑移面下的晶粒破碎，晶格严重畸变，因而对晶面的进一步滑移起到阻碍作用，故可提高钢材的屈服强度，而使塑性和韧性降低。由于塑性变形中产生了内应力，故冷加工后钢材的弹性模量会有所下降。

冷拉是在常温条件下，以超过钢筋屈服强度的拉应力，强行拉伸钢筋，使钢筋产生塑性变形，以达到提高钢筋屈服强度和节约钢材的目的。冷拉是在施工现场经常采用的一种冷加工方法。**钢材经冷拉后屈服阶段缩短，伸长率降低，材质将会变硬。**

冷拔加工是强力拉拔钢筋通过截面小于钢筋截面面积的硬质合金拔丝模，使其伸长变细（见图8-13）。钢筋在冷拔过程中，不仅受拉，同时还受到周围模具的挤压，因而冷拔的作用比冷拉更加强烈。每次冷拔断面缩小应在10%以下，可经多次拉拔。**经过一次或多次冷拔后的钢筋表面光洁度增加，屈服强度可大大提高，但由于塑性大大降低，因而具有硬钢的性质。**

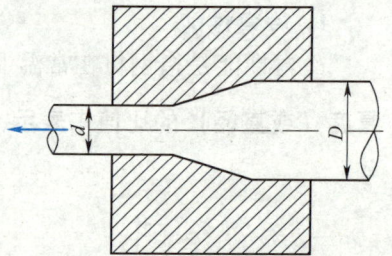

图8-13 钢筋冷拔示意图

冷轧是将圆钢在轧钢机上轧成断面按一定规律变化的钢筋，可提高其强度及与混凝土的黏结力。钢筋在冷轧时，纵向与横向同时产生变形，因而能较好地保持其塑性和内部结构的均匀性。

钢材经冷加工后，在常温下放置15~20d，或加热至100~200℃后保持一定时间（2~3h），其屈服强度、抗拉强度及硬度都会得到进一步提高，而塑性和韧性会继续降低，这种现象称为时效处理。前者称为自然时效，后者称为人工时效。

钢材经冷加工和时效处理后，其性能变化的规律明显地在应力－应变图上得到反映，如图8-14所示。图中OBCD为未经冷拉和时效处理试件的应力－应变曲线。将试件冷拉至超过屈服强度的任意一点K处，然后缓慢卸去荷载，由于试件已产生塑性变形，故曲线将沿着与OB近于平行的直线KO₁回落到O₁点，OO₁表示残留下来的塑性应变。如卸载后立即进行张拉，应力与应变又重新按正比关系增加，并且应力－应变曲线仍沿着O₁K直线上升到K点，然后由K点开始按原来的应力－应变曲线变化（虚线部分O₁KCD）。这表明，**钢材经冷拉后，其屈服强度得到了提高（由B点提高到了K点），而抗拉强度基本保持不变，但塑性和韧性却有所降低。**如先在K点卸荷后将试件取下进行时效处理，再重新拉伸，则新的应力－应变曲线将成为O₁K₁C₁D₁。这表明，**钢材经冷拉时效后，其屈服强度将得到进一步提高（由K点提高到K₁点），同时抗拉**

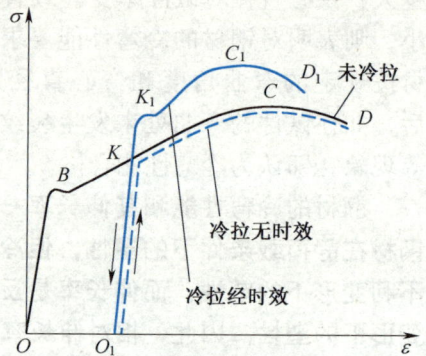

图8-14 钢筋冷拉及时效前后应力－应变图的变化

强度也得到了相应提高（由 C 点提高到 C_1 点），但塑性和韧性则进一步降低。

土木工程中大量使用的钢筋采用冷加工强化具有明显的经济效益。钢筋经冷拉后，一般屈服强度可提高 20% ~ 30%，冷拔钢丝的屈服强度可提高 40% ~ 60%，从而可以达到节约钢材的目的。但必须注意，冷加工后的钢筋呈硬脆性，冲击韧性降低，因此受冲击的动力基础不得使用冷拉、冷拔钢筋。

3. 焊接性能

焊接是各种型钢、钢板和钢筋的重要连接方式。土木工程中的钢结构有 90% 以上为焊接结构。钢筋混凝土结构中，焊接在钢筋接头、钢筋网、钢筋骨架、预埋件之间的连接以及装配式构件的安装时，被大量采用。焊接的质量主要取决于焊接工艺、焊接材料和钢材本身的焊接性能等。

钢材的焊接性能是指在一定的焊接工艺条件下，在焊缝及其附近过热区不产生裂纹及硬脆倾向，焊接后钢材的力学性能，特别是强度不低于原有钢材的强度。焊接性能主要是指钢材的焊接性能，即钢材是否适应用通常的方法与工艺进行焊接的性能。焊接性能好的钢材，易于用一般的焊接方法和工艺进行施焊，焊口处不易形成裂纹、气孔和夹渣等缺陷；焊接后钢材的力学性能，能够得到保证，其强度不低于原有钢材，硬脆倾向小。

钢材的化学成分对钢材的焊接性能有很大的影响。碳的质量分数小于 0.25% 的碳素钢具有良好的焊接性能，**随着钢材的碳含量、某些合金元素（如硅、锰、钒、钛等）及杂质元素含量的提高，钢材的焊接性能降低。**特别是钢中含硫会使其在焊接时产生热脆性。

选择焊接结构用钢，应注意选碳含量较低的氧气转炉或平炉镇静钢。对于高碳钢及合金钢，为了改善其焊接性能，一般采用焊前预热和焊后热处理的方法来提高钢材的焊接质量。

【案例 8-4】 钢材焊接质量低导致钢屋架倒塌。

概况：1990 年 2 月 16 日下午 4 时 20 分，某厂四楼会议室屋顶五榀梭形轻型钢屋架突然倒塌。当时有 305 人正在室内开会，造成 42 人死亡、179 人受伤的特大工程质量事故。经济损失达 430 多万元，其中直接经济损失 230 多万元。

分析：事故分析报告表明，导致事故的原因涉及设计、施工和管理各个方面。其中，焊接质量低劣（存在大量气孔、夹渣、未焊透、未融合现象）是造成事故发生的一个重要原因。

【案例 8-5】 钢桥热脆性断裂。

概况：澳大利亚墨尔本的 Kings 大桥为焊接腰板多跨结构，在使用 15 个月后，于 1962 年 7 月当一辆载重为 45t 的大货车驶过其中一跨时，大桥突然破坏，下挠达 300mm。

分析：裂缝是从加劲肋与下翼缘的盖板母材上开始的，属于脆性断裂。裂缝起始于焊接热影响区，顺着应力集中区和构件厚度突变处展开，横向发展。经检验，钢材硫含量高、热脆性高是钢桥断裂的主要原因。

8.4 建筑钢材的牌号与选用

土木工程中常用的钢材可分为钢筋混凝土结构用钢和钢结构用钢两大类。前者主要是钢筋、钢丝和钢绞线，后者主要是型钢和钢板。

8.4.1 建筑钢材的牌号

在土木工程中，常用的钢筋、钢丝、型钢及预应力锚具等，基本上都是由碳素结构钢和低合金高强度结构钢等钢种经热轧或再经冷加工强化及热处理等工艺加工而成的。

1. 碳素结构钢

碳素结构钢是最基本的钢种，包括一般结构钢和工程用热轧钢板、钢带、型钢等。GB/T 700—2006《碳素结构钢》具体规定了它的牌号、技术要求、试验方法、检验规则等。

(1) 牌号表示方法 碳素结构钢的牌号由代表屈服强度的字母、屈服强度数值、质量等级符号、脱氧方法符号四个部分按顺序组成。其中以"Q"代表屈服强度；屈服强度数值分为195MPa、215MPa、235MPa和275MPa四种；质量等级按钢中硫、磷有害杂质含量由多到少分为A、B、C、D四级，钢的质量随A、B、C、D顺序逐渐提高；脱氧方法以F表示沸腾钢、Z表示镇静钢、TZ表示特殊镇静钢，Z和TZ符号可以省略。

例如，Q235BF表示碳素结构钢的屈服强度 $\sigma_s \geqslant 235$MPa（当钢材厚度或直径≤16mm时），质量等级为B级，即硫、磷均控制在0.045%以下，脱氧程度为沸腾钢。

(2) 技术要求 碳素结构钢的技术要求主要包括牌号和化学成分、冶炼方法、交货状态、力学性能及表面质量五个方面。碳素结构钢的力学性能（含拉伸和冲击试验）、冷弯性能指标应分别符合表8-1、表8-2的要求。

表8-1 碳素结构钢的力学性能

牌号	等级	拉伸试验							断后伸长率 A（%），不小于					冲击试验（V型缺口）	
		屈服强度[1] R_{eL}（σ_s）/（N/mm²），不小于						抗拉强度[2] R_m（σ_b）/（N/mm²）						温度/℃	冲击吸收功（纵向）/J，不小于
		厚度（或直径）/mm							厚度（或直径）/mm						
		16	>16~40	>40~60	>60~100	>100~150	>150~200		≤40	>40~60	>60~100	>100~150	>150~200		
Q195	—	195	185	—	—	—	—	315~430	33						
Q215	A	215	205	195	185	175	165	335~450	31	30	29	27		26	—
	B													+20	+27
Q235	A	235	225	215	215	195	185	375~500	26	25	24	22		21	—
	B													+20	27[3]
	C													0	
	D													−20	
Q275	A	275	265	255	245	225	215	410~540	22	21	20	18		17	—
	B													+20	27
	C													0	
	D													−20	

① Q195的屈服强度值仅供参考，不作交货条件。

② 厚度大于100mm的钢材，抗拉强度下限允许降低20N/mm²。宽带钢（包括剪切钢板）抗拉强度上限不作交货条件。

③ 厚度小于25mm的Q235B级钢材，如供方能保证冲击吸收功值合格，经需方同意，可不做检验。

表 8-2　碳素结构钢的冷弯性能

牌　号	试样方向	冷弯试验 180° B = 2a [1]	
		钢材厚度（或直径）[2] /mm	
		≤60	>60 ~ 100
		弯心直径 d	
Q195	纵	0	—
	横	0.5a	
Q215	纵	0.5a	1.5a
	横	a	2a
Q235	纵	a	2a
	横	1.5a	2.5a
Q275	纵	1.5a	2.5a
	横	2a	3a

① B 为试样宽度，a 为试样厚度（或直径）。

② 钢材厚度（或直径）大于 100mm 时，弯曲试验由双方协商确定。

（3）性能及应用　碳素结构钢冶炼方便，成本较低。其力学性能稳定，塑性好，在各种加工（如轧制，加热或迅速冷却）过程中敏感性较小，构件在焊接、冲击及适当超载的情况下也不会突然破坏。

碳素结构钢随牌号的增大，碳含量增加，屈服强度及抗拉强度提高，但塑性与韧性降低，冷弯性能变差，同时焊接性能也降低。

Q195、Q215 两种牌号的钢，强度较低，但塑性、韧性、加工性能与焊接性能较好，故多用于受荷较小及焊接结构中，常用来制作钢钉、铆钉及螺栓等。

Q235 是土木工程中最常用的碳素结构钢牌号，其既具有较高的强度，又具有较好的塑性、韧性，同时还具有较好的焊接性能及可加工性等综合性能，可轧制成各种型钢、钢板、钢管和钢筋，能够满足一般钢结构和钢筋混凝土结构用钢的要求，且成本较低。

Q275 牌号的钢，强度较高，但塑性、韧性差，焊接性能也差，不宜进行冷加工，可用来轧制带肋钢筋，制作螺栓配件，用于钢筋混凝土结构及钢结构中，但更多的是用于机械零件和工具中。

2. 低合金高强度结构钢

低合金高强度结构钢是用来加工生产建筑钢材的主要钢种。GB/T 1591—2018《低合金高强度结构钢》具体规定了钢的牌号技术要求、试验方法、检验规则等内容。

（1）牌号表示方法　低合金高强度结构钢牌号的表示方法与碳素结构钢基本相同，由代表屈服强度的字母、屈服强度数值和质量等级符号三个部分按顺序组成。其中以"Q"代表屈服强度；屈服强度数值分为 355MPa、390MPa、420MPa、460MPa、500MPa、550MPa、620MPa、690MPa 八种；质量等级按钢中硫、磷有害杂质含量由多到少分为 A、B、C、D、E 五级，钢的质量随 A、B、C、D、E 顺序逐渐提高。

例如，Q390C 表示低合金高强度结构钢的屈服点 $\sigma_s \geq$ 390MPa（当公称厚度、直径或边长 ≤16mm 时），质量等级为 C 级，即硫、磷均控制在 0.035% 以下。

当需方要求钢板具有厚度方向性能时，则在上述规定牌号后加上代表厚度方向（Z向）性能级别的符号，如 Q390CZ15。

（2）技术要求 低合金高强度结构钢的技术要求主要包括牌号及化学成分、冶炼方法、交货状态、力学性能及工艺性能、表面质量及特殊要求等几个方面。各牌号钢的拉伸及冲击试验性能指标应分别符合《低合金高强度结构钢》具体规定的要求。低合金高强度结构钢一般由转炉或电炉冶炼，必要时加炉外精炼；以热轧、控轧、正火、正火轧制或正火加回火、热机械轧制（TMCP）或热机械轧制加回火状态交货；其表面质量应符合钢板、钢带、型钢和钢棒等相关产品标准的规定。

（3）性能及应用 低合金高强度结构钢与碳素结构钢相比，具有较高的强度，同时还具有较好的塑性、韧性、焊接性能和耐磨性等。因此，它是综合性能较好的建筑钢材，在相同的使用条件下，可比碳素结构钢节省用钢量 20%～30%，对减轻结构自重有利。低合金高强度结构钢主要用于轧制各种型钢（角钢、槽钢、工字钢）、钢板、钢管及钢筋等，广泛用于钢筋混凝土结构和钢结构中，特别适用于各种重型结构、大跨度结构、高层结构、大柱网结构以及承受动荷载和冲击荷载的结构（如桥梁结构等）。

8.4.2 常用建筑钢材

1. 钢筋混凝土结构用钢

钢筋混凝土结构用钢材，主要由碳素结构钢和低合金高强度结构钢轧制而成，主要品种有：

（1）热轧钢筋 热轧钢筋是经热轧成形并自然冷却的成品钢筋，是土木工程中用量最大的钢材品种之一，主要用于钢筋混凝土结构和预应力钢筋混凝土结构的配筋。

热轧钢筋按其表面特征可分为热轧光圆钢筋和热轧带肋钢筋。光圆钢筋横截面通常为圆形，表面光滑不带纹理。光圆钢筋强度较低，塑性、焊接性能好，伸长率高，便于弯折成形，广泛用于普通钢筋混凝土构件中的非预应力钢筋，中小型结构的主要受力钢筋或各种结构的箍筋等。带肋钢筋横截面通常也为圆形，但其表面带有两条（也可不带）纵肋和沿长度方向均匀分布的月牙形横肋，且纵横肋之间不相交，如图 8-15 所示。带肋钢筋强度较高，

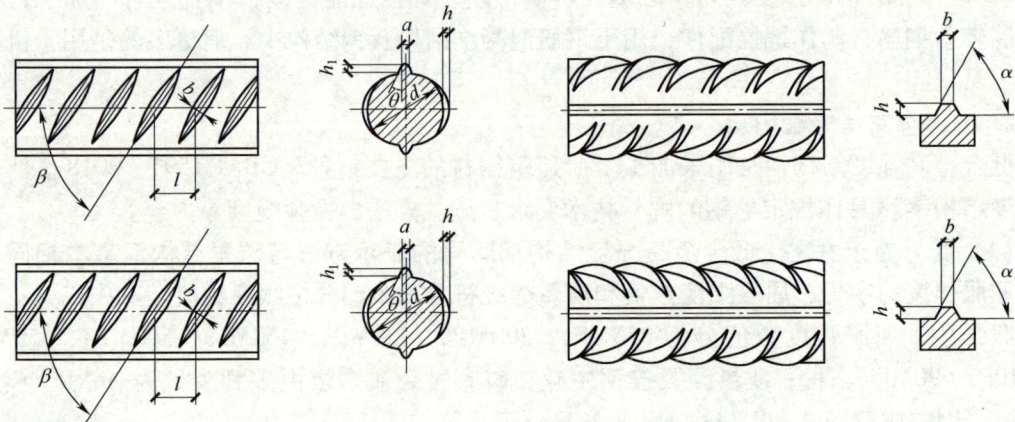

图 8-15 月牙肋钢筋（带纵肋）表面及截面形状

d—钢筋内径 α—横肋斜角 h—横肋高度 β—横肋与轴线夹角

h_1—纵肋高度 θ—纵肋斜角 a—纵肋顶宽 l—横肋间距 b—横肋顶宽

塑性和焊接性能较好，因表面带肋，加强了钢筋与混凝土之间的黏结力，广泛用于大、中型钢筋混凝土结构的受力钢筋。

热轧光圆钢筋是指经热轧成形，横截面通常为圆形，表面光滑的成品钢筋。**热轧光圆钢筋按屈服强度特征值分为 235、300 级**，钢筋牌号由 HPB 和屈服强度特征值构成，分为 HPB235 和 HPB300 两种。钢筋的公称直径范围为 6～22mm。根据 GB/T 1499.1—2017《钢筋混凝土用钢 第 1 部分：热轧光圆钢筋》的规定，各牌号钢筋的力学性能和工艺性能应分别符合表 8-3 的要求。

表 8-3　热轧光圆钢筋的力学性能和工艺性能

牌　号	屈服强度 $R_{eL}(\sigma_s)$/MPa	抗拉强度 $R_m(\sigma_b)$/MPa	伸长率 A(%)	最大力总伸长率 A_{gt}(%)	冷弯试验 180° d—弯心直径 a—钢筋公称直径
HPB300	≥300	≥420	≥25.0	≥10.0	$d=a$

热轧带肋钢筋分为普通热轧带肋钢筋（按热轧状态交货的钢筋）和细晶粒热轧带肋钢筋（在热轧过程中，通过控轧和控冷工艺形成的细晶粒钢筋）两类，是钢筋混凝土结构中使用的主要钢筋类别。**热轧带肋钢筋按屈服强度特征值分为 335、400、500 级**。普通热轧带肋钢筋牌号由 HRB 和屈服强度特征值构成，分为 HRB335、HRB400 和 HRB500 三种，细晶粒热轧带肋钢筋牌号由 HRBF 和屈服强度特征值构成，分为 HRBF335、HRBF400 和 HRBF500 三种。钢筋的公称直径范围为 6～50mm。根据 GB/T 1499.2—2018《钢筋混凝土用钢 第 2 部分：热轧带肋钢筋》的规定，各牌号钢筋的力学性能和工艺性能应符合表 8-4 的要求。

表 8-4　热轧带肋钢筋的力学性能和工艺性能

牌　号	屈服强度 $R_{eL}(\sigma_s)$/MPa	抗拉强度 $R_m(\sigma_b)$/MPa	伸长率 A(%)	最大力总伸长率 A_{gt}(%)	冷弯试验 180° 公称直径 a	冷弯试验 180° 弯心直径
HRB335 HRBF335	335	455	17		6～25	$3a$
					28～40	$4a$
					>40～50	$5a$
HRB400 HRBF400	400	540	16	7.5	6～25	$4a$
					28～40	$5a$
					>40～50	$6a$
HRB500 HRBF500	500	630	15		6～25	$6a$
					28～40	$7a$
					>40～50	$8a$

低碳钢热轧圆盘条是由碳素结构钢经热轧而成并成盘供应的光圆钢筋，在土木工程中应用也非常广泛，主要用作中、小型钢筋混凝土结构的受力钢筋和箍筋，以及作为拉丝等深加工钢材的原材料。根据 GB/T 701—2008《低碳钢热轧圆盘条》的规定，盘条的力学性能和工艺性能应分别符合表 8-5 的要求。

表8-5　低碳钢热轧圆盘条的力学性能和工艺性能

牌　号	力学性能		冷弯试验180° d—弯心直径 a—试样直径
	抗拉强度 $R_m(\sigma_b)$/MPa，不大于	伸长率 A（%），不小于	
Q195	410	30	$d=0$
Q215	435	28	$d=0$
Q235	500	23	$d=0.5a$
Q275	540	21	$d=1.5a$

注：1. 经供需双方协商并在合同中注明，可做冷弯试验。

2. 直径 >12mm 盘条，冷弯性能指标由供需双方协商确定。

（2）冷轧带肋钢筋　冷轧带肋钢筋是指热轧圆盘条经冷轧后，在其表面带有沿长度方向均匀分布的横肋的钢筋。冷轧带肋钢筋按延性高低分为两类：冷轧带肋钢筋（CRB）、高延性冷轧带肋钢筋（CRB + 抗拉强度特征值 + H）。钢筋分为 CRB550、CRB650、CRB800、CRB600H、CRB680H、CRB800H 六个牌号。CRB550、CRB600H 为普通钢筋混凝土用钢筋，CRB650、CRB800、CRB800H 为预应力混凝土用钢筋，CRB680H 既可作为普通钢筋混凝土用钢筋，也可作为预应力混凝土用钢筋使用。CRB550、CRB600H、CRB680H 钢筋的公称直径范围为 4 ~ 12mm，CRB650、CRB800、CRB800H 公称直径分别为 4mm、5mm、6mm。根据 GB/T 13788—2017《冷轧带肋钢筋》的规定，各牌号冷轧带肋钢筋的力学性能和工艺性能应符合表8-6的要求。

表8-6　冷轧带肋钢筋的力学性能和工艺性能

分类	牌号	$R_{p0.2}$/MPa，不小于	R_m/MPa，不小于	$R_m/R_{p0.2}$ 不小于	断后伸长率（%）不小于		最大力总延伸率（%）不小于	弯曲试验180° d—弯心直径 a—钢筋公称直径	反复弯曲次数	应力松弛初始应力应相当于公称抗拉强度的70%
					A	A_{100}	A_{gt}			1000h（%），不小于
普通钢筋混凝土用	CRB550	500	550	1.05	11	—	2.5	$d=3a$	—	—
	CRB600H	540	600	1.05	14	—	5	$d=3a$	—	—
	CRB680H[①]	600	680	1.05	14	—	5	$d=3a$	4	5
预应力混凝土用	CRB650	585	650	1.05	—	4	2.5	—	3	8
	CRB800	720	800	1.05	—	4	2.5	—	3	8
	CRB800H	720	800	1.05	—	7	4	—	4	5

①　当该牌号钢筋作为普通钢筋混凝土用钢筋时，对反复弯曲和应力松弛不做要求；当该牌号钢筋作为预应力混凝土用钢筋使用时，应进行反复弯曲试验代替180°弯曲试验，并检测松弛率。

冷轧带肋钢筋具有强度高、塑性好、节约钢材、质量稳定，与混凝土的握裹力强，综合性能良好等优点。CRB550 宜用作普通钢筋混凝土构件的受力主筋、架立筋和构造筋，其他牌号宜用作中、小型预应力混凝土构件的受力主筋。

（3）预应力混凝土用热处理钢筋　预应力混凝土用热处理钢筋是由普通热轧中碳低合

金钢筋经淬火和回火调质处理后的钢筋。按直径有 6mm、8mm、10mm 三种规格；按其外形有纵肋和无纵肋两种，但都有横肋。

热处理钢筋具有高强度、高韧性和高黏结力及塑性降低等特点，适用于预应力混凝土构件的配筋，但其应力腐蚀及缺陷敏感性强，使用时应防止锈蚀及刻痕等。

（4）预应力混凝土用钢绞线 预应力混凝土用钢绞线是以数根高强度钢丝经绞捻（一般为左捻）、稳定化处理（在一定张力下进行的短时热处理，以减小应用时的应力松弛）等工序制成。预应力混凝土用钢绞线按结构分为用两根钢丝捻制的钢绞线 1×2、用 3 根钢丝捻制的钢绞线 1×3、用 3 根刻痕钢丝捻制的钢绞线 1×3 I、用 7 根钢丝捻制的标准型钢绞线 1×7、用 7 根钢丝捻制又经模拔的钢绞线（1×7）C。1×2、1×3、1×7 结构钢绞线外形如图 8-16 所示。

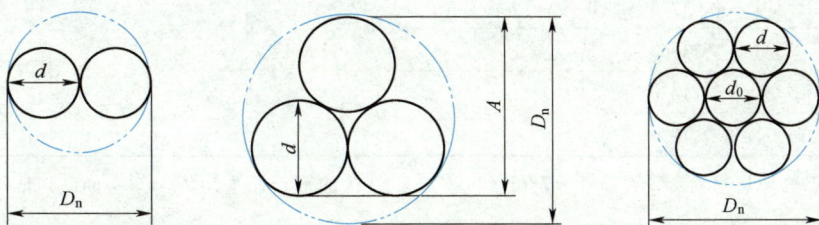

图 8-16　不同结构钢绞线外形示意图
D_n—钢绞线直径　d_0—中心钢丝直径　d—外围钢丝直径　A—1×3 结构钢绞线测量尺寸

根据 GB/T 5224—2014《预应力混凝土用钢绞线》的规定，预应力混凝土用钢绞线的主要力学性能应符合表 8-7 的要求。

表 8-7　预应力混凝土用钢绞线的主要力学性能

钢绞线结构	钢绞线公称直径 a_n/mm	抗拉强度 R_m（σ_b）/MPa，不小于	最大力总伸长率 A_{gt}（%），不小于	应力松弛性能	
				初始负荷相当于公称最大力的百分数（%）	1000h 后应力松弛率 r（%），不大于
1×2	5.00	1570，1720，1860，1960	对所有规格	对所有规格	对所有规格
	5.80				
	8.00	1470，1570，1720，1860，1960			
	10.00				
	12.00	1470，1570，1720，1860			
1×3	6.20	1570，1720，1860，1960	3.5	70	2.5
	6.50			80	4.5
	8.60	1470，1570，1720，1860，1960			
	8.74	1570，1670，1860			
	10.80	1470，1570，1720，1860，1960			
	12.90				
1×3 I	8.74	1570，1670，1860			

（续）

钢绞线结构	钢绞线公称直径 a_n/mm	抗拉强度 R_m (σ_b)/MPa，不小于	最大力总伸长率 A_{gt} (%)，不小于	应力松弛性能		
				初始负荷相当于公称最大力的百分数（%）	1000h 后应力松弛率 r (%)，不大于	
1×7	9.50	1720，1860，1960	对所有规格	对所有规格	对所有规格	
	11.10					
	12.70		3.5	70 80	2.5 4.5	
	15.20	1470，1570，1670，1720，1860，1960				
	15.70	1770，1860				
	17.80	1720，1860				
(1×7) C	12.70	1860				
	15.20	1820				
	18.00	1720				

注：最大力下总伸长率检验，对于 1×7 和（1×7）C 结构的钢绞线采用 $L_0 \geq 500$mm，其他结构钢绞线采用 $L_0 \geq 400$mm。

预应力混凝土用钢绞线以盘卷供货，具有强度高、柔性好、安全可靠等优点，并且开盘后无须调直、接头，主要用于大跨度、重负荷的后张法预应力混凝土结构，特别是曲线配筋的预应力混凝土结构。

2. 钢结构用钢

钢结构构件一般应直接选用各种型钢，型钢之间可直接连接或附加连接钢板进行连接，连接方式主要有铆接、焊接及螺栓连接等。**钢结构用钢主要有热轧型钢、冷弯薄壁型钢、热（冷）轧钢板和钢管等，所用钢材主要是碳素结构钢和低合金高强度结构钢。**

（1）热轧型钢 常用的热轧型钢有工字钢、槽钢、角钢（等边角钢和不等边角钢）、T型钢、H型钢、L型钢、Z型钢等。**我国建筑用热轧型钢主要采用碳素结构钢和低合金高强度结构钢来轧制。**在碳素结构钢中主要用 Q235A（碳的质量分数为 0.14%～0.22%），其特点是冶炼容易，成本低廉，强度适中，塑性和焊接性能较好，适合土木工程使用。在低合金高强度结构钢中主要采用 Q345 和 Q390，可用于大跨度、承受动荷载的钢结构中。

（2）冷弯薄壁型钢 冷弯薄壁型钢通常采用 1.5～6mm 厚度的薄钢板或钢带（一般采用碳素结构钢或低合金结构钢）经冷弯（轧）或模压而成，有角钢、槽钢等开口薄壁型钢及方形、矩形等空心薄壁型钢。冷弯薄壁型钢属于高效经济截面，由于壁薄，刚度好，能高效地发挥材料的作用，在同样的荷载作用下，可减轻构件质量，节约钢材，用于建筑结构可比热轧型钢节约钢材 38%～50%。冷弯薄壁型钢可用于轻型钢结构中，且施工方便，可降低综合费用。

建筑用压型钢板是冷弯薄壁型钢的另一种形式，它是用厚度为 0.4～3mm 的钢板、镀锌钢板、彩色涂层钢板经冷压（轧）成的各种类型波形板。压型钢板具有单位质量小、强度高、抗震性能好、施工速度快、外形美观等特点，主要用于围护结构、屋面板、楼板及各种装饰板等。

（3）钢板和钢管 钢结构使用的钢板是由碳素结构钢和低合金高强度结构钢轧制而成的扁平钢材，以平板状态供货的称为钢板，以卷状态供货的称为钢带。钢板按轧制温度的不同，可分为热轧钢板和冷轧钢板两类。土木工程用钢板或钢带的钢种主要是碳素结构钢，一些重型结构、大跨度结构、高压容器等也采用低合金高强度结构钢。

按厚度分，热轧钢板又可分为厚板（厚度大于或等于 4mm）和薄板（厚度小于 4mm）两种；而冷轧钢板只有薄板（厚度小于 4mm）一种。厚板可用作结构型钢的连接与焊接，组成钢结构承力构件，薄板可用作屋面或墙面等围护结构，或作为薄壁型钢的原料。

土木工程用钢管有无缝钢管和焊接钢管两类。无缝钢管以优质碳素结构钢或低合金高强度结构钢为原料，采用热轧、冷拔无缝方法制造。热轧无缝钢管具有良好的力学性能和工艺性能，主要用于压力管道。焊接钢管采用优质或普通碳素钢钢板卷焊而成，分为直缝焊钢管和螺旋焊钢管两类。焊接钢管价格相对较低、易加工，但一般抗压性能较差。在建筑结构上钢管多用于制作桁架、塔桅等构件，也可用于制作钢管混凝土。

8.5 建筑钢材的腐蚀与防护

8.5.1 建筑钢材的腐蚀

建筑钢材的腐蚀是指钢材的表面与周围介质发生化学反应，使其遭受侵蚀而破坏的过程。腐蚀不仅使其截面减小，降低承载力，而且由于局部腐蚀造成应力集中，易导致结构破坏。若受到冲击荷载或反复荷载的作用，将产生锈蚀疲劳，使疲劳强度大大降低，甚至出现脆性断裂。

引起钢材腐蚀的原因很多，主要影响因素有环境湿度、温度、侵蚀介质的性质及数量、钢材材质及表面状况等。根据腐蚀作用的机理，钢材的腐蚀可分为化学腐蚀和电化学腐蚀两种。

1. 化学腐蚀

化学腐蚀是指钢材与周围介质直接发生化学反应而引起的腐蚀。 这类腐蚀通常是由于氧化作用，使钢材表面形成疏松的铁氧化物而引起的。在常温下，钢材表面形成一薄层钝化能力很弱的氧化保护膜，它疏松、易破碎，有害介质可进一步渗入使钢材继续产生腐蚀。在干燥环境中，钢材腐蚀进展缓慢，但在温度高和湿度较大的环境条件下，腐蚀发展迅速。这种腐蚀也可由空气中的 CO_2 或 SO_2 以及其他腐蚀性物质的作用而产生。

2. 电化学腐蚀

电化学腐蚀是指电极电位不同的金属与电解质溶液接触形成微电池，导致电子流动而引起的腐蚀。 钢材本身含有铁、碳等多种化学成分，由于它们的电极电位不同而形成许多微电池。当凝聚在钢材表面的水分中溶入 CO_2、SO_2 等气体后，就形成电解质溶液。铁较碳活泼，因而铁成为阳极，碳成为阴极，阴阳两极通过电解质溶液相连，使电子产生流动。在阳极区，铁被氧化成 Fe^{2+} 进入水膜，在阴极区，溶于水的氧被还原为 OH^-，同时两者结合形成不溶于水的 $Fe(OH)_2$，并进一步被氧化成为疏松易剥落的红棕色铁锈 $Fe(OH)_3$，使钢材受到腐蚀。

钢材在大气中的腐蚀，实际上是化学腐蚀和电化学腐蚀共同作用的结果，但电化学腐蚀是钢材发生腐蚀的最主要形式。

8.5.2 建筑钢材的防护

1. 建筑钢材的防腐

建筑钢材腐蚀是促使钢结构及钢筋混凝土结构早期破坏，直接影响结构耐久性的主要因素之一，现已引起世界各国的广泛关注和高度重视。在实际工程中，通常采用以下技术措施来避免钢材的腐蚀。

（1）保护层法 **保护层法是一种通过在钢材表面施加保护层，使其与周围介质隔离开，从而达到防止锈蚀目的的方法。** 保护层可分为金属保护层和非金属保护层两种。金属保护层是用耐蚀性较强的金属，以电镀或喷镀的方法覆盖钢材表面，如镀锌、镀锡、镀铬等。非金属保护层是用有机或无机物质作保护层，常用的是在钢材表面涂刷各种防锈涂料（防锈漆），还可采用塑料保护层、沥青保护层及搪瓷保护层等。

（2）合金化法 钢材的化学成分对钢材的耐蚀性有很大影响。**在炼钢过程中，通过加入铬、镍、钛、铜等合金元素而制成不锈钢，可以大大提高钢材的耐蚀性。**

（3）阴极保护 **将起阳极作用的金属电极与结构构件连接起来，则这个作为牺牲品的阳极将被腐蚀，而使构件得到保护。** 例如，锌和镁可作为阳极起到保护钢材的作用。将直流电源连接于附加阳极和要保护的结构构件之间，使结构成为阴极而被保护，而附加阳极则被腐蚀。

（4）使用缓蚀剂 某些化学物质加入到电解质溶液中，会优先移向阳极或阴极表面，阻碍电化学腐蚀反应的进行。如亚硝酸钠就是一种常用的缓蚀剂，当它加入到钢筋混凝土中时，可大大延缓钢筋的锈蚀。

2. 建筑钢材的防火

钢是不燃性材料，但这并不表明钢材能够抵抗火灾。耐火试验和火灾案例调查表明：以失去支持能力为标准，无保护层时钢柱和钢屋架的耐火极限只有 0.25h，而裸露钢梁的耐火极限仅为 0.15h。钢材受热温度在 200℃ 以内时，其主要性能（屈服强度和弹性模量）下降不多，可以认为钢材的性能基本不变；当温度超过 300℃ 以后，钢材的屈服强度、极限强度和弹性模量均开始显著下降，应变急剧增加；当温度达到 600℃ 时，钢材进入塑性状态已失去承载能力。因此，没有防火保护层的钢结构是不耐火的。

钢结构防火保护的基本原理是采用绝热或吸热材料阻隔火焰和热量，推迟钢结构的升温速率。 防火方法以包覆为主，即以防火涂料、不燃性板材或混凝土和砂浆将钢构件包裹起来。

【案例 8-6】 广东某斜拉桥拉索钢丝腐蚀失效。

概况：广东某斜拉桥建成于 1988 年 12 月，1995 年 5 月的一个清晨，其中一根拉索上段突然断裂，近百米长的拉索坠落在桥面上。

分析：对断裂的拉索进行研究表明，拉索是由于钢丝被严重腐蚀而引起承载截面面积减小导致钢丝承载能力不足而断裂。拉索钢丝受到腐蚀的原因是所灌注的水泥浆体不凝结，产生电化学腐蚀；而水泥浆体含有一定量的 Cl^- 及钢丝在拉应力的作用下更加速了此锈蚀过程。水泥浆体不凝结的原因是由于水泥浆产生离析，含一定量 FDN 减水剂的大水胶比水泥浆体富集于拉索上部，在密闭的条件下，造成该水泥浆体长时间不凝结。

习 题

8-1 常用的炼钢方法有哪几种？各有何特点？

8-2 钢材根据脱氧程度的不同可分为哪几类？各有何特点？

8-3 钢的化学成分主要有哪些？它们对钢材性能有何影响？

8-4 低碳钢拉伸时的应力－应变曲线分为哪几个阶段？各阶段有何特征？

8-5 钢材的冲击韧度与哪些因素有关？什么是脆性临界温度和时效敏感性？

8-6 什么是冷加工强化处理？冷加工强化的机理是什么？

8-7 什么是钢材的焊接性能？影响钢材焊接性能的主要因素是什么？

8-8 碳素结构钢的牌号如何表示？牌号和性能之间有何关系？

8-9 低合金高强度结构钢的牌号如何表示？

8-10 钢筋混凝土用钢主要有哪几种？各自的性能和适用范围如何？

8-11 引起建筑钢材腐蚀的原因有哪些？如何避免钢材的腐蚀？

合成高分子材料 第 9 章

【本章提要】 主要介绍合成高分子材料的基本知识、土木工程中的高分子材料。本章的学习目标：初步了解高分子材料的分类和性能特点；了解塑料的组成、胶黏剂的组成与主要品种；区分土工合成材料的品种和应用；掌握常用树脂的性质和应用，熟悉高分子树脂的分类、组成结构与性质的关系。

合成高分子材料是以合成高分子化合物（又称高聚物）为基础组成的材料，它作为建筑材料的使用始于 20 世纪 50 年代，主要制品形式为塑料管材、塑料异型材及门窗制品、建筑涂料、防水材料、装饰和装修材料等。与传统建筑材料钢材、水泥、木材等相比较，高分子建筑材料具有密度低、比强度（强度与质量之比）高、耐水性及耐蚀性强、抗渗性及防水性好、装饰性好、易加工等许多特点，在强调建筑节能的今天，高分子建筑材料更是不可或缺的。合成高分子材料也有它的缺点，主要在于其刚性和耐热性差、易燃烧等，因而在实际工程应用中，应扬长避短，合理使用。

9.1 合成高分子材料的基本知识

高分子也称聚合物（或高聚物），但二者稍有差别，**高分子有时可指一个大分子，而聚合物则指许多大分子的聚集体**。高分子的相对分子质量高达 $10^4 \sim 10^7$，一个大分子往往由许多简单的结构单元通过共价键重复键接而成。重复的次数 n 称为聚合度（DP）。许多结构单元连接成线型大分子，类似一条链子，因此结构单元俗称作链节。链节的相对分子质量与聚合度的乘积即为聚合物的相对分子质量。

9.1.1 聚合反应分类

按单体结构和反应类型，可将聚合反应分成三大类：**官能团间的缩聚、双键的加聚、环状单体的开环聚合**。

（1）缩聚 缩聚是缩合聚合的简称，是官能团单体多次缩合成聚合物的反应，除形成缩聚物外，还有水、醇、氨或氯化氢等低分子副产物产生。缩聚物的结构单元要比单体少若干原子，如己二胺和己二酸反应生成聚己二酰己二胺（尼龙 –66）就是缩聚的典型例子。

（2）加聚 烯类单体 π 键断裂而后加成聚合起来的反应称为加聚，产物称为加聚物，如氯乙烯加聚生成聚氯乙烯。加聚物结构单元的元素组成与其单体相同，仅仅是电子结构有所变化，因此加聚物的相对分子质量是单体的整数倍。烯类加聚物多属于碳链聚合物。

（3）开环聚合 环状单体 σ 键断裂而后聚合成线形聚合物的反应称为开环聚合。杂环开环聚合物是杂链聚合物，其结构类似缩聚物；反应时无低分子副产物产生，又有点类似加聚。如环氧乙烷开环聚合成聚氧乙烯，己内酰胺开环聚合成聚己内酰胺（尼龙－6）。

除以上三大类之外，还有多种聚合反应，如聚加成、消去聚合、异构化聚合等。

9.1.2　相对分子质量及其分布

聚合物主要用作材料。强度是对材料的基本要求，相对分子质量则是影响强度的重要因素。因此，在聚合物合成和成型中，相对分子质量总是评价聚合物的重要指标。

低分子物和高分子物的相对分子质量并无明确的界限。**低分子物的相对分子质量一般在1000以下，高分子物则多在10000以上，其间是过渡区。**

平均相对分子质量相同，其分布可能不同，因为同相对分子质量部分所占的百分比不一定相等。

相对分子质量分布也是影响聚合物性能的重要因素。相对分子质量小的部分将使聚合物固化温度和强度降低，相对分子质量过大又使塑化成型困难。**不同高分子材料应有合适的相对分子质量，分布宜窄，**而合成橡胶的相对分子质量分布较宽。

控制相对分子质量及其分布是高分子合成的重要任务。

9.1.3　高分子聚合物的结构

高分子聚合物的分子结构，可分为线型分子结构和体型分子结构两类。

线型分子结构是指由链节多次重复而成的长链型分子结构（有时在主链侧有支链）。体型分子结构是指在链与链之间又有化学键"交联"的网状结构。支链很大（或很多）的线型分子聚合物，具有线型分子与体型分子聚合物之间的性状。

线型分子结构的分子具有柔顺性。它在常温下呈卷曲的线团状，受到拉伸时，变形能力极大，外力去除后，又可恢复成卷曲状。这是许多高分子聚合物具有高弹性的主要原因。

在线团状的线型分子结构中，还会存在一些排列整齐的部分，称为晶体部分（晶区）。一个长链分子可以贯穿晶区和非晶区（线团状区）。分子中晶区所占质量分数（或体积分数）称为结晶度。结晶使分子聚集紧密，分子间作用力增大。结晶度大的聚合物，其密度、强度及硬度均较大，耐热性也较高，但高弹性、伸长率及韧性较低。

体型分子结构的聚合物，由于在长链分子之间被"交联"，致使其柔顺性受到限制，当聚合物受力后，变形较小。但聚合物的机械强度较高、温度稳定性及化学稳定性较好。

9.1.4　高分子聚合物的物理力学状态

高分子聚合物在不同温度下会呈现出玻璃态、高弹态及黏流态等不同的物理状态。高分子聚合物的温度－形变曲线如图9-1所示。

(1) 玻璃态　玻璃态是聚合物在温度较低时所表现出的状态。此时，材料受力后只能发生微小的变形，外力除去后，变形立即消失，这种变形称为普通弹性变形。温度越低、物体越坚硬。产生这种现象的原因是温度较低时，线型非结晶聚合物不仅长链分子整体具有不可移动性，

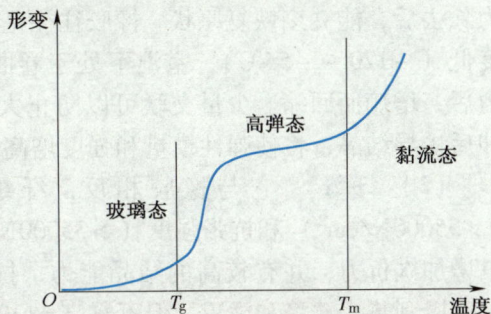

图9-1　高分子聚合物的温度－形变曲线

线型分子也去了柔顺性。

（2）高弹态 随着温度升高，聚合物从玻璃态变为高弹态。处于高弹态的聚合物，其长链分子整体虽不可移动，但长链分子本身具有柔顺性。当聚合物受力后会发生极大的可逆变形，称为高弹变形。高弹变形的弹性模量很小，应变值很大，变形的发生和消失要比普通弹性变形慢得多。

（3）黏流态 当温度升得更高时，聚合物呈黏流态。此时，整个长链分子具有了可移动性。

聚合物中的结晶体也具有可熔融性。当温度高于熔点时，结晶度高或一般相对分子质量的聚合物即表现为黏流态。相对分子质量很大而结晶度较低的聚合物则先进入高弹态，当温度更高时非结晶的长链分子具有了可移动性，使整个聚合物才变为黏流态。

当温度低于熔点而高于玻璃态温度时，具有一定结晶度的线型分子聚合物呈韧性状态。此时，非晶区具有柔顺性，晶区尚未熔融而具有刚性。**韧性状态的聚合物既有较高的强度又有较大的变形性能，是合成纤维的主要特征。**韧性状态存在的温度范围越宽，该聚合物的使用意义越大。**体型结构的聚合物，可以表现为玻璃态或高弹态，而不会出现黏流态。**

9.1.5　高分子材料及其力学性能

合成树脂和塑料、合成纤维、合成橡胶统称为三大合成材料，涂料和胶黏剂不过是合成树脂的某种应用形式。合成材料可分为结构材料和功能材料两大类。力学性能固然是结构材料的必要条件，即使是功能材料，除了突出功能以外，对强度也有一定的要求。聚合物的力学性能可以用拉伸试验的应力-应变曲线中的以下3个重要参数来表征：

1）弹性模量。它代表物质的刚性或对变形的阻力，以起始应力除以相对伸长率来表示，即应力-应变曲线的起始斜率。

2）抗张强度，即使试样破坏的应力（N/cm^2）。

3）（最终）断裂伸长率（%）。

相对分子质量、热转变温度（玻璃化温度和熔点）、微结构、结晶度往往是聚合物合成阶段需要表征的参数，力学性能则是聚合物成型制品的质量指标，与上述参数密切相关。一般极性、结晶度、玻璃化温度越高，强度也越大，而伸长率则较小。

橡胶、纤维、塑料的结构和性能有很大的差别。

（1）橡胶 它具有高弹性，很小的作用力就能产生很大的形变（500%～1000%），外力除去后，能立刻恢复原状。橡胶往往是非极性非晶态的聚合物，分子链柔性大，玻璃化温度低（-120～-55℃），室温下处于卷曲状态，拉伸时伸长，有序性增加，减熵。除去应力后，增熵而回缩。少量交联可以防止大分子滑移。拉伸起始弹性模量小（$70N/cm^2$），拉伸后诱导结晶，将使弹性模量和强度增高。伸长率为400%时，强度可增至$1500N/cm^2$。

（2）纤维 它与橡胶相反，纤维不易变形，伸长率小（<50%），弹性模量（>$35000N/cm^2$）和抗张强度（>$35000N/cm^2$）都很高。纤维用聚合物往往带有极性基团，以增加次价力，并有较高的结晶能力，拉伸可以提高结晶度。纤维的熔点应该在200℃以上，以利热水洗涤和烫熨，但不宜高于300℃，以便熔融纺丝。纤维用聚合物应能溶于适当溶剂中，以便溶液纺丝，但不应溶于干洗溶剂中。纤维用聚合物的 T_g 应适中，过高，不利于拉伸；过低，则易使织物变形。尼龙-66是典型的合成纤维，其中酰胺基团有利于在分子间形成氢键，拉伸后，结晶度高，T_m（265℃）和 T_g（50℃）适宜，抗张强度（70000N/cm²）和弹性模量（500000N/cm²）都很高，而伸长率却较低（＜20%）。

（3）塑料　塑料的力学性能介于橡胶和纤维之间，有很广的范围，从接近橡胶的软塑料到接近纤维的硬塑料都有。

聚乙烯是典型的软塑料，弹性模量为 20000N/cm²，抗张强度为 2500N/cm²，伸长率为500%。聚丙烯和尼龙 −66 也可归属于软塑料。软塑料结晶度中等，T_m 和 T_g 范围较宽，抗张强度（1500 ~ 7000N/cm²）、弹性模量（15000 ~ 35000N/cm²）、伸长率（20% ~ 800%）都可以从中到高。

硬塑料的特点是刚性大，难变形，抗张强度（3000 ~ 8500N/cm²）和弹性模量（70000 ~ 350000N/cm²）较高，而断裂伸长率却很低（0.5% ~ 3%）。硬塑料用聚合物多具有刚性链，属非晶态。酚醛树脂和脲醛树脂因有交联而增加刚性，聚苯乙烯（$T_g = 95$℃）和聚甲基丙烯酸甲酯（$T_g = 105$℃）因有较大的侧基而使刚性增加。

9.2　建筑塑料及其制品

塑料是以聚合物为基本成分，在一定条件下塑化成一定形状并在使用温度下保持形状不变的材料。塑料有很多种类，用于建筑工程的塑料统称建筑塑料。

建筑塑料能取代木材和金属等材料在以上领域得到广泛应用，是因为它具有质轻、热导率低、电绝缘、耐化学腐蚀、容易成型加工等优点。以塑料为基体制作的建筑材料，能有效提高建筑物的品质。

9.2.1　建筑塑料的组分与分类

1. 塑料的组分及作用

塑料是以高分子树脂为主要成分，添加一些助剂（增塑剂、润滑剂、防老剂、热稳定剂等）和辅助材料（填料、增强填充物等），在一定条件下塑化成型最终定型为制品形状的高分子材料。

（1）树脂　**树脂是塑料中最主要的组成材料，在塑料中起着胶黏剂的作用**，塑料的性质主要取决于合成树脂的种类、性质和数量。根据树脂用量占塑料的百分率，将塑料分成单组分和多组分塑料，如有机玻璃是由聚甲基丙烯酸甲酯生产的塑料，其树脂的质量分数为100%，是单组分塑料，但大多数塑料不是多组分的，其树脂的质量分数一般为 30% ~ 60%。塑料常用合成树脂有聚氯乙烯、聚乙烯、聚丙烯、酚醛树脂等。

（2）填料及增强剂　各种纤维状材料（如玻璃纤维、石棉纤维、碳纤维、石墨纤维和硼纤维等）可提高塑料制品的强度和刚性，这类纤维在塑料中起增强剂作用。填料（如石英砂、云母、滑石、陶土、石棉、碳酸钙、金属氧化物、炭黑和玻璃珠等）的**主要功能是降低成本和收缩率，部分填料也有改善塑料某些性能（如增加弹性模量和硬度，降低蠕变等）**的作用。

（3）增塑剂　增塑剂一般为沸点较高、与聚合物混溶性良好的低分子油状物。增塑剂均匀分布在大分子链之间，可降低分子间作用力，从而使聚合物玻璃化温度和熔融温度降低，**可改善制品的低温柔性和加工时熔体的流动性能**。

（4）**稳定剂** 塑料在自然环境中会老化，为了延长塑料的使用寿命，需加入稳定剂。它包括抗氧剂、紫外线吸收剂、光屏蔽剂、热稳定剂和变价金属离子抑制剂等。

（5）**润滑剂** 为了防止塑料在加工过程中发生黏模现象，需加入润滑剂。润滑剂有内外两种，常用的外润滑剂有硬脂酸及其金属盐类，内润滑剂有低相对分子质量的聚乙烯。外润滑剂不溶于聚合物，其主要功能是在聚合物与金属界面处形成润滑层，使聚合物熔体能顺利脱模。内润滑剂与聚合物有良好的相溶性，能降低聚合物分子间的内聚力，从而提高聚合物熔体流动性并降低因内摩擦而导致的升温。

塑料有很多用途，其中用于建筑工程的塑料统称为建筑塑料。目前，建筑塑料应用最广的是塑料管材、塑料门窗等领域，另外还应用于塑料地砖、塑料墙纸等领域。

2. 塑料的分类

按受热后性能表现的不同，塑料可分为热塑性塑料及热固性塑料两大类。

热塑性塑料受热后软化、熔融，冷却后又变硬定型，这种软化和定型可重复进行。因此，热塑性塑料具有重复可塑性，可用挤出、注塑、压延、吹塑、发泡等工艺成型，其成型过程基本是物理变化，如 PVC、PS、PE、PP、PMMA 和 PA 等。

热固性塑料的成型过程一般是将预聚物受热后软化，然后固化成型，固化后形成体型网络大分子，不能再熔融，不能重复塑化，固化成型过程含化学变化，常用浸渍、模压、层压、浇铸等工艺成型，如 PF、UF 和 EP 等。

按塑料的应用范围，可将其分为通用塑料和工程塑料两大类。工程塑料是指可作为结构材料使用，具有优异的力学性能和良好尺寸稳定性的塑料。通用塑料是指产量大、价格低、主要作为非结构材料使用的塑料，主要有聚烯烃，如 PVC、PS、PF 和 HDPE 等。

9.2.2 建筑塑料制品

1. 塑料门窗

塑料门窗是化学建材重要的种类之一，具有良好的隔热、密封、隔声、节能和装饰美观等优点。它在欧洲及美国、日本等国家已有近 70 年的发展历史，近年来在我国的发展也很快。

（1）**塑料门窗的特点**

1）保温性能好。

2）气密性优良。

3）塑料门窗节约能源和资源，符合环保要求。

4）耐候性和耐蚀性优良。

5）可加工性强。

（2）**塑料门窗异型材的种类**

目前，塑料门窗异型材以硬聚氯乙烯（PVC-U）型材为主。其原因在于 PVC 树脂产量大（仅次于 PE 和 PP），价格低；且 **PVC 材料具有耐燃性，使用安全。但 PVC-U 型材的耐热性能和尺寸稳定性并不太理想**，因此，美国、德国等国家已开发生产了 CPVC 的型材制品，其耐热性能明显优于 PVC 型材。

除 PVC 外，用其他树脂做原料的产品很少。以玻璃纤维增强的酚醛塑料门窗、玻璃钢门窗、以木粉为填料的聚丙烯塑料窗、结皮发泡聚氨酯窗、改性聚丙烯塑料窗、ABS 窗等都有开发。改性聚丙烯塑料窗的性能价格与 PVC 窗很接近，可能会成为 PVC 的竞争者。

2. 塑料管材

1936 年，德国首先应用 PVC 管输送水、酸及排放污水，使金属管材一统天下的局面发生了巨大的变化。**塑料管材具有质轻、耐腐蚀、易安装、能耗低、不生锈、不结垢等优点，故被大量应用于各种建筑工程中，被公认为是目前化学建材中最重要的品种之一。**

（1）塑料管的优点　塑料管材及管件在建筑上的应用已经非常广泛。塑料管材有如下优点：①质量小，运输和施工方便；②表面光滑，流体阻力小；③不生锈，耐蚀性强；④韧性好，强度高；⑤使用寿命长，可达 50 年，并且可以回收利用；⑥自动化生产，效率高，总经济成本低。使用塑料管安装费用约为钢管的 60%，材料费用仅为钢管的 30% ~ 80%，可节省生产能源 80%。从使用寿命上看，普通铸铁管的有效使用期为 10 ~ 15 年，而塑料管的使用年限一般为 40 ~ 50 年，与现代房屋的折旧年限持平，因此在房屋使用年限内，基本上无须对其进行修理、更换。

（2）塑料管的分类　塑料管品种类型繁多。按管的结构，可以将塑料管分为普通塑料管、单壁波纹管、双壁波纹管、纤维增强塑料管、塑料与金属复合管及芯层发泡管。

目前，波纹管，特别是双壁波纹管在建筑中获得越来越多的应用。结构先进的塑料双壁波纹管，除具有普通塑料管的耐蚀性、绝缘性好，内壁光滑，使用寿命长等优点外，还具有以下独特的技术性能：①刚性大，耐压强度高于同等规格的普通塑料管；②质量是同规格普通塑料管的一半，从而方便施工，可减轻工人劳动强度；③波纹结构能加强管道对土壤的负荷抵抗力，便于连续敷设在凹凸不平的地面上；④使用双壁波纹管工程造价比普通塑料管降低 1/3。

双壁波纹管已广泛应用于高速公路、邮电、供电等管道及市政管道建设中。

3. 塑料地面材料

作为地面材料，塑料一般要有三方面的基本要求：首先是耐磨性；其次是地面材料的回弹力；最后是脚感。塑料地面材料的耐磨性往往较木质地面材料和水泥砂浆地面材料要好，但还是有一定的磨损。如据日本建材试验中心报告，以 12 万人次通行后实测获得的耐磨性数据如下：聚酯地面磨耗量为 0.1mm，聚氯乙烯卷材磨耗量为 0.2mm 以下，聚氨酯地面磨耗量为 0.3mm，橡胶卷材地板磨耗量为 0.4mm。塑料地面材料的回弹力和脚感均可满足作为面材要求，但这两项指标的好坏与否往往是由个人的好恶所决定，并没有统一的衡量指标。

塑料地面材料主要包括塑料地板、塑料涂布地面（板）及塑料地毯等。其中塑料地板产量和消耗量最大。

9.3　建筑涂料

涂敷于物体表面，并形成完整、粘贴牢固保护膜层的材料统称为涂料。**建筑涂料是用于建筑领域方面的涂料，主要包括外墙涂料、内墙涂料、地坪涂料、防水涂料和功能型建筑涂料等。**

建筑物表面涂刷的涂料主要具有装饰功能和保护功能。暴露在自然环境下的建筑物，受到日光、空气、水分等介质的侵蚀，其表面可能出现风化、腐蚀等破坏现象。涂料经涂刷并在建筑物表面形成涂膜，能够阻止或延迟这些破坏现象的发生和发展，从而延长建筑物的使用寿命。涂料可根据需要调配成各种色泽鲜艳的颜色和不同的质感，涂装在建筑物上可改变建筑物的外观，起装饰作用。种类繁多的外墙涂料能给外墙面安上质感良好的外装。内墙涂料和地面涂料能改变协调墙面及地面的色彩，提升居住环境的舒适度。

9.3.1 建筑涂料的组成

组成建筑涂料的物质主要有基料、颜料、填料、溶剂与水及助剂等。

（1）**基料** 基料是涂料中的主要成膜物质。它的作用是涂刷施工后与基材紧密结合并将涂料中的其他组分黏结成整体，并附着在基材表面形成均匀而坚韧的膜。基料的性质对涂料的各项物理、化学性质起着决定性作用。建筑涂料的基料以合成树脂为主，常用的有丙烯酸酯及其共聚物，聚醋酸乙烯及其共聚物，氨酯树脂，聚乙烯醇系缩聚物，氯乙烯－偏氯乙烯共聚物，环氧树脂等。此外还有水玻璃、硅溶胶等无机基质材料。

（2）**颜料、填料** 颜料、填料在建筑涂料中也是构成涂膜的组成部分，因而也称为次成膜物质。

（3）**溶剂与水** 溶剂与水作为分散介质，是建筑涂料的主要成分，对涂料的施工性能和成膜性能起很重要的作用。但在涂料逐渐干燥硬化后形成的涂膜中，溶剂或水并无存留。溶剂或水的质量分数对涂料的成本也有很大影响。

（4）**助剂** 涂料中常用的助剂有硬化剂、催干剂、催化剂、增塑剂、紫外光吸收剂、抗氧剂、防污剂、防霉剂、分散剂和消泡剂等。各助剂对涂料的制造、存放、施工及成膜后的各项性能均有重要影响。

9.3.2 建筑涂料的分类和用途

1. 建筑涂料的分类

涂料的品种繁多，为方便使用通常采用以下几种分类方法。

1）按主要成膜物质的化学成分将涂料分为无机涂料、有机涂料和复合涂料。

2）按功能将涂料分为装饰涂料和功能涂料。装饰涂料主要对被涂装物起到装饰和保护作用，而功能涂料往往具有一些特殊的功能，如防火涂料、防水涂料、防腐涂料、保温涂料和吸声涂料等。

3）按建筑物的涂装部位可将涂料分为外墙涂料、内墙涂料、地面涂料和屋面涂料等。

4）按涂料的组成可将涂料分为溶剂型涂料、水溶性涂料、乳胶涂料和无溶剂涂料（粉末涂料、双组分反应型涂料）等。

2. 建筑涂料的用途

由于建筑涂料种类繁多，上述分类方法经常有模糊交叉的地方，下面按涂料的使用部位分别介绍外墙涂料、内墙涂料、地面涂料和一些特种建筑涂料。

（1）**外墙涂料** 外墙涂料的主要功能是装饰和保护建筑物的外墙面，使建筑物外貌整洁美观，从而达到美化城市环境的目的。同时还能够起到保护建筑物外墙，延长其使用时间的作用。为了获得良好的装饰与保护效果，外墙涂料一般应具有以下特点：

1）装饰性好。要求外墙涂料色彩丰富多样，保色性好，能较长时间保持良好的装饰性能。

2）耐水性好。外墙面长期（曝）露在大气中，要经常受到雨水的冲刷，因而作为外墙涂料应具有很好的耐水性能。

3）耐污性能好。大气中的灰尘及其他物质玷污涂层后，涂层会失去原有的装饰效能，因而要求外墙装饰层不易被玷污或玷污后容易通过雨水等清除。

4）耐候性好。曝露在大气中的涂层，要经受日光、雨水、风沙、冷热变化以及大气中的各种化学物质等的作用。在这些因素的反复作用下，涂层会因成膜物质的老化而发生开裂、剥落、脱粉、变色等现象，使涂层失去原有的装饰和保护功能。因此，作为外墙装饰的涂层要求在规定的年限内不发生上述破坏现象。

此外，外墙涂料还应有施工及维修方便、价格合理等特点。

目前，常用的外墙涂料有苯丙乳液涂料、纯丙乳液涂料、溶剂型聚丙烯酸酯涂料、聚氨酯涂料等。近年来发展起来的砂壁状真石涂料、有机硅改性聚丙烯酸酯乳液型和溶剂型外墙涂料、弹性乳液涂料等的装饰性能和耐老化性能较好，显示了较好的发展前景。

（2）内墙涂料　内墙涂料的主要功能是装饰及保护室内墙面，使其美观整洁，让人们处于舒适的居住环境中。为了获得良好的装饰效果，内墙涂料应具有以下特点：

1）色彩丰富、细腻、柔和。

2）耐碱性、耐水性、耐粉化性良好，又具有一定的透气性。

3）施工容易，价格低廉。

石灰浆、大白粉和可赛银等是我国传统的内墙装饰材料，由于性能较差，现已基本淘汰，被内墙乳液涂料所取代。

常用的内墙乳液涂料一般为平光涂料。早期主要产品为醋酸乙烯乳液涂料，近年来以丙烯酸酯内墙乳液涂料为主。此外还有聚乙烯醇内墙涂料和多彩涂料等。

（3）地面涂料　地面涂料的主要功能是装饰与保护室内地面，使地面清洁、美观、牢固。为了获得良好的装饰效果，地面涂料应具有耐碱性好、黏结力强、耐水性好、耐磨性好、抗冲击力强、涂刷施工方便和价格合理等特点。

地面涂料的主要品种有过氯乙烯水泥地面涂料、氯偏乳液地面涂料、环氧树脂自流平地面涂料、聚氨酯地面涂料、氯化橡胶地面涂料等。

（4）特种建筑涂料　除了用于建筑物装饰目的的建筑内墙涂料、外墙涂料、地面涂料等涂料之外，还有许多其他类型的建筑涂料。这些涂料对被涂建筑物不仅具有装饰功能，还具有某些特殊功能，如防水、防火、防霉、防蚀、杀虫、隔热、隔声功能等。这一类涂料统称为特种建筑涂料。

特种建筑涂料又称为功能性建筑涂料，这类涂料的涂刷对象仍然是建筑物，即主要仍是涂刷在建筑物内外墙面、地面或屋面上，因而首先要求这类涂料应具有建筑装饰涂料的一般性质，同时必须具备各自独特的某一功能。

常见的特种建筑涂料主要有防水、防火、防蚀、防霉、防结露、杀虫、防辐射线、隔热、隔声、耐油涂料等。

9.3.3　建筑涂料的发展趋势

在工业发达的国家，建筑涂料是消费比例最大的一类涂料，占涂料总产量的 50% 左右。在国外，水性乳胶漆占整个建筑涂料量的 70%～80%，溶剂型涂料占 20%～30%，主要向低 VOC、功能复合化方向发展；建筑外墙涂料以纯丙乳胶漆、苯丙乳胶漆为主，新开发出的产品有有机硅改性丙烯酸树脂（水性和溶剂型）涂料、弹性体涂料、氟碳涂料等。在欧洲还采用弹性乳胶漆和呼吸型乳胶漆，总的方向是高耐候性和透湿性；内墙涂料以苯丙乳液涂料、醋丙乳液涂料等中档乳胶漆为主；地坪涂料也是很受重视的建筑涂料，其品种齐全，有溶剂型、水性、无溶剂型以及自流平等类型，还有各种程度弹性性能的弹性地坪涂料、导电地坪涂料等；功能型建筑涂料发展也颇受重视，其品种有抗静电涂料、不粘涂料、难燃型弹性涂料、热反向涂料、电热涂料、防涂鸦涂料、防结露涂料、防贴纸涂料、吸臭涂料和杀虫涂料等。

我国建筑涂料中溶剂型涂料要占到 60%，当然内、外墙涂料是以水性涂料为主，但其中低中档品种要占到 70%。目前，我国外墙建筑涂料品种有丙烯酸系列（以苯丙、纯丙为主）乳胶漆，还有丙烯酸聚氨酯等外墙溶剂型涂料。**外墙涂料发展方向是高性能和高弹性系列涂料。内墙涂料除了聚乙烯醇缩甲醛涂料外，还有苯丙、醋丙之类乳胶漆，发展方向是开发环保型内墙乳胶漆，要耐擦洗、外观细腻、色彩柔和，外观质量和开罐质量有待进一步提高。**

9.4 建筑防水材料

建筑防水材料是土建工程防止水透过建筑物结构层而使用的一种建筑材料。如房屋建筑的屋面防水，地下防水，道路桥梁工程防水，水池、水塔及其他水利工程防止水的渗漏等所用的防水抗渗材料均属防水材料。防水材料是建筑工程中不可缺少的主要建筑材料之一。防水材料质量、性能的优劣直接影响建筑物的使用寿命。近几十年来，新型防水材料发展迅速，在工业和民用建筑中得到广泛应用。防水材料已从单一的纸胎油毡逐步发展到目前的纸胎油毡、改性沥青防水卷材、高分子防水卷材、建筑防水涂料、密封材料、堵漏和刚性防水材料等多种产品。建筑防水材料的种类很多，大致分类如图 9-2 所示。

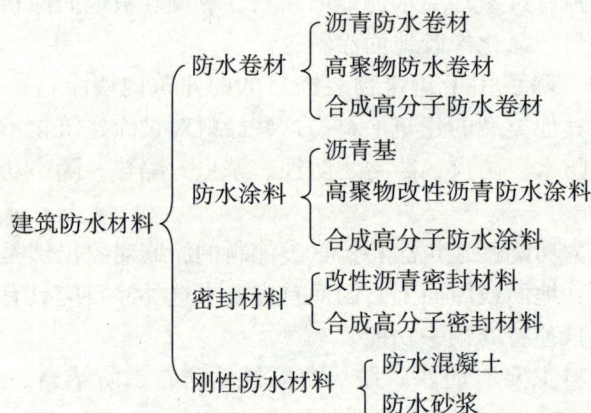

```
                           ┌─ 沥青防水卷材
                  防水卷材 ─┼─ 高聚物防水卷材
                           └─ 合成高分子防水卷材

                           ┌─ 沥青基
  建筑防水材料 ─── 防水涂料 ─┼─ 高聚物改性沥青防水涂料
                           └─ 合成高分子防水涂料

                           ┌─ 改性沥青密封材料
                  密封材料 ─┴─ 合成高分子密封材料

                           ┌─ 防水混凝土
                刚性防水材料┴─ 防水砂浆
```

图 9-2　建筑防水材料的分类

本节主要介绍防水卷材和防水涂料。

9.4.1 防水卷材

1. 沥青防水卷材

沥青防水卷材包括浸渍卷材和辊压卷材两大类。浸渍卷材是用厚纸或玻璃布、石棉布、棉麻织品等胎料浸渍沥青制成的卷状材料；辊压卷材是将石棉、橡胶粉等掺入沥青材料中，经碾压制成的卷状材料。**沥青防水卷材是目前建筑工程中常用的柔性防水材料。**

（1）油纸或油毡 油纸和油毡都是纸胎卷材。用低软化点沥青浸渍厚纸而得到油纸。用高软化点沥青涂盖油纸的两面再散布一层滑石粉或云母片而成的称为油毡。

油纸主要用于多层防水层的下层，油毡一般用于面层。 油纸和油毡成本低，在过去几十年中应用广泛。

（2）玻璃布油毡 玻璃布油毡是用玻璃纤维布为胎，将沥青浸涂玻璃纤维布的两面，然后散布滑石粉或云母片而成。**玻璃布油毡的成本高于油毡，其强度、韧性较高，宜用于防水性、耐久性和防辐射性较高的工程。**

（3）沥青再生胶油毡 沥青再生胶油毡是无胎防水卷材，由再生橡胶、石油沥青和碳酸钙等经混炼、压延而成。**它具有较好弹性、耐蚀性、不透水性和低温柔韧性，拉伸强度较高，适用于桥梁、地下建筑物、管道等重要防水工程。**

（4）铝箔塑胶油毡 铝箔塑胶油毡是以合成纤维无纺布为胎体，以合成橡胶改性沥青为防水主体，以铝箔作面层，经配料、复合、分卷、包装而制成。**铝箔塑胶油毡质量较轻，拉伸强度较高。由于其面层是铝箔，耐蚀性和耐候性好，对太阳光反射率大，主要用于屋面防水。**

2. 橡胶树脂基防水卷材

从 20 世纪 60 年代开始，合成高分子防水卷材得到了广泛的开发和应用，而且目前的应用比例正逐步扩大。它广泛应用于屋面防水，采用单层冷粘贴施工，取代了许多热施工的多层沥青油毡。例如，美国的平屋面防水中约 1/4 采用的是三元乙丙橡胶卷材。

目前常见的合成高分子防水卷材有三元乙丙橡胶卷材、氯丁橡胶薄膜、聚氯乙烯防水卷材和氯化聚乙烯 – 橡胶共混型防水卷材。

9.4.2 防水涂料

建筑防水涂料一般是以沥青、合成高分子聚合物、合成高分子聚合物与沥青、合成高分子与水泥或以无机复合材料等为主要成膜物质，掺入适量的颜料、助剂、溶剂等加工制成的高分子合成材料。该材料有溶剂型、水乳型或反应型三种类型，在常温下为无固定形状的黏稠状液体或可液化的固体粉末状。

防水涂料按其成膜物质可分为沥青类、高聚物改性沥青类（也称为橡胶沥青类）、合成高分子类（又可再分为合成树脂类、合成橡胶类）、无机类、聚合物水泥类 5 大类。

1. 防水涂料的防水机理

防水涂料品种繁多，但根据防水机理可分涂膜防水型和憎水防水型。

（1）涂膜型防水涂料的防水机理 涂膜型防水涂料是通过形成完整的涂膜来阻挡水的**透过或水分子的渗透。**许多高分子涂膜的分子之间总有一些间隙，宽度约为几纳米。而自然界的水通带处于缔合状态，几十个水分子之间由于氢键的作用而形成一个很大的分子团，远高于缝隙的宽度，很难通过高分子涂膜的间隙。大多数防水涂料遵循此机理实现防水功能。

（2）憎水型防水涂料的防水机理　由于有些聚合物分子上含有亲水基团，且高分子链具有一定的柔性水分子可通过溶解扩散机理完成渗透，所以聚合物所形成的完整连续的涂膜并不能保证所有的聚合物涂膜均有良好的防水性能。如果聚合物本身具有憎水特性，使水分子与涂膜之间根本不相容，水分子难以在高分子基体中溶解，从根本上解决水分子的透过问题，聚硅氧烷类防水涂料就是根据此原理设计的。

2. 水乳型橡胶沥青防水涂料

水乳型橡胶沥青防水涂料主要有**水乳型再生橡胶沥青防水涂料、氯丁橡胶改性沥青防水涂料和 SBS 改性沥青防水涂料**三种。

（1）水乳型再生橡胶沥青防水涂料　将再生胶粉在炼胶机中塑炼，软化后加入乳化分散剂，缓慢加水进一步塑炼成细粒的膏状再生乳胶浆，配置成具有一定黏度的再生橡胶乳液。根据具体要求将乳化沥青和再生橡胶乳液按一定的比例调配均匀，即得水乳型再生橡胶沥青防水涂料。

（2）水乳型氯丁橡胶改性沥青防水涂料　它是以阳离子型氯丁乳胶与阳离子沥青乳液混合而成的，是氯丁橡胶及石油沥青微粒，在乳化剂的作用下于水中乳化形成的水乳型防水涂料。该涂料具有氯丁橡胶和沥青的双重优点，**其耐候性、耐蚀性好，具有较高的弹性、延性和黏结性，对基层变形的适应能力强，低温涂膜韧性好，高温不流淌，涂膜致密，耐水性好**。水乳型氯丁橡胶改性沥青防水涂料以水为分散介质，成本低，无毒、无污染。

（3）水乳型 SBS 改性沥青防水涂料　将 SBS、沥青与脂肪烃或卤代烃在共混反应器中混合至均匀，加入 OP－10 或平平加－O 作乳化剂，30% 的 NaOH 作 pH 调节剂，加入热水机械搅拌乳化得水乳型 SBS 改性沥青防水涂料。**该防水涂料黏结力大，防水效果好，成本较水乳型再生橡胶沥青防水涂料低**，有较高的推广价值。

3. 橡胶树脂基防水涂料

（1）聚丙烯酸酯乳液防水涂料　聚丙烯酸酯乳液防水涂料是以聚丙烯酸酯乳液、填料及各种助剂配制而成，是近几年发展较快的一种新型防水涂料。**聚丙烯酸酯具有优异的耐候性、耐热老化、耐紫外老化和耐酸碱老化性能**。常用丙烯酸乙酯、丙烯酸丁酯、丙烯酸异辛酯和甲基丙烯酸甲酯等单体通过乳液均聚或共聚合成聚丙烯酸酯乳液。

（2）聚氨酯防水涂料　聚氨酯防水涂料的品种很多，根据固化方式不同可分为双组分反应固化型、单组分水汽固化型和空气氧化固化型。按分散介质不同可分为溶剂型、水乳型和无溶剂型。根据原料的不同可分为聚酯型、聚醚型和蓖麻油型等品种。聚氨酯防水涂料由于防水性能可靠而受到重视，近年来获得较快的发展。

4. 防水涂料的发展趋势

目前，防水涂料在整个建筑防水材料中已占有相当的份额。除了高聚物改性沥青防水涂料和合成高分子防水涂料外，无机渗透结晶型的粉状防水涂料等新品种也进入市场。建筑防水涂料总体呈以下发展趋势：产品对环境友好、功能多样化，集防水、装饰、保温、隔热等多种功能于一体，可在潮湿的基材上进行施工。

当前的防水涂料还有很多是溶剂型的。溶剂型涂料中含有大量的有机挥发物，在配漆和施工过程中，大量 VOC 排向大气，造成大气污染，对人体的健康危害很大。因此，世界上主要的涂料生产国纷纷出台了限制 VOC 的排放污染法规。**生产低 VOC、对环境友好**

的防水涂料，已是大势所趋。水乳型防水涂料不含有机溶剂，环境污染小，成本低，具有较好的发展前景。近年来，水乳型防水涂料发展也非常迅速，除了以上介绍的几种产品，近年来又开发出了丙烯聚合物与乙烯基聚合物水乳型防水涂料、水乳型有机硅防水涂料等多种产品。

9.5　建筑胶黏剂

用于建筑方面的胶黏剂称为建筑胶黏剂，它是整个胶黏剂中占份额较大的一部分，也是化学建材中不可缺少的一类材料。

9.5.1　概述

1. 胶黏剂的组分

胶黏剂是多组分的材料，从功能上可分为两部分：一是基料，它决定着胶的主要性能；二是助剂，主要包括固化剂与硫化剂、催化剂与促进剂、增塑剂、增韧剂、稀释剂、着色剂、偶联剂及填料等。

(1) 粘料　目前，高分子胶黏剂用的树脂有酚醛树脂，脲醛树脂、聚氨酯树脂、环氧树脂、有机硅树脂等。其中热固性树脂硬化后成为体型结构，内聚力大，常用于结构性的粘料，有时在热固性树脂中掺入少量热塑性树脂改性。另外，水玻璃和磷酸盐也可作无机粘料。

(2) 固化剂和促进剂　加入固化剂使某些线型高分子交联成体型结构而硬化，有时加入促进剂以加速其硬化速率。

(3) 有机溶剂　用于溶解粉料，调节黏度，溶剂的种类和用量根据黏结工艺选择。有机溶剂不宜挥发太快，以免使胶黏剂表面硬化过快。

(4) 其他组分　根据需要可加入填料调节黏度，增加体积稳定性和胶层机械强度，根据需要还可加入抗老化剂及其他稳定剂、增塑剂、防霉剂等。

2. 胶黏剂的作用机理

黏结过程可看成胶黏剂分子向被黏结物表面迁移和胶黏剂分子与被黏结物质分子相互吸引并扩散这样两个阶段。前一阶段的结果是胶黏剂极性基团向被黏结物质极性部分靠近，因此凡高分子链节上带有极性基团的化合物一般具有较好的黏结性能；后一阶段是被黏物分子在胶黏剂溶液中溶解或溶胀，而扩散到胶黏剂溶液中，相互渗透，因此可以与被黏物互溶的高分子化合物，具有较高的黏结力。此外，还有机械咬合作用，被黏物表面粗糙、多孔时，胶黏剂可进入被黏物表面的凹处或孔中，硬化后由于黏结本身具有强度，就能将被黏物机械联结在一起。

3. 胶黏剂的分类

合成胶黏剂的种类繁多，分类方法也很多。通常可按黏料化学成分、胶黏剂胶结强度及主要用途和使用方法分类。

1) 合成胶黏剂按所用黏料的不同，分为热塑性树脂胶黏剂、热固性树脂胶黏剂、橡胶型胶黏剂及混合型胶黏剂等。

2) 胶黏剂按胶结强度特性及主要用途不同，分为结构胶、非结构胶及特殊胶黏剂。结构胶具有足够的胶结强度，能长期承受较大荷载，有良好的温度稳定性及耐老化性，常用的有热固性树脂胶黏剂或混合型胶黏剂。非结构胶具有一定的胶结强度，并同时具有密封、防水或防腐等使用功能，常用热塑性树脂胶黏剂或橡胶类胶黏剂。特殊胶黏剂主要是采用专用固化剂及填料等配制的具有特殊性能的胶黏剂，如水下固化环氧胶、耐油胶、耐低温胶及耐高温胶等。

3）胶黏剂按使用方法不同，可分为单组分胶、双组分胶及多组分胶。单组分胶是在工厂里把黏料及各种添加剂配合好，使用时按规程进行胶结施工。双组分胶是在工厂里将黏料及各种添加剂分为 A、B 两组进行配制和包装，使用时按规定的 A 与 B 的比例进行混合，并即刻进行胶结施工。有些胶黏剂出厂时分为 A、B、C 三组，应用时按规定比例进行混合后再进行胶结施工。一般来说，双组分及多组分胶比单组分胶的胶结性能好，但单组分胶使用方便。

9.5.2　常用建筑胶黏剂

1. 环氧树脂胶黏剂

环氧树脂胶黏剂俗称"万能胶"，主要由环氧树脂、固化剂、填料、稀释剂、增韧剂等组成。改变胶黏剂的组成可以得到不同性质和用途的胶黏剂。环氧树脂胶黏剂黏结力强、收缩性小、耐酸、耐碱侵蚀性好，可在常温、低温和高温等条件下固化，并对金属、陶瓷、木材、混凝土、硬塑料等均有很高的黏附力。在黏结混凝土方面，其性能远远超过其他胶黏剂，广泛用于混凝土结构裂缝的修补和补强与加固。环氧树脂的主要缺点是耐热性不高，耐候性尤其是耐紫外线性能较差，部分添加剂有毒。

2. 聚醋酸乙烯乳液

聚醋酸乙烯胶黏剂由聚醋酸乙烯单体聚合而成，俗称白乳胶。它含有较多的极性基团，对各种极性材料有较高的黏附力，但耐水性、耐热性较差，只能在室温下使用。它是使用方便、价格便宜、应用广泛的一种非结构胶，能用于黏结玻璃、陶瓷、混凝土、纤维织物、木材、塑料层压板、聚苯乙烯板、聚氯乙烯板及塑料地板。

3. 氯丁橡胶胶黏剂

氯丁橡胶胶黏剂是将橡胶经塑炼或混炼后溶于溶剂中而成的，是目前应用最广的一种橡胶胶黏剂。它主要由氯丁橡胶、氧化锌、氧化镁、填料及辅助剂组成。它对水、油、弱酸、弱碱和醇类都具有良好的抵抗力，但其强度不高，耐热性也不太好，具有徐变性，易老化。

氯丁橡胶胶黏剂可在室温下固化，常用于黏结各种金属和非金属材料，如钢、铝、铜、玻璃、陶瓷、混凝土及塑料制品等。建筑上常用在水泥混凝土、水泥砂浆地面上，以及墙面上粘贴塑料或橡胶制品等。

4. 改性酚醛树脂胶黏剂

酚醛树脂胶黏剂常分成酚醛树脂胶和改性酚醛树脂胶，后者用丁腈橡胶、氯丁橡胶、硅橡胶、缩醛环氧尼龙等改性及间苯二酚－甲醛树脂。无论是纯酚醛树脂胶还是改性酚醛树脂胶都以酚醛树脂为主体材料配合其他物质组成。

改性酚醛树脂胶柔性好、耐温等级高、黏结强度大、耐气候，耐水、耐盐雾以及耐汽油、乙醇和乙酸乙酯等化学介质。

酚醛－丁腈胶黏剂可用作航空工业的结构用胶，用于蜂窝结构的黏结。酚醛－缩醛胶综合了二者的优点，形成韧性的结构胶，具有优良的抗冲击强度及耐高温老化性能，耐油、耐芳烃、耐盐雾及耐候性也好。

这两种胶是优良的结构胶黏剂，对钢材、铝合金、陶瓷、玻璃和塑料有较好的黏结性。

5. 双组分聚氨酯胶黏剂

双组分聚氨酯胶黏剂是聚氨酯胶黏剂中最重要的一个大类，用途广、用量大，通常是由甲、乙两个组分分开包装，使用前按一定比例配制即可。甲组分（主剂）为羟基相组分或端基 NCO 和聚氨酯预聚体，乙组分（固化剂）为含游离异氰酸酯基团的组分。甲组分和乙组分按一定比例混合生成聚氨酯树脂。

聚氨酯胶黏剂中含有很强极性和化学活泼性的异氰酸酯基（ – NCO）和氨酯基（ – NH-COO – ），与含有活泼氢的材料，如泡沫塑料、木材、皮革、织物、纸张、陶瓷等多孔材料和金属、玻璃、橡胶、塑料等表面光洁的材料都有着优良的化学黏结力。而聚氨酯与被黏结材料之间产生的氢键作用使分子内力增强，会使黏结更加牢固。聚氨酯胶黏剂的低温和超低温性能超过所有其他类型的胶黏剂。其黏结层可在 – 196℃（液氮温度），甚至在 – 253℃（液氢温度）下使用。聚氨酯胶黏剂具有良好的耐磨、耐水、耐油、耐溶剂、耐化学药品、耐臭氧以及耐细菌等性能。

聚氨酯胶黏剂的缺点是在高温、高湿下易水解而降低黏结强度。

9.6 土工合成材料

9.6.1 概述

土工合成材料是一种新型的岩土工程材料，它以人工合成的聚合物，即塑料、化学纤维、合成橡胶为原料，制造成各种类型的产品，置于土体内部、表面或各层土体之间，发挥过滤、排水、隔离、加筋、防渗、防护等作用。土工合成材料可分为土工织物、土工膜、复合土工合成材料和特种土工合成材料等类型，广泛用于水利、电力、公路、铁路、建筑、海港、采矿、机场、军工、环保等工程的各个领域。

土工合成材料在我国岩土工程和土木建筑工程中的应用，开始于 20 世纪 60 年代中期，首先是土工膜在渠道防渗方面的应用，较早的工程有河南人民胜利渠、陕西人民引渭渠、北京东北旺灌区和山西的几处灌区。其主要原料是聚氯乙烯，也有聚乙烯，土工膜厚度为0.12 ~ 0.38mm，效果都很好。以后推广到水库、水闸和蓄水池等工程。1965 年，为了防治辽宁桓仁水电站混凝土支墩坝的裂缝漏水，用沥青聚氯乙烯热压膜锚固并粘贴于上游坝面，取得了良好的防渗效果，这是我国利用土工合成材料处理混凝土坝裂缝的首例。

9.6.2 土工合成材料的功能及主要应用

土工合成材料的功能是多方面的。综合起来，可以归纳为以下六种基本作用。

（1）土工合成材料过滤作用 把针刺土工织物置于土体表面或相邻土层之间，可以有效地阻止土颗粒通过，从而防止由于土颗粒的过量流失而造成土体的破坏。同时允许土中的水或气体穿过织物自由排出，以免由于孔隙水压力的升高而造成土体的失稳等不利后果。把土工织物置于挟有泥沙的流水之中，可以起截留泥沙的作用。

（2）**土工合成材料排水作用** 有些土工合成材料可以在土体中形成排水通道，把土中的水分汇集起来，沿着材料的平面排出体外。较厚的针刺非织造土工布和某些具有较多孔隙的复合土工合成材料都可以起排水作用。

（3）**土工合成材料隔离作用** 有些土工合成材料能够把两种不同粒径的土、砂、石料，或把土、砂、石料与地基或其他建筑材料隔离开来，以免相互混杂，失去各种材料和结构的完整性，或预期作用，或发生土粒流失现象。土工织物和土工膜都可以起隔离作用。

（4）**土工合成材料加筋作用** 很多土工合成材料埋在土体之中，可以分布土体的应力，增加土体的模量，传递拉应力，限制土体侧向位移；还增加土体和其他材料之间的摩擦阻力，提高土体及有关构筑物的稳定性。土工织物、土工格栅、土工加筋带、土工网及一些特种或复合型的土工合成材料，都具有加筋功能。

（5）**土工合成材料防渗作用** 土工膜和复合土工合成材料，可以防止液体的渗漏、气体的挥发，保护环境或建筑物的安全。

（6）**土工合成材料防护作用** 多种土工合成材料对土体或水面，可以起防护作用。

9.6.3 土工合成材料的分类及产品

1. 土工织物

土工织物属于透水的土工合成材料，以前叫土工布，所用的原材料一般为丙纶、涤纶或其他合成纤维。按制造工艺的不同将土工织物分为以下三大类：①针织土工织物，目前很少采用；②有纺织物或机织型土工织物，产量占土工织物总产量的20%左右；③无纺织物或非织造型土工织物，产量占土工织物总产量的80%以上。

【**案例9-1**】土工布提高了堤岸防冲能力。

概况：海岸块石护坡的垫层被海水冲垮。

分析：在20世纪60年代，土工织物在美国、欧洲和日本逐渐推广，所用的土工织物主要是机织布，大部分用于护岸防冲等工程。由于机织布的强度具有很大的方向性，而且价格较高，限制了它的发展。非织造布的应用给土工织物带来了新的生命。它的特点是把纤维做成多方向的或随机排列，使强度没有显著的各向异性。非织造布在60年代末期开始应用于欧洲，相继用于法国和英国的无路面道路、西德的护岸工程、法国土坝的下游排水反滤和上游护坡垫层以及西德的一座隧洞。在70年代，这种土工织物很快从欧洲传播到美洲、西非洲和大洋洲，最后传播到亚洲。近十几年来，由于纺粘法非织造布制造工艺的推广，生产出大量成本低、强度高的产品，使非织造布的土工织物应用飞速地发展起来。

2. 土工膜

制造土工膜的合成聚合物细分为塑料类及合成橡胶类两类。塑料类主要有聚氯乙烯、低密度聚乙烯、中密度聚乙烯、高密度聚乙烯等；合成橡胶类主要有丁基橡胶、环氧丙烷橡胶、氯磺化聚乙烯、三元乙丙橡胶（EPDM）等。

3. 其他土工合成材料

（1）**土工网** 土工网是聚合物条带或粗股热压制成的只有放大孔眼和刚度较大的平面结构，网孔的形状、大小、厚度和制造方法对土工网的特性影响很大，尤其是力学特性。土工网主要用作垫层加固软基、植草和复合排水材料的基材。

（2）**土工格栅** 首先在塑料板上冲孔，然后对塑料板沿一个方向或相互垂直的两个方向进行拉伸，实现分子的定向排列、大幅度地提高强度和弹性模量，形成带有矩形孔或方形孔的格栅状结构。原材料多为聚丙烯和聚乙烯。土工格栅的优点是强度高、延伸率低、弹性模量高、蠕变量小、强抗摩擦性、强耐蚀性和抗老化等。土工格栅按生产时拉伸的方向分为单向土工格栅和双向土工格栅。土工格栅主要用于加筋土和软基处理工程。

(3) 土工格室 土工格室是用聚合物通过挤出加工方法制成的蜂窝状和网格状的三维结构，运输和储存时缩叠起来，施工时张开并充填土、砂、砾石或混凝土，能有效地限制格室内的填料，构成具有高侧向约束和高刚度的三维结构。土工格室可用作垫层处理软土地基，铺设在坡面作为坡面防护、建造支挡结构。

(4) 土工席垫 土工席垫是由很多粗硬呈卷曲状的单丝相互缠绕并在接点融粘连接形成的三维透水网垫，网络疏松，孔隙率大，约为90%以上。土工席垫可以保护表土，保证植物根系的扎根与生长，防止风蚀和雨冲。

(5) 土工模袋 土工模袋是双层聚合物化纤织物制成连续的或单独的袋状材料，可以代替模板用高压泵将混凝土或砂浆灌入模袋中形成板状，用于扩坡等小工程。模袋在工厂制造，灌注在现场进行。根据模袋的材质和加工工艺的不同，土工模袋分为机制模袋和简易模袋。机制模袋按有无反滤排水点和充胀后的形状分为有反滤排水点模袋（FP 型）、无反滤排水点模袋（YP 型）、无排水点混凝土模袋（CX 型）、铰链块型模袋（RB 型）和框格形模袋（NB 型）。

习 题

9-1 举例说明单体、单体单元、结构单元、重复单元、链节等名词的含义、相互关系和区别。

9-2 举例说明和区别：缩聚和加聚、逐步聚合和连锁聚合。

9-3 举例说明橡胶、纤维、塑料的结构 – 性能特征和主要差别。

9-4 工业上生产的有哪几类聚乙烯？其结构特征、主要性能和用途有何差别？

9-5 简述建筑塑料的主要组成，各组成成分对性能的影响如何？

9-6 简述建筑涂料的主要种类并比较其性能。

9-7 简述建筑防水材料的主要种类并比较它们的性能。

9-8 简述建筑胶黏剂的组成、特性及工程中的应用。

9-9 简述土工合成材料的种类及其原材料的选用原则。

建筑节能材料与功能材料 第10章

【本章提要】主要介绍建筑节能的概念、节能材料的分类，常见建筑保温隔热材料的性质，以及建筑节能材料的发展；介绍建筑防火材料、灌浆材料、吸声材料等方面的内容。本章的学习目标：了解绝热材料、防火材料、灌浆材料、吸声材料、隔热材料的主要类型和性能特点。

10.1 建筑节能材料

建筑节能是指在建筑物的规划、设计、新建（改建、扩建）、改造和使用过程中，执行节能标准，采用节能型的技术、工艺、设备、材料和产品，提高保温隔热性能和采暖供热、空调制冷制热系统效率，加强建筑物用能系统的运行管理，利用可再生能源，在保证室内热环境质量的前提下，减少供热、空调制冷制热、照明、热水供应的能耗。建筑节能，在发达国家最初是为减少建筑中能量的散失，现在则普遍称为"提高建筑中的能源利用率"，在保证提高建筑舒适性的条件下，合理使用能源，不断提高能源利用效率。

建筑能耗在社会总能耗中占很大的比例，社会经济越发达，建筑能耗就越高。我国的建筑能耗占社会总能耗的 20% ~ 30%，西方发达国家则是 30% ~ 45%。因此，建筑节能是当今世界节能研究和发展的重点之一。近些年来，我国建筑节能技术、建筑节能材料的开发和应用、建筑节能法律法规方面都在不断地研究和探索，目前已取得了显著的效果。

2008 年 4 月 1 日开始施行的《中华人民共和国节约能源法》，将建筑节能单列一节。2008 年 10 月 1 日我国《民用建筑节能条例》施行，内容包括新建建筑节能、既有建筑节能和建筑用能系统运行节能等章节。对于新建建筑节能，国家推广使用民用建筑节能的新技术、新工艺、新材料和新设备，限制或禁止使用能源消耗高的技术、工艺、材料和设备。既有建筑节能改造是指对不符合民用建筑节能强制性标准的既有建筑的围护结构、供热系统、采暖制冷系统、照明设备和热水供应设施等实施节能改造。

2005—2011 年，住房和城乡建设部与德国政府共同组织实施了中德技术合作"中国既有建筑节能改造项目"，先后在唐山、北京、乌鲁木齐和太原等城市对 28 栋约 10 万 m² 既有居住建筑进行了综合节能改造示范。改造后的居住建筑室内热舒适性明显提高，采暖能耗明显降低。在全面总结示范工程经验的基础上，住房和城乡建设部于 2012 年 1 月颁发了《既有居住建筑节能改造指南》。从既有建筑节能改造基本情况调查、居民工作、节能改造设计、节能改造项目费用、节能改造施工、施工质量控制与验收七个方面，提出了节能改造质量保证的措施建议。该指南可作为北方采暖地区既有居住建筑节能改造的工作手册，也可供夏热冬冷地区、夏热冬暖地区既有居住建筑节能改造以及既有公共建筑节能改造时参考。

"十三五"期间，我国建筑节能与绿色建筑发展取得重大进展。"十三五"期间，严寒寒冷地区城镇新建居住建筑节能达到 75%，累计建设完成超低、近零能耗建筑面积近 0.1 亿 m²，完成既有居住建筑节能改造面积 5.14 亿 m²、公共建筑节能改造面积 1.85 亿 m²，城镇建筑可再生能源替代率达到 6%。截至 2020 年底，全国城镇新建绿色建筑占当年新建建筑面积比例达到 77%，累计建成绿色建筑面积超过 66 亿 m²，累计建成节能建筑面积超过 238 亿 m²，节能建筑占城镇民用建筑面积比例超过 63%，全国新开工装配式建筑占城镇当年新建建筑面积比例为 20.5%。

为进一步提高"十四五"时期建筑节能水平，推动绿色建筑高质量发展，2022 年 3 月，住房和城乡建设部制定了《"十四五"建筑节能与绿色建筑发展规划》，总体目标为：到 2025 年，城镇新建建筑全面建成绿色建筑，建筑能源利用效率稳步提升，建筑用能结构逐步优化，建筑能耗和碳排放增长趋势得到有效控制，基本形成绿色、低碳、循环的建设发展方式，为城乡建设领域 2030 年前碳达峰奠定坚实基础。具体指标见表 10-1。

表 10-1　"十四五"时期建筑节能和绿色建筑发展具体指标

主要指标	2025 年
既有建筑节能改造面积/亿 m²	3.5
建设超低能耗、近零能耗建筑面积/亿 m²	0.5
城镇新建建筑中装配式建筑比例	30%
新增建筑太阳能光伏装机容量/亿 kW	0.5
新增地热能建筑应用面积/亿 m²	1.0
城镇建筑可再生能源替代率	8%
建筑能耗中电力消费比例	55%

我国是一个发展中国家，又是一个建筑大国，每年新建房屋面积高达 17~18 亿 m²，超过所有发达国家每年建成建筑面积的总和。我国既有的近 400 亿 m² 建筑，仅有 1% 为节能建筑，其余无论从建筑围护结构还是采暖空调系统来衡量，均属于高耗能建筑。单位面积采暖所耗能源相当于纬度相近的发达国家的 2~3 倍，主要是由于建筑围护结构保温隔热性能差，采暖用能的 2/3 白白跑掉。据统计，我国房屋住宅的能量损失大致为：墙体约占 50%，屋面约占 10%，门窗约占 25%，地下室和地面约占 15%。由此可见，建筑保温隔热材料是影响建筑节能的一个重要影响因素。建筑节能材料的发展和推广应用，是建筑节能工作的重点，也是能否实现节能减排规划目标的关键。

10.1.1　建筑节能材料的分类

建筑节能材料，根据材料的热学性质，分为建筑保温隔热材料和相变材料两类（见表 10-2）。其中建筑保温隔热材料是建筑上主要起保温、绝热作用，且热导率不大于 0.23 W/(m·K) 的材料的统称。这类材料对热流具有显著的阻抗性，主要用于屋面、墙体、地面、管道等的隔热与保温。相变材料是指在一定温度下，材料发生相变，产生吸热效应或放热效应，从而使体系温度在一段时间内稳定在相变温度 T_C（见图 10-1）。相变发生时，体系温度不变，因而材料吸收或放出的热量称为潜热。

表10-2　建筑节能材料分类

建筑节能材料		产品类型示例
建筑保温隔热材料	节能墙体材料	加气混凝土砌块、泡沫混凝土砌块、EPS砌块
	外墙保温材料	岩棉、玻璃棉、聚苯乙烯泡沫塑料、硬质聚氨酯泡沫塑料、泡沫玻璃、真空保温材料
	门窗材料	中空玻璃、真空玻璃、镀膜玻璃
	屋面材料	水泥膨胀珍珠岩及制品、加气混凝土屋面板、泡沫混凝土
相变材料		固-固相变材料、固-液相变材料等

为了便于理解这两类材料的性质，举例说明一下。分别由保温隔热材料和相变材料制成的两个空心盒子，从常温放入一个内部温度恒定在80℃的烘箱中，测定两个盒子内的空气温度。假设保温隔热材料盒壁厚度经过精确设计，可以保证其盒内的空气温度达到热平衡时与相变材料的相变温度相同，则这两个盒子内的空气温度变化如图10-2所示。可见，相变材料与保温隔热材料的区别是，**相变材料只能在一段时间内阻止热量传递，当时间延长后，体系温度最终与环境温度相同；保温隔热材料可以通过控制材料厚度，使保温体系的温度长时间处于设定温度。**

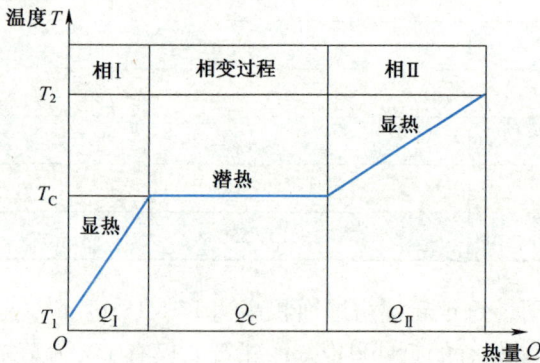

图10-1　相变材料的相变过程

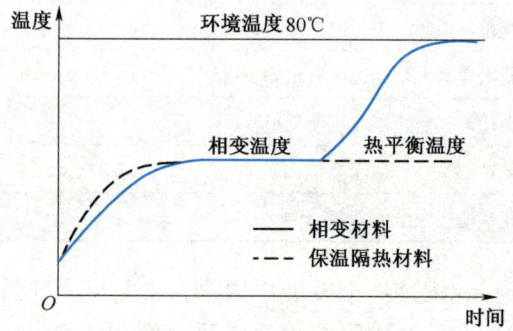

图10-2　相变材料与保温隔热材料盒子内部空气升温曲线示意图

当环境温度不固定，呈现周期性波动，如建筑物室外环境温度变化，夜间温度较低，白天温度较高，由相变材料构成的墙体，其室内温度的变化曲线如图10-3a所示。室内温度变化响应室外环境温度变化，虽也会呈周期性波动，如图10-3b所示，但其温度变化范围限制在相变温度附近，而且变化幅度远小于室外温度的变化。

用于建筑的相变材料，希望其相变温度位于人体舒适温度范围。从相变材料潜热分布图（见图10-4）可知，满足这个条件的有酯酸类、石蜡和气体水合物等相变材料。这些相变材料的相变过程，可以是固-液相变，也可以是固-固相变。前者的相变温度即为其熔点，后者的相变温度即为其晶体转变点。

设相变材料的质量为m，温度由T_1变化到T_2，经过相变温度T_C（见图10-1），则相变材料在T_1-T_2温度之间所吸收的总热量Q为

$$Q = Q_I + Q_C + Q_{II} = mc_{pI}(T_C - T_1) + m\Delta H + mc_{pII}(T_2 - T_C)$$

式中　Q_I、Q_{II}——相 I、相 II 阶段所吸收的热量（显热部分）；

　　　　Q_C——相变所吸收的热量（潜热部分）；

　　c_{pI}、c_{pII}——相 I、相 II 的比热容；

　　　　ΔH——相变热。

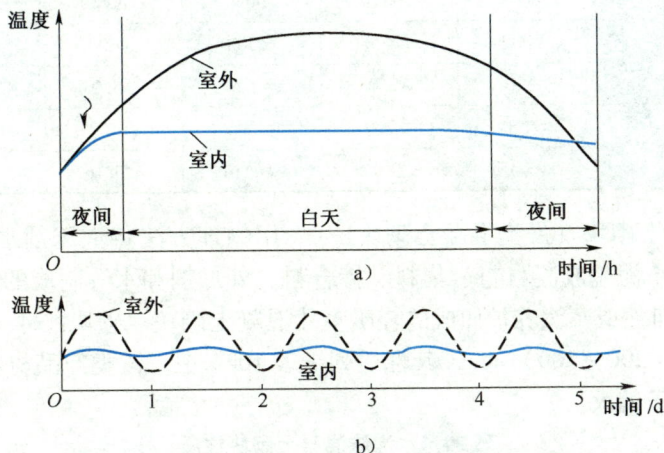

图 10-3　相变材料墙体室内外温度变化示意图
a) 1d 内的温度变化　b) 5d 内的温度变化

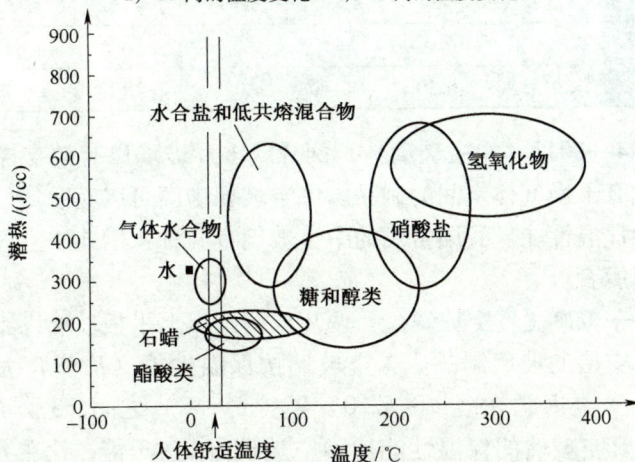

图 10-4　相变材料潜热分布图

10.1.2　保温隔热材料

建筑保温隔热材料大致可以分成两大类：一类是兼具保温隔热和结构分隔功能的材料，如节能墙体、屋面材料等；另一类是仅具保温隔热作用的材料，使用时攀附在结构材料一侧，如外墙保温隔热材料。

1. 具有保温功能的节能墙体屋面材料

（1）加气混凝土砌块　加气混凝土砌块是以水泥、石灰等钙质材料，石英砂、粉煤灰等硅质材料和铝粉等发气剂为原料，经磨细、配料、搅拌、浇筑、发气、切割、蒸压等工序生产而成的轻质混凝土材料。砌块为 600mm×（100～300）mm×（200～300）mm 的长方体，其性质列于表10-3中。**该类产品材料来源广泛、质轻、强度较高而且保温、隔热、隔声、耐火性能好，是迄今为止能够同时满足墙材革新和节能50%要求的唯一单材料墙体。**

表 10-3 蒸压加气混凝土砌块性质

干密度级别	B03	B04	B05	B06	B07	B08
优等品干密度/（kg/m³）	≤300	≤400	≤500	≤600	≤700	≤800
强度级别	A1.0	A2.0	A3.5	A5.0	A7.5	A10.0
强度平均值/MPa	≥1.0	≥2.0	≥3.5	≥5.0	≥7.5	≥10.0
热导率/[W/（m·K）]	≤0.10	≤0.12	≤0.14	≤0.16	≤0.18	≤0.20

（2）**泡沫混凝土砌块（发泡混凝土砌块）** 先用物理方法将泡沫剂水溶液制备成泡沫，再将泡沫加入到由水泥基胶凝材料、集料、掺合料、外加剂和水等制成的料浆中，经混凝土搅拌、浇筑成型、自然或蒸汽养护而成的轻质多孔混凝土砌块。砌块尺寸（400~600）mm×（100~250）mm×（200~300）mm，其性质列于表10-4中。**该类产品材料无须高温蒸压养护，但缺点是后期干缩大。**

表 10-4 泡沫混凝土砌块性质

干密度级别	B03	B04	B05	B06	B07	B08	B09	B10
干表观密度/（kg/m³）	≤330	≤430	≤530	≤630	≤730	≤830	≤930	≤1030
干燥收缩值/（mm/m）			—				≤0.90	
热导率/[W/（m·K）]	≤0.08	≤0.10	≤0.12	≤0.14	≤0.18	≤0.21	≤0.24	≤0.27

（3）**GB/T 11944—2012《中空玻璃》** 两片或多片玻璃以有效支撑均匀隔开并黏结密封，使玻璃层间形成有干燥气体空间的制品。中空玻璃中间可以充灌氮、氩或者空气，热导率很低，具有优异的保温性能。我国常用的中空玻璃有两种：槽式中空玻璃和复合胶条式中空玻璃，现在多采用后者。

（4）**JC/T 1079—2020《真空玻璃》** 两片或两片以上平板玻璃以支撑物隔开，周边密封，在玻璃间形成真空层的玻璃制品。真空玻璃按保温性能（K值）大小分为三类。1类$K≤1.0$W/（m²·K），2类K值在（1.0，2.0）W/（m²·K）之间，3类K值在（2.0，2.8）W/（m²·K）之间。真空玻璃的保温性能比中空玻璃好2~3倍，比单片玻璃好6倍以上。以空调节能性能比较，真空玻璃比中空玻璃、单片玻璃分别节电16%~18%、29%~30%。

（5）**GB/T 18915.1—2013《镀膜玻璃 第1部分：阳光控制镀膜玻璃》** 通常在玻璃表面镀上一层金属薄膜，改变玻璃的透射系数和反射系数。近年来发展起来的低辐射镀膜玻璃，又称低辐射玻璃、"Low-E"玻璃，对380~780nm的可见光具有较高的透射率，可以保证室内的能见度，同时对波长范围4.5~25μm的红外光具有较高的反射率，达到保温节能效果。

（6）**水泥膨胀珍珠岩制品** 水泥膨胀珍珠岩是以膨胀珍珠岩为集料，以水泥、石膏等为胶结料，掺入适量的外加剂和水搅拌而成。但是**这种材料并不是一种理想的保温材料，而限于我国国情和经济水平，现仍保留。**

（7）**水泥聚苯板（块）** 水泥聚苯板是近年开发的轻质高强保温材料，是采用聚苯乙烯泡沫颗粒、水泥、发泡剂等搅拌浇筑成型的一种新型保温板材，**这种材料密度小、强度高、**

破损少，施工方便，有韧性、抗冲击，还具有耐水、抗冻性能，保温性能优良。

2. 外墙保温材料

（1）**岩棉**　岩棉是以天然岩石玄武岩、辉绿岩等为基本原料，经高温熔融，采用高速离心设备或其他方法将高温熔体甩拉成非连续性纤维。用于薄抹灰建筑外墙保温用岩棉制品（GB/T 25975—2018《建筑外墙外保温用岩棉制品》）分为岩棉板和岩棉带。板的热导率（平均温度25℃）≤0.040W/(m·K)，带的热导率≤0.046W/(m·K)。

（2）**玻璃棉**　玻璃棉是采用石灰石、石英砂、白云石、蜡石等天然矿石为主要原料，配合一些纯碱、硼砂等化工原料，在熔融状态下借助于外力经火焰法、离心喷吹法或蒸汽立吹法制得的极细的絮状纤维材料。GB/T 17795—2019《建筑绝热用玻璃棉制品》按形态划分为玻璃棉板和玻璃棉毡两类。板的体积密度为24~48kg/m³，热导率≤0.037W/(m·K)；毡的体积密度为12~40kg/m³，热导率≤0.034W/(m·K)。

（3）**聚苯乙烯泡沫塑料**　聚苯乙烯泡沫塑料是以聚苯乙烯树脂为主要原料，经发泡剂发泡制成的内部具有无数封闭微孔的材料。适用于建筑墙体保温的聚苯乙烯泡沫塑料GB/T 10801.1—2021《绝热用模塑聚苯乙烯泡沫塑料（EPS）》的**表观密度只有15~20kg/m³**，**热导率≤0.041W/(m·K)，压缩强度≥60kPa，燃烧性能分级为B2**。

（4）**硬质聚氨酯泡沫塑料**　硬质聚氨酯泡沫塑料是以聚合物多元醇（聚醚或聚酯）和异氰酸酯为主体材料，在催化剂、稳定剂、发泡剂等助剂的作用下，经混合后发泡反应而制成的硬质塑料。GB/T 21558—2008《建筑绝热用硬质聚氨酯泡沫塑料》按用途分为三类，其中Ⅰ类适用于无承载要求的场合；Ⅱ类和Ⅲ类分别适用于有一定承载、更高承载要求的场合。表10-5为建筑绝热用硬质聚氨酯泡沫塑料的物理力学性质。由表10-5可见，**硬质聚氨酯泡沫塑料具有非常优越的绝热性能，它的热导率之低是其他材料所无法比拟的。**同时，其特有的闭孔结构使其具有更优越的耐水汽性能，由于不需要额外的绝缘防潮，简化了施工程序，降低工程造价。**但其缺点是价格较高，易燃。**

表10-5　建筑绝热用硬质聚氨酯泡沫塑料的物理力学性质

项　目	单　位	性能指标		
		Ⅰ类	Ⅱ类	Ⅲ类
芯密度，≥	kg/m³	25	30	35
压缩强度或形变10%压缩应力，≥	kPa	80	120	180
初期热导率 平均温度10℃、28d，≤ 或平均温度23℃、28d，≤	W/(m·K)	— 0.026	0.022 0.024	0.022 0.024
水蒸气透过系数，≤ （23℃，相对湿度梯度0~50%）	ng/(Pa·m·s)	6.5	6.5	6.5
吸水量，≤	%	44	4	3

【**案例10-1**】聚氨酯外墙外保温材料。

概况：2010年11月15日，上海市静安区某幢正在进行外墙保温工程的28层教师公寓着火（见图10-5）。造成58人死亡，71人受伤，直接经济损失1.58亿元。

分析：11月17日，国务院上海"11·15"特别重大火灾事故调查组召开全体会议，调查组组长、国家安监总局局长骆琳说，事故暴露出5个问题，其中事故现场违规使用大量聚氨酯泡沫等易燃材料，是导致大火迅速蔓延的重要原因。大楼外立面上大量B3级易燃聚氨酯泡沫保温材料，燃烧速度快产生剧毒氰化氢气体，是导致多人死亡的主要原因。

自上海静安火灾发生后，公安部曾于2011年下发了《关于进一步明确民用建筑外保温材料消防监督管理有关要求的通知》，其中规定民用建筑外保温材料采用燃烧性能为A级的材料。保温材料按燃烧性能分为A级和B级，而B级又分为B1、B2及B3等级，其中A级为不燃材料，B1为难燃材料、B2为可燃材料、B3为易燃材料。

（5）泡沫玻璃 泡沫玻璃最早是由美国康宁公司发明的，是由碎玻璃、发泡剂、改性添加剂和发泡促进剂等经过细粉碎和均匀混合后，再经过高温熔化、发泡、退火而制成的无机多孔玻璃材料。它是由大量直径为1~2mm的均匀闭孔气泡结构组成。JC/T 647—2014《泡沫玻璃绝热制品》按密度分为Ⅰ型、Ⅱ型、Ⅲ型

图10-5 由聚氨酯泡沫保温
材料引发的上海市静安区某公寓着火

和Ⅳ型四个型号，分类标准及性能指标见表10-6。**泡沫玻璃的优点是强度大、不吸水，为无机不燃材料，性质稳定，其缺点是易受机械破坏。**

表10-6 工业用泡沫玻璃绝热制品性能指标

项目		性能指标			
		Ⅰ型	Ⅱ型	Ⅲ型	Ⅳ型
密度/（kg/m³）		98~140	141~160	161~180	≥181
导热系数/[W/(m·K)]（平均温度），≤	(150±3)℃	0.069	0.086	0.09	0.096
	(25±2)℃	0.045	0.058	0.062	0.068
	(10±2)℃	0.043	0.056	0.059	0.066
	(−40±2)℃	0.036	0.048	0.052	0.058
抗压强度/MPa，≥		0.5	0.5	0.6	0.8
抗折强度/MPa，≥		0.4	0.5	0.6	0.8
体积吸水率（%），≤		0.5			
透湿系数/[ng/(Pa·s·m)]，≤		0.007	0.05		

3. 建筑保温隔热材料的选择原则

（1）使用温度 每一种保温隔热材料都有自己的使用温度范围，所以在选择时要考虑实际工程条件，以保证保温隔热效果和设计使用寿命。对于两种相似使用温度范围的保温隔

热材料，需要比较它们的热导率、体积密度、工程造价以及施工的便利性等加以优先选择。

（2）**体积密度**　保温隔热材料的体积密度与热导率、强度之间有直接联系，选择合适的体积密度，保障其具有轻质、低热导率等特点，同时还要考虑到材料的强度，以满足使用要求。

（3）**防火性**　防火性是建筑保温隔热材料的重要性能，设计时应首选不燃或者难燃材料。在防火等级要求高的建筑中，选用无毒无害的不燃材料。当防火要求不高或者具有良好的防护措施时，可以选择造价相对低廉的阻燃保温隔热材料。

（4）**防水性**　建筑保温隔热材料一般具有较高的孔隙率，当材料吸水后，不但会影响其绝热效果，而且材料力学性能也会因此下降。所以，在选择材料时，要充分考虑其防水性，选用防水或憎水的保温隔热材料。

（5）**高效性**　高效保温隔热材料是热导率不大于 $0.05W/(m\cdot K)$ 的材料，选用高效保温隔热材料，可以确保建筑节能效果。

（6）**使用年限**　选择建筑保温隔热材料的使用年限，应该等于或者高于被保温的建筑绝热主体的正常维修年限。

10.1.3　建筑节能材料的发展

发达国家对建筑节能十分重视，并采取了一些行之有效的措施，取得了巨大的成效，使其建筑能耗大幅度下降。建筑保温隔热材料是影响建筑节能一个重要因素，国外用于建筑的保温材料已占保温材料的绝大多数。近几年，我国对建筑节能问题的重视，建筑节能材料也取得了长足的进展，各种节能建筑材料也得到了不同程度的应用。

实施建筑节能，增强外围护结构的保温隔热性能是最重要的一项措施。外围护结构包括外墙、屋面、外窗、地面等。外墙外保温不会产生"热桥""冷桥"现象，具有良好的建筑节能效果。因而以各种传统保温材料如矿物棉、玻璃棉、泡沫塑料等为主体的各种外墙保温技术体系得到充分的发展和应用。

建筑屋面保温材料方面，我国正从初期的膨胀珍珠岩、蛭石制品等为主逐步发展转变为以玻璃棉、矿物棉及其制品为主的高效保温隔热材料。近年来又大量发展了发泡聚苯乙烯制品、发泡酚醛树脂制品、发泡制品等，还有少量的泡沫玻璃制品等。门窗材料也从单一材料发展成复合的节能门窗。窗的结构是影响窗户散热的主要因素，目前窗玻璃主要采用具有节能性质的中空玻璃、真空玻璃、镀膜玻璃等形态。

基于上述保温隔热材料对通过建筑外围护结构的热量传递进行有效阻隔的基础上，又有研究并开发出新的高效节能材料，如太空绝热反射瓷层涂料、纳米绝热材料、真空绝热材料、相变材料等，并在建筑上加以应用。

太空绝热反射瓷层涂料利用材料中的微小陶瓷颗粒及钛白粉将80%以上的太阳红外辐射反射回大气层，从而减少了太阳辐射对建筑物外墙的升温作用。这种材料是美国国家航空航天局（NASA）的科研人员为解决航天飞行器传热控制问题而研发采用的一种新型太空绝热反射瓷层。这种高科技材料在国外由航天领域推广应用到民用建筑和工业设施中。美国已有多家公司生产这种绝热瓷层涂料，如美国的 SPM Thermo – Shield 推出的 Ceramic – Cover 太空绝热反射瓷层产品。

纳米绝热材料是一种采用纤维进行增强，具有纳米孔隙结构的超级绝热材料，其常温热导率一般在 0.014 ~ 0.026W/(m·K)，比静止空气的热导率值还低。纳米绝热材料用于建筑保温时，其所需厚度只是岩棉等传统保温隔热材料的 1/4 ~ 1/3。

真空绝热板（VIP）是目前热导率最低的一种材料，其热导率仅为 0.004W/(m·K)。真空绝热板常用于冰箱、保温箱的绝热，但近年来也在建筑上加以应用。真空绝热板在大大降低保温层厚度的同时还能保证最佳的绝热效果。它是采用真空隔热原理，由绝热材料芯材、气体吸附剂和气密性薄膜组成，芯材与真空保护表层严密复合，可有效避免空气对流引起的热传递，热导率大幅度降低，从而达到绝佳的保温效果。

相变材料是一种利用相变潜热来储能和放能达到节能目的的化学材料，通过在温度区间的相变潜热的吸收与释放来调控周围温度，从而实现节能的目的。据报道，0.6cm 厚相变蓄热材料墙体的储热能力相当于 10cm 厚的普通砖墙，是一种高效环保节能新产品。这种材料不但可以有效降低建筑能耗，提高室内舒适度，而且为太阳能等低成本清洁能源在供暖、空调系统中创造了条件。

目前，全球能源危机仍在加剧，但是以可再生能源进行替代的方法和措施却迟迟无法实现，随着对能源和环境问题的日益关注，建筑节能材料受到了国内外的广泛关注。国内外建筑节能材料的发展趋势比较一致，在看重节能的同时，更注重绿色环保。我国是一个人口大国，对能源的消耗很大，加强环保建筑节能材料的研制工作是一个必然趋势。

10.2 建筑防火材料

10.2.1 建筑防火与民用建筑耐火等级

建筑防火安全系统分为主动防火系统和被动防火系统两大部分。主动防火系统包括消防给水、火灾自动报警、火灾自动灭火、消防电源和疏散诱导以及排烟等系统组成，其基本功能是在早期发现和扑灭火灾、保障人员疏散、减少烟气的伤害。被动防火系统是指一系列具有一定耐火强度的建筑防火产品和构件，这些产品和构件的应用可将火灾限制在局部的防火单元内，防止火焰扩散和蔓延，以保护相邻的建筑空间免受其害。

根据 GB 50016—2014《建筑防火设计规范》，民用建筑的耐火等级分为四级，不同耐火等级建筑相应构件的燃烧性能和耐火极限有明确的规定。如对于承重墙，耐火等级一级、二级和三级，其耐火极限分别为 3.0h、2.5h 和 2.0h，且构件为不燃烧体；对于耐火等级四级，耐火极限为 0.5h，构件至少为难燃烧体。民用建筑的耐火等级根据建筑的火灾危险性和重要性等确定，如地下、半地下建筑（室），一类高层建筑的耐火等级不应低于一级；单层、多层重要公共建筑、裙房和二类高层建筑的耐火等级不应低于二级。

10.2.2 耐火极限及其测试方法

耐火极限是指在标准耐火试验条件下，建筑构件、配件或结构从受到火的作用时起，到失去稳定性、完整性或隔热性时止所用时间，用小时表示。其测试方法参见 GB/T 9978.1—2008《建筑构件耐火试验方法 第 1 部分：通用要求》。耐火极限试验炉升温曲线如图 10-6 所示，炉内温度与加热时间关系见下式

$$T = 345\lg(8t + 1) + 20 \tag{10-1}$$

式中　T——炉内温度（℃）；

　　　t——时间（min）。

耐火性能测试的建筑构件分为承重构件和分隔构件两类。**其耐火性能以承载能力、完整性和隔热性等方面进行综合判定。**规定承重构件耐火极限的目的是使建筑物在火灾中不至于倒塌，而分隔构件还应防止火灾向其他分区蔓延。这就要求承重构件不但要保持承载能力，分隔构件维持自身稳定性外，还应在一定时间内保持完整性，即不出现可被火焰穿过的裂隙。为了防止相邻的非着火分区因温度过高而引燃其中物品，造成火灾蔓延，对构件的背火面温度进行限制。

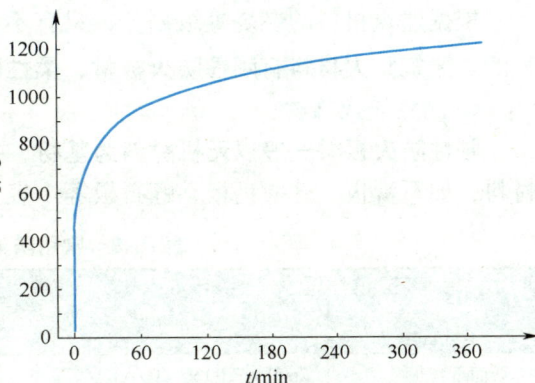

图 10-6　耐火极限试验炉升温曲线

需要指出的是，标准耐火试验只是在通常（正常）情况下，对建筑构件的耐火性能进行等级划分。建筑构件在标准耐火试验条件下的耐火性能并不代表它在真实火灾中的耐火性能。

10.2.3　建筑材料燃烧性能等级

建筑构件是由建筑材料组成，建筑材料的燃烧性能对构件的耐火极限有着重要的影响。GB 8624—2012《建筑材料及制品燃烧性能分级》将建筑材料及制品的燃烧性能等级分为 A_1、A_2、B、C、D、E、F 七级。更新的分级标准，拟将其恢复成 A、B_1、B_2、B_3 四级，见表10-7。

表 10-7　建筑材料及制品的燃烧性能等级

燃烧性能等级	名　称
A	不燃材料（制品）
B_1	难燃材料（制品）
B_2	可燃材料（制品）
B_3	易燃材料（制品）

建筑材料及制品的燃烧性能等级标志如下：

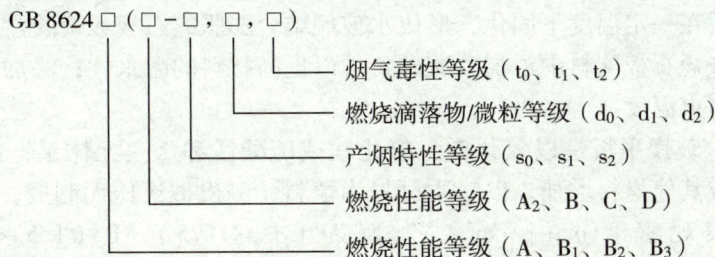

GB 8624□（□-□,□,□）
　　　　　　　　烟气毒性等级（t_0、t_1、t_2）
　　　　　　　　燃烧滴落物/微粒等级（d_0、d_1、d_2）
　　　　　　　　产烟特性等级（s_0、s_1、s_2）
　　　　　　　　燃烧性能等级（A_2、B、C、D）
　　　　　　　　燃烧性能等级（A、B_1、B_2、B_3）

例如，GB 8624 B_1（$B-s_1$，d_0，t_1）表示属于难燃 B_1 级建筑材料和制品，燃烧性能细化

253

分级为 B 级，产烟特性等级为 s_1 级，燃烧滴落物/微粒等级为 d_0 级，烟气毒性等级为 t_1 级。

10.2.4 建筑防火材料介绍

根据建筑材料的燃烧等级划分，只有不燃（A 级）和难燃（B_1 级）材料才可用于防火目的。**建筑防火材料有刚性防火板材、柔性防火材料、防火涂料和防火封堵材料等类型。**

1. 刚性防火板材

刚性防火板材一般以无机材料为基材，并添加各种改性物质后经一定工艺而制成的板状材料，如石膏板、硅酸钙板、蛭石板等。表 10-8 为常用防火板主要技术性能参数。

表 10-8 常用防火板主要技术性能参数

防火板类型	外形尺寸/mm	密度/（kg/m³）	最高使用温度/℃	热导率/[W/（m·K）]	执行标准
纸面石膏板	3600×1200×（9~18）	800	600	~0.19	GB/T 9775
纤维增强硅酸钙板	3000×1200×（5~20）	600~1500	600	≤0.28	JC/T 564
硬硅钙石防火板	2440×1220×（12~50）	400~600	1100	≤0.08	—
蛭石防火板	1000×610×（20~65）	400~800	1000	~0.11	—
玻镁平板	3000×1300×（2~20）	1200~1500	600	≤0.29	JC 688—2006

（1）石膏板材 以建筑石膏为主要原料，添加增强纤维、黏结剂、促凝剂、缓凝剂等辅助材料，与面纸、玻璃纤维网格布等复合形成的以二水石膏为主要物相的复合石膏板材。主要石膏板材品种有纸面石膏板、纤维石膏板、石膏空心条板、加网石膏板等。火灾作用下板材中的石膏脱水生成半水石膏、无水石膏，温度继续升高，无水石膏分解生成 CaO 并放出 SO_3。

（2）硅酸钙类防火板 以钙质原料、硅质原料、增强纤维等为原料，经水热反应得到以高温水化硅酸钙为主要物相的板材。根据水热反应条件不同，又有静态蒸压法和动态蒸压法两种。按高温水化硅酸钙类型分有托贝莫来石型和硬硅钙石型两种。以托贝莫来石为主的硅酸钙板，体积密度大多为 600~1500kg/m³，防火板强度高。托贝莫来石化学成分为 $5CaO \cdot 6SiO_2 \cdot 5H_2O$，耐热温度为 650℃。以硬硅钙石为主要成分的防火板，体积密度一般为 400~600kg/m³。硬硅钙石化学成分为 $6CaO \cdot 6SiO_2 \cdot H_2O$，耐热温度为 1050℃。为了与托贝莫来石为主的硅酸钙防火板相区别，硬硅钙石质的硅酸钙防火板，又称为轻质硅酸钙防火板或硬硅钙石防火板。硅酸钙类防火板在高温下分解，释放水蒸气，并吸收大量的热量。

（3）蛭石防火板 以膨胀蛭石作为轻质集料，以水玻璃或磷酸盐等无机胶黏剂作为结合相，经压制成型后在一定温度下固化，形成水玻璃结合膨胀蛭石板或磷酸盐结合膨胀蛭石板。在钠水玻璃膨胀蛭石板配料中添加磷酸硅，可以提高材料的耐水性；添加高岭土等细粉可以提高水玻璃的耐火温度。

（4）玻镁平板 玻镁平板是以氧化镁、氯化镁或硫酸镁和水三元体系，经合理配制和改性，以玻纤网布或其他材料增强，以轻质材料为填料，经机械滚压而制成。JC 688—2006 玻镁平板产品按表观密度 ρ（g/cm³）分为 A（$\rho > 1.75$）、B（$1.5 < \rho \leqslant 1.75$）、C（$1.2 < \rho \leqslant 1.5$）、D（$1.0 < \rho \leqslant 1.2$）、E（$0.7 < \rho \leqslant 1.0$）、F（$0.5 < \rho \leqslant 0.7$）、G（$\rho \leqslant 0.5$）七类，产品规格基本尺寸（mm）：长≤3000mm，宽≤1300mm，厚为 2~20mm。

2. 柔性防火材料

柔性防火材料是由耐高温无机纤维棉制成的毡或毯，有的材料外表面还包覆（铝箔）玻纤布。 柔性防火材料可以卷曲包裹施工，主要品种有陶瓷纤维棉、矿渣棉、岩棉、玻璃棉等制成的毡或毯，其主要技术性能参数见表 10-9。

表 10-9　柔性防火材料主要技术性能参数

材料名称	参考尺寸/mm（长×宽×高）	密度/(kg/m^3)	比热容/[kJ/(kg·℃)]	热导率/[W/(m·K)]	执行标准
陶瓷纤维棉毡	1000×500×(10~50)	≤350	0.84	≤0.06	GB/T 3003
矿渣棉毡	1000×250×50	≤120	0.75	≤0.048	GB/T 11835
岩棉毡	900×900×50	200		≤0.049	GB/T 11835
玻璃棉毡	1200×600×50	≤48		≤0.048	GB/T 15762

3. 防火涂料

防火涂料按照防火机理的不同，分为非膨胀型防火涂料和膨胀型防火涂料两大类。 非膨胀型防火涂料受热时大多会形成一种玻璃态釉状物，覆盖在基体材料表面，起到隔绝空气和热量的作用。膨胀型防火涂料在火灾中受热时，表面涂层产生熔融、起泡、隆起，形成海绵状的泡沫隔热层，并释放出不燃性气体。

防火涂料按照适用范围的不同，分为饰面型防火涂料、钢结构防火涂料、混凝土结构防火涂料和电缆防火涂料四大类。表 10-10 为钢结构防火涂料的类型及特性。

表 10-10　钢结构防火涂料的类型及特性

类　型	代　号	涂层特性	主要成分
膨胀型	B	遇火膨胀，形成多孔碳化层，涂层厚度一般小于 7mm	以有机树脂为基料，掺加发泡剂、阻燃剂、成炭剂等
非膨胀型	H	遇火不膨胀，自身有良好的隔热性，涂层厚度 8~50mm	以无机绝热材料（如膨胀蛭石、漂珠、矿物纤维）为主，掺加无机黏结剂等

4. 防火封堵材料

建筑内电缆、天然气管、风管等穿过墙壁、楼板时形成的开口贯穿孔洞，需要防火封堵材料进行封堵，以避免火灾时火势通过这些开口及缝隙蔓延。目前，**建筑工程中常用的防火封堵材料主要有无机防火堵料、有机防火堵料、阻火包及阻火圈四类产品。**

无机防火堵料为不燃性材料，在火焰和高温作用下，其中的一些组分分解吸热，延缓了体系温度的升高，并形成防火隔热保护层。有机防火堵料的防火机理是，在火灾高温下产生体积膨胀，受热面形成坚硬致密的釉状保护层。由于体积膨胀和釉状层的形成过程皆为吸热过程，同样可以消耗大量热量。

阻火包和阻火圈都有一个在火灾高温下能够迅速膨胀的芯材，前者外包装通常为玻璃纤维布或经过阻燃处理的织物，用于墙体大孔洞的封堵；而后者为金属等材料制作的壳体，主要用于各类塑料管道穿过墙体和楼板时所形成的孔洞的防火封堵。

10.3　灌浆材料

灌浆材料是在压力作用下注入构筑物的缝隙孔洞之中，具有增加承载能力、防止渗漏以及提高结构的整体性能等效果的一种工程材料。灌浆材料在孔隙中扩散，然后发生胶凝或固化，堵塞管道或充填缝隙。由于灌浆材料在防水堵漏方面有较好作用，也称之为堵漏材料。灌浆材料可分为固粒灌浆材料和化学灌浆材料两大类。化学灌浆材料具有流动性好，能灌入较细的缝隙，凝结时间易于调节等特点而被广泛使用。按组成材料化学成分可分为无机灌浆材料和有机灌浆材料。

为保证灌浆材料的作用效果，灌浆材料应具有良好的可灌性、胶凝时间可调性、与被灌体有良好的黏结性、良好的强度、抗渗性和耐久性。灌浆材料应根据工程性质、被灌体的状态和灌浆效果等情况，选择并配以相应的灌浆工艺。如为提高被灌体的力学强度和抗变形能力应选择高强度灌浆材料；而为防渗堵漏可选用抗渗性能良好的灌浆材料。

目前，常用的灌浆材料有水泥、水玻璃、环氧树脂、甲基丙烯酸甲酯、丙烯酰胺、聚氨酯等。

10.3.1　水泥基灌浆材料

水泥基灌浆材料是由水泥为基本材料，适量的细集料及少量的混凝土外加剂及其他材料组成的干混材料，加水拌和后具有大流动度，早强、高强、微膨胀的性能。水泥基灌浆材料是目前使用最多的灌浆材料，具有胶结性能好、无毒、固结强度高、施工方便、成本低等优点，适宜于灌填宽度大于 0.15mm 的缝隙或渗透系数大于 1m/d 的岩层。水泥基灌浆材料主要用于岩石、基础或结构物的加固和防渗堵漏、后张法预应力混凝土的孔道灌浆以及制作压浆混凝土等。

根据 JC/T 986—2018《水泥基灌浆材料》，水泥基灌浆材料按流动度分为四类：Ⅰ类、Ⅱ类、Ⅲ类和Ⅳ类。按抗压强度分为四个等级：A50、A60、A70 和 A85。其流动度、抗压强度及其他技术性能要求应分别符合表 10-11 ～ 表 10-13。

表 10-11　流动度

项目		技术指标			
		Ⅰ	Ⅱ	Ⅲ	Ⅳ
截锥流动度	初始值	—	≥340mm	≥290mm	≥650mm①
	30 min	—	≥310mm	≥260mm	≥550mm①
流锥流动度	初始值	≤35s	—	—	—
	30 min	≤50s	—	—	—

① 表示坍落扩展度。

表 10-12　抗压强度　　　　　　　　　　　　（单位：MPa）

项目	技术指标			
	A50	A60	A70	A85
1d	≥15	≥20	≥25	≥35
3d	≥30	≥40	≥45	≥60
28d	≥50	≥60	≥70	≥85

表 10-13　其他技术性能要求

项目		技术指标
泌水率		0
对钢筋有锈蚀作用		对钢筋无锈蚀作用
竖向膨胀率①	3h	0.1% ~ 3.5%
	24h 与 3h 膨胀率之差	0.02% ~ 0.50%

① 抗压强度等级 A85 的水泥基灌浆材料 3h 竖向膨胀率指标可放宽至 0.02% ~ 3.5%。

10.3.2　水玻璃灌浆材料

水玻璃是应用最早的化学灌浆材料，主要成分是硅酸钠或硅酸钾。用于灌浆的水玻璃模数以 2.4 ~ 2.6 为宜。水玻璃的浓度用波美度表示，以波美度为 50 ~ 56 较适宜。

水玻璃灌浆材料具有较强的黏结性。水玻璃灌浆材料在促凝剂的作用下，水玻璃水解生成硅酸，并聚合成具有体型结构的凝胶，大致分为在碱性区域凝胶化的碱类和中性 – 酸性区域凝胶化非碱类浆材。常用的促凝剂有氯化钙、铝酸钠、磷酸、氟硅酸钠、高锰酸钾等。为了调节水玻璃灌浆材料的流动性和灌浆材料的固结强度也可掺加水泥等材料。它们对水玻璃灌浆材料性能影响见表 10-14。

表 10-14　促凝剂对水玻璃灌浆材料性能的影响

促凝剂名称	浆液强度 /(10^{-2}Pa·s)	胶凝时间	固结体抗压强度 /(9.8×10^4Pa)	灌浆方法
氯化钙	100	瞬时	<30	双液
铝酸钠	5 ~ 10	数分 ~ 几十分钟	<20	单液
碳酸氢钠	2 ~ 5	数秒 ~ 几十分钟	3 ~ 5	单液
磷酸	3 ~ 5	数秒 ~ 几十分钟	3 ~ 5	单液
氟硅酸钠	3 ~ 5	几秒 ~ 几十分钟	20 ~ 40	单液或双液
乙二醛	2 ~ 4	几秒 ~ 几十分钟	<20	单液或双液
高锰酸钾	2 ~ 3	几秒 ~ 几十分钟	2 ~ 3	单液或双液

水玻璃灌浆材料的灌注方法有双液灌浆法和单液灌浆法。双液灌浆法是将主剂水玻璃与促凝剂在不同的灌浆管或不同的时间内分别灌注，单液灌浆法则把两者预先混合均匀后，进行灌注。双液灌浆法胶凝反应快，胶凝时间短。单液灌浆法胶凝时间长，但浆体扩散有效半径比双液灌浆法大。

水玻璃灌浆材料主要用于土质基础或结构的加固及防渗堵漏。

10.3.3　环氧树脂灌浆材料

环氧树脂灌浆材料是以环氧树脂为主体，加入一定比例的固化剂、促凝剂、稀释剂、增韧剂等成分而组成的一种化学灌浆材料。环氧树脂主要是双酚 A 环氧树脂，也可掺加部分脂肪族环氧树脂、缩水甘油酯型环氧树脂等来改善树脂黏度和固化性能。固化剂和促凝剂一般为能在室温下固化的脂肪族伯胺、仲胺和叔胺，如乙二胺、二乙烯三胺、DMP – 30 等，稀释剂常用丙酮、苯、二甲苯等，常用增塑剂有邻苯二甲酸二丁酯、邻苯二甲酸二辛酯、磷酸三乙酯等。

环氧树脂灌浆材料具有强度高、黏结力强、收缩小、化学稳定性好等优点，特别对要求强度高的重要结构裂缝的修复和漏水裂缝的处理效果很好。

10.3.4　甲基丙烯酸甲酯灌浆材料

甲基丙烯酸甲酯灌浆材料又称甲凝，它是以甲基丙烯酸甲酯、甲基丙烯酸丁酯为主要原材料，加入过氧化苯甲酰、二甲基苯胺和对苯亚磺酸等组成的一种低黏度的灌浆材料，通过单体复合反应而凝结固化。

甲基丙烯酸甲酯灌浆材料黏度比水低，渗透力强，扩散半径大，可灌入 0.05～0.1mm 的细微裂隙，聚合后强度和黏结力都很高，光稳定性和耐酸碱性均较好。

甲基丙烯酸甲酯灌浆材料宜使用于干燥情况下，而不宜于直接堵漏和使用于十分潮湿的环境中，可用于大坝、油管、船坞和基础等混凝土的补强和堵漏。

10.3.5　丙烯酰胺灌浆材料

丙烯酰胺灌浆材料又称丙凝，它是以丙烯酰胺为基料，并与交联剂、促进剂、引发剂等材料组成的化学灌浆材料。丙烯酰胺是易溶于水的有机单体，可聚合成线型聚合物。交联剂常用有 N，N′－甲基双丙烯酰胺、二羟乙基双丙烯酰胺等，它可以把线型的丙烯酰胺连接成网状结构。引发剂有过硫酸铵、过硫酸钠等。促进剂有三乙酰胺和 β－二甲氨基丙腈等。使用前将引发剂和其他材料分别配制两种溶液，按一定比例同时进行灌注，浆体在缝隙中聚合成凝胶体而堵塞渗透通道。

丙烯酰胺灌浆材料黏度低，与水接近，可灌性极好。浆料的黏结时间可以精确调节，胶凝前的黏度保持不变，有较好的渗透性，扩散半径大，能渗透到水泥灌浆材料不能到达的缝隙。但丙烯酰胺灌浆材料的强度低，有一定毒性，在干燥条件下会因产生不同程度的收缩而造成裂缝。为了提高丙烯酰胺灌浆材料的强度，可以掺加脲醛树脂、水泥等材料。

丙烯酰胺灌浆材料主要用于大坝、基础等混凝土的补强和防渗堵漏。

10.3.6　聚氨酯灌浆材料

聚氨酯灌浆材料又称氰凝，它是由多异氰酸酯、含羟化合物、稀释剂、阻聚剂及促进剂等配制而成。常用的多异氰酸酯有甲苯二异氰酸酯（TDI）、二苯基甲烷二异氰酸酯（MDI）、多苯基甲烷多异氰酸酯（PAPD）等。含羟化合物常用的是聚醚。促进剂是为了提高多异氰酸酯与羟基的反应和与水的反应，常用的促进剂有叔胺（如三乙胺、三乙醇胺等）和锡盐（如二丁基二月桂酸锡、氯化亚锡等），它们分别具有提高多异氰酸酯与水反应的活性和促进链的增长与胶凝的作用，常同时使用。稀释剂有丙酮、二甲苯、二氯乙烷等，可降低浆料的黏度和提高可灌性。阻聚剂可延缓多异氰酸酯与羟基反应，常用的有苯磺酰氯等。

聚氨酯灌浆材料固化原理是，异氰酸酯首先与水反应生成氨（并排出二氧化碳），氨与异氰酸酯加成形成不溶于水的凝胶体并同时排出二氧化碳气体，使浆液膨胀，促进浆液向四周渗透扩散，从而堵塞裂缝管道，达到防水堵漏的目的。

聚氨酯灌浆材料形成的聚合体抗渗性强，结石后强度高，胶凝工作时间可控，特别适用

于地下工程的渗漏补强和混凝土工程结构补强。

10.4　吸声材料

10.4.1　材料的吸声性能

当声波遇到材料表面时，一部分声反射，另一部分则穿透材料，其余的部分传递给材料被吸收。这些**被吸收的能量（E）与入射声能（E_0）之比，称为吸声系数 α，它是评定材料吸声性能好坏的主要指标**，用下式表示

$$\alpha = \frac{E}{E_0} \tag{10-2}$$

式中　α——材料的吸声系数；

　　　E——被材料吸收的（包括透过）声能；

　　　E_0——传递给材料的全部入射声能。

假如入射的声能 65% 被吸收，其余的 35% 被反射，则该材料的吸声系数就等于 0.65。当入射的声能 100% 被吸收，无反射时，吸声系数等于 1。当门窗开启时，吸声系数相当于 1。**一般材料的吸声系数为 0~1，吸声系数越大，吸声效果越好。**只有悬挂的空间吸声体，由于有效吸声面积大于计算面积可获得吸声系数大于 1 的情况。

材料的吸声性能除与材料本身性质、厚度及材料表面的条件（有无空气层及空气层的厚度）有关外，还与声波的入射角度和频率有关，同一材料，对于高、中、低不同频率的吸声系数不同。为了全面反映材料的吸声性能，规定取 125Hz、250Hz、500Hz、1000Hz、2000Hz、4000Hz 6 个频率的吸声系数来表示材料的吸声频率特性，凡 6 个频率的平均吸声系数大于 0.2 的材料，可称为吸声材料。在音乐厅、影剧院、大会堂、播音室等内部的墙面、地面、顶棚等部位，适当采用吸声材料，能改善声波在室内传播的质量，获得良好的音响效果。

10.4.2　选用吸声材料的基本要求

1）为发挥吸声材料的作用，必须选择气孔是开放的且互相连通的材料，开放连通的气孔越多，吸声性能越好，这与保温绝热材料有着完全不同的要求。同样都是多孔材料，但由于使用功能不同，对气孔的要求也不同，保温绝热材料要求封闭的、不连通的气孔。

2）大多数吸声材料强度较低，因此，吸声材料应设置在护壁台以上，以免撞坏，多数吸声材料易于吸湿，安装时应考虑到胀缩的影响。

3）应尽可能选用吸声系数较高的材料，以便使用较少的材料达到较好的效果。

4）注意吸声材料和隔声材料的区别。

10.4.3　吸声材料的类型及其结构形式

吸声材料按吸声机理的不同可分为两类吸声材料。一类是多孔性吸声材料，主要是纤维质和开孔型结构材料；另一类是吸声的柔性材料、膜状材料、板状材料和穿孔板。**多孔性吸声材料从表面至内部存在许多细小的敞开孔道，当声波入射至材料表面时，声波很快地顺着**

微孔进入材料内部，引起孔隙内的空气振动，由于摩擦、空气黏滞阻力和材料内部的热传导作用，使相当一部分声能转化为热能而被吸收。**而柔性材料、膜状材料、板状材料和穿孔板，在声波作用下发生共振作用使声能转变为机械能被吸收。**它们对于不同频率有择优倾向，柔性材料和穿孔板以吸收中频声波为主，膜状材料以吸收低中频声波为主，板状材料以吸收低频声波为主。

1. 多孔性吸声材料

多孔性吸声材料是比较常用的一种吸声材料。多孔性吸声材料的吸声性能与材料的表观密度和内部构造有关。在建筑装修中，吸声材料的厚度、材料背后的空气层以及材料的表面状况也对吸声性能产生影响。

(1) 材料表观密度和构造的影响 多孔材料表观密度增加，意味着微孔减少，能使低频吸声效果有所提高，但高频吸声性能却下降。材料孔隙率高、孔隙细小，吸声性能较好，孔隙过大，效果较差。但过多的封闭微孔，对吸声并不一定有利。

(2) 材料厚度的影响 多孔材料的低频吸声系数，一般随着厚度的增加而提高，但厚度对高频影响不显著。材料的厚度增加到一定程度后，吸声效果的变化就不明显。所以，为提高材料吸声性能而无限制地增加厚度是不适宜的。

(3) 背后空气层的影响 大部分吸声材料都是周边固定在龙骨上，安装在离墙面 5～15mm 处。材料背后空气层的作用相当于增加了材料的厚度，吸声效能一般随空气层厚度增加而提高。当材料离墙面的安装距离（即空气层厚度）等于 1/4 波长的奇数倍时，可获得最大的吸声系数。根据这个原理，调整材料背后空气层的厚度可达到提高吸声效果的目的。

(4) 表面特征的影响 吸声材料表面的孔洞和开口孔隙对吸声是有利的。当材料吸湿或表面喷涂油漆、孔口充水或堵塞，会大大降低吸声材料的吸声效果。

多孔性吸声材料与绝热材料都是多孔性材料，但在材料孔隙特征有着很大差别：绝热材料一般具有封闭的互不连通的气孔，这种气孔越多则保温绝热效果越好；而对于吸声材料，则具有开放的互相连通的气孔，这种气孔越多，则其吸声性能越好。

2. 薄板振动吸声结构

薄板振动吸声结构的特点是具有低频吸声特性，同时还有助声波的扩散。建筑中常用胶合板、薄木板、硬质纤维板、石膏板、石棉水泥或金属板等，把它们周边固定在墙或顶棚的龙骨上，并在背后留有空气层，即成薄板振动吸声结构。

薄板振动吸声结构是在声波作用下发生振动，板振动时由于板内部和龙骨间出现摩擦损耗，使声能转变为机械振动，而起吸声作用。由于低频声波比高频声波容易激起薄板产生振动，所以具有低频吸声特性。建筑中常用的薄板振动吸声结构的共振频率为 80～300Hz，在此共振频率附近的吸声系数最大为 0.2～0.5，而在其他频率附近的吸声系数就较低。

3. 共振腔吸声结构

共振腔吸声结构具有封闭的空腔和较小的开口，很像个瓶子。当瓶腔内空气受到外力激荡，会按一定的频率振动，这就是共振吸声器。每个单独的共振器都有一个共振频率，在其共振频率附近，由于颈部空气分子在声波的作用下像活塞一样进行往复运动，因摩擦而消耗声能。若在腔口蒙一层细布或疏松的棉絮，可以加宽和提高共振频率范围的吸声量。为了获得较宽频带的吸声性能，常采用组合共振腔吸声结构或穿孔板组合共振腔吸声结构。

4. 穿孔板组合共振腔吸声结构

穿孔板组合共振腔吸声结构具有适合中频的吸声特性。这种吸声结构与单独的共振吸声器相似，可看作是多个单独共振器并联而成。穿孔板厚度、穿孔率、孔径、孔距、背后空气层厚度以及是否填充多孔吸声材料等，都直接影响吸声结构的吸声性能。这种吸声结构由穿孔的胶合板、硬质纤维板、石膏板、石棉水泥板、铝合金板、薄钢板等，将周边固定在龙骨上，并在背后设置空气层而构成。这种吸声结构在建筑中使用比较普遍。

5. 柔性吸声材料

具有密闭气孔和一定弹性的材料，如聚氯乙烯泡沫塑料，表面仍为多孔材料，但具有密闭气孔，声波引起的空气振动不易直接传递至材料内部，只能相应地产生振动，在振动过程中由于克服材料内部的摩擦而消耗了声能，引起声波衰减。这种材料的吸声特性是在一定的频率范围内出现一个或多个吸收频率。

6. 悬挂空间吸声体

悬挂空间吸声体，由于声波与吸声材料的两个或两个以上的表面接触，增加了有效的吸声面积，产生边缘效应，加上声波的衍射作用，大大提高实际的吸声效果。实际使用时，可根据不同的使用地点和要求，设计成各种形式的悬挂在顶棚下的空间吸声体。空间吸声体有平板形、球形、圆锥形、棱锥形等多种形式。

7. 帘幕吸声体

帘幕吸声体是用具有通气性能的纺织品，安装在离墙面或窗洞一定距离处，背后设置空气层。这种吸声体对中、高频都有一定的吸声效果。帘幕吸声体安装、拆卸方便，兼具装饰作用，应用价值较高。

10.4.4　隔声材料

隔声是阻止声波透过的措施，隔声性能以隔声量来表示，**隔声是指一种材料入射声能与透过声能相差的分贝数值越大，其隔声性能越好。**

人们要隔绝的声音按其传播途径可分为空气声（由于空气的振动）和固体声（由于固体撞击或振动）两种。对空气声，根据声学中的"质量定律"，墙或板传声的大小，主要取决于其单位面积质量，质量越大，越不易振动，则隔声效果越好，因此应选择密实、沉重的材料（如黏土砖、钢筋混凝土、钢板等）作为隔声材料。**对固体声隔声最有效的措施是采用不连续的结构处理**，即在墙壁和承重梁之间，房屋的框架和墙板之间加弹性衬垫，如毛毡、软木、橡皮等材料或在楼板上加弹性地毯。**注意不能简单地把吸声材料作隔声材料来使用。**

------- 习　题 -------

10-1　什么是建筑节能？建筑节能有哪些意义？

10-2　建筑节能材料的类型有哪些？它们的节能机理是什么？

10-3　常见的建筑保温隔热材料有哪些？它们的主要特点是什么？

10-4　选择建筑保温隔热材料的原则有哪些？

10-5　试述建筑节能材料的发展。

10-6 常用的建筑防火材料有哪些类型？其防火机理是什么？

10-7 什么是建筑构件的耐火极限？建筑材料燃烧性能共分几级？

10-8 何谓灌浆材料？作为灌浆材料应具有哪些基本技术性能？

10-9 何谓绝热材料？影响绝热材料绝热性能的因素有哪些？

10-10 选用绝热材料时应主要考虑哪些方面的性能要求？

10-11 选用吸声材料有哪些基本要求？

石材与木材 第11章

【本章提要】 主要介绍岩石的形成与分类、石材的主要技术性质；介绍木材的分类与构造、木材的主要性质及木材的综合利用等方面的内容。本章的学习目标：掌握石材、木材的主要性质，熟悉木材的材种、等级和检量方法，掌握木材的保管、防腐及阻燃处理等措施。

天然石材是岩石经过开采、加工而成的材料，它具有藏量丰富、成本低、分布广、抗压强度较高、耐久性好、装饰性好等优点，这使其在土木工程领域中得以广泛应用，成为土木工程中应用历史最为悠久的建筑材料之一。人们在悠久的历史长河中创造了很多石材砌筑工程，如我国的赵州桥、圆明园、洛阳桥、崇武古城等，古希腊的雅典卫城、意大利的比萨斜塔、古埃及的金字塔等。但是，石材也存在着抗拉强度偏低、自重大等缺点而应用受到限制。

木材是人类使用最早的土木工程材料之一。我国使用木材的历史不仅悠久，而且在技术上还有独到之处，从榫卯结构到斗拱技术，形成了完整的大屋顶木结构建筑体系。如保存至今已达千年之久的山西佛光寺正殿、山西应县木塔等都集中反映了我国古代木结构建筑的工艺技术和文化水平。如今我国木材资源不足，但世界各地木材资源和木结构建筑形势依然良好。

木材具有很多优点：轻质高强，适合土木工程的结构承载，对热、声和电的传导性能比较低；很好的弹性和塑性，能承受冲击和振动等作用；容易加工、木纹美观；在干燥环境或长期置于水中均有极好的耐久性。因而木材历来与水泥、钢材并列为土木工程中的三大材料。

木材由于构造的不均匀性，各向异性，易吸湿吸水从而导致形状、尺寸、强度等物理、力学性能变化；易燃、易腐、天然疵病较多等也会使其应用受到限制。

11.1 石材

11.1.1 岩石的形成与分类

根据岩石的成因，可分为岩浆岩、沉积岩和变质岩三大类。

(1) 岩浆岩 岩浆岩是地壳深处的岩浆侵入地壳或喷出地表后冷凝形成的岩石，又称火成岩。在地壳内部形成的岩浆岩称为侵入岩，按照其侵入深度可分为深成岩（形成深度大于3km）和浅成岩（形成深度小于3km），常见的深成岩主要有花岗岩、闪长岩、辉长岩、正长岩等，常见的浅成岩主要有辉绿岩、花岗斑岩等。岩浆喷出地表冷凝而形成的岩石称为喷出岩（或火山岩），常见的喷出岩主要有玄武岩、流纹岩、浮石等。

（2）沉积岩 沉积岩又叫"水成岩"，是指**在地表条件下，由母岩（岩浆岩、变质岩和早已形成的沉积岩）风化剥蚀的产物经搬运、沉积和硬结成岩作用而形成的岩石。**沉积岩分布极广，占陆地面积的 75%，是构成地壳表层的主要岩石。

根据沉积岩的成因和组成可以分为 4 种：

1）碎屑岩，主要包括砂岩、粉砂岩、凝灰岩等。

2）黏土岩，主要包括泥质岩，如黏土、页岩、泥岩等。

3）化学岩，主要包括石膏、菱镁矿等。

4）生物化学岩类，主要包括石灰岩、白云岩、硅藻土、铝土岩、白垩等。

（3）变质岩 变质岩是地下岩石经历高温或高压之后，成分和结构发生改变后形成的**新岩石。**变质岩的种类繁多且储量大，约占地壳总体积的 27.4%。按照变质岩的外表特征，可以分为板岩、千枚岩、片岩、片麻岩、粒状岩 5 大类，每一大类中都有为数众多的岩石类型，如粒状岩中有石英岩、大理岩、麻粒岩、角闪岩等。

11.1.2 石材的主要技术性质

1. 物理指标

石材的主要物理指标主要包括以下 3 项。

（1）表观密度 致密石材的表观密度比较接近于其真实密度，其表观密度一般为 $2500 \sim 3100 kg/m^3$。对于那些孔隙率较大的石材，其表观密度仅为 $500 \sim 1700 kg/m^3$。表观密度的大小可以间接反映石材内部的致密程度。**对于同种石材，其表观密度越大，则抗压强度越高，吸水量越小，耐久性越好，导热性越好。**表观密度大于 $1800 kg/m^3$ 的石材称为重质石材，主要用作承重材料、装修材料或耐磨材料，如花岗石、大理石、玄武岩等。表观密度小于 $1800 kg/m^3$ 的天然石材称为轻质石材，多用作轻质保温材料，如浮石。

（2）吸水性 石材的吸水性主要以吸水率指标来衡量，依据吸水率的大小，石材通常可以分为低吸水性岩石（吸水率小于 1.5%）、中吸水性岩石（吸水率介于 1.5% ~ 3.0%）、高吸水性岩石（吸水率大于 3.0%）。**石材的吸水性主要与其矿物组成、孔隙率及孔隙特征有关。**致密的石材其内部的孔隙率一般较小，故吸水率也很小，如花岗石的吸水率通常小于 0.5%。对于一些多孔的石材往往吸水率比较大，如浮石的吸水率可高达 30% 以上。**石材的吸水性对其强度和耐久性影响很大。**它吸附的水分会降低颗粒之间的黏结力，导致石材的强度软化。应根据具体的工程情况来选用吸水性不同的材料，如用作饰面的大理石的吸水率必须小于 0.75%。

（3）耐水性 岩石中含有黏土或易溶物时，会在其吸水后使其强度下降。石材的软化系数 K_R 大于 0.90 时称为高耐水石材，K_R 为 0.70 ~ 0.90 时称为中耐水石材，K_R 为 0.60 ~ 0.70 时称为低耐水石材。对于与水经常接触的石材，要求其软化系数应为 0.75 ~ 0.90。**大部分岩石由于内部致密、孔隙率小，故耐水性较好。**

2. 力学性质

石材的力学性质主要包括抗压强度、冲击韧性、硬度和耐磨性。

（1）抗压强度 天然石材的抗压强度是以一组（三个）边长为 70mm 的立方体试块的破坏强度平均值来评定。根据 GB 50003—2011《砌体结构设计规范》规定，石材的强度等级分为 MU100、MU80、MU60、MU50、MU40、MU30 和 MU20 七个等级。试件也可采用其他非标准边长的立方体，但其结果应乘以相应的换算系数进行折算，换算系数见表 11-1。

表 11-1　石材强度等级的换算系数

立方体边长/mm	200	150	100	70	50
换算系数	1.43	1.28	1.14	1	0.86

石材的抗压强度取决于其矿物组成、结构与构造特征等因素。

（2）冲击韧性　大多数天然石材具有明显的脆性，其抗拉强度仅为抗压强度的 1/50 ～ 1/20，从而表现为很差的冲击韧性。**石材的冲击韧性主要取决于其矿物组成与结构，通常，晶体结构的岩石比非晶体结构的韧性要好，晶粒细小的岩石比晶粒粗大的岩石冲击韧性好。**

（3）硬度　石材的硬度可用摩氏硬度或肖氏硬度表示，硬度的大小主要取决于其矿物组成与构造。**一般抗压强度越高的石材，其硬度越高；硬度越高，则其耐磨性和抗刻划性越好，但会给其表面加工带来一定的困难。**

（4）耐磨性　耐磨性是指石材在使用条件下抵抗摩擦、边缘剪切以及冲击等复杂作用的能力，并以单位面积磨耗量来表示。石材的耐磨性与其组成矿物的硬度、结构构造、石材的抗压强度和冲击韧性等因素有关。**石材的组成矿物越坚硬、结构越致密、抗压强度和冲击韧性较高时，则其耐磨性较好。**

对于可能遭受磨损作用的工程部位（如地面、路面等），应采用高耐磨性的石材。

11.1.3　石材的破坏及防护

天然石材在使用过程中受周围环境的影响，如水分的浸渍与渗透，空气中有害气体的侵蚀及光、热或外力的作用等，会发生风化而逐渐破坏。

水是石材发生破坏的主要原因，它能软化石材并加剧其冻害，且能与有害气体结合生成酸，使石材发生分解与溶解。大量的水流还能对石材起冲刷与冲击作用，从而加速石材的破坏。因此，使用石材时应特别注意水的影响。

为了减轻与防止石材的风化与破坏，可以采取以下防护措施。

（1）合理选材　石材的风化与破坏速度主要决定于石材抗破坏因素的能力，所以合理选用石材品种，是防止破坏的关键。对于重要的工程，应该选用结构致密、耐风化能力强的石材，而且其外露的表面应光滑，以便使水分能迅速排掉。

（2）表面处理　可在石材表面涂刷憎水性涂料，如各种金属皂、石蜡等，使石材表面由亲水性变为憎水性，并与大气隔绝，以延缓风化过程的发生。

11.2　木材

11.2.1　木材的分类与构造

1. 木材的分类

（1）针叶树和阔叶树　树木种类很多，从树叶外观形状可将木材分为针叶树和阔叶树。

1）针叶树的叶呈针状，树干笔直而高大，纹理顺直，由于木质较软，故称之为软木材。软木材较易加工，表观密度和胀缩变形较小，强度较高，耐腐蚀性较强。建筑工程上常用作承重结构材料，如杉木、红松、白松、黄花松等。

2）阔叶树的叶呈掌状、桃心状、卵状、肾状等，页面宽大。与针叶树相比，部分阔叶树树干通直部分较短，材质坚硬，故又称硬（杂）木材。硬木材一般较重，加工较难，胀缩变形较大，易翘曲、开裂，不宜作承重结构材料。多用于内部装饰和家具，如榆木、水曲柳、柞木等。

（2）外长树和内长树 木材根据其生长的方式可分为外长树和内长树。外长树的树干由内向外生长，且受到一年季节的影响形成疏（春材或早材）密（夏材或万材）相间的年轮，如黄花松、榆木等。内长树主要在热带附近的环境中生长，树木内部不断充实，其木质疏密并不明显，如紫檀、红槭、乌木等。

（3）红木及硬杂木 按材质、装饰和经济价值，木材又可分为红木、硬杂木等。我国根据人们的喜爱和及巨大的市场价值，将紫檀、红花梨、红木、红酸枝、乌木五种木材称为红木；将楠木、鸡翅木、桃木、铁木、樟木、榉木视为贵重木材；将柞木、桦木、柳木、榆木等称为硬杂木。

（4）乔木、灌木、藤木、匍匐类树木 乔木类树体高大（$6m < h < 100m$），具有明显的高大主干。灌木类树体矮小（$h < 6m$），主干低矮，不成材，常用于环境绿化装饰。藤木类是能缠绕或攀附其他物而向上生长的木本植物（如爬山虎、紫藤），可装饰建筑物立面。匍匐类干、枝等均匍地生长（如铺地柏），可绿化装饰墙角、地面、花坛。

2. 木材的构造

木材构造决定木材性质。各种树木由于自身及生长环境的不同，具有不同构造。研究木材的构造通常从宏观和微观两个层次进行。

由于材料结构在不同的方向上有所不同，导致材料在不同的方向上具有不同性质的现象，称为材料的各向异性。无论木材的宏观构造和微观构造，其不同方向上的构造均不相同，故**木材是各向异性材料**。

（1）木材的宏观构造 将树干部分进行切割，可得到木材的横切面、径切面和弦切面。横切面是指与树干主轴（或木纹）相垂直的切面。在这个面上可观察到若干以木材中心——髓心为核心的呈同心环状的年轮（生长轮）以及由髓心向外放射状的髓线。径切面是指通过树轴的纵切面。年轮在这个面上呈相互平行的木纹。弦切面是指平行于树轴的切面。年轮在这个面上成"V"字形或成焰心状木纹。树干的三个切面如图11-1所示。

从横切面上可以看到树木的树皮、木质部、年轮和髓心，干燥开裂后可看到髓线。树皮覆盖在木质部的外表面，起保护树木生长的作用，建筑上用途不大。厚的树皮有内外两层，外层即为外皮（粗皮），内层为韧皮，紧靠着木质部。木质部是髓心和树皮之间的部分，是工程上使用的主要部分。靠近树皮的木质部，色泽较浅，水分较多，称为边材。靠近髓心的部分，色泽较深、水分较少，称为心材。**心材的材质硬，密度大，渗透性低，耐久性、耐腐蚀性均较边材高。**

在横切面上所显示的深浅相间的同心圈称为年轮，一般树木每年生长一圈。在同一年轮内，春天生长的木质，色浅质松强度低，称为春材（或早材），夏秋两季生长的木质，色深质硬强度高，称为夏材（或晚材）。木材的年轮和春材、夏材如图11-2所示。

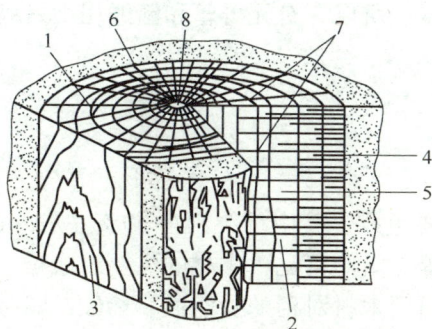

图 11-1　树干的三个切面
1—横切面　2—径切面　3—弦切面　4—树皮
5—木质部　6—年轮　7—髓线　8—髓心

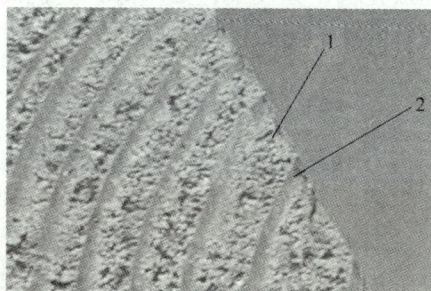

图 11-2　木材的年轮和春材、夏材
1—春材（早材）　2—夏材（晚材）

相同树种，年轮越密而均匀，材质越好；夏材部分越多，木材强度越高。可用横切面上沿半径方向一定长度中，所含夏材宽度总和的百分率即夏材率，来衡量木材质量。

髓心呈管状，纵贯整个树木的干和枝的中心，是最早生成的木质部分，质松软、强度低，易腐朽。髓线以髓心为中心，垂直于树轴方向呈放射状分布。髓线的管胞壁薄，质软，与周围管胞的结合力弱。木材干燥时易沿髓线开裂。

（2）木材的微观构造　借助显微镜可见木材的微观构造呈网状管胞结构，如图 11-3、图 11-4 所示，绝大部分纵向排列，少数横向排列（髓线）。每一个管胞由管胞壁和管胞腔两部分构成，管胞壁由细纤维组成。其纵向联结较横向牢固。细纤维间具有极小的空隙，能吸附和渗透水分。木材的管胞壁越厚，腔越小，木材越密实，表观密度和强度也越大。但其胀缩变形也大。与春材比较，夏材的管胞壁较厚，腔较小。木材管胞因功能不同可分为管胞、导管、木纤维、髓线等多种。管胞在树木中起支承和输送养分的作用；木质素的作用是将纤维素、半纤维素黏结在一起，构成坚韧的管胞壁，使木材具有强度和硬度。

针叶树的显微结构简单而规则，主要是由管胞和髓线组成，其髓线较细小，不很明显，如图 11-3 所示。某些树种在管胞间尚有树脂道，如松树。阔叶树的显微结构较复杂，主要由导管、木纤维及髓线等组成，其髓线很发达，粗大而明显。导管是壁薄而腔大的管胞，大的管孔肉眼可见，如图 11-4 所示。阔叶树因导管分布不同又分为环孔材和散孔材两种。春材中导管很大并呈环状排列的，称环孔材，如栎木、榆木等。导管大小差不多，且散乱分布

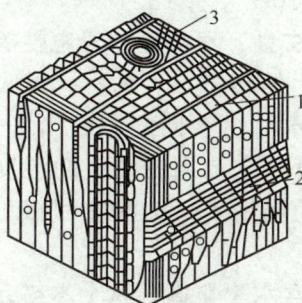

图 11-3　马尾松的显微构造
1—管胞　2—髓线　3—树脂道

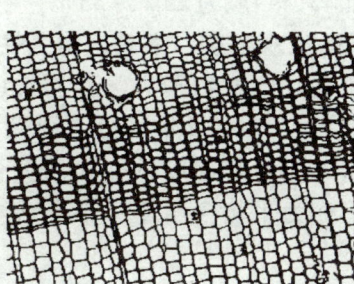

图 11-4　柞木的显微构造
1—导管　2—髓线　3—木纤维

的，称散孔材，如桦木，椴木等，它们的年轮不明显。所以，**有无导管和髓线粗细是鉴别阔叶树和针叶树的重要特征。**

11.2.2 木材的主要性能

1. 化学性质

纤维素、半纤维素、木质素是木材细胞壁的主要组成，其中纤维素占50%左右。此外，还有少量的油脂、树脂、果胶质、蛋白质、无机物等。由此可见，木材的主要组成是一些天然高分子化合物。木材的化学性质复杂多变。在常温下木材对稀的盐溶液、稀酸、弱碱有一定的抵抗能力，但随着温度升高，木材的抵抗能力显著降低。而强氧化性的酸、强碱在常温下也会使木材发生变色、湿胀、水解、氧化、酯化、降解交联等反应。在高温下即使是中性水也会使木材发生水解等反应。木材的上述化学性质是木材某些处理、改性以及综合利用的工艺基础。

2. 物理物质

木材的物理和力学性能因树种、产地、气候和树龄的不同而异，与木材使用有关的有以下几个方面。

(1) 密度与表观密度 木材的密度，树种相差不大，一般为 $1.48 \sim 1.56 g/cm^3$。木材的表观密度随木材孔隙率、含水率以及其他一些因素的变化而不同。一般有气干表观密度、绝干表观密度和饱水表观密度之分。**木材的表观密度越大，其湿胀干缩率也越大。**

(2) 吸湿率与含水率 由于纤维素、半纤维素、木质素的分子均含有羟基（$-OH$ 基），所以**木材很易从周围环境中吸收水分，**其含水率随所处环境的湿度变化而不同。木材中所含的水根据其存在形式可分为三类：

1）自由水，是存在于细胞腔和细胞间隙中的水。木材干燥时，自由水首先蒸发。自由水的含量影响木材的表观密度、燃烧性和抗腐蚀性。

2）吸附水，是存在于细胞壁中的水分。木材受潮时，细胞壁首先吸水。吸附水含量的变化是影响木材强度和湿胀干缩的主要因素。

3）化合水，是木材化学组成中的结合水。水分进入木材后，首先吸附在细胞壁内的细纤维间，成为吸附水，吸附水饱和后，其余的水成为自由水。木材干燥时，首先失去自由水，然后才失去吸附水。

当木材管胞腔中无自由水，而管胞壁吸附水饱和时，木材的含水率称为"木材的纤维饱和点"。纤维饱和点随树种而异，一般为25%～35%，平均为30%左右。

木材含水率的多少与木材的表观密度、强度、耐久性、加工性、导热性和导电性等有着一定关系。尤其是纤维饱和点是木材物理力学性质发生变化的转折点。木材具有吸湿性，即干燥的木材会从周围的湿空气中吸收水分，而潮湿的木材也会向周围放出水分。也就是说，木材的含水率将随周围空气湿度的变化而变化，直到它与周围空气的湿度达到平衡时为止，此时的含水率称为平衡含水率。平衡含水率随周围大气的温度和相对湿度而变化。

新伐木材的含水率一般在35%以上，长期处于水中的木材含水率更高，风干木材含水率为15%～25%，室内干燥的木材含水率为8%～15%。

(3) 湿胀干缩 木材的含水率在纤维饱和点以内进行干燥时，会产生干缩。而含水率在纤维饱和点以内受到潮湿时，则会产生湿胀。木材含水率大于纤维饱和点时，表示木材的含水率除吸附水达到饱和外，还有一定数量的自由水，此时木材如受到干燥或遇到潮湿，只会导致自由水量减少或增加，不会影响木材的胀缩。但在纤维饱和点以下变化时，细胞壁的纤维上吸附水量在变化，则能引起明显的胀缩，如图 11-5 所示。木材的这种湿胀干缩性随树种而有差异，一般来说，**表观密度大，夏材越多，胀缩就大**。

木材由于构造不均匀，使各方面胀缩也不一样。在同一木材中，这种变化沿弦向最大，径向次之，纤维方向最小。木材干燥时，弦向干缩为 5% ~ 10%，径向干缩为 3% ~ 6%，纤维方向干缩为 0.1% ~ 0.35%，这主要是受髓线影响所致，距离髓心较远的一面，其横向更接近典型的弦向，因而收缩较大，使板材背离髓心翘曲。由此可知，木材干燥后，将改变其截面形状和尺寸，如图 11-6 所示，这是木材在实际环境中应用时出现变形和翘曲的原因。

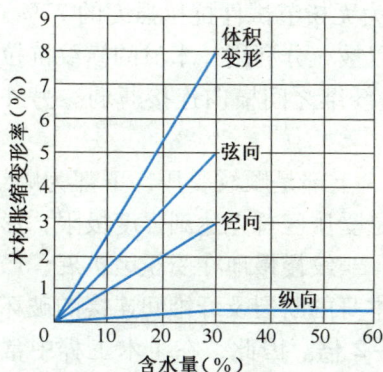

图 11-5　含水率对松木胀缩变形的影响

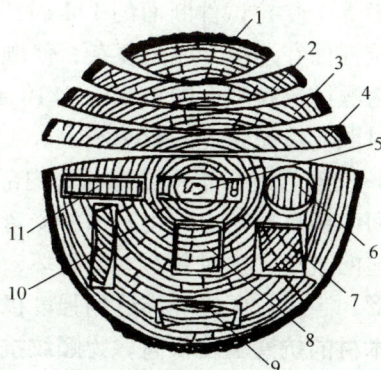

图 11-6　木材干燥后截面形状的改变

1—弓形成橄榄核状　2、3、4—成反翘
5—通过髓心经锯板两头缩小成纺锤形
6—圈形成椭圆形　7—与年轮成对角线的正方形变菱形
8—两边与年轮平行的正方形变长方形
9、10—长方形板的翘曲　11—边材径向锯板较均匀

木材的湿胀干缩对木材的使用有严重影响，干缩使木结构构件连接处产生隙缝而致接合松弛，湿胀则造成凸起。为了避免这种情况，最根本的办法是预先将木材干燥，使木材的含水率与构件所使用的环境湿度相适应，将木材预先干燥至平衡含水率后才使用。

（4）其他物理性质　木材的热导率随其表观密度增大而增大。顺纹方向的热导率大于横纹方向。干木材具有很高的电阻。当木材的含水率提高或温度升高时，木材电阻会降低。木材具有较好的吸声性能，故常用软木板、木丝板、穿孔板等作为吸声材料。

11.2.3　木材的力学性质

1. 木材的强度

木材构造的特点使木材的各种力学性能具有明显的方向性，在顺纹方向（作用力与木材纵向纤维平行的方向），木材的抗拉和抗压强度都比横纹方向（作用力与木材纵向纤维垂直的方面）高得多。土木工程中木材所受荷载主要有压、拉、弯、剪切等。

（1）抗压强度　木材的顺纹抗压强度较高，仅次于顺纹抗拉和抗弯强度，且木材的疵病对其影响较小。木材用于受压构件非常广泛，由于构造的不均匀性，抗压强度可分为顺纹受压和横纹受压。顺纹受压破坏是木材细胞壁丧失稳定性的结果，并非纤维的断裂。工程中常见的柱、桩、斜撑及桁架等承重构件均是顺纹受压。木材横纹受压时，开始细胞壁弹性变形，此时变形与外力成正比。当超过比例极限时，细胞壁失去稳定，细胞腔被压扁，随即产生大量变形。所以，木材的横纹抗压强度以使用中所限制的变形量来决定，通常取其比例极限作为横纹抗压强度极限指标。**木材横纹抗压强度比顺纹抗压强度低得多，通常只有顺纹抗压强度的 10%~20%。**

(2) 抗拉强度 木材的顺纹抗拉强度是木材各种力学强度中最高的。木材单纤维的抗拉强度可达 80~200MPa。因此，顺纹受拉破坏时往往不是纤维被拉断而是纤维间被撕裂。顺纹抗拉强度为顺纹抗压强度的 2~3 倍。但木材在使用中不可能是单纤维受力，木材的疵病（木节、斜纹、裂缝等）会使木材实际能承受的作用力远远低于单纤维受力。例如，当树节断面等于受拉试件断面的 1/4 时，其抗拉强度约为无树节试件抗拉强度的 27%。同时，木材受拉杆件在连接处应力复杂，使顺纹抗拉强度难以被充分利用。木材的横纹抗拉强度很小，仅为顺纹抗拉强度的 1/40~1/10，这是因为木材纤维之间横向连接薄弱。另外，含水率对木材顺纹抗拉强度的影响不大。

(3) 抗弯强度 木材受弯曲时内部应力十分复杂，上部是顺纹受压，下部为顺纹受拉，在水平面中还有剪切力作用。木材受弯破坏时，通常是受压区首先达到强度极限，形成微小的不明显的皱纹，这时并不立即破坏，随着外力增大，皱纹慢慢地在受压区扩展，产生大量塑性变形，当受拉区内纤维达到强度极限时，因纤维本身的断裂及纤维间连接的破坏而最后破坏。**木材的抗弯强度很高，为顺纹抗压强度的 1.5~2 倍。**因此，在土木工程中常用作受弯构件，如用于桁架、梁、桥梁、地板等。但木节、斜纹等对木材的抗弯强度影响很大，特别是当它们分布在受拉区时尤为显著。

(4) 抗剪强度 根据作用力与木材纤维方向的不同，木材的剪切有：顺纹剪切、横纹剪切和横纹切断三种，如图 11-7 所示。

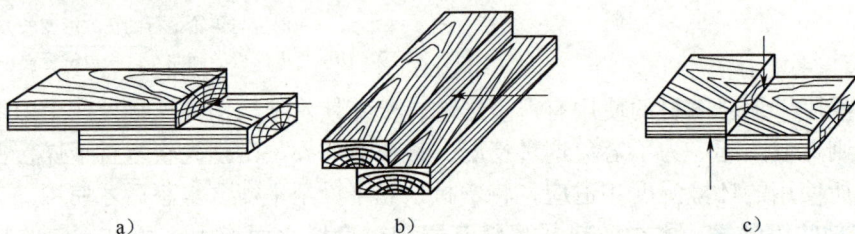

图 11-7 木材的剪切
a）顺纹剪切 b）横纹剪切 c）横纹切断

顺纹剪切时（见图 11-7a），木材的绝大部分纤维本身并不破坏，而只是破坏剪切面中纤维间的连接。所以，**顺纹抗剪强度很小，一般为同一方向抗压强度（顺纹抗压强度）的 15%~30%。**横纹剪切时（见图 11-7b），剪切是破坏剪切面中纤维的横向连接，因此，木材的横纹剪切强度比顺纹剪切强度还要低。横纹切断时（见图 11-7c），剪切破坏是将木材纤维切断，因此，横纹切断强度较大，一般为顺纹剪切强度的 4~5 倍。为了便于比较，现将木材各种强度的大小关系列于表 11-2 中。

表11-2 木材各种强度的大小关系

抗　压		抗　拉		抗　弯	抗　剪	
顺纹	横纹	顺纹	横纹		顺纹	横纹
1	1/10 ~ 1/3	2 ~ 3	1/20 ~ 1/3	1.5 ~ 2	1/7 ~ 1/3	1/2 ~ 1

我国土木工程中常用木材的主要物理和力学性能见表11-3。

表11-3 常用木材的主要物理和力学性能

树种名称	产地	气干表观密度/(g/cm³)	干缩系数		顺纹抗压强度/MPa	顺纹抗拉强度/MPa	抗弯强度/MPa	顺纹抗剪强度/MPa	
			径向	弦向				径面	弦面
针叶树：杉木	湖南	0.317	0.123	0.277	33.8	77.2	63.8	4.2	4.9
	四川	0.416	0.136	0.286	39.1	93.5	68.4	6.0	5.0
红松	东北	0.440	0.122	0.321	32.8	98.1	65.3	6.3	6.9
马尾松	安徽	0.533	0.140	0.270	41.9	99.0	80.7	7.3	7.1
落叶松	东北	0.641	0.168	0.398	55.7	129.9	109.4	8.5	6.8
鱼鳞云杉	东北	0.451	0.171	0.349	42.4	100.9	75.1	6.2	6.5
冷杉	四川	0.433	0.174	0.341	38.8	97.3	70.0	5.0	5.5
花旗松	美、加	0.545	—	—	50.1	—	88.6		9.5
阔叶树：柞栎	东北	0.766	0.199	0.316	55.6	155.4	124.0	11.8	12.9
麻栎	安徽	0.930	0.210	0.389	52.1	155.4	128.0	15.9	18.0
水曲柳	东北	0.686	0.197	0.353	52.5	138.1	118.6	11.3	10.5
椰榆	浙江	0.818	—	—	49.1	149.4	103.8	16.4	18.4

2. 影响木材强度的主要因素

（1）含水率　木材的含水率对木材强度影响很大，当细胞壁中水分增多时，木纤维相互间的连接力减小，使细胞壁软化。含水率在纤维饱和点以上变化时，只是自由水的变化，因而不影响木材强度，在纤维饱和点以下时，随含水率降低，吸附水减少，细胞壁趋于紧密，木材强度增大，反之强度减小。试验证明，**木材含水率的变化，对木材各种强度的影响程度是不同的，对抗弯和顺纹抗压影响较大，对顺纹抗剪影响较小，而对顺纹抗拉几乎没有影响**，如图11-8所示。

为了进行比较，国家标准 GB 1923 ~ 1943—1991 中规定木材以含水率为12%时的强度为标准值，其他含水率时的强度可按下式换算

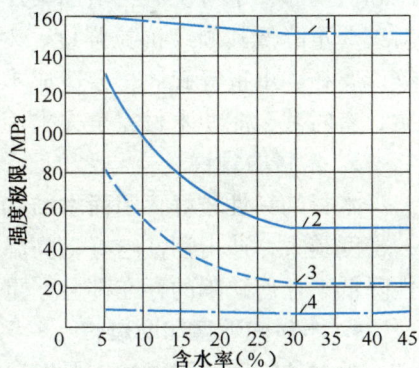

图11-8 含水率对木材强度的影响
1—顺纹受拉　2—弯曲
3—顺纹受压　4—顺纹受剪

$$\sigma_{12} = \sigma_w[1 + \alpha(W - 12)] \tag{11-1}$$

式中　σ_{12}——含水率为12%时的木材强度；

　　　σ_w——含水率为W%时的木材强度；

α——校正系数，随荷载种类和力的作用方式而异，顺纹抗压取 $\alpha = 0.05$；局部抗压取 $\alpha = 0.045$（径向或弦向横纹）；顺纹抗拉时，阔叶树取 $\alpha = 0.015$；针叶树取 $\alpha = 0$ 即 $\sigma_w = \sigma_{12}$；抗弯时，取 $\alpha = 0.04$；顺纹抗剪取 $\alpha = 0.03$（弦面或径面）；

W——试验时木材含水率。

式（11-1）适用于木材含水率为 9% ~ 15% 时，木材强度的换算。

（2）负荷时间　**木材抵抗长期荷载的能力低于抵抗短期荷载的能力**。木材在外力长期作用下，只有当其应力在低于强度极限的某一范围时，才可避免木材因长期负荷而破坏。这是由于木材在外力作用下产生等速蠕滑，经过较长时间后，急剧产生大量连续变形的结果。木材在长期荷载下不引起破坏的最大强度，称为持久强度。**木材的持久强度比短期荷载作用下的极限强度小得多，一般仅为极限强度的 50% ~ 60%**。木结构都是处于某一种负荷的长期作用下，因此，在设计木结构时应考虑负荷时间对木材强度的影响。

（3）温度　**当环境温度升高时，木材中的胶结物质处于软化状态，其强度和弹性均降低**。以木材含水率为零时，常温下的强度为 100%，则温度升至 50℃ 时，由于木质部分分解，强度大为降低。温度升至 150℃ 时，木质分解加速而且碳化，达到 275℃ 时木材开始燃烧。通常在长期受热环境中，如温度可能超过 50℃ 时，则不应采用木结构。当温度降至 0℃ 以下时，其中水分结冰，木材强度增大，但木材变得较脆。一旦解冻，各项强度都将比未解冻时的强度低。

（4）疵病　木材在生长、采伐、保存过程中，所产生的内部和外部的缺陷，统称为疵病。木材的疵病主要有木节、斜纹、裂纹、腐朽和虫害等。一般木材或多或少存在一些疵病，使木材的物理力学性质受到影响。木节可分活节、死节、松软节、腐朽节等几种，其中，活节影响较小。木节使木材顺纹抗拉强度显著降低，而对顺纹抗压影响较小；在横纹抗压和剪切时，木节反而会增加其强度。在木纤维与树轴成一定夹角时，形成斜纹。木材中的斜纹严重降低其顺纹抗拉强度，对抗弯强度也有较大影响，对顺纹抗压强度影响较小。裂纹、腐朽、虫害等疵病，会造成木材构造的不连续或破坏其组织，严重地影响木材的力学性质，有时甚至能使木材完全失去使用价值。

3. 木材的韧性

木材的韧性较好，因而木结构具有良好的抗震性。木材的韧性受很多因素影响，如木材的密度越大，冲击韧性越好；高温会使木材变脆，韧性降低，负温则会使湿木材变脆，而韧性降低；任何缺陷的存在都会严重降低木材的冲击韧性。

4. 木材的硬度和耐磨性

木材的硬度和耐磨性主要取决于细胞组织的紧密度，各个截面上相差显著。木材横截面的硬度和耐磨性都较径切面和弦切面为高。木髓线发达的木材，其弦切面的硬度和耐磨性均比径切面高。

11.2.4　木材的干燥、防腐、防火

1. 木材的干燥

木材在采伐后，使用前通常都应经干燥处理。对木材进行干燥处理，可防止木材中的腐朽菌繁殖，减少其后发生的腐朽、干缩开裂，提高木材的强度和耐久性。干燥方法有自然干

燥和人工干燥两种方法。

2. 木材的防腐

（1）木材的腐朽原因及条件 木材是天然有机材料，易受真菌侵害而腐朽变质。木材中常见的真菌有霉菌、变色菌、腐朽菌。霉菌会在潮湿阴暗的环境条件下生长在木材表面，是一种发霉的真菌，它对木材不起破坏作用，经过抛光后可去除。变色菌以木材细胞腔内含物为养料，不破坏细胞壁。所以，霉菌、变色菌只使木材变色，影响木材装饰性，并不影响木材的强度。而腐朽菌在其生长繁殖过程中，会以木质素为养料，并会对木材细胞壁组织中的纤维素、半纤维素产生破坏作用，使木材腐朽败坏。

真菌根据其生长繁殖特性可分为好氧菌和厌氧菌。木材中的腐朽菌属于好氧菌。故腐朽菌的生长和繁殖需要适宜的温度、足够的湿度和有氧的空气环境。温度为 $25 \sim 30℃$，含水率 $30\% \sim 50\%$，又有一定量的空气的环境最适合腐朽菌的繁殖。当高热（大于 $60℃$）或低温（小于 $5℃$）时，腐朽菌不能生长。如含水率小于 20%（缺水环境）或把木材浸没于水中（缺氧环境），腐朽菌也难于生长和繁殖。所以，打入埋入地下或水中的木桩不易腐烂。反复干湿，木材腐朽更快。

木材还会遭受如白蚁、天牛、蠹虫等蛀蚀。它们在树皮或木质部内生存、繁殖，致使木材强度降低，甚至结构崩溃。

（2）木材的防腐 无论是真菌还是昆虫，其生存繁殖均需要水分、空气、温度、养料等适宜的条件。因此，将木材置于通风、干燥处或浸没在水中或深埋于地下或表面涂油漆等方法，都可作为木材的防腐措施。此外，还可采用化学有毒药剂，经喷淋或浸泡或注入木材，从而抑制或杀死菌类、虫类，达到防腐目的。

防腐剂种类很多，常用的有三类：

1）水溶性防腐剂，主要有氟化钠、硼砂、亚砷酸钠等。这类防腐剂主要用于室内木构件的防腐。

2）油剂防腐剂，主要有杂酚油（又称克里苏油）、杂酚油–煤焦油混合液等。这类防腐剂毒杀效力强，毒性持久，但有刺激性臭味，处理后木材表面呈黑色，故多用于室外、地下或水下木构件。

3）复合防腐剂，主要品种有硼酚合剂、氟铬酚合剂、氟硼酚合剂等。这类防腐剂对菌、虫毒性大，对人、畜毒性小，药效持久，因此应用日益扩大。

3. 木材的防火与耐火极限

（1）木材的可燃性 木材的可燃性是其主要缺点之一。干燥木材可在 $220 \sim 280℃$ 下开始燃烧，而焦桐燃点可达 $425℃$。作为 B_3 级可燃材料，木材受热时会先放出可燃性气体，燃烧时可产生近 $1300℃$ 高温，如果通风良好，最终小断面的木材可完全燃尽。

木材的防火处理旨在降低木材的可燃性，使之不易燃烧；或当木材着火后，火焰不致沿材料表面很快蔓延；或当火焰移开后，木材表面上的火焰立即熄灭。经防火处理的木材及其制品，可燃性可提高至 B_2 乃至 B_1 级。

木材防火处理的机理包括抑制材料热分解过程，减少可燃物含量，控制火灾热传递，抑制材料的气态反应，隔绝氧气措施。

常用的防火处理方法是在木材表面涂刷或覆盖难燃材料和用防火剂浸注木材。常用的防火涂层材料有无机涂料（如硅酸盐类、石膏等）、有机涂料（如四氯苯酐醇树脂防火涂料、膨胀型丙烯酸乳胶防火涂料等）。覆盖材料可用各种金属。浸注用的防火剂有以磷酸铵为主要成分的磷－氮系列、硼化物系列、卤素系列及磷酸－氨基树脂系列等。

（2）木材的耐火极限　木材虽然是可燃性材料，但在实际木结构工程中采用的大断面木材构件的耐火极限比无保护的钢梁要长，一般可达 40min 至 1h。其机理在于：木材燃烧时，会在木材表面形成约 25mm 的碳化层（见图 11-9），这种碳化层会有效阻止氧气向木材构件内部的迁移或扩散；同时碳化层的热导率仅有木材的 1/3，次碳化层可导致木构件内部很难快速燃烧。考虑到燃烧对碳化层内部木材纤维结构的损害，木材表层 38mm 以内的部分可认为能保持其原有强度。因而，大断面的木结构构件（重木结构）的耐火极限长于无保护钢结构。

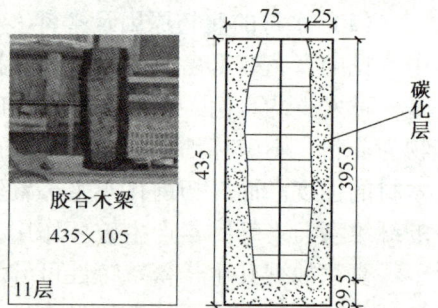

图 11-9　三面燃烧的胶合木梁的碳化层

11.2.5　木材的综合利用

木材为绿色环保材料，其优越性能受到人们的喜爱，故木材耗用量极大。而一般的木材要成材，需生长几十年甚至几百年，故节约木材，提高木材利用率，使之能得到更充分的综合利用，是木材可持续发展的需要。

1. 胶合板

胶合板是由木段旋切成单板或由木方刨切成薄木，再用胶黏剂胶合而成的三层或多层（一般为奇数），且相邻层的单板纹理方向互相垂直排列的板状材料。常用的胶合板有三合板、五合板等。胶合板能提高木材利用率，是节约木材的一个主要途径。胶合板也可供飞机、船舶、火车、汽车、建筑和包装箱等使用。

通常的长宽规格是 1220mm×2440mm，而厚度规格则一般有 3mm、5mm、9mm、12mm、15mm、18mm 等。主要树种有山樟、柳桉、杨木、桉木等。

2. 胶合夹芯板

用树脂胶结的短木条，或用厚纸蜂窝作为芯材，两面用单层胶合板胶结，可制成实心胶合夹芯板或空心胶合夹芯板。实心胶合夹芯板（也称为大芯板）由于板材规格工整，尺寸稳定，可用作缝纫机台面板、绘图板、门板、壁板、家具及装修。

3. 刨花板、木丝板、木屑板

刨花板、木丝板、木屑板是分别以刨木材花木渣、边角料刨制的木丝、木屑等为原料，经干燥后拌入胶黏剂，再经热压成型而制成的人造板材。所用胶黏剂为合成树脂，也可以用水泥、菱苦土等无机的胶凝材料。

这类板材一般表观密度较小，强度较低，主要用作绝热和吸声材料，但其中热压树脂刨花板和木屑板，其表面可粘贴塑料贴面或胶合板作饰面层，这样既增加了板材的强度，又使板材具有装饰性，可用作吊顶、隔墙、家具等材料。

4. 纤维板

纤维板又名密度板，是以木、竹或农作物秸秆纤维为原料，施加尿醛树脂或其他适用的胶黏剂、添加剂（石粉）制成的人造板。纤维板具有材质均匀、纵横强度差小、不易开裂等优点，用途广泛。制造 $1m^3$ 纤维板需 $2.5\sim3m^3$ 的木材，可代替 $3m^3$ 锯材或 $5m^3$ 原木。发展纤维板生产是木材资源综合利用的有效途径。

通常按产品密度分非压缩型和压缩型两大类。非压缩型产品为软质纤维板，密度小于 $0.4g/cm^3$；压缩型产品有中密度纤维板（或称半硬质纤维板，密度 $0.4\sim0.8g/cm^3$）和硬质纤维板（密度大于 $0.8g/cm^3$）。纤维板根据板坯成型工艺可分为湿法纤维板、干法纤维板和定向纤维板，按后期处理方法不同又可分为普通纤维板、油处理纤维板等。软质纤维板质轻，空隙率大，有良好的隔热性和吸声性，多用作公共建筑物内部的覆盖材料。经特殊处理可得到孔隙更多的轻质纤维板，具有吸附性能，可用于净化空气。中密度纤维板结构均匀，密度和强度适中，有较好的再加工性。产品厚度范围较宽，具有多种用途。硬质纤维板产品厚度范围较小，一般为 $3\sim8mm$，强度较高。$3\sim4mm$ 厚度的硬质纤维板可代替 $9\sim12mm$ 锯材薄板材使用，多用于建筑、船舶、车辆等。

5. 欧松板

欧松板为定向结构刨花板（oriented strand board，OSB），它是以小径材、间伐材、木芯为原料，通过专用设备加工成（$40\sim100$）mm × （$5\sim20$）mm × （$0.3\sim0.7$）mm 厚的刨片，经脱油、干燥、施胶、定向铺装、热压成型等工艺制成的一种定向结构板材。这种纵横交错的排列，重组了木质纹理结构，彻底消除了木材内应力对加工的影响，使之具有非凡的易加工性和防潮性。由于欧松板内部为定向结构，无接头，无缝隙、裂痕，整体均匀性好，内部结合强度极高，所以握螺钉能力超强。欧松板成品的甲醛释放量符合欧洲 E1 标准，可以与天然木材相媲美。

欧松板稳定性好，握螺钉力高。欧松板的原料主要为软针、阔叶树材的小径木、速生间伐材，如桉树、杉木、杨木间伐材等，来源比较广泛，并可制造成大幅面板（如 $2440mm\times9750mm$ 或 $3660mm\times7315mm$）。其制造工艺主要是将一定几何形状的刨片〔通常为（$50\sim80$）mm × （$5\sim20$）mm × （$0.45\sim0.6$）mm〕经干燥、施胶、定向铺装和热压成型。

目前我国的欧松板制造技术和设备来源于北美和欧洲，市场上主要的欧松板依赖进口。

与胶合板、纤维板及胶合夹芯板等相比，欧松板线膨胀系数小，稳定性好，材质均匀，握螺钉力较高；由于其刨花是按一定方向排列的，它的纵向抗弯强度比横向大得多，因此，可用作结构材，并可用作受力构件，是建筑结构、室内装修以及家具制造的良好材料。

无甲醛释放的欧松板主要可用于地板、墙壁及屋顶、工字梁、结构隔离板、包装箱、货品托板及存储箱、商品货架、工业用桌面、阔叶材地板芯、挡空气板及护栏、装饰用壁板、预制场混凝土成型、集装箱地板、保龄球球道等。

6. 胶合木

胶合木也称集成材，是将挑选的约25.4mm的单片锯材作为层板，顺纹方向指接，横纹方向横拼，厚度方向层积而加压胶合而制成的大断面木结构型材。胶合木的集成方式如图 11-10 所示，胶合木结构如图 11-11 所示。

胶合木有以下特点：

1）利用较短薄的木材，组成大跨度构件，制作成各种不同的外形，可以制作大跨度胶合木。

2）可以剔除木材中木节、裂缝等缺陷，提高了材料强度。也能根据构件受力情况，进

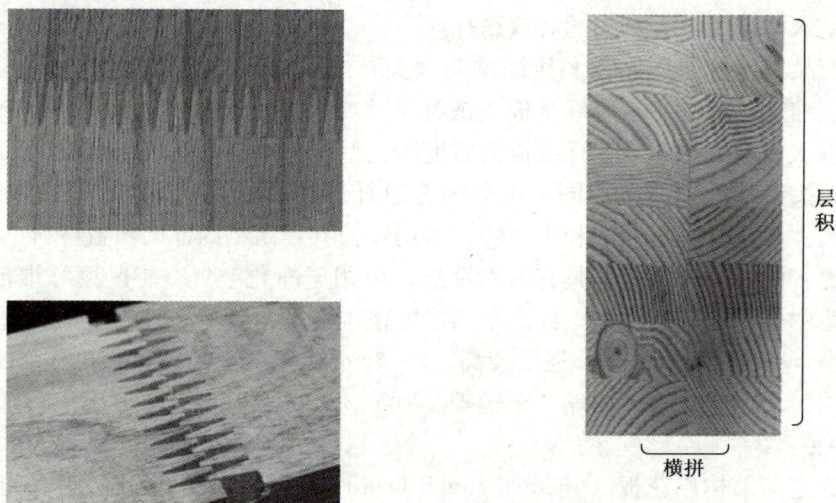

图 11-10　胶合木的集成方式

注：指接－顺纹方向层板间胶合，横拼－梁宽方向层板间胶合，层积－梁高方向层板间胶合。

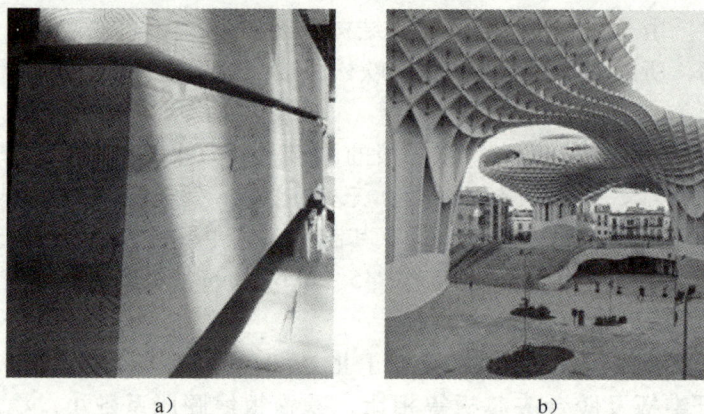

a)　　　　　　　　　　　b)

图 11-11　胶合木结构

a）胶合木梁　b）西班牙塞维利亚广场胶合木建筑

行合理级配，量材使用，将不同等级的木材用于构件不同的应力部位，以达到木材使用率和劣材优用。

3）由于制作胶合木构件所用的木板易于干燥，当干燥后的木板含水率小于15%时，制作的胶合木构件一般无干裂、扭曲等缺陷。

4）可以减少原木和方木结构在连接处的削弱，且连接点少，所用连接钢件较少，整体刚度好。

5）经过防火设计和防火处理的大截面胶合木构件，具有可靠的耐火性。

6）隔声性能好，能大量减少使用期和施工期对周围环境生产的噪声影响。

7）保温性能好，能防止构件的冷桥和热桥。

8）具有天然木质纹理效果，在建筑中体现美学效果经久不衰。

9）可以工业化生产，提高生产效率，尺寸能满足较高的精度，可减少现场工作量，便于保证构件的产品质量。

10）构件质量轻，便于运输、装卸和现场安装，并能减少整个建筑物基础部分的费用。

11）构件在制作过程中耗能低，节约能源。

用于胶合的木材，其含水率应不大于 15%，胶合面应予刨光，以使胶缝密合，胶液渗透顺畅。为了保证胶黏质量，每批胶要经强度检验合格后方可使用。同时，还应注意每种胶的使用条件，如酚醛树脂胶要在 16℃ 以上的气温中方能保持其正常的性能。

木料涂胶叠合后，须加压养护至胶液完全固化。适宜的压力为 0.3~0.5MPa（指接时为 1.0MPa），常温加压时间为 24h，卸压后继续养护 24h 即可交付使用。如果提高室温或对胶缝施以微波加热，则加压养护时间可大为缩短，但需经试验确定。

符合上述条件制作的胶合木构件，可视为整体木构件进行计算。但由于胶合木构件可做成任意的截面形式和高度。因此，在计算中，尚应考虑上述因素的影响，以保证胶合木结构的必要刚度和侧向稳定性。

胶合木构件由于绿色环保、节能保温及综合性能优越，并可突破木材的尺寸和形状限制，在世界各地的工业建筑、体育建筑、文博建筑、桥梁、过山车、住宅等应用广泛。

习　题

11-1　根据岩石成因，岩石可分为哪几类？

11-2　一般岩石应具有哪些主要的技术性质？

11-3　木材为什么是各向异性材料？

11-4　何谓木材的纤维饱和点、平衡含水率？在实际使用中有何意义？

11-5　木材含水率的变化对木材哪些性质有影响？有什么样的影响？

11-6　试分析木材强度的影响因素。

11-7　木材腐朽的原因有哪些？如何防止木材腐朽？

11-8　怎样理解木材的耐火性能？

11-9　木材的综合利用有何意义？

试验 A 土木工程材料基本性质试验

1. 密度试验

密度是指材料在绝对密实状态下单位体积的质量。本试验可以用水泥或烧结普通砖为代表进行密度测定。

（1）主要仪器 主要仪器有李氏瓶（见图 A-1）、天平（称量 1000g，感量 0.01g）、烘箱、筛子（孔径 0.20mm）、温度计等。

（2）试验步骤

1）水泥试样直接采用粉体，烧结黏土砖取样后将其破碎、磨细后，全部通过 0.2mm 孔筛，再放入烘箱中，在不超过 110℃ 的温度下，烘至恒重，取出后置于干燥器中冷却至室温备用。

2）将无水煤油注入图 A-1 所示的李氏瓶至凸颈下 0 ~ 1mL 刻度线范围内。用滤纸将瓶颈内液面上部内壁吸附的煤油仔细擦净。

3）将注有煤油的李氏瓶放入恒温水槽内，使刻度线以下部分进入水中，水温控制在（20 ± 0.5）℃，恒温 30min 后读出液面的初体积 V_1（以弯液面下部切线为准），精确到 0.05mL。

图 A-1 李氏瓶

4）从恒温水槽中取出李氏瓶，擦干其外表面并放于物理天平上，称得初始质量 m_1。

5）用小匙将物料徐徐装入李氏瓶中，下料速度不得超过瓶内液体浸没物料的速度，以免阻塞。如有阻塞，将瓶微倾且摇动，使物料下沉后再继续添加，直至液面上升接近 20mL 的刻度时为止。

6）排除瓶中气泡。以左手指捏住瓶颈上部，右手指托着瓶底，左右摆动或转动，使其中气泡上浮，每 3 ~ 5s 观察一次，直至无气泡上升为止。同时将瓶颈倾斜并缓缓转动，以便使瓶内煤油将黏附在瓶颈内壁上的物料洗入煤油中。

7）先将瓶置于天平上称出加入物料后的质量 m_2，再将瓶放入恒温水槽中，在相同水温下恒温 30min，读出第二次体积读数 V_2。

（3）结果计算

1）按式（A-1）计算试样密度 ρ（精确至 0.01g/cm³）。

$$\rho = \frac{m_2 - m_1}{V_2 - V_1} \tag{A-1}$$

2）以两次试验结果的平均值作为密度的测定结果。两次试验结果的差值不得大于

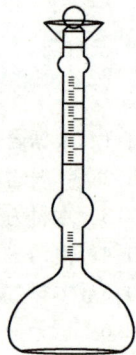

$0.02g/cm^3$，否则应重新取样进行试验。

2. 块状材料的表观密度试验

表观密度又称体积密度，是指材料包含自身孔隙在内的单位体积的质量。以烧结普通砖为试件，进行表观密度测定。

(1) 主要仪器 主要仪器包括案秤（称量6kg，感量50g）、直尺（精度为1mm）、烘箱。当试件较小时，应选用精度为0.1mm的游标卡尺和感量为0.1g的天平。

(2) 试验步骤

1）将每组5个试件放入（105±5）℃的烘箱中烘至恒重，取出冷却至室温称其质量m（g）。

2）用直尺量出试件的各方向尺寸，并计算出其体积V_0（cm^3）。对于六面体试件，量尺寸时，长、宽、高各方向尺寸，取其平均值得a、b、c，则$V=abc$。

(3) 结果计算

1）材料的表观密度ρ_0按式（A-2）计算（精确至$0.01g/cm^3$）。

$$\rho_0 = \frac{m}{V_0} \times 1000 \qquad (A-2)$$

2）以5个试件试验结果的平均值作为表观密度的测定结果，计算精确至$0.01g/cm^3$。

3. 孔隙率计算

将已测得的烧结普通砖的密度与表观密度代入式（A-3），计算出普通砖的孔隙率p（精确至1%）。

$$p = \frac{\rho - \rho_0}{\rho} \times 100\% \qquad (A-3)$$

4. 散装材料的表观密度试验

测定散装材料的表观密度，即单位表观体积（包括内部封闭孔隙与实体体积之和）的烘干质量。

(1) 试验仪器

1）天平。称量5kg，感量1g，型号及尺寸应能允许在臂上悬挂试样吊篮，并在水中称量，如图A-2所示。

2）吊篮。两只，直径和高度均为150mm，由孔径为1~2mm筛网或孔洞为2~3mm的耐锈金属板制成。

3）盛水容器。容器的侧向有溢流孔。

4）烘箱。能使温度控制在（105±5）℃。

5）标准筛。筛孔为5mm。

6）温度计。测温范围0~100℃，分度1℃。

7）带盖容器、瓷盘、刷子和毛巾等。

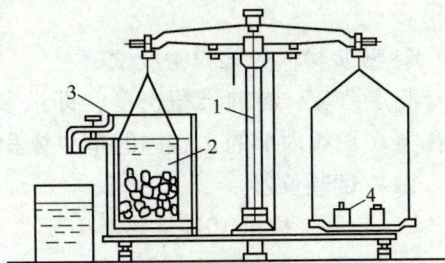

图 A-2 静水密度天平示意图
1—天平 2—吊篮 3—盛水容器 4—砝码

(2) 试验方法

1）将试样筛除4.75mm以下颗粒，用四分法缩分至表A-1所列规定数量的样品，用刷子刷洗干净后分为大致相等的两份备用。

279

表 A-1 测定密度所需要的试样最小质量

公称最大粒径/mm	方孔筛	9.5	16	19	26.5	31.5	37.5	63	75
每一份试样的最小质量/kg		1	1	1	1.5	1.5	2	3	3

2）取 1 份试样装入吊篮中，并浸入盛水容器中，水面至少应高出试样 20mm。

3）浸水 24h 后，移放到盛水的称量容器中，并用上下升降吊篮的方法排除气泡（试样不得露出水面）。吊篮升降速度为每次 1s，升降高度为 30～50mm。

4）测定水温后（此时吊篮应全浸在水中），用天平称量吊篮及试样在水中的质量 m_2，称量时盛水容器中水面的高度由容器的溢流孔控制。

5）提取吊篮，将试样置于瓷盘中，放入（105±5）℃的烘箱中烘干至恒重。取出放入带盖的容器中冷却至室温后，称出试样的质量为 m_0。（此时恒重是指相邻两次称量间隔时间大于 3h 的情况下，其前后两次称量之差小于该项试验所要求的称量精度，以下均同）。

6）称量吊篮在同样温度的水中的质量为 m_1，称量时盛水容器的水面高度仍由溢流孔控制。试验时各项称量可以在 15～25℃的温度范围内进行，但从加水静置的最后 2h 起直至试验结束，其温度相差不应超过 2℃。

散装材料的表观密度 ρ_0 按式（A-4）计算

$$\rho_0 = \left(\frac{m_0}{m_0 + m_1 - m_2} - \alpha_t \right)\rho_w \qquad (A-4)$$

式中　　α_t——考虑称量时的水温对密度影响的修正系数，见表 A-2；

　　　　ρ_w——水的密度（设水在 4℃时的密度为 $1kg/m^3$）。

表 A-2 不同水温下碎石和卵石表观密度的修正系数

水温/℃	15	16	17	18	19	20	21	22	23	24	25
修正系数	0.002	0.003	0.003	0.004	0.04	0.005	0.005	0.006	0.006	0.007	0.007

粗集料的表观密度计算精确至 $0.01g/cm^3$。

以两次计算的算术平均值作为试验结果，其偏差大于 $20kg/m^3$ 时，应重新取样进行试验。对颗粒材质不均匀，两次试验结果超过规定误差，可取四次试验的算术平均值作为试验结果。

5. 散装材料的堆积密度试验

测定散装材料的堆积密度，即散装材料装填于容器中，包括材料空隙（颗粒之间的）和孔隙（颗粒内部的）在内的单位体积质量。堆积密度包括松散堆积密度和紧密堆积密度。

（1）试验仪器

1）台秤。称量 10kg，感量 10g。

2）磅秤。称量 50kg 或 100kg，感量 50g。

3）容量筒。根据散状材料的粒径选取。

4）垫棒、直尺、小铲。

5）烘箱。能使温度控制在（105±5）℃。

（2）试验方法

1）用四分法缩分至规定的取代表性试样，在（105±5）℃的烘箱中烘干，也可以摊在清洁的地面上风干，拌匀后分成两份备用。

2）松散堆积密度。取 1 份试样，置于平整干净的地板（或铁板）上，用小铲铲起试样，从容量筒口中心上方 50mm 处徐徐倒入，使材料自由落入容量筒内，除去突出筒口表面的颗粒，最后称量为 m_1，将试样倒出，称量容量筒质量为 m_0。

3）紧密堆积密度。取样品一份，分三层装入密度筒中，每装完一层次在筒底垫放一根直径为 25mm 钢筋，把筒按住，左右交替颠击地面各 25 次然后装入第二层，用同样方法颠实，再装入第三层（第二次时钢筋的位置与第一次时垂直），待三层试样装填完毕后，加料直到试样超出容量筒口，用钢筋在筒边缘滚转，刮下高出筒口的颗粒，并以合适的颗粒填入凹陷处，使表面稍凸部分的体积大致相等，然后称量为 m_2。

（3）结果计算　堆积密度 ρ_0' 按式（A-5）计算。

$$\rho_0' = \frac{m_1（或\ m_2）- m_0}{V_0'} \tag{A-5}$$

式中　　V_0'——容量筒的容积（L）。

以两次试验的算术平均值为试验结果，计算精确至两位小数。

6. 散状材料空隙率

散状材料空隙率 P'，可根据表观密度和堆积密度按式（A-6）计算。

$$P' = \left[1 - \frac{\rho_0'}{\rho_0}\right] \times 1000 \tag{A-6}$$

式中　　ρ_0'——散装材料的堆积密度（g/cm^3）；

　　　　ρ_0——散装材料的表观密度（g/cm^3）。

散装材料的空隙率计算精确至 1%。

7. 吸水率试验

（1）主要仪器设备　主要仪器设备包括天平、游标卡尺、烘箱等。

（2）试验步骤

1）取有代表性试件（如石材）每组三块，将试件置于烘箱中，先以不超过 110℃ 的温度烘干至恒重，再以感量为 0.1g 的天平称其质量 m_0。

2）将试件放在金属盆或玻璃盆中，在盆底可放些垫条如玻璃管（杆）等使试件底面与盆底不致紧贴，使水能够自由进入试件内。

3）加水至试件高度的 1/3 处，过 24h 后再加水至高度的 2/3 处；再过 24h 加满水，并再放置 24h。这样逐次加水能使试件孔隙中的空气逐渐逸出。

4）取出试件，擦去表面水分，称其质量 m_1，用排水法测出试件的体积 V_0。为检查试件吸水是否饱和，可将试件再浸入水中至高度的 3/4 处，24h 后重新称量，两次质量之差不超过 1%。

（3）试验结果计算

1）按式（A-7）、式（A-8）计算吸水率 W（精确至 0.1%）。

质量吸水率　　$$W_m = \frac{m_1 - m_0}{m_0} \times 100\% \tag{A-7}$$

体积吸水率　　$$W_v = \frac{m_1 - m_0}{V_0} \frac{1}{\rho_w} \times 100\% \tag{A-8}$$

2）取三个试样的吸水率计算其平均值（精确至0.1%）。

试验 B　水 泥 试 验

为了保证建筑工程的质量和进行施工控制，一般施工前需对水泥的质量进行检验。为了保证检验结果的可靠性，国家或建材行业颁布了一系列水泥试验标准来指导水泥试验。

水泥试验的种类很多，且不同水泥品种的试验方法和试验要求有所不同。本节对通用水泥的最主要的物理力学性能——细度、标准稠度用水量、凝结时间、体积安定性、胶砂强度试验进行介绍，主要参照的规范有 GB/T 1345—2005《水泥细度检验方法（80μm 筛筛析法）》、GB/T 1346—2011《水泥标准稠度用水量、凝结时间、安定性检验方法》、GB/T 17671—2021《水泥胶砂强度检验方法（ISO 法）》。

1. 水泥试验的一般规定

1）取样方法。以同一水泥厂、同品种、同强度等级、同期到达的、一般不超过200t 为一批。取样应有代表性，应从 20 个以上不同部位抽取等量样品，总量不少于12kg。

2）试样应充分拌匀，通过 0.9mm 的方孔筛，记录筛余百分率及筛余物情况。将样品分成两份，一份密封保存 3 个月，一份用于试验。

3）试验用水必须是洁净的淡水。

4）试验室温度应为 18～22℃，相对湿度应不小于 50%。养护箱温度为（20±1）℃，相对湿度应大于90%。养护池水温为（20±1）℃。

5）水泥试样、标准砂、拌合用水及仪器用具的温度应与试验室温度相同。

2. 水泥细度试验

(1) 试验目的和意义　水泥的许多性质（如凝结时间、强度、收缩等）都与水泥的细度有关，因此，水泥的细度是评价水泥质量的一个指标。

(2) 主要仪器设备

1）水筛及筛座。水筛采用边长为 0.080mm 的方孔铜丝筛网，筛框内径 125mm，高 80mm。

2）水筛架和喷头。水筛架和喷头的结构尺寸符合 JC/T 728—2005《水泥标准筛和筛析仪》规定，但其中水筛架上筛座内径为 140^{+0}_{-3} mm。

3）负压筛仪。由筛座、负压源及收尘器组成。

4）天平。最小分度值不大于 0.01g。

(3) 试验步骤

1）试验准备。试验前所用试验筛应保持清洁、负压筛和手工筛应保持干燥。试验时，80μm 筛析试验称取试样23g，45μm 筛析试验称取试样10g。

2）负压筛析法。

① 筛析试验前应把负压筛放在筛座上，盖上筛盖，接通电源，检查控制系统，调节负压至 4000～6000Pa 范围内。

② 称取试样精确至 0.01g，置于洁净的负压筛中，放在筛座上，盖上筛盖，接通电源，开动筛析仪连续筛析2min，在此期间如有试样附着在筛盖上，可轻轻地敲击筛盖使试样落下。筛毕，用天平称量全部筛余物。

3）水筛法。

① 筛析试验前，应检查水中无泥、砂，调整好水压及水筛架的位置，使其能正常运转，并控制喷头底面和筛网之间距离为 35～75mm。

② 称取试样精确至 0.01g，置于洁净的水筛中，立即用淡水冲洗至大部分细粉通过后，放在水筛架上，用水压为（0.05±0.02）MPa 的喷头连续冲洗 3min。筛毕，用少量水把筛余物冲至蒸发皿中，等水泥颗粒全部沉淀后，小心倒出清水，烘干并用天平称量全部筛余物。

4）手工筛析法。

① 称取水泥试样精确至 0.01g，倒入手工筛内。

② 用一只手持筛往复摇动，另一只手轻轻拍打，往复摇动和拍打过程应保持近于水平。拍打速度每分钟约 120 次，每 40 次向同一方向转动 60°，使试样均匀分布在筛网上，直至每分钟通过的试样量不超过 0.03g 为止。称取全部筛余物。

5）对其他粉状物料，或采用 45～80μm 以外规格方孔筛进行筛析试验时，应指明筛子的规格、称样量、筛析时间等相关参数。

6）试验筛的清洗。试验筛必须常保持洁净，筛孔通畅，使用 10 次后要进行清洗。金属框筛、铜丝网筛清洗时应用专门的清洗剂，不可用弱酸浸泡。

（4）计算

1）水泥试样筛余百分数按式（B-1）计算。

$$F = \frac{R_t}{W} \times 100 \tag{B-1}$$

式中　F——水泥试样的筛余百分数（%）；

R_t——水泥筛余物的质量（g）；

W——水泥试样的质量（g）。

计算结果精确至 0.1%。

2）试验结果。负压筛析法、水筛法和手工筛析法测定的结果发生争议时，以负压筛析法为准。

3. 水泥标准稠度用水量测定

（1）试验目的和意义　水泥的凝结时间和安定性测定等都与其用水量有关。为了便于检验，必须人为规定一个标准稠度，统一用标准稠度的水泥净浆进行检验。该试验的主要目的就是为凝结时间和安定性试验提供标准稠度的水泥净浆，也可用来检验水泥的需水量。

（2）主要仪器设备

1）水泥净浆搅拌机。由主机、搅拌叶和搅拌锅等组成，搅拌叶片能以双转速转动。

2）标准法维卡仪。测定水泥标准稠度和凝结时间用维卡仪及配件示意图如图 B-1 所示。

3）天平。最大称量不小于 1000g，分度值不大于 1g。

（3）标准稠度用水量测定方法（标准法）

1）试验前准备工作。

① 维卡仪的滑动杆能自由滑动，试模和玻璃底板用湿布擦拭，将试模放在底板上。

② 调整至试杆接触玻璃板时指针对准零点。

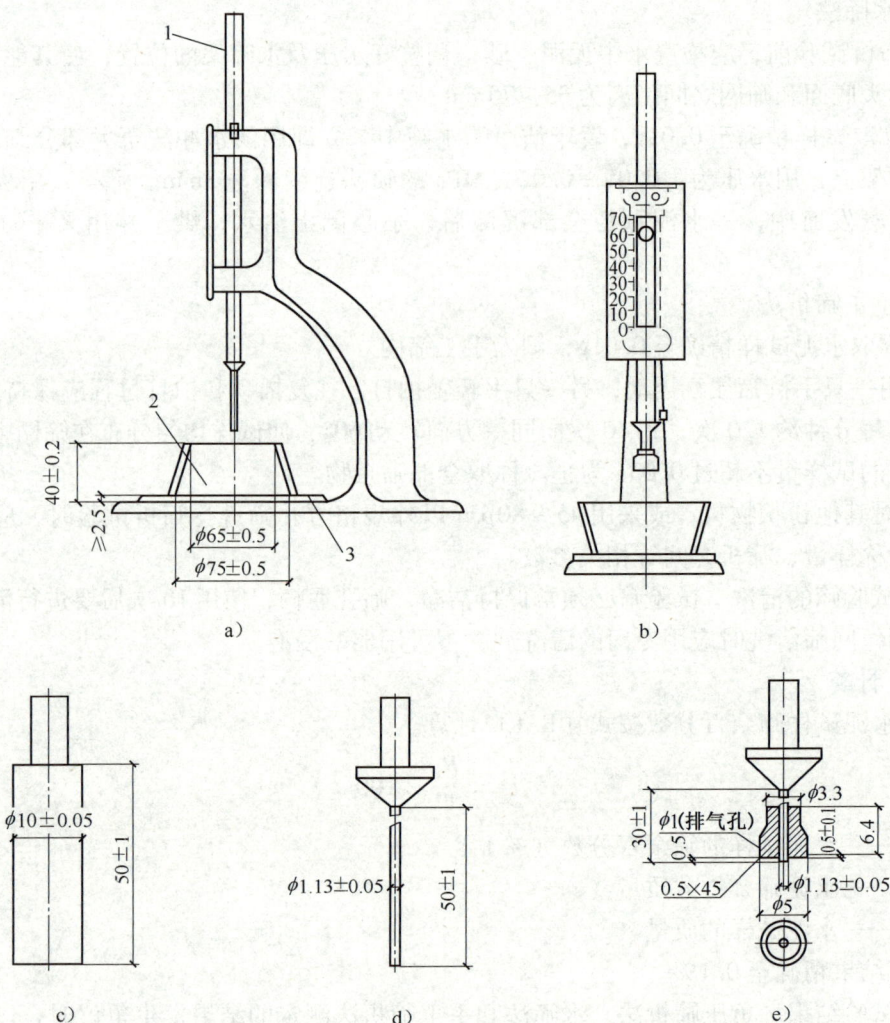

图 B-1 测定水泥标准稠度和凝结时间用维卡仪及配件示意图

a) 初凝时间测定用立式试模的侧视图 b) 终凝时间测定用反转试模的前视图

c) 标准稠度试杆 d) 初凝用试针 e) 终凝用试针

1—滑动杆 2—试模 3—玻璃板

③ 搅拌机运行正常。

2）水泥净浆的拌制。用水泥净浆搅拌机搅拌，搅拌锅和搅拌叶片先用湿布擦过，将拌合用水倒入搅拌锅内，然后在 5~10s 内小心地把称好的 500g 水泥加入水中，防止水和水泥溅出；拌和时，先将锅放在搅拌机的锅座上，升至搅拌位置，起动搅拌机，低速搅拌 120s，停 15s，同时将叶片和锅壁上的水泥浆刮入锅中间，接着高速搅拌 120s 停机。

3）标准稠度用水量的测定步骤。拌和结束后，首先立即取适量水泥净浆一次性将其装入已置于玻璃底板上的试模中，浆体超过试模上端，用宽约 25mm 的直边刀轻轻拍打超出试模部分的浆体 5 次以排除浆体中的孔隙，然后在试模上表面约 1/3 处，略倾斜于试模分别向外轻轻锯掉多余净浆，再从试模边沿轻抹顶部一次，使净浆表面光滑。在锯掉多余净浆和抹平的操作过程中，注意不要压实净浆；抹平后迅速将试模和底板移到维卡仪上，并将其中心定在试杆上，降低试杆直至与水泥净浆表面接触，拧紧螺母 1～2s 后，突然放松，使试杆垂直自由地沉入水泥净浆中。在试杆停止沉入或释放试杆 30s 时记录试杆距底板之间的距离，升起试杆后，立即擦净；整个操作应在搅拌后 1.5min 内完成。以试杆沉入净浆并距底板（6±1）mm 的水泥净浆为标准稠度净浆。其拌合用水量为该水泥的标准稠度用水量（P），按水泥质量的百分比计。

（4）标准稠度用水量测定方法（代用法）

1）试验前准备工作。

① 维卡仪的滑动杆能自由滑动。

② 调整至试锥接触锥模顶面时指针对准零点。

③ 搅拌机运行正常。

2）水泥净浆的搅拌同标准法。

3）标准稠度的测定。

① 采用代用法测定标准稠度用水量可用调整水量和不变水量两种方法的任一种测定，采用调整水量方法时拌合用水量按经验找水，采用不变水量方法时拌合用水量用 142.5mL。

② 拌和结束后，立即将拌制好的水泥净浆装入锥模中，用宽约 25mm 的直边刀在浆体表面轻轻插捣 5 次，再轻振 5 次，刮去多余的净浆，抹平后迅速放到试锥下面固定的位置上，将试锥降至净浆表面，拧紧螺母 1～2s 后，突然放松，让试锥垂直自由地沉入水泥净浆中。到试锥停止下沉或释放试锥 30s 时记录试锥下沉深度。整个操作应在搅拌后 1.5min 内完成。

③ 用调整水量方法测定时，以试锥下沉深度（30±1）mm 时的净浆为标准稠度净浆。其拌合用水量为该水泥的标准稠度用水量，按水泥质量的百分比计。如下沉深度超出范围需另称试样，调整水量，重新试验，直至达到（30±1）mm 为止。

④ 用不变水量方法测定时，根据式（B-2）（或仪器上对应标尺）计算得到标准稠度用水量 P。当试锥下沉深度小于 13mm 时，应改用调整水量法测定。

$$P = 33.4 - 0.185S \qquad\qquad (B-2)$$

式中　S——试锥下沉深度（mm）。

4. 水泥凝结时间测定

（1）试验目的和意义　水泥加水拌和后形成水泥浆，水泥浆会逐渐失去可塑性而具有强度。从水泥加水起到开始失去可塑性的时间，称为初凝时间；从水泥加水起到完全失去可塑性并具有强度的时间，称为终凝时间。从施工的角度来说，水泥初凝不宜太早，终凝不宜太迟，以保证水泥拌和以后有足够的时间进行施工，施工结束以后能保证强度的发展。凝结时间是评定水泥质量的一个重要指标。

（2）主要仪器设备

1）水泥净浆搅拌机。由主机、搅拌叶和搅拌锅等组成，搅拌叶片能以双转速转动。

2）标准法维卡仪。测定水泥标准稠度和凝结时间用维卡仪及配件示意图如图 B-1 所示。

3）天平。最大称量不小于 1000g，分度值不大于 1g。

（3）凝结时间测定方法

1）试验前准备工作。调整凝结时间测定仪的试针接触玻璃板时指针对准零点。

2）试件的制备。以标准稠度用水量制成标准稠度净浆，装模和刮平后，立即放入湿气养护箱中。记录水泥全部加入水中的时间作为凝结时间的起始时间。

3）初凝时间的测定。试件在湿气养护箱中养护至加水后30min时进行第一次测定。测定时，从湿气养护箱中取出试模放到试针下，降低试针与水泥净浆表面接触。拧紧螺母1~2s后，突然放松，试针垂直自由地沉入水泥净浆。观察试针停止下沉或释放试针30s时指针的读数。临近初凝时间时，每隔5min（或更短时间）测定一次，当试针沉至距底板（4±1）mm时，为水泥达到初凝状态；由水泥全部加入水中至初凝状态的时间为水泥的初凝时间，用min来表示。

4）终凝时间的测定。为了准备观测试针沉入的状况，在终凝针上安装了一个环形附件（见图B-1e）。在完成初凝时间测定后，立即将试模连同浆体以平移的方式从玻璃板取下，翻转180°，直径大端向上，小端向下放在玻璃板上，再放入湿气养护箱中继续养护。临近终凝时间时每隔15min（或更短时间）测定一次，当试针沉入试体0.5mm时，即环形附件开始不能在试体上留下痕迹时，为水泥达到终凝状态。由水泥全部加入水中至终凝状态的时间为水泥的终凝时间，用min来表示。

5）测定注意事项。测定时应注意，在最初测定的操作时应轻轻扶持金属柱，使其徐徐下降，以防试针撞弯，但结果以自由下落为准；在整个测试过程中试针沉入的位置至少要距试模内壁10mm。临近终凝时每隔15min（或更短时间）测定一次；到达初凝时应立即重复测一次，当两次结论相同时才能确定到达初凝状态；到达终凝时，需要在试体另外两个不同点测试，确认结论相同才能确定到达终凝状态。每次测定不能让试针落入原针孔，每次测试完毕须将试针擦净并将试模放回湿气养护箱内，整个测试过程要防止试模受振动。可以使用能得出与标准中规定方法相同结果的凝结时间自动测定仪，有矛盾时以标准规定方法为准。

5. 水泥安定性试验

（1）试验目的和意义　造成水泥体积安定性不良的主要原因有游离氧化钙过多、氧化镁过多和掺入的石膏过多。对于氧化镁和石膏含量，规定水泥出厂时应符合要求。对游离氧化钙的危害作用，通过沸煮法来检验。安定性检验分雷氏法和试饼法两种，有争议时以雷氏法为准。

（2）主要仪器设备

1）测定标准稠度所需的仪器。

2）雷氏夹。铜质材料制成，形状如图B-2所示，用300g砝码校正时，两根针尖距离增加应在（17.5±2.5）mm范围内，即$2x =$（17.5±2.5）mm，如图B-3所示。

3）雷氏夹膨胀测定仪。标尺最小刻度为0.5mm，如图B-4所示。

4）沸煮箱。有效容积为410mm×240mm×310mm，内设篦板及两组加热器。能在（30±5）min内将一定量的试验用水由20℃升至沸腾，然后保持恒沸3h。

5）标准养护箱、玻璃板等。

6）天平。最大称量不小于1000g，分度值不大于1g。

（3）安定性测定方法（标准法）

1）试验前准备工作。每个试样需成型两个试件，每个雷氏夹需配备两个边长或直径约80mm、厚度4~5mm的玻璃板，凡与水泥净浆接触的玻璃板和雷氏夹内表面都要稍稍涂上

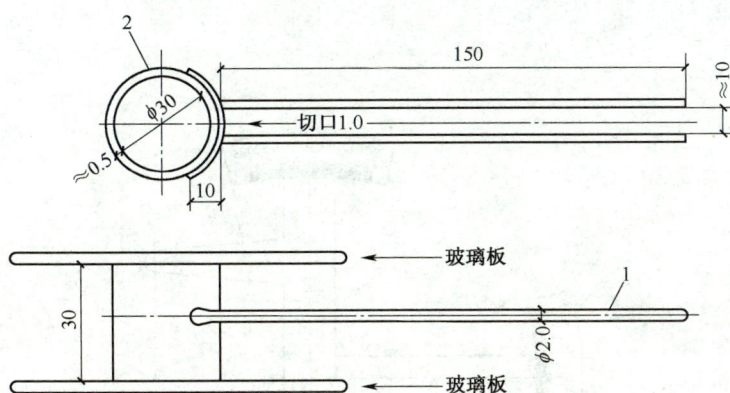

图 B-2　雷氏夹

1—指针　2—环模

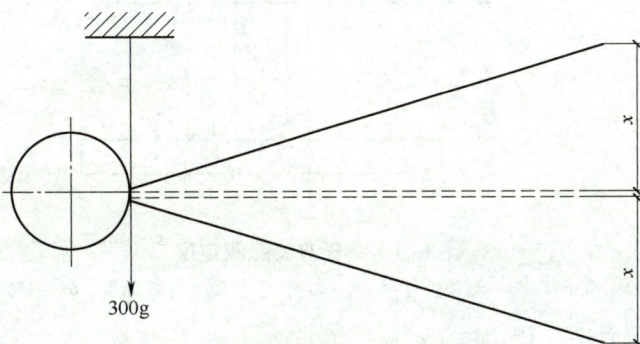

图 B-3　雷氏夹受力示意图

一层油。有些油会影响凝结时间，涂矿物油比较合适。

2）雷氏夹试件的成型。将预先准备好的雷氏夹放在已稍擦油的玻璃板上，并立即将已制好的标准稠度净浆一次装满雷氏夹，装浆时一只手轻轻扶持雷氏夹，另一只手用宽约25mm 的直边刀在浆体表面轻轻插捣 3 次，然后抹平，盖上稍涂油的玻璃板，立即将试件移至湿气养护箱内养护（24±2）h。

3）沸煮。

① 调整好沸煮箱内的水位，使其能在整个沸煮过程中都超过试件，不需中途添补试验用水，同时又能保证在（30±5）min 内升至沸腾。

② 脱去玻璃板取下试件，先测量雷氏夹指针尖端间的距离 A，精确到 0.5mm，接着将试件放入沸煮箱水中的试件架上，指针朝上，再在（30±5）min 内加热至沸腾，并恒沸（180±5）min。

③ 结果判别。沸煮结束后，立即放掉沸煮箱中的热水，打开箱盖，待箱体冷却至室温，取出试件进行判别。测量雷氏夹指针尖端的距离 C，准确至 0.5mm。当两个试件煮后增加距离 $C-A$ 的平均值不大于 5.0mm 时，即认为该水泥安定性合格；当两个试件煮后增加距离 $C-A$ 的平均值大于 5.0mm 时，应用同一样品立即重做一次试验，以复检结果为准。

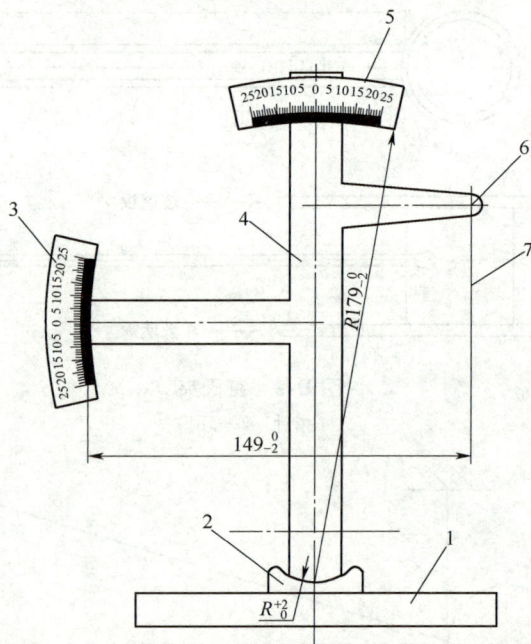

图 B-4 雷氏夹膨胀测定仪

1—底座 2—模子座 3—测弹性标尺 4—立柱 5—测膨胀性标尺 6—悬臂 7—悬丝

（4）安定性测定方法（代用法）

1）试验前准备工作。每个样品需准备两块边长约 100mm 的玻璃板，凡与水泥净浆接触的玻璃板都要稍稍涂上一层油。

2）试饼的成型方法。将制好的标准稠度净浆取出一部分分成两等份，使之成球形，放在预先准备好的玻璃板上，轻轻振动玻璃板并用湿布擦过的小刀由边缘向中间抹，做成直径 70~80mm、中心厚约 10mm、边缘渐薄、表面光滑的试饼，接着将试饼放入湿气养护箱内养护（24±2）h。

3）沸煮。

① 步骤同标准法。

② 脱去玻璃板取下试饼，在试饼无缺陷的情况下将试饼放在沸煮箱水中的篦板上，在（30±5）min 内加热至沸腾，并恒沸（180±5）min。

③ 结果判别。沸煮结束后，立即放掉沸煮箱中的热水，打开箱盖，待箱体冷却至室温，取出试件进行判别。目测试件未发现裂缝，用钢直尺检查也没有弯曲（使钢直尺和试饼底部紧靠，以两者间不透光为不弯曲）的试饼为安定性合格，反之为不合格。当两个试饼判别结果有矛盾时，该水泥的安定性为不合格。

6. 水泥胶砂强度试验

（1）试验目的和意义 水泥作为主要的胶凝材料，其强度对结构混凝土的强度有决定性的影响。水泥的强度用标准的水泥胶砂试件抗折和抗压强度来表示，并根据强度测定值来划分水泥的强度等级。

（2）主要仪器设备

1）胶砂搅拌机。行星式胶砂搅拌机，应符合 JC/T 681—2022《行星式水泥胶砂搅拌机》的要求。

2）胶砂振动台。应符合 JC/T 682—2022《水泥胶砂试体成型振实台》的要求。

3）试模。可装卸的三联模，一次制成的三条试件尺寸都为 40mm×40mm×160mm，如图 B-5 所示。

4）下料漏斗。与试模配套使用，下料口宽为 4～5mm。

5）水泥电动抗折试验机。应符合 JC/T 724—2005《水泥胶砂电动抗折试验机》的要求。

6）压力试验机及抗压夹具。试验机最大量程以 200～300kN 为宜，在较大的 4/5 量程范围内使用时记录的荷载应有 ±1% 的精度。抗压夹具以硬钢制成，试件受压尺寸为 62.5mm×40mm，加压面须磨平。

7）刮刀、量筒、天平等。

8）试验筛。金属丝网试验筛应符合 GB/T 6003.1—2022《试验筛　技术要求和检验　第 1 部分：金属丝编织网试验筛》的要求，筛孔尺寸分别为 2.0mm、1.6mm、1.0mm、0.5mm、0.16mm 与 0.080mm。

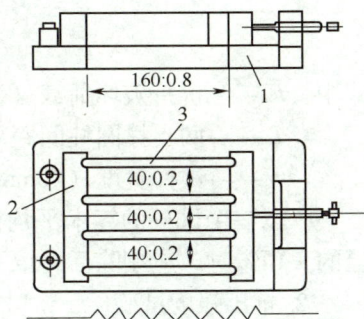

图 B-5　试模
1—底模　2—侧模　3—挡板

（3）检验方法

1）称料。水泥与标准砂的质量比为 1:3，水胶比为 0.50。成型三条试条需称量水泥 450g，标准砂 1350g，水 225mL（$W/C = 0.50$）。

2）搅拌。先把水加入锅中，再加入水泥，把锅放在固定架上，上升至固定位置。然后立即开动机器，低速搅拌 30s 后，在第二个 30s 开始时同时均匀地将砂子加入。把机器转至高速再拌 30s。停拌 90s，在第一个 15s 内用一胶皮刮具将叶片和锅壁上的胶砂刮入锅中间。在高速下继续搅拌 60s。各个搅拌阶段，时间误差应在 ±1s 以内。

3）成型。胶砂制备后立即进行成型。将空试模和模套固定在振实台上，用一个适当勺子直接从搅拌锅里将胶砂分两层装入试模，装第一层时，每个槽里约放 300g 胶砂，用大播料器垂直架在模套顶部沿每个模槽来回一次将料层插平，接着振实 60 次，再装入第二层胶砂，用小播料器播平，再振实 60 次。首先移走模套，从振实台上取下试模，用一金属直尺以近似 90° 的角度架在试模模顶的一端，然后沿试模长度方向以横向锯割动作慢慢向另一端移动，一次将超过试模部分的胶砂刮去，并用同一直尺以近乎水平的情况下将试体表面抹平。在试模上作标记或加字条标明试件编号和试件相对于振实台的位置。

4）养护与脱模。首先将成型好的试件及试模送入标准养护箱［温度（20±1）℃，湿度大于 90%］养护（22±2）h，然后取出、脱模。硬化较慢的水泥允许延期脱模，水面至少高出试件 5cm。

5）强度试验。

① 抗折强度。

a. 各龄期试件，规定在 24h±15min，48h±30min，72h±45min，7d±2h，28d±8h 时间内进行强度试验。

b. 到时间后，取出三条试件先进行抗折试验。测试前须先擦去试件表面的水分和砂粒，清洁夹具的圆柱表面。

c. 将试件一个侧面放在试验机支撑圆柱上，试件长轴垂直于支撑圆柱，通过加荷圆柱以（50±10）N/s 的速度均匀地将荷载垂直地加在棱柱体相对侧面上，直至折断。

d. 保持两个半截棱柱体处于潮湿状态直至抗压试验。

e. 抗折强度 R_f 可按下式计算（精确至0.01）

$$R_f = \frac{1.5F_f L}{b^3} \tag{B-3}$$

式中　F_f——抗折破坏荷载（N）；

　　　L——两支撑圆柱间距离（100mm）；

　　　b——试件宽度（40mm）。

f. 以三个试件的算术平均值作为抗折强度试验结果。当三个强度值中有一个超过平均值的 ±10% 时，应剔除后再取平均值作为抗折强度试验结果。

② 抗压强度试验。

a. 抗折试验后的两个断块应立即进行抗压强度试验，抗压试验须用抗压夹具进行，试件的受压面为40mm×40mm。测定前应先清除试件受压面与加压板间的砂粒或杂质。测定时应以试件侧面作为受压面，并使夹具对准压力机压板中心。

b. 加荷速度控制在（2.4±0.2）kN/s 范围内，均匀地加荷直至破坏。

c. 抗压强度 R_c 按下式计算（精确至0.1MP）

$$R_c = \frac{F_c}{A} \tag{B-4}$$

式中　F_c——抗压破坏荷载（kN）；

　　　A——受压面积，通常取 $40mm \times 40mm = 1600mm^2$。

d. 以一组三个棱柱体上得到的六个抗压强度测定值的算术平均值作为抗压强度试验结果。如六个测定值中有一个超出六个平均值的 ±10%，就应剔除这个测定值，而以剩下五个的平均值为结果。如果五个测定值中再有超出它们平均值的 ±10% 时，则此组测定值作废。

7. 水泥试验结果评定

水泥试验的结果应根据所试验的水泥品种，参照相应的技术规范进行评定，并应具有明确的结论。

试验 C　混凝土试验

C.1　砂石试验

1. 砂石材料取样方法的规定

1）在料堆上取砂样时，取样部位应均匀分布。取样前先将取样部位表层铲除，再从不同部位抽取大致等量的砂八份，组成一组样品。将所取试样置于平板上，在潮湿状态下拌和均匀，并堆成厚度约为 20mm 的圆饼。重复上述过程，直至把样品缩分到试验所需的量为止。

2）在料堆上取石样时，取样部位应均匀分布。取样前先将取样部位表层铲除，再从不同部位抽取大致等量的石子 15 份（在料堆的顶部、中部和底部均匀分布的 15 个不同部位取得）组成一组样品。试样也进行缩分。

2. 砂的筛分试验

(1) 试验目的和意义　通过砂子筛分试验，绘出颗粒级配曲线，并计算砂的细度模数，由此可以确定砂的级配好坏和粗细程度。砂的级配好坏和粒度大小，对于混凝土的水泥用量具有显著的影响。

(2) 仪器设备　①方孔标准筛。孔径为 150μm、300μm、600μm、1.18mm、2.36mm、4.75mm、9.50mm 的标准筛以及底盘和盖各一个。②天平（称量 1kg，感量 1g）。③烘箱、摇筛机、瓷盘、容量瓶、毛刷等。

(3) 试样制备　将试样缩分至约 1100g，放在烘箱中于（105±5）℃下烘干至恒量，待冷却至室温后，筛除大于 9.50mm 的颗粒（并算出其筛余百分率），分为大致相等的两份备用。

(4) 试验步骤

1）称取烘干试样 500g，精确到 1g。

2）首先将试样倒入按孔径大小从上到下组合的套筛（附筛底）上，然后进行筛分。将套筛置于摇筛机上，摇 10min；取下套筛，按孔大小顺序再逐个用手筛，筛至每分钟通过量小于试样总量的 0.1% 为止。通过的试样并入下一号筛中，并和下一号筛中的试样一起过筛，按此顺序进行，直至各号筛全部筛完为止。

3）称出各号筛的筛余量，精确至 1g，试样在各号筛上的筛余量不得超过按下式计算出的量

$$m = \frac{Ad^{1/2}}{200} \qquad (\text{C-1})$$

式中　　m——在一个筛上的筛余量（g）；

A——筛面面积（mm^2）；

d——筛孔尺寸（mm）。

超过时应按下列方法之一进行处理：

① 将该粒级试样分成少于式（C-1）计算出的量分别筛分，并以筛余量之和作为该号筛的筛余量。

② 将该粒级及以下各粒级的筛余混合均匀，称出其质量，精确至 1g。再用四分法缩分为大致相等的两份，取其中一份，称出其质量，精确至 1g，继续筛分。计算该粒级及以下各粒级的分计筛余量时应根据缩分比例进行修正。

(5) 试验结果

1）计算分计筛余百分率。各号筛的分计筛余量与试样总量之比，计算精确至 0.1%。

2）计算累计筛余百分率。某号筛的筛余百分率加上大于该号筛的各筛余百分率之和，计算精确至 0.1%。筛分后，如每号筛的筛余量与筛底的剩余量之和与原试样质量之差超过 1% 时，须重新试验。

3）砂的细度模数可按下式计算，精确至 0.01

$$M_x = \frac{(A_2 + A_3 + A_4 + A_5 + A_6) - 5A_1}{100 - A_1} \qquad (\text{C-2})$$

式中 $A_1 \sim A_6$——六个筛上的累计筛余百分率。

4）累计筛余百分率取两次试验结果的算术平均值，精确至 1%。细度模数取两次试验结果的算术平均值，精确至 0.1。如两次试验的细度模数之差超过 0.02 时，须重新检验。

3. 砂的视密度（近似密度）试验

（1）试验目的和意义 测定砂的视密度，以此评定砂的质量。砂的视密度也是进行混凝土配合比设计的必要数据之一。

（2）主要仪器设备

1）托盘天平。称量 1000g，感量 1g。

2）容量瓶。容积为 500mL。

3）烘箱、干燥器、瓷盘、料勺、温度计等。

（3）试样制备 将取回的试样用四分法缩分至约 660g，放在烘箱中于（105±5）℃下烘干至恒量，待冷却至室温后分成两份备用。

（4）试验步骤

1）首先称取烘干试样 300g（m_0），精确至 1g，将试样装入 15~25℃冷开水至接近 500mL 的刻度处，用手旋转容量瓶，使砂样充分摇动，排除气泡，塞紧瓶塞，静置 24h。然后用滴管小心加水至容量瓶 500mL 刻度处，塞紧瓶塞，擦干瓶外水分，称出其质量（m_1），精确至 1g。

2）先倒出瓶内水和试样，洗净容量瓶，再向容量瓶内注入 15~25℃ 水至 500mL 刻度处，塞紧瓶塞，擦干瓶外水分，称出其质量（m_2），精确至 1g。

（5）试验结果 试样的视密度 ρ' 按下式计算

$$\rho' = \frac{m_0}{m_0 + m_2 - m_1} \times \rho_w \qquad (C\text{-}3)$$

式中 ρ'——砂的视密度（kg/m^3）；

m_0——烘干试样质量（g）；

ρ_w——水的密度，取 1000kg/m^3。

视密度取两次试验结果的算术平均值，精确至 10kg/m^3；如两次试验结果之差大于 20kg/m^3，须重新试验。

4. 砂的堆积密度试验

（1）试验目的和意义 测定砂的堆积密度并计算空隙率，借以评定砂的质量。砂的堆积密度也是混凝土配合比设计必需的重要数据之一。在运输中，可以根据砂的堆积密度换算砂的运输质量和体积。

（2）仪器设备

1）天平。称量 10kg，感量 1g。

2）容量筒。圆柱形金属桶，内径 108mm，净高 109mm，壁厚 2mm，筒底厚约 5mm，容积为 1L。容量筒应先校正体积，将温度为（20±2）℃的饮用水装满容量筒，用玻璃板沿筒口滑移，使其紧贴水面并擦干筒外壁水分，再称出其质量，精确至 1g。用下式计算容积

$$V = \frac{m'_1 - m'_2}{\rho_w} \qquad (C\text{-}4)$$

式中 V——容量筒容积（mL）；

m'_1——容量筒、玻璃板和水的总质量（g）；

m'_2 ——容量筒和玻璃板质量（g）。

3）烘箱、漏斗或料勺、毛刷、瓷盘、直尺等。

（3）试样制备 用瓷盘装取试样约 3L，放在烘箱中于（105±5）℃下烘干至恒量，待冷却至室温后，筛除大于 4.75mm 的颗粒，分为大致相等的两份备用。

（4）试验步骤 首先称容量筒质量 m_1，用漏斗或料勺将试样从容量筒中心上方 50mm 处徐徐倒入，让试样以自由落体落下，当容量筒上部试样呈锥体，且容量筒四周溢满时，即停止加料。然后用直尺沿筒口中心线向两边刮平，称出试样和容量筒的总质量 m_2，精确至 1g。

（5）试验结果

1）堆积密度 ρ'_0 按下式计算（精确至 0.01）

$$\rho'_0 = \frac{m_2 - m_1}{V} \tag{C-5}$$

式中 V——容量筒的容积（mL）。

2）空隙率 P' 按下式计算（精确至 1%）

$$P' = \left(1 - \frac{\rho'_0}{\rho'}\right) \times 100\% \tag{C-6}$$

式中 ρ'_0——砂的堆积密度；

ρ'——砂的视密度。

堆积密度取两次试验结果的算术平均值，精确至 $10\mathrm{kg/m^3}$。空隙率取两次试验结果的算术平均值，精确至 1%。

5. 砂的含水率试验

（1）试验目的和意义 测定砂的含水率，以供搅拌混凝土时校正加水量和用砂量之用。此外，砂料的含水率对于砂料的体积也有很大影响。当验收砂时也可根据其含水率来进行体积的折算。本试验参照 JGJ 52—2006《普通混凝土用砂、石质量及检验方法标准》进行。

（2）主要仪器设备

1）天平。称量 2kg，感量 2g。

2）烘箱、干燥器、瓷盘等。

（3）试验步骤

1）将约 500g 试样装入已称得质量为 m_1 的瓷盘中，称出试样连同瓷盘的总质量 m_2。首先摊开试样，置于温度为（105±5）℃的烘箱中烘干至恒重，然后置于干燥器中冷却至室温。

2）称烘干试样连同瓷盘的总质量 m_3。

（4）试验结果 试样的含水率 W 按下式计算（精确至 0.1%）

$$W = \frac{m_2 - m_3}{m_3 - m_1} \times 100\% \tag{C-7}$$

以两次测定值的算术平均值作为试验结果。砂的表面含水率，可由此试验值减去其吸水率来求得。

6. 石子的筛分试验

（1）试验目的和意义 石子的颗粒级配对于混凝土中水泥用量的大小具有显著的影响，它是评定石子质量的一个重要依据。

(2) 仪器设备

1) 方孔标准筛。孔径为 2.36mm、4.75mm、9.50mm、16.0mm、19.0mm、26.5mm、31.5mm、37.5mm、53.0mm、63.0mm、75.0mm、90.0mm 的筛各一只，并附有底盘和筛盖（筛框内径为300mm）。

2) 台秤。称量 10kg，感量 1g。

3) 烘箱、摇筛机、瓷盘、毛刷等。

(3) 试样制备　将试样缩分至略大于表 C-1 规定的数量，烘干或风干后备用。

表 C-1　颗粒级配试验所需试样数量

最大粒径/mm	9.50	16.0	19.0	26.5	31.5	37.5	63.0	75.0
最少试样质量/kg	1.9	3.2	3.8	5.0	6.3	7.5	12.6	16.0

(4) 试验步骤

1) 称取按表 C-1 规定数量的试样一份，精确到 1g。

2) 首先将试样倒入按孔径大小从上到下组合的套筛（附筛底）上，然后进行筛分。将套筛置于摇筛机上，摇 10min；取下套筛，按筛孔大小顺序再逐个用手筛，筛至每分钟通过量小于试样总量的 0.1% 为止。通过的试样并入下一号筛中，并和下一号筛中的试样一起过筛，按此顺序进行，直至各号筛全部筛完为止。当筛余颗粒的粒径大于 19.0mm 时，允许用手指拨动颗粒。

3) 称出各号筛的筛余量，精确至 1g。

(5) 试验结果

1) 计算分计筛余百分率，即各号筛的分计筛余量与试样总量之比，计算精确至 0.1%。

2) 计算累计筛余百分率，即某号筛的筛余百分率加上大于该号筛的各筛余百分率之和，计算精确至 0.1%。筛分后，如每号筛的筛余量与筛底的剩余量之和同原试样质量之差超过 1% 时，须重新试验。

3) 根据各号筛的累计筛余百分率，评定该试样的颗粒级配。

7. 卵石或碎石的视密度（近似密度）**试验**（广口瓶法）

(1) 试验目的和意义　石子的视密度是指不包括颗粒之间空隙在内，但却包括颗粒内部孔隙在内的单位体积的质量。石子的视密度与石子的矿物成分有关。测定石子的视密度，可以鉴别石子的质量，同时也是计算空隙率和进行混凝土配合比设计的必要数据之一。此法可用于最大粒径不大于 37.5mm 的卵石或碎石。

(2) 主要仪器设备

1) 天平。最大称量 2kg，感量 1g。

2) 广口瓶。容积为 1000mL，磨口并带有玻璃片。

3) 筛（孔径 4.75mm）、烘箱、瓷盘、毛巾、温度计等。

(3) 试样制备　首先按规定取样，并缩分至略大于表 C-2 规定的数量，风干后筛除小于 4.75mm 的颗粒，然后洗刷干净，分为大致相等的两份备用。

表 C-2　视密度试验所需试样数量

最大粒径/mm	<26.5	31.5	37.5	63.0	75.0
最少试样质量/kg	2.0	3.0	4.0	6.0	6.0

（4）试验步骤

1）将试样浸水饱和后，装入广口瓶中。装试样时，广口瓶应倾斜放置，注入饮用水，用玻璃片覆盖瓶口。以上下左右摇晃的方法排除气泡。

2）气泡排尽后，首先向瓶中添加饮用水，直至水面凸出瓶口边缘。然后用玻璃片沿瓶口迅速滑行，使其紧贴瓶口水面。擦干瓶外水分后，称出试样、水、瓶和玻璃片总质量 m_1，精确至 1g。

3）将瓶中试样倒入瓷盘，放入烘箱中于（105±5）℃下烘干至恒量，待冷却至室温后，称出其质量 m_0，精确至 1g。

4）将瓶洗净并重新注入饮用水，用玻璃片紧贴瓶口水面，擦干瓶外水分后，称出水、瓶和玻璃片总质量 m_2，精确至 1g。

（5）试验结果　试样的视密度 ρ' 按下式计算

$$\rho' = \left(\frac{G_0}{G_0 + G_2 - G_1}\right) \times \rho_w \tag{C-8}$$

视密度取两次试验结果的算术平均值，精确至 $10 kg/m^3$；如两次试验结果之差大于 $20 kg/m^3$，须重新试验。对颗粒材质不均匀的试样，如两次试验结果之差超过 $20 kg/m^3$，可取四次试验结果的算术平均值。

8. 卵石或碎石的堆积密度试验

（1）试验目的和意义　测定干燥石子堆积密度并计算空隙率，借以评定石子质量的好坏。同时，石子的堆积密度也是混凝土配合比设计必需的重要数据之一。

（2）仪器设备

1）台秤。称量 10kg，感量 10g。

2）磅秤。最大称量 50kg 或 100kg，感量 50g。

3）容量筒。其规格见表 C-3。容量筒应先校正体积，将温度为（20±2）℃的饮用水装满容量筒，用玻璃板沿筒口滑移，使其紧贴水面并擦干筒外壁水分，再称出其质量，精确至 10g。用下式计算容积

$$V = m_1' - m_2' \tag{C-9}$$

式中　V——容量筒容积（mL）；

　　　m_1'——容量筒、玻璃板和水的总质量（g）；

　　　m_2'——容量筒和玻璃板质量（g）。

表 C-3　容量筒的规格要求

最大粒径/mm	容量筒容积/L	容量筒规格		
		内径/mm	净高/mm	壁厚/mm
9.5、16.0、19.0、26.5	10	208	294	2
31.5、37.5	20	294	294	3
53.0、63.0、75.0	30	360	294	4

4）直尺、小铲等。

（3）试样的制备　按表 C-4 的规定取样。试样烘干或风干后，拌匀并分为大致相等的两份备用。

表 C-4　堆积密度试验取样质量

石子最大粒径/mm	取样质量/kg
9.50、16.0、19.0、26.5	40
31.5、37.5	80
63.0、75.0	120

（4）试验步骤　取试样一份，用小铲将试样从容量筒中心上方 50mm 处徐徐倒入，让试样以自由落体落下，当容量筒上部试样呈锥体，且容量筒四周溢满时，即停止加料。除去凸出容量筒表面的颗粒，并以合适的颗粒填入凹陷部分，使表面稍凸起部分和凹陷部分的体积大致相等，称出试样和容量筒的总质量，精确至 10g。

（5）试验结果

1）堆积密度 ρ_0' 按下式计算（精确至 $10kg/m^3$）

$$\rho_0' = \frac{m_2 - m_1}{V}$$ （C-10）

式中　m_2——试样和容量筒的总质量（g）；

　　　m_1——容量筒质量（g）；

　　　V——容量筒的容积（L）。

2）空隙率 p' 按下式计算（精确至 1%）

$$p' = \left(1 - \frac{\rho_0'}{\rho'}\right) \times 100\%$$ （C-11）

式中　ρ'——石子的视密度；

　　　ρ_0'——石子的堆积密度。

堆积密度取两次试验结果的算术平均值，精确至 $10kg/m^3$。空隙率取两次试验结果的算术平均值，精确至 1%。

9. 卵石或碎石的含水率试验

（1）试验目的和意义　测定石子的含水率，用于调整混凝土加水量。

（2）主要仪器设备

1）天平。称量 5kg，感量 5g。

2）烘箱、瓷盘等。

（3）试样制备　将取回的试样用四分法缩分至不少于表 C-5 规定的数量，再分为大致相等的两份备用。

表 C-5　取样质量

最大粒径/mm	31.5	31.5、37.5	63.0	75.0
取样质量/kg	2	3	4	5

（4）试验步骤

1）将约 500g 试样装入已称得质量为 m_1 的瓷盘中，称出试样连同瓷盘的总质量 m_2。首先摊开试样，置于温度为（105±5）℃的烘箱中烘干至恒重，然后置于干燥器中冷却至室温。

2）称烘干试样连同瓷盘的总质量 m_3。

（5）**试验结果**　试样的含水率 W 按下式计算（精确到 0.1%）

$$W = \frac{m_2 - m_3}{m_3 - m_1} \times 100\% \tag{C-12}$$

以两次测定值的算术平均值作为试验的结果。

C.2　新拌混凝土试验

1. 试验室拌和方法

（1）一般规定

1）同一组混凝土拌合物的取样应从同一盘混凝土或同一车混凝土中取样。取样量应多于试验所需量的 1.5 倍，且宜不小于 20L。

2）混凝土拌合物的取样应具有代表性，宜采用多次采样的方法。一般首先在同一盘混凝土或同一车混凝土中的约 1/4 处、1/2 处和 3/4 处之间分别采样，从第一次取样到最后一次取样不宜超过 15min，然后人工搅拌均匀。

3）在试验室制备混凝土拌合物时，拌和时试验室的温度应保持在（20±5）℃，所用材料的温度应与施工现场保持一致。需要模拟施工条件下所用的混凝土时，所用原材料的温度宜与施工现场保持一致。

4）试验室拌制混凝土时，材料用量应以质量计。称量精度：集料为 ±1%，水、水泥、掺合料、外加剂均为 ±0.5%。

5）从取样或制样完毕到开始做各项性能试验均不宜超过 5min。

（2）主要拌和设备

1）搅拌机。容积为 75～100L，转速为 18～22r/min。

2）天平。最大称量 5kg，感量 1g。

3）台秤。最大称量 50kg，感量 50g。

4）量筒。200mL、1000mL。

5）容器。1L、5L、10L。

6）拌板和拌铲。拌板为 1.5m×2m 的钢板。

（3）拌和方法

1）人工拌和法。

① 测定砂、石含水率，按所定配合比备料。

② 首先将拌板和拌铲用湿布润湿后，将砂倒在拌板上；然后加上水泥，用铲自拌板一端翻到另一端，如此重复，直至充分混合，颜色均匀为止；最后加上石料，翻拌至均匀混合。

③ 首先将干拌合料堆成堆，在中间做一凹槽，将已称量好的水，倒入一半左右在凹槽中，注意勿使水流出；然后仔细翻拌。每翻拌一次，用铲在拌合物上铲切一次。从加水完毕时算起，至少应翻拌 6 次。拌和时间（从加水完毕时算起），应大致符合下列规定：拌合料体积为 30L 以下时，4～5min；拌合料体积为 30～50L 时，5～9min；拌合料体积为 50～75L 时，9～12min。

④ 拌好后应根据试验要求，立即做坍落度试验或成型试件。从加水时算起，全部操作必须在 30min 内完成。

2）机械搅拌法。

① 按试验配合比配料。

② 搅拌前，首先要用相同配合比的水泥砂浆，对搅拌机进行涮膛，然后倒出并刮去多余的砂浆，其目的是让水泥浆薄薄黏附在搅拌机的筒壁上，以免正式拌和时影响配合比。

③ 开动搅拌机，先向搅拌机内按顺序加入石子、砂和水泥，干拌均匀，再将水徐徐加入，全部加料时间不应超过2min。

④ 水全部加入后，继续拌和2min。

⑤ 先将混凝土拌合物从搅拌机中卸出，倾倒在拌和板上，再经人工翻拌1~2min，使拌合物均匀一致，即可进行试验。

2. 新拌混凝土和易性试验

混凝土拌合物应具有适应构件尺寸和施工条件的和易性，即应具有适宜的流动性和良好的黏聚性与保水性，借以保证施工质量，从而获得均匀密实的混凝土。测定混凝土拌合物和易性常用的方法是测定它的坍落度与坍落扩展度或维勃稠度。

（1）坍落度与坍落扩展度试验

1）试验目的和意义。坍落度是表示新拌混凝土稠度大小的一种指标，用它来反映混凝土拌合物流动性的大小。对于高流态混凝土用坍落度与坍落扩展度来反映拌合物的流动性。本方法适用于集料最大粒径不大于40mm、坍落度不小于10mm的拌合物稠度的测试。

2）试验设备。

① 标准圆锥坍落筒。坍落度与坍落扩展度试验所用的混凝土坍落度仪应符合JG/T 248—2009《混凝土坍落度仪》中有关技术要求的规定。常用的标准圆锥坍落筒如图C-1所示。

② 弹头行捣棒。直径16mm、长650mm的金属棒，端部磨圆。

③ 小铁铲、装料漏斗、钢尺、抹刀。

3）试验步骤。

① 湿润坍落度筒及底板，在坍落度筒内壁和底板上应无明水。首先底板应放置在竖直水平面上，并把筒放在底板中心，然后用脚踩住两边的脚踏板，坍落度筒在装料时应保持固定的位置。

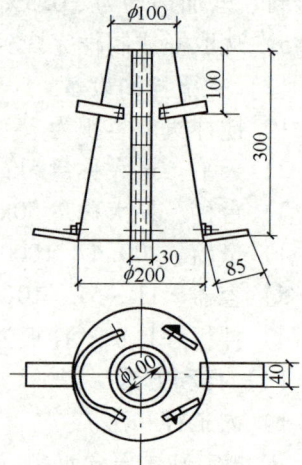

图 C-1　标准圆锥坍落筒

② 取得的混凝土试样用小铲分三层均匀地装入筒内，使捣实后每层高度为筒高的1/3左右。每层用捣棒插捣25次。插捣应沿螺旋方向由外向中心进行，各次插捣应在截面上均匀分布。插捣筒边混凝土时，捣棒可以稍微倾斜。插捣底层时，捣棒应贯穿整个深度，插捣第二层和顶层时，捣棒应插透本层至下一层的表面；浇灌顶面时，混凝土应灌到高出筒口。插捣过程中，如混凝土沉落到低于筒口，则应随时添加。顶层插捣完后，刮去多余的混凝土，用抹刀抹平。

③ 清除筒边底板上的混凝土后，垂直平稳地提起坍落度筒。坍落度筒的提高过程应在5~10s内完成；从开始装料到提坍落度筒的整个过程应不间断地进行，并且在150s内完成。

④ 提起坍落度筒后，测量筒高与坍落后的混凝土试体最高点之间的高度差，即为该混

凝土拌合物的坍落度值。坍落度的测定如图 C-1 所示。坍落度筒提离后，如混凝土发生崩塌或一边剪坏现象，则应重新取样另行测定；如第二次试验仍出现上述现象，则表示该混凝土和易性不好，应予记录备查。

⑤ 观察坍落后的混凝土试体的黏聚性及保水性。黏聚性的检查方法是用捣棒在已坍落的混凝土锥体侧面轻轻敲打，此时如果锥体逐渐下沉，则表示黏聚性好，如果锥体倒塌、部分崩裂或出现离析现象，则表示黏聚性不好。保水性以混凝土拌合物稀浆从底部析出的程度来评定，锥体部分的混凝土因失浆而集料外露，则表明此混凝土拌合物的保水性性能不好；如坍落度筒提起后无稀浆或仅有少量稀浆自底部析出，则表示混凝土拌合物的保水性性能良好。混凝土拌合物的砂率、黏聚性和保水性的观察方法分别见表 C-6、表 C-7 和表 C-8。

表 C-6 混凝土砂率的观察方法

用抹刀抹混凝土面的次数	抹 面 状 态	判 断
1~2	砂浆饱满，表面平整，不见石子	砂率过大
5~6	砂浆尚满，表面平整，微见石子	砂率适中
>6	石子裸露，有空隙，不易抹平	砂率过小

表 C-7 混凝土黏聚性的观察方法

测定坍落度后，用弹头捣棒轻轻敲打锥体侧面	判 断
锥体渐渐下沉，侧面看到砂浆饱满，不见蜂窝	黏聚性良好
锥体突然崩坍或溃散，侧面看到石子裸露，浆体流淌	黏聚性不好

表 C-8 混凝土保水性的观察方法

做坍落度试验在插捣时和提起圆锥筒后	判 断
有较多的水分从底部流出	保水性差
有少量的水分从底部流出	保水性稍差
无水分从底部流出	保水性良好

⑥ 当混凝土拌合物的坍落度大于 220mm 时，用钢直尺测量混凝土扩展后最终的最大直径和最小直径，在这两个直径之差小于 50mm 的条件下，用其算术平均值作为坍落度扩展值；否则，此次试验无效。如果发现粗集料在中央集堆或边缘有水泥浆析出，表示此混凝土拌合物抗离析性不好，应予记录。

⑦ 混凝土拌合物坍落度和坍落扩展度值以毫米为单位，测量精确至 1mm，结果表达修约 5mm。

4）和易性调整。如果坍落度不符合设计要求，就应立即调整配合比。具体来说，当坍落度过小时，应保持水胶比不变，适当添加水泥和水；当坍落度过大时，则应保持砂率不变，适当添加砂与石子；当黏聚性不良时，应酌量增大砂率（增加砂子用量）；反之，若砂浆显得过多时，则应酌量减少砂率（可适当增加石子用量）。根据实践经验，要使坍落度增大 10mm，水泥和水各需添加 2%（相当于原用量）；要使坍落度减少 10mm，则砂子和石各添加约 2%（相当于原用量）。添加材料后，应重新测量坍落度。调整时间不能拖得太长。

从加水算起，如果超过0.5h，则应重新配料拌和，进行试验。

（2）维勃稠度试验

1）试验目的和意义。较干硬的混凝土的拌合物（坍落度小于10mm），用维勃稠度仪测定其稠度作为它的和易性指标。本方法适用于集料最大粒径不大于40mm、维勃稠度为5～30s的混凝土拌合物稠度的测定。

2）试验设备。

① 维勃稠度仪。

② 弹头型捣棒。直径为16mm、长为650mm的金属棒，端部磨圆。

3）试验步骤。

① 维勃稠度仪应放置在坚实水平面上，用湿布把容器、坍落度筒、喂料斗内壁及其他用具润湿。

② 首先将喂料斗提到坍落度筒的上方扣紧，校正容器位置，使其中心与喂料斗中心重合，然后拧紧固定螺钉。

③ 将混凝土拌合物经喂料斗分三层装入坍落度筒。装料及插捣方法同坍落度试验。

④ 把喂料筒转离，抹平后垂直提起坍落度筒，此时应注意不使混凝土试体产生横向的扭动。

⑤ 把透明圆盘转到混凝土圆台顶面，放松测杆螺钉，降下圆盘，使其轻轻接触到混凝土顶面。

⑥ 拧紧定位螺钉，并检查测杆螺钉是否已经完全放松。

⑦ 在开起振动台的同时用秒表计时，当振动到透明圆盘的底面被水泥浆布满的瞬间停止计时，并关闭振动台。

⑧ 由秒表读出时间即为该混凝土拌合物的维勃稠度值，精确至1s。

3. 新拌混凝土表观密度试验

（1）试验目的和意义 测定混凝土拌合物单位体积的质量，可作为评定混凝土质量的一项指标，也可用来计算每立方米混凝土所需材料用量。

（2）试验设备

1）台秤。称量50kg，感量50g。

2）容量筒。金属制成的圆筒，两旁有提手。对集料最大粒径不大于40mm的拌合物采用容积为5L的容量筒，其内径与内高均为（186±2）mm，筒壁厚为3mm；集料最大粒径大于40mm时，容量筒的内径与内高应大于集料最大粒径的4倍。容量筒的上缘及内壁应光滑平整，顶面与底面平行并与圆柱体的轴垂直。容量筒容积应予以标定，标定方法可采用一块能覆盖住容量筒顶面的玻璃板，首先称出玻璃板和空桶的质量，然后向容量筒中灌入清水，当接近上口时，一边不断地加水，一边把玻璃板沿筒口徐徐推入盖严，应注意使玻璃板下不带任何气泡，最后擦净玻璃板面及筒壁外的水分，将容量筒连同玻璃板放在台秤上称其质量，两次质量之差即为容量筒的容积。

3）振动台、捣棒等。

（3）试验步骤

1）用湿布把容量筒内外擦干净，称出容量筒质量m_1，精确到50g。

2）混凝土的装料及捣实方法应根据拌合物的稠度而定。坍落度不大于70mm的混凝土，用振动台振实为宜；大于 70mm 的用捣棒捣实为宜。采用捣棒捣实时，应根据容量筒的大小决定分层与插捣次数：用 5L 容量筒时，混凝土拌合物应分两层装入，每层的插捣次数应大于 25 次；用大于 5L 的容量筒时，每层混凝土的高度不应大于 100mm，每层的插捣次数应按每 10000mm² 截面不小于 12 次计算。各次插捣应由边缘向中心均匀插捣，插捣底层时捣棒应贯穿整个深度，插捣第二层时，捣棒应插透本层至下层的表面；每一层捣完后用橡皮锤轻轻沿容器外壁敲打 5～10 次，进行振实，直至拌合物表面插捣孔消失并不见大气泡为止。采用振动台振实时，应一次将混凝土拌合物灌到高出容量筒口。装料时可用捣棒稍加插捣，振动过程中如混凝土低于筒口，应随时添加混凝土，振动直至表面出浆为止。

3）用刮尺将筒口多余的混凝土拌合物刮去，表面如有凹陷应填平；将容量筒外壁擦净，称出混凝土试样与容量筒总质量 m_2，精确至 50g。

（4）试验结果　混凝土拌合物表观密度 ρ_0 按下式计算，精确到 $10kg/m^3$

$$\rho_0 = \frac{m_2 - m_1}{V_0} \qquad (C\text{-}13)$$

式中　V_0——容量筒的容积（L）。

C.3　混凝土力学性能试验

1. 混凝土力学性能试验的一般规定

（1）适用范围　适用于普通混凝土的力学性能试验。

（2）取样　普通混凝土力学性能试验以三个试件为一组，每一组试件所用的混凝土拌合物，均应从同一批拌合物中取得。

（3）试件的尺寸、形状和公差　试件的尺寸应根据混凝土中集料的最大粒径按表 C-9 选用。

表 C-9　混凝土试件尺寸选用

试件截面尺寸/mm²	集料最大粒径/mm	
	劈裂抗拉强度	其他试验
100×100	19.0	31.5
150×150	37.5	37.5
200×200	—	63.0

注：参照 GB/T 50081—2019《混凝土物理力学性能试验方法标准》及 GB/T 14685—2022《建设用卵石、碎石》。

对于抗拉强度和劈裂抗拉强度试验，边长为 150mm 的立方体试件是标准试件；边长为 100mm 和 150mm 的立方体是非标准试件。

对于轴心抗拉强度和静力受压弹性模量试验，边长为 150mm×150mm×300mm 的棱柱体试件是标准试件，边长为 100mm×100mm×300mm 和 200mm×200mm×400mm 的棱柱体试件是非标准试件。

对于抗拉强度试验，边长为 150mm×150mm×600mm（或 550mm）的棱柱体试件是标准试件，边长为 100mm×100mm×400mm 的棱柱体试件是非标准试件。

试件承压面的平整度公差不得超过 ±0.0005d（d 为边长）；试件相邻面间的夹角应为 90°，其公差不得超过 ±0.5°；试件各边长、直径和高的尺寸公差不得超过 ±1mm。

（4）试件制作

1）根据混凝土拌合物的坍落度确定混凝土成型方法，坍落度不大于70mm的混凝土宜用振动方法；大于70mm的宜用捣棒人工捣实；检查现浇混凝土或预制构件的混凝土，试件成型方法与实际采用的方法相同。

2）取样或拌制好的混凝土拌合物应至少再拌和三次。

3）采用振动台成型时，可将混凝土拌合物一次装入试模，装料时应用抹刀沿各试模壁插捣，并使混凝土拌合物高出试模口。振动时试模不得有任何跳动，振动应持续到表面出浆为止，不得过振。刮除试模上口多余的混凝土，待混凝土临近初凝时，用抹刀抹平。

4）采用人工插捣制作试件时，混凝土拌合物应分两层装入模内，每层的装料厚度大致相等。插捣应按螺旋方向从边缘向中心均匀进行。在插捣底层混凝土时，捣棒应达到试模底部；插捣上层时，捣棒应贯穿上层后插入下层20~30mm；插捣时捣棒应保持垂直，不得倾斜。然后用抹刀沿试模内壁插捣数次。每层插捣次数按在10000mm²截面面积内不得少于12次；插捣后应用橡皮锤轻轻敲击试模四周，直至插捣棒孔留下的空洞消失为止。刮除试模上口多余的混凝土，待混凝土临近初凝时，用抹刀抹平。

（5）试件的养护

1）试件成型后应立即用不透水的薄膜覆盖表面。

2）采用标准养护的试件，首先应在温度为（20±5）℃的环境中静置一昼夜或两昼夜，然后编号、拆模。拆模后应立即放入温度为（20±2）℃，相对湿度为95%以上的标准养护室中养护，或在温度为（20±2）℃的不流动$Ca(OH)_2$饱和溶液中养护。标准养护室内的试件应放在支架上，彼此间隔10~20mm，试件表面应保持潮湿，并不得被水直接冲淋。

3）同条件养护试件的拆模时间可与实际构件的拆模时间相同，拆模后，试件仍需保持同条件养护。

4）标准养护龄期为28d（从搅拌加水开始计时）。

（6）材料试验机

1）所采用试验机的精确度为±1%，试件破坏载荷应大于全量程的20%且小于全量程的80%。

2）应具有加荷速度指示装置或加荷速度控制装置，并应能均匀、连续地加荷。

3）上下压板应有足够的刚度，其中的一块应有球形支座，以便与试件对中。

2. 混凝土抗压强度试验

（1）试验目的和意义　测定混凝土立方体试件的抗压强度。

（2）试验设备　压力试验机、金属直尺等。当混凝土强度等级大于C60时，试件周围应设防崩裂网罩。

（3）试验步骤

1）试件从养护地点取出后应立即进行试验，将试件表面与上下承压板面擦干净。

2）将试件安放在试验机的下压板上，试件的承压面应与成型时的顶面垂直。试件的中心应与试验机下压板中心对准，开动试验机，当上压板与试件接近时，调整球座，使均匀接触。

3）在试验过程中应连续均匀地加载，混凝土强度等级小于C30时，加荷速度取0.3~0.5MPa/s；混凝土强度等级大于或等于C30且小于C60时，取0.5~0.8MPa/s；混凝土强度等级大于或等于C60时，取0.8~1.0MPa/s。

4）当试件接近破坏开始急剧变形时，首先应停止调整试验机液压阀，直至破坏，然后记录破坏荷载 F。

（4）试验结果

1）混凝土立方体抗压强度 f_{cu} 应按下式计算

$$f_{cu} = \frac{F}{A}$$ （C-14）

式中 A——试件承压面积。

混凝土立方体抗压强度计算应精确至 0.1MPa。

2）取三个试件测值的算术平均值作为该组试件的强度（精确至 0.1MPa）。三个测值中的最大值或最小值如有一个与中间值的差值超过中间值的 15% 时，则舍去最大值和最小值取中间值。如最大值和最小值与中间值的差值均超过中间值的 15%，则该组试件的试验结果无效。

3）混凝土强度等级小于 C60 时，用非标准试件测得的强度值均应按表 C-10 规定乘以尺寸换算系数。当混凝土强度等级大于或等于 C60 时，宜采用标准试件；使用非标准试件时，尺寸换算系数应由试验确定。

表 C-10 抗压强度换算系数

试件尺寸/mm³	换 算 系 数
$100 \times 100 \times 100$	0.95
$150 \times 150 \times 150$	1.0
$200 \times 200 \times 200$	1.05

3. 混凝土劈裂抗拉强度试验

（1）试验目的和意义 测量混凝土立方体的劈裂抗拉强度。

（2）试验设备

1）压力试验机。

2）垫块。采用半径为 75mm 钢制弧形垫块，其横截面尺寸如图 C-2 所示。垫块的长度与试件相同。

3）垫条。垫条采用三层胶合板制成，宽度为 20mm，厚度为 3～4mm，不小于试件长度，不得重复使用。

4）支架。支架为钢支架，如图 C-3 所示。

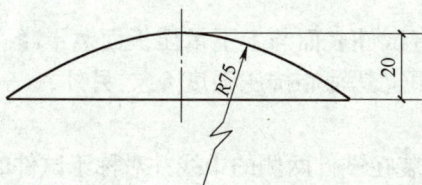

图 C-2 垫块

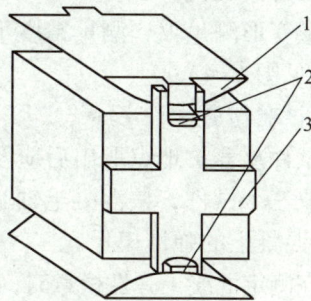

图 C-3 支架示意图
1—垫块 2—垫条 3—支架

（3）试验步骤

1）试件从养护地点取出后应及时进行试验，将试件表面与上下承压板面擦干净。

2）将试件放在试验机的下压板中心位置，劈裂承压面和破裂面应与试件成型时的顶面垂直；在上下压板与试件之间垫以垫块及垫条各一个，垫块与垫条应与试件上下面的中心线对准并与成型时的顶面垂直。宜把垫条及试件安装在定位架上使用。

3）开动试验机，当上压板与垫块接近时，调整球座，使接触均衡。加荷应连续均匀，当混凝土强度等级小于C30时，加荷速率取0.02~0.05MPa/s；当混凝土强度等级大于或等于C30且小于C60时，取0.05~0.08MPa/s；当混凝土强度等级大于或等于C60时，取0.08~0.10MPa/s。

4）试件接近破坏时，首先应停止调整试验机液压阀，直至试件破坏，然后记录破坏荷载 F。

（4）试验结果

1）混凝土劈裂抗拉强度 f_{ts} 应按下式计算

$$f_{ts} = \frac{2F}{\pi A} = 0.637\frac{F}{A} \tag{C-15}$$

式中 A——试件劈裂面面积。

混凝土劈裂抗拉强度计算应精确至0.1MPa。

2）取三个试件测值的算术平均值作为该组试件的强度值（精确至0.1MPa）。三个测值中的最大值或最小值中如有一个与中间值的差值超过中间值的15%时，则将最大值与最小值一并舍去取中间值。如最大值和最小值与中间值的差值均超过中间值的15%，则该组试件的试验结果无效。

3）采用100mm×100mm×100mm非标准试件测得的劈裂抗拉强度值，应乘以尺寸换算系数0.85。当混凝土强度等级大于或等于C60时，宜采用标准试件；使用非标准试件时，尺寸换算系数应由试验确定。

4. 混凝土静力受压弹性模量试验

（1）试验目的和意义 测定混凝土的静力受压弹性模量（简称弹性模量）。弹性模量值取应力为1/3轴心抗压强度时的加荷割线模量。

（2）试验设备

1）压力试验机。

2）微变形测量仪，测量精度不得低于0.001mm，采用千分表时，要附有夹具，如金属环夹具（见图C-4）。

（3）试验步骤

1）试件从养护地点取出后应及时进行试验，将试件表面与上下承压板面擦干净。

2）取三个试件，按混凝土轴心抗压试验方法测定其轴心抗压强度 f_{cp}。另外，三个试件用于测定混凝土的弹性模量。

3）在测定混凝土弹性模量时，变形测量仪应安装在试件两侧的中线并对称于试件的两端。

4）应仔细调整试件在压力机上的位置，使其轴心与下压板的中心线对准。开动压力试验机，当上压板与试件接近时调整球座，使接触均衡。

5）加荷至基准应力为0.5MPa的初始荷载值 F_0，保持60s并在以后的30s内记录每测

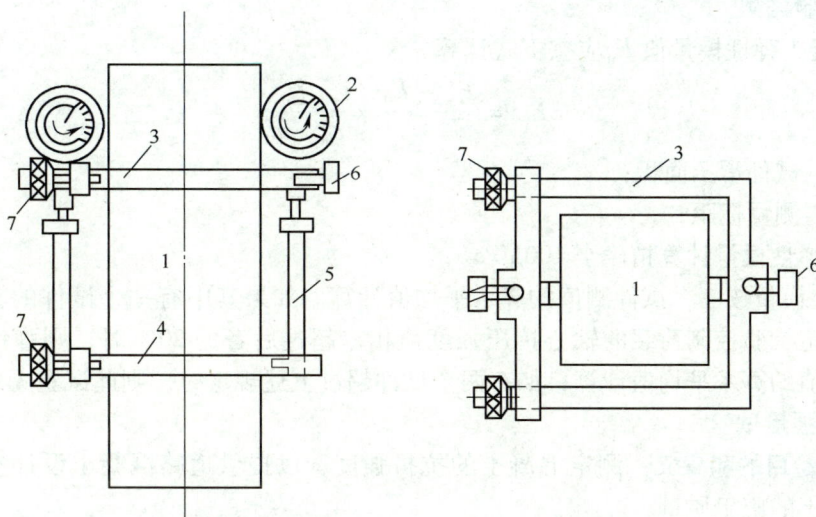

图 C-4　千分表测定混凝土静力弹性模量装置
1—试件　2—量表　3—上金属环　4—下金属环　5—接触杆　6、7—固定螺钉

点的变形读数 ε_0。应立即连续均匀地加荷至应力为轴心抗压强度 f_{cp} 的 1/3 的荷载值 F_a，保持恒载 60s 后并在以后的 30s 内记录每一测点的变形读数 ε_a。加荷速度与混凝土抗压强度试验要求相同。

6）当以上这些变形值之差与它们平均值之比大于 20% 时，应重新对中试件并重复试验。如果无法使其减小到低于 20% 时，则此次试验无效。

7）在确认试件对中后，首先以与加荷速度相同的速度即荷载至基准荷载应力 0.5MPa（F_0），恒载 60s；然后用同样的加荷和卸荷速度以及 60s 的保持恒载（F_0 及 F_a）至少进行两次反复预压。在最后一次预压完成后，先在基准应力为 0.5MPa（F_0）持荷 60s 并在以后的 30s 内记录每一测点的变形读数 ε_0；再用同样的加荷速度加荷至 F_a，保持恒载 60s 后并在以后的 30s 内记录每一测点的变形读数 ε_a。弹性模量试验方法示意图如图 C-5 所示。

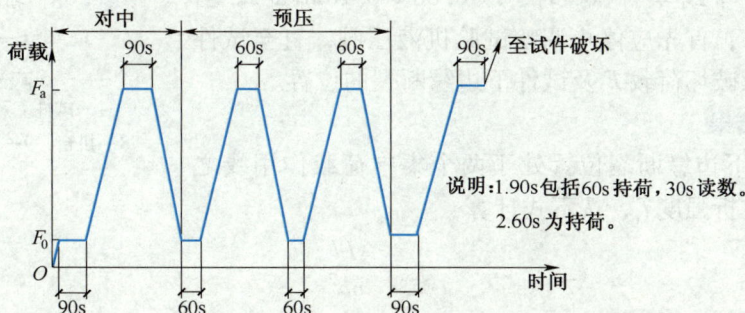

图 C-5　弹性模量试验方法示意图

8）卸除变形测量仪，以同样的速度加荷至破坏，记录破坏荷载；如果试件的抗压强度与 f_{cp} 之差超过 f_{cp} 的 20% 时，则应注明。

（4）试验结果

1）混凝土弹性模量值 E_c 应按下式计算

$$E_c = \frac{F_a - F_0}{A} \times \frac{L}{\varepsilon_a - \varepsilon_0} \tag{C-16}$$

式中 A ——试件承压面积；

L ——测量标距；

混凝土弹性模量计算精确至 100MPa。

2）弹性模量按三个试件测值的算术平均值计算。如果其中有一个试件的轴心抗压强度值与用以确定检验控制荷载的轴心抗压强度值相差超过后者的 20% 时，则弹性模量值按另两个试件测值的算术平均值计算；如有两个试件超过上述规定时，则此试验无效。

5. 抗折强度试验

（1）试验目的和意义 测定混凝土的抗折强度，以提供道路混凝土设计参数，用以控制道路混凝土的施工质量。

（2）试验设备 试验机应能施加均匀、连续、速度可控的荷载，并带有能使两个相等荷载同时作用在试件跨度三分点处的抗折试验装置，如图 C-6 所示。试件的支座和加荷头应采用直径为 20~40mm、长度不小于 $b + 10$mm 的硬钢圆柱，支座脚点为固定铰支，其他应为滚动支点。

（3）试验步骤

1）试件从养护地点取出后应及时进行试验，将试件表面擦干净。

2）按图 C-6 所示装置试件，安装尺寸偏差不得大于 1mm。试件的承压面应为试件成型时的侧面。支座及承压面与圆柱的接触面应平稳、均匀，否则应垫平。

3）施加荷载应保持均匀、连续。当混凝土强度等级小于 C30 时，加荷载速度取 0.02~0.05MPa/s；混凝土强度等级大于或等于 C30 且小于 C60 时，取 0.05~0.08MPa/s；混凝土强度等级大于或等于 C60 时，取 0.08~0.10MPa/s。当试件接近破坏时，首先应停止调整试验机液压阀，直至试件破坏，然后记录破坏荷载 F 及试件下边缘断裂的位置。

（4）试验结果

1）若试件下边缘断裂位置处于两个集中荷载作用线之间，则试件的抗折强度 f_t，按下式计算

$$f_t = \frac{Fl}{bh^2} \tag{C-17}$$

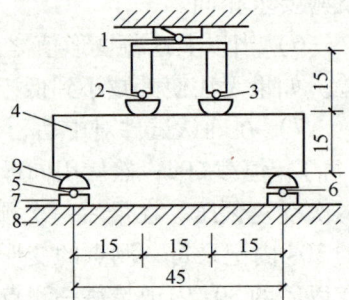

图 C-6 抗折试验装置

1、2、6—一个钢球
3、5—二个钢球
4—试件 7—活动支座
8—机台 9—活动船形垫块

式中 l ——支座间跨度；

b ——试件截面宽度；

h ——试件截面高度。

混凝土抗折强度计算应精确至 0.1MPa。

2）取三个试件测值的算术平均值作为该试件的强度值（精确至 0.1MPa）。三个测值中

的最大值或最小值中如有一个与中间值的差值超过中间值的 15% 时，则取中间值。如最大值和最小值的差值均超过中间值的 15%，则该组试件的试验结果无效。

3）三个试件中若有一个折断面位于两个集中荷载之外，则混凝土抗折强度值按另两个试件的试验结果计算。若这两个测值的差值不大于这两个测值的较小值的 15% 时，则该组试件的抗折强度值按这两个测值的平均值计算，否则该组试件的试验结果无效。若有两个试件的下边缘断裂位置均位于两个集中荷载作用线之外，则该组试件的试验结果无效。

4）当采用 100mm×100mm×400mm 非标准试件时，应乘以尺寸换算系数 0.85。当混凝土强度等级大于或等于 C60 时，宜采用标准试件；使用非标准试件时，尺寸换算系数应由试验确定。

试验 D　砂浆试验

本试验主要包括砂浆的稠度、分层度和抗压强度试验。

1. 砂浆拌合物取样及试样拌和

1）建筑砂浆试验用料应根据不同要求，可从同一盘搅拌或同一车运送的砂浆中取出；试验室取样时，可以从拌和的砂浆中取出，所取试样数量应多于试验用料的 1~2 倍。

2）试验室拌制砂浆进行试验时，试验材料应与现场用料一致，并提前运入室内，使砂风干；拌和时室温应为（20±5）℃；水泥若有结块应充分混合均匀，并通过孔径为 0.9mm 的筛。砂子应采用孔径为 4.75mm 的筛过筛。材料称量精度要求：水泥、外加剂等为 ±0.5%，砂、石灰膏等为 ±1%。

3）砂浆的拌和在建筑工程中，大量应用混合砂浆，其试样拌和方法为：按计算配合比，采用风干砂，配备 5L 砂浆用的水泥和砂，以质量配合比计。

首先将称好的水泥和砂倒入拌锅中干拌均匀（约拌1.5min），然后用拌铲在中间做一凹槽，将称好的石灰膏倒入凹槽中，并倒入适量的水，将石灰膏调稀，最后与水泥和砂共同拌和，继续逐次加水搅拌，直至拌合物色泽一致、和易性凭经验观察基本符合要求时，即可进行稠度试验，一般需拌和 5min。

2. 砂浆稠度试验

（1）试验目的　通过试验，确定砂浆拌合物的流动性是否满足施工要求。

（2）主要仪器设备

1）砂浆稠度测定仪。标准圆锥体和杆的总质量为 300g，圆锥体高度为 145mm，底部直径为 75mm，圆锥筒高为 180mm，底口直径为 150mm，如图 D-1 所示。

2）拌和锅、拌铲、捣棒、量筒、秒表等。

（3）试验步骤

1）将拌和好的砂浆立即做稠度试验，一次装入圆锥筒内，装至距离口约 10mm，用捣棒插捣 25 次，并将容器轻轻敲击 5~6 次。

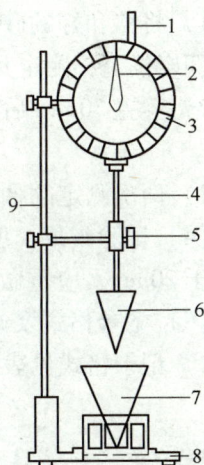

图 D-1　砂浆稠度测定仪

1—齿条测杆　2—指针
3—刻度盘　4—滑杆
5—固定螺钉　6—圆锥体
7—圆锥筒　8—底座　9—支架

2）将盛有砂浆的圆锥筒移至砂浆稠度测定仪底座上，放松固定螺钉并放下圆锥体，对准容器的中心，并使锥尖正好接触到砂浆表面时拧紧固定螺钉。首先将指针调至刻度盘零点，然后突然放松固定螺钉，使圆锥体自由沉入砂浆中，并同时按下秒表，经10s后读出下沉的深度，即为砂浆稠度值（精确至1mm）。

3）圆锥筒内的砂浆，只允许测定一次稠度，重复测定时应重新取样。如测定的稠度值不符合要求，可酌情加水或石灰膏，经重新拌和后再测，直至稠度满足要求为止。但自拌和加水时算起，不得超过30min。

（4）试验结果 取两次测定结果的平均值作为该砂浆的稠度值（精确至1mm）。如两次测定值之差大于20mm，应重新配料测定。

（5）记录格式及试验结论

1）记录格式见表D-1。

表 D-1　砂浆稠度试验的记录格式

试样名称＿＿＿＿＿＿＿

试样编号	1	2	平均值	备注
新拌砂浆稠度 K/mm				

2）试验结论。根据试验结果确定砂浆的流动性。

3. 砂浆分层度试验

（1）试验目的 通过试验，确定砂浆拌合物保水性是否满足施工要求。

（2）主要仪器设备 砂浆分层度仪为圆筒形，其内径为150mm，上节（无底）高200mm，下节（带底）净高10mm，用金属制成。其他需用仪器同砂浆稠度试验。

（3）试验步骤

1）将拌和好的砂浆，立即分两层装入分层度仪中，每层用捣棒插捣25次，最后抹平，移至稠度仪上，测定其稠度 K_1。

2）静置30min后，除去上节200mm砂浆，将剩下的100mm砂浆重新拌和后测定其稠度 K_2。

3）两次测定的稠度值之差（$K_1 - K_2$），即为砂浆的分层度值（精确至1mm）。

（4）试验结果 取两次测试值的平均值，作为所测砂浆的分层度值。两次测试值之差若大于20mm，应重做试验。

（5）记录格式及试验结论

1）记录格式见表D-2。

表 D-2　砂浆分层度试验的记录格式

试样名称＿＿＿＿＿＿＿

试样编号	新拌砂浆稠度 K_1/mm	静置30min后稠度 K_2/mm	分层度/mm （$K_1 - K_2$）	备注

2）试验结论。根据试验结果确定砂浆的保水性。

4. 砂浆抗压强度试验

（1）试验目的　为确定砌筑砂浆配合比或控制砌筑工程质量，均应做砂浆立方体抗压强度试验。

（2）主要仪器设备

1）试模，有底或无底的立方体金属模，内壁边长为 70.7mm，每组两个三联模。

2）压力机压力为 50～100kN，捣棒的直径为 10mm、长为 310mm、镘刀等。

（3）试验步骤

1）用于多孔基面的砂浆，采用无底试模，下垫砖块，砖面上铺一层湿纸，允许砂浆中部分水被砖面吸收；用于较密实基面的砂浆，应采用带底的试模，以便不使水分流失。

2）采用无底试模时，将试模内壁涂一薄层机油，置于铺有湿纸的砖上（砖含水率不大于 20%，而吸水率不小于 10%），一次装满砂浆，并使其高出模口，用捣棒插捣 25 次，静置 15～30min 后，用刮刀刮去多余的砂浆，并抹平。

3）采用带底试模时，砂浆应分两层装入，每层厚约 4cm，并用捣棒将每层插捣 12 次，面层捣完后，在试模相邻两个侧面，用腻子刮刀沿模内壁插捣 6 次，然后抹平。

4）试件成型后，经（24±2）h 室温养护后即可编号脱模。并按下列规定进行继续养护：在空气中硬化的砂浆（如混合砂浆），养护温度为（20±3）℃，相对湿度 60%～80%。在潮湿环境中硬化的砂浆（如水泥砂浆与微沫砂浆），养护温度为（20±3）℃，相对湿度在90% 以上。养护期间，试件放置彼此间隔不小于 10mm。

5）试件于养护 28d 后测定其抗压强度，试验前，擦干净试块表面，测量试件尺寸（精确至 1mm），并计算受压面积 A。

6）以试件的侧面作为受压面，将试件置于压力机下承压板的中心位置，开动压力机进行加荷，加荷速度为 0.5～1.5kN/s（强度高于 5MPa 时取高限，反之取低限），直至破坏，记录破坏荷载 P。

（4）试验结果

1）按下式计算试件的抗压强度 $f_{m,cu}$（精确至 0.1MPa）

$$f_{m,cu} = \frac{P}{A} \tag{D-1}$$

2）六个试件测值的算术平均值作为该组试件的抗压强度值，精确至 0.1MPa。当六个试件的最大值或最小值与平均值之差超过 20% 时，以中间四个试件的平均值作为该组试件的抗压强度值。

（5）记录格式及试验结论

1）记录格式见表 D-3。

表 D-3　砂浆抗压强度试验的记录格式

试样名称＿＿＿＿＿＿＿＿＿

试样编号	1	2	3	4	5	6	平均值	备注
抗压强度 $f_{m,cu}$/MPa								

2）试验结论。根据标准养护 28d 的砂浆试件抗压强度平均值来评定砂浆的强度等级，要求试配强度应不低于设计强度的 115%。

试验 E 钢筋试验

1. 钢筋拉伸试验

(1) 仪器设备 万能材料试验机（示值误差不大于1%）、游标卡尺（精度0.1mm）

(2) 试件的制作

1）钢筋试件一般不经切削。

2）在试件表面，选用一系列等分小冲点、细画线标出原始标距，测量标距长度 L_0，如图 E-1 所示。

图 E-1 不经切削的试件

(3) 试验步骤

1）调整试验机测力度盘的指针，使其对准零点，并拨动副指针，使之与主指针重叠。

2）将试件固定在试验机夹头内，开动试验机进行拉伸。屈服前，应力增加速度为10MPa/s，并保持试验机控制器固定于这一速率位置上，直至该性能测出为止；屈服后，试验机活动夹头在荷载作用下的移动速度不大于 0.5L/min（其中 L 为两夹头之间的距离）。

(4) 试验结果

1）屈服强度 σ_s 和抗拉强度 σ_b 测定。

① 拉伸中，测力度盘的指针停止转动时的恒定荷载，或第一次回转时的最小荷载，即为所求的屈服强度荷载 F_s（N）。按下式计算试件的屈服强度 σ_s

$$\sigma_s = \frac{F_s}{A} \tag{E-1}$$

式中 A——试件的公称横截面面积（mm^2）。

σ_s 应计算精确至 10MPa。

② 试件连续加荷至试件拉断，由测力度盘读出最大荷载 F_b（N）。按下式计算试件的抗拉强度 σ_b

$$\sigma_b = \frac{F_b}{A} \tag{E-2}$$

σ_b 应计算精确至 10MPa。

2）伸长率的测定。

① 将已拉断试件的两段在断裂处对齐，尽量使其轴线位于一条直线上。如拉断处由于各种原因形成缝隙，则此缝隙应计入试件拉断后的标距部分长度内。

② 如拉断处到邻近的标距端点距离大于 $1/3L_0$ 时，可用卡尺直接量出已被拉长的标距长度 L_1（mm）。

③ 如拉断处到邻近的标距端点距离小于或等于 $L_0/3$ 时，可按下述移位法确定 L_1：在长段上，从拉断处 O 取基本等于短格数，得 B 点，接着取等于长段所余格数（偶数）的一半，得 C 点；或者取所余格数（奇数）减 1 或加 1 的一半，得 C 与 C_1 点。移位后的 L_1 分别为 $AO + OB + 2BC$ 或者 $AO + OB + BC + BC_1$，如图 E-2 所示。

④ 伸长率按下式计算（精确至1%）

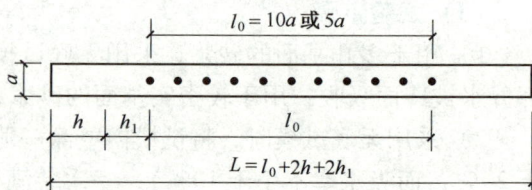

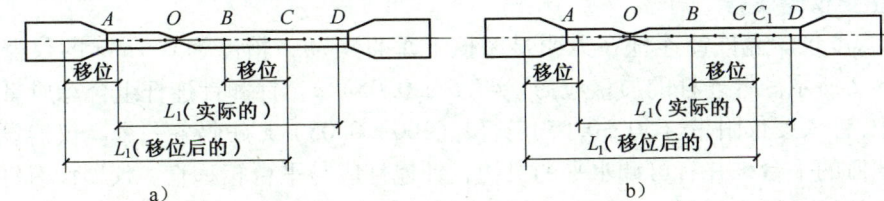

图 E-2　用移位法确定计算标距

a）长段所余格数为偶数　b）长段所余格数为奇数

$$\delta_{10}(\delta_5) = \frac{L_1 - L_0}{L_0} \times 100\% \qquad (\text{E-3})$$

式中　$\delta_{10}(\delta_5)$——$L_0 = 10a$ 或 $L_0 = 5a$ 时的伸长率。

如试件拉断处位于标距之外，则断后伸长率无效，应重做试验。

2. 钢筋冷弯试验

（1）仪器设备　压力机或万能试验机、具有足够硬度的一组冷弯压头。

（2）试验步骤

1）冷弯试样长度按下式确定

$$L = 5a + 150\text{mm}$$

2）调整两支辊间距离 $L = d + 2.5a$，此距离在试验期间保持不变。

3）将试件放置于两支辊，试件轴线应与弯曲压头轴线垂直，弯曲压头在两支座之间的中点处对试件连续施加力使其弯曲，直至达到规定的弯曲角度，如图 8-11 所示。

（3）试验结果　按有关标准规定检查试件弯曲外表面，若无裂纹、裂缝、起层，则评定试件冷弯试验合格。

试验 F　石油沥青

1. 针入度试验

本方法适用于测定针入度小于 350 的固体和半固体沥青材料的针入度；也适用于测定针入度 350 ~ 500 的沥青材料的针入度，但需采用深度为 60mm、装样量不超过 125mL 的盛样皿测定针入度或采用 50g 载荷下测定的针入度乘以 $\sqrt{2}$ 得到。

沥青的针入度以标准针在一定的荷重、时间及温度条件下垂直穿入沥青的深度来表示，单位为 0.1mm。如未另行规定，标准针、针连杆与附加砝码的总质量为（100 ± 0.05）g，温度为（25 ± 0.1）℃，时间为 5s。特定试验可采用的其他条件见表 F-1。

表 F-1　针入度试验采用的条件

温度/℃	荷载/g	时间/s
0	200	60
4	200	60
46	50	5

(1) 主要仪器设备

1）针入度仪。允许针连杆在无明显摩擦下垂直运动，精度为 0.1mm 的仪器均可以使用，如图 6-2 所示。针连杆的质量应为（47.5 ± 0.05）g，针和针连杆组合总质量应为（50 ± 0.05）g。针入度仪附带（50 ± 0.05）g 和（100 ± 0.05）g 砝码各一个。仪器设备设有放置平底玻璃皿的平台，并有可调水平的机构，针连杆应与平台相垂直。仪器设有针连杆制动按钮，紧压按钮，针连杆可自由下落。针连杆易于卸下，以便定期检查其质量。

2）标准针。应由硬化回火的不锈钢制成，每根针应附有国家计量部门的检验单。

3）试样皿。金属或玻璃的圆柱形平底皿，尺寸见表 F-2。

表 F-2　针入度试验所用的试样皿尺寸

针入度	直径/mm	深度/mm
小于 200 时	55	35
200～350 时	55	70
350～500 时	50	60

4）恒温水浴。容量不小于 10L，能保持温度在试验温度的 ± 0.1℃ 范围内。

5）温度计。液体玻璃温度计，刻度范围 0～50℃，分度为 0.1℃。

6）平底玻璃皿（容量不小于 350mL，深度要没过最大样品）、计时器（刻度为 0.1s 或小于 0.1s）、加热设备等。

(2) 样品设备

1）将沥青试样小心加热，不断搅拌以防局部过热，加热到使样品能够自由流动。加热时焦油沥青的加热温度不超过软化点 60℃，石油沥青不超过软化点 90℃。加热时间不得超过 30min，加热搅拌过程中避免试样中进入气泡。

2）将试样倒入预先选好的试样皿中，试样深度应大于预计穿入深度 10mm。同时将试样倒入两个试样皿。

3）首先试样皿在 15～30℃ 的室温下冷却 1～1.5h（小试样皿）或 1.5～2h（大试样皿），并防止灰尘落入试样皿。然后将两个试样皿和平底玻璃皿一起放入保持规定试验温度的恒温水浴中，水面应没过试样表面 10mm 以上，小试样皿恒温 1～1.5h，大试样皿 1.5～2h。

(3) 试验步骤

1）调节针入度计水平，检查连杆和导轨，确保无明显摩擦。用甲苯或合适溶剂清洗针、擦干并固定，放好规定质量的砝码。

2）将已恒温到试验温度的试样皿和平底玻璃皿取出，放置在针入度仪的平台上。

3）慢慢放下针连杆，使针尖刚好与试样表面接触。必要时用放置在合适位置的光源反射来观察。拉下活杆，使其与针连杆顶端相接触，调节针入度仪刻度盘使指针为零。

4）用手紧压按钮，同时启动秒表，使标准针自由下落穿入沥青试样，到规定时间，停压按钮，使针停止移动。

5）拉下活杆使其再与针连杆顶端接触，此时刻度盘指针的读数即为试样的针入度，用 0.1mm 表示。

6）同一试样重复测定至少三次，各试验点之间及试验皿边缘之间的距离都不得小于

10mm。每次测定前都要用干净的针。当测定针入度大于 200 的沥青试样时，至少用三根针，每次测定后将针留在试样中，直至三次测定完成，才能把针从试样中取出；当测定针入度小于 200 的沥青试样时，可将针取出用甲苯或其他合适有机溶剂擦净后继续使用。

(4) 试验结果　取三次测定针入度的平均值，取至整数，作为试验结果。三次测定的针入度值相差不应大于表 F-3 所列出数值。

表 F-3　针入度试验数据范围

针入度	0 ~ 49	50 ~ 149	150 ~ 249	250 ~ 350
最大差值	2	4	6	8

2. 延度试验

用规定的试件在一定温度下以一定速度拉伸至断裂时的长度，称为沥青的延度，以 cm 表示。非经特殊说明，试验温度为（25 ± 0.5）℃，拉伸速度为（5 ± 0.5）cm/min。

(1) 主要仪器设备

1）延度仪。能将试件浸没于水中，按照（5 ± 0.5）cm/min 速度拉伸试件，仪器在开动时应无明显的振动。

2）试件模具。由两个端模和两个侧模组成，其形状及尺寸应符合图 6-3 和图 6-4 所示的要求。

3）水浴。容量至少为 10L，能保持试验温度变化不大于 0.1℃，试件浸入水中深度不得小于 10cm，水浴中设置带孔隔架，隔架距底部不小于 5cm。

4）温度计。范围为 0 ~ 50℃，分度为 0.1℃ 和 0.5℃ 各一支。

5）筛（筛孔为 0.3 ~ 0.5mm 的金属网）、隔离剂（按质量计由两份甘油和一份滑石粉混合而成）等。

(2) 试验准备

1）将隔离剂拌和均匀，涂于磨光的金属板上和铜模侧模的内表面，将模具组装在金属板上。

2）小心加热沥青样品并防止局部过热，直到完全变成液体能够倾倒。石油沥青样品加热至倾倒温度的时间不超过 2h，其加热温度不得超过预计软化点 110℃；煤焦油沥青样品加热至倾倒温度的时间不超过 30min，其加热温度不得超过预计软化点 55℃。把熔化了的样品过筛，在充分搅拌之后，把样品倒入模具中。在倒样时使试样呈细流状，自模的一端至另一端往返倒入，使试样略高出模具。

3）试件首先在空气中冷却 30 ~ 40min，然后放入规定温度的水浴中保持 30min 后取出，用热刀将高出模具的沥青刮去，使沥青面与模面齐平。沥青刮去时，刀尖自模的中间刮向两边，表面应刮得十分光滑。

4）首先将试件连同金属板一起放入水中，并在试验温度下保持 85 ~ 95min。检查延度仪拉伸速度是否符合要求，移动滑板使指针对着标尺的零点。然后从板上取下试件，拆掉侧模，立即进行拉伸试验。

(3) 试验步骤

1）首先将模具两端的孔分别套在延度仪的金属柱上，然后以一定的速度拉伸，直到试件拉伸断裂。拉伸速度允许误差 ±5%，测量试件从拉伸到断裂所经过的距离，以 cm 表示。

试验时，试件距水面和水底的距离应不小于 25mm，并且要使温度保持在规定温度的 ±0.5℃ 的范围内。

2）试验中观察沥青的拉伸情况。如发现沥青浮于水面或沉入槽底时，则试验不正常，应使用乙醇或食盐调整水的密度至与试样密度相近，使沥青材料既不浮于水面，又不沉入槽底。

3）试样拉断时指针所指标尺上的读数，即为试样的延度，以 cm 表示。正常的试验应将试样拉成锥形，直至在断裂时实际横断面面积接近于零。如三次试验得不到正常结果，则报告在此条件下延度无法测定。

（4）试验结果 若三个试件测定值在其平均值的 5% 以内，取平行测定三个结果的平均值作为测定结果。若三个试件测定值不在其平均值的 5% 以内，但其中两个较高值在平均值的 5% 之内，则去除最低测定值，取两个较高值的平均值作为测定结果，否则重新测定。

3. 软化点测定

置于锥状黄铜环中的两块水平沥青圆片，在加热介质中以一定速度加热，每块沥青片上置有一只钢球。软化点为当试件软化到使两个放在沥青上的钢球下落 25mm 距离时的温度平均值，以 ℃ 表示。沥青是没有严格熔点的黏性物质，随着温度升高它们逐渐变软，黏度降低。因此，软化点必须严格按照试验方法来测定。

（1）主要仪器设备

1）沥青软化点测定仪器由以下几部分组成：

① 钢球。两只直径为 9.5mm，质量为（3.50±0.05）g 的钢制圆球。

② 环。两只黄铜制的锥环或肩环，其形状及尺寸如图 6-5 所示。

③ 钢球定位器。两只钢球定位器用于使钢球定位于试样中央，其一般形式和尺寸如图 6-5 所示。

④ 铜支撑架和支架。一只铜支撑架用于支撑两个水平位置的环，形状及其安装如图 6-5 所示。支撑架上的肩环的底部距离下支撑板的上表面距离为 25mm，下支撑板的下表面距离浴槽底部为（16±3）mm。

⑤ 支撑板。扁平光滑黄铜板，尺寸约为 50mm×75mm。

⑥ 水银温度计。测量范围 30～180℃，分度值 0.5℃。

2）电炉及其他加热器、金属板或玻璃板、筛（筛孔为 0.3～0.5mm 的金属网）、小刀（切沥青用）、隔离剂（甘油两份、滑石粉一份，以质量计）、加热介质（甘油或新煮沸过的蒸馏水）。

（2）试验准备

1）所有石油沥青试样的准备和测试必须在 6h 内完成，煤焦油沥青必须在 4.5h 内完成。小心加热试样，并不断搅拌以防止局部过热，直到样品变得流动。小心搅拌以避免气泡进入样品中。石油沥青样品加热至倾倒温度的时间不超过 2h，其加热温度不超过预计沥青软化点 110℃。煤焦油沥青样品加热至倾倒温度的时间不超过 30min，其加热温度不超过煤焦油沥青预计沥青软化点 55℃。如果重复试验，不能重新加热样品，应在干净的容器内用新鲜样品制备试样。

2）若估计软化点在 120℃ 以上，应首先将黄铜环和支撑板预热至 80～100℃，然后将铜环放到涂有隔离剂的支撑板上。否则会出现沥青试样从铜环中完全脱落。

3）向每一个环中倒入略过量的沥青试样，让试样在室温下至少冷却30min，对于在室温下较软的样品，应将试件在低于预计软化点10℃以上的环境中冷却30min。从开始倒入试样时起至完成试验的时间不得超过240min。

4）当试样冷却后，用稍加热的小刀或刮刀干净地刮去多余的沥青，使得每一个圆片饱满且和环的顶部齐平。

（3）试验步骤

1）选择合适的加热介质，新煮沸过的蒸馏水适于软化点为30～80℃的沥青，起始加热介质温度应为（5±1）℃。甘油适于软化点为80～157℃的沥青，起始加热介质温度应为（30±1）℃。为了进行比较，所有软化点低于80℃的沥青应在水浴中测定，而高于80℃的甘油浴中测定。

2）把仪器放在通风橱内并配置两个样品环、钢球定位器，并将温度计插入合适的位置，浴槽装满加热介质，并使仪器处于适当的位置。用镊子将钢球置于浴槽底部，使其同支架的其他部位达到相同的起始温度。如果有必要，将浴槽置于冰水中，或小心加热并维持适当的起始浴温达15min，并使仪器处于适当位置，注意不要玷污浴液。

3）再次用镊子从浴槽底部将钢球夹住并置于定位器中。

4）从浴槽底部加热使温度以恒定的速率5℃/min上升。为防止通风的影响有必要时可用保护装置。试验期间不能取加热速率的平均值，在加热3min后，升温速度应达到（5±0.5）℃/min，若温度上升速率超过此限定范围，则此次试验失败。

5）当两个试环的球刚触及下支撑板时，分别记录温度计所显示的温度。

（4）试验结果

1）取两个温度的平均值作为沥青的软化点，并注明浴槽中所使用加热介质的种类。如果两个温度的差值超过1℃，则重新试验。

2）因为软化点的测定是条件性的试验方法，对于给定的沥青试样，当软化点略高于80℃时，水浴中测定的软化点低于甘油浴中测定的软化点。软化点高于80℃时，从水浴变成甘油浴时的变化是不连续的。在甘油浴所报告的在最低可能石油沥青软化点为84.5℃，而煤焦油沥青的最低可能软化点为82℃。当甘油浴中软化点低于这些值时，应转化为水浴中的软化点，并在报告中注明。

3）将甘油浴软化点转化为水浴软化点时，石油沥青的校正值为−4.5℃，对煤焦油沥青的为−2.0℃。采用此校正值只能粗略地表示出软化点的高低，欲得到准确的软化点应在水浴中重复试验。无论在任何情况下，如果甘油浴中所测得的石油沥青软化点的平均值为80℃或更低，则应在水浴中重复试验。

4）将水浴中略高于80℃的软化点转化为甘油浴中的软化点时，石油沥青的校正值为±2.0℃。采用此校正值只能粗略地表示出软化点的高低，欲得到准确的软化点应在甘油浴中重复试验。无论在任何情况下，如果水浴中两次测定温度的平均值为85.0℃或更高，则应在甘油浴中重复试验。

参 考 文 献

[1] 杨静. 建筑材料 [M]. 北京：中国水利水电出版社，2004.

[2] 宋少民，孙凌. 土木工程材料 [M]. 2 版. 武汉：武汉理工大学出版社，2013.

[3] 湖南大学，天津大学，同济大学，东南大学. 土木工程材料 [M]. 2 版. 北京：中国建筑工业出版社，2011.

[4] 朋改非. 土木工程材料 [M]. 2 版. 武汉：华中科技大学出版社，2013.

[5] 阎培渝，杨静，王强. 建筑材料 [M]. 3 版. 北京：中国水利水电出版社，2013.

[6] 刘巽伯，魏金照，孙丽玲. 胶凝材料 [M]. 上海：同济大学出版社，1990.

[7] 钱觉时. 建筑材料学 [M]. 武汉：武汉理工大学出版社，2007.

[8] 葛勇. 土木工程材料学 [M]. 北京：中国建材工业出版社，2007.

[9] 王立久. 建筑材料学 [M]. 2 版. 北京：中国水利水电出版社，2008.

[10] 张正雄，姚佳良. 土木工程材料 [M]. 北京：人民交通出版社，2008.

[11] NEVILLE A M. Properties of Concrete [M]. London：Longman，1995.

[12] 周士琼. 土木工程材料 [M]. 北京：中国铁道出版社，2004.

[13] 沈旦申，冒镇恶. 粉煤灰优质混凝土 [M]. 上海：上海科学技术出版社，1992.

[14] 张冠伦，王玉吉，孙振平. 混凝土外加剂原理及应用 [M]. 2 版. 北京：中国建筑工业出版社，1996.

[15] 中国新型建筑材料公司，中国建材工业技术经济研究会新型建筑材料专业委员会. 新型建筑材料实用手册 [M]. 2 版. 北京：中国建筑工业出版社，1992

[16] 陈志源，李启令. 土木工程材料 [M]. 武汉：武汉工业大学出版社，2000.

[17] 冯乃谦. 高性能混凝土结构 [M]. 北京：机械工业出版社，2004.

[18] 吴中伟，张鸿直. 膨胀混凝土 [M]. 北京：中国铁道出版社，1990.

[19] 钱晓倩. 土木工程材料 [M]. 杭州：浙江大学出版社，2003.

[20] 吴科如，张雄. 土木工程材料 [M]. 3 版. 上海：同济大学出版社，2013.

[21] 吴中伟，廉慧珍. 高性能混凝土 [M]. 北京：中国铁道出版社，1999.

[22] 中国工程院土木水利与建筑学部. 混凝土结构耐久性设计与施工指南：CCES 01—2004 [S]. 北京：中国建筑工业出版社，2004.

[23] 赵方冉. 土木建筑工程材料 [M]. 2 版. 北京：中国建材工业出版社，2003.

[24] 宓永宁，娄宗科. 土木工程材料 [M]. 北京：中国农业大学出版社，2005.

[25] 蒲心诚. 超高强高性能混凝土：原理·配制·结构·性能·应用 [M]. 重庆：重庆大学出版社，2004.

[26] 汪澜. 水泥混凝土：组成·性能·应用 [M]. 北京：中国建材工业出版社，2005.

[27] 吴中伟. 高性能混凝土（HPC）的发展趋势与问题 [J]. 建筑技术，1998（1）：8–13.

[28] 刘娟红，李政，邓裕才，等. 粉煤灰和磨细矿渣对北京地铁 5 号线清河斜拉桥大体积混凝土性能的影响 [J]. 混凝土，2004（12）：52–54.

[29] 沈荣熹，崔琪，李清海. 新型纤维增强水泥基复合材料 [M]. 北京：中国建材工业出版社，2004.

[30] 黄承逵. 纤维混凝土结构 [M]. 北京：机械工业出版社，2004.

[31] 邓宗才. 高性能合成纤维混凝土 [M]. 北京：科学出版社，2003.

[32] 沈荣熹，王璋水，崔玉忠. 纤维增强水泥与纤维增强混凝土 [M]. 北京：化学工业出版社，2006.

[33] 徐羽白. 新型混凝土工程施工工艺 [M]. 北京：化学工业出版社，2004.

［34］李继业，刘福胜．新型混凝土实用技术手册［M］．北京：化学工业出版社，2005.

［35］王国建，王凤芳．建筑防火材料［M］．北京：中国石化出版社，2006.

［36］雍本．特种混凝土施工手册［M］．北京：中国建材工业出版社，2005.

［37］严捍东．新型建筑材料教程［M］．北京：中国建材工业出版社，2005.

［38］向才旺．新型建筑装饰材料实用手册［M］．北京：中国建材工业出版社，2001

［39］傅德海，赵四渝，徐洛屹．干粉砂浆应用指南［M］．北京：中国建材工业出版社，2006.

［40］郑德明，钱红萍．土木工程材料［M］．北京：机械工业出版社，2005.

［41］苏达根．土木工程材料［M］．4 版．北京：高等教育出版社，2019.

［42］施惠生，郭晓潞．土木工程材料［M］．4 版．重庆：重庆大学出版社，2021.

［43］潘祖仁．高分子化学［M］．5 版．北京：化学工业出版社，2011.

［44］徐瑛，陈友治，吴力立．建筑材料化学［M］．北京：化学工业出版社，2005.

［45］王国建，刘琳．建筑涂料与涂装［M］．北京：中国轻工业出版社，2002.

［46］刘琳，王国建．建筑涂料［M］．北京：中国石化出版社，2007.

［47］张雄．建筑功能材料．［M］北京：中国建筑工业出版社，2000.

［48］贺曼罗．建筑胶黏剂［M］．2 版．北京：化学工业出版社，2006.

［49］周大纲．土工合成材料制造技术及性能［M］．2 版．北京：中国轻工业出版社，2019.

［50］钟世云，许乾慰，王公善．聚合物降解与稳定化［M］．北京：化学工业出版社，2002.

［51］中国建筑节能协会．节能小百科：建筑节能［J/OL］．http：//www. cabee. org/cabee/jnbk/20110311/75474. shtml.

［52］李继业．建筑节能工程材料［M］．北京：化学工业出版社，2012.

［53］张雄．建筑节能技术与节能材料［M］．2 版．北京：化学工业出版社，2016.

［54］谭海军，张家祯，潘春跃．建筑节能材料综述［J］．建筑节能，2009（5）：49－53.

［55］贾哲，姜波，程光旭，等．建筑节能材料简述［J］．建筑节能，2007（6）：32－35.

［56］刘琦华，侯新平．外墙外保温体系及其保温隔热材料浅析［J］．科技创新导报，2009（27）：76－77.

［57］高艳军．浅析保温隔热材料［J］．科技情报开发与经济，2005（8）：151－152.

［58］杨旗．我国建筑节能材料的应用与发展［J］．攀枝花学院学报，2007，24（3）：84－86.

［59］欧阳修赫．新型建筑节能材料应用与发展展望［J］．科技致富向导，2010（20）：58，137.

［60］杨保平，李延华，崔锦峰，等．相变节能材料的研究进展与发展趋势［J］．中国涂料，2012，27（2）：18－21.

［61］朱春玲，季广其．建筑防火材料手册［M］．北京：化学工业出版社．2009.

［62］中华人民共和国公安部．建筑设计防火规范（2018 年版）：GB 50016—2014［S］．北京：中国计划出版社，2014.

［63］中华人民共和国公安部．建筑构件耐火试验方法　第 1 部分：通用要求：GB/T 9978.1—2008［S］．北京：中国标准出版社，2009.

［64］中华人民共和国公安部．建筑材料及制品燃烧性能分级：GB 8624—2012［S］．北京：中国标准出版社，2013.